实用阀门技术问答

（第三版）

主编　孙晓霞
主审　陆培文

中国质检出版社
中国标准出版社
北　京

图书在版编目(CIP)数据

实用阀门技术问答/孙晓霞主编. —3 版. —北京:中国
标准出版社,2016.6
ISBN 978-7-5066-8192-6

Ⅰ.①实… Ⅱ.①孙… Ⅲ.①阀门—基本知识—问
题—解答 Ⅳ.①TH134-44

中国版本图书馆 CIP 数据核字(2015)第 318887 号

中国质检出版社
              出版发行
中国标准出版社

北京市朝阳区和平里西街甲 2 号(100029)
北京市西城区三里河北街 16 号(100045)
网址:www.spc.net.cn
总编室:(010)68533533 发行中心:(010)51780238
读者服务部:(010)68523946
中国标准出版社秦皇岛印刷厂印刷
各地新华书店经销

*

开本 787×1092 1/16 印张 26.75 字数 650 千字
2016 年 6 月第三版   2016 年 6 月第 4 次印刷

*

定价 60.00 元

第三版前言

　　《实用阀门技术问答》(第二版)自 2008 年 5 月出版发行以来,受到广大读者的欢迎。但随着时间的推移,各国的阀门基础标准、材料标准、产品标准和试验与检验标准都在不断的修订,有的产品标准和试验与检验标准变化很大,对阀门产品质量的要求有很大提高,有关阀门的术语和定义也有变化。有许多标准已被新颁布的标准替代,其内容有着不同程度的更新。有些美国国家标准(ANSI)已过渡到美国机械工程师学会标准(ASME);美国石油学会标准(API)部分标准又从国际标准(ISO)中独立出来,在技术要求上比旧标准有很大提高;特别是德国、英国、法国、意大利、西班牙、荷兰等欧洲国家现在已采用统一的欧洲标准(EN),以全新的面貌脱离本国旧的标准体系。另一方面,随着我国经济体制改革的不断深入,阀门行业的结构有了较大变化,产品结构有很大的提高,经过国家发改委和中国机械工业联合会的组织,阀门行业先后完成了核电阀门、超超临界火电机组关键阀门、油气管道关键阀门、石油天然气工业管线输送系统管线阀门国产化、产品品种增加许多,现在许多阀门制造公司都能制造技术含量较高的阀门。并且能为石油和天然气的开采和输送、(500～1 000)万 t/年炼油厂、(30～60)万 t/年乙烯装置,(30～52)万 t/年化肥,(300～1 000)MW 火力发电,3 万 m³/年空分等大型装置配套生产阀门。

　　鉴于上述国内外的新变化,考虑到本书的出版发行已经近 7 年了,故需进行全面修订,以适应阀门产品国内外市场与科技的发展,并进一步满足广大读者的需要。修订后的第三版,在内容上有如下变化:

① 按标准规定对公称压力 PN（Class）、公称尺寸 DN（NPS）在书中的表示，按标准的定义进行修改，去掉单位。

② 全面修订，修订内容约达全书的 1/3。引用各国的阀门标准文献资料截至 2016 年 1 月份。

③ 增加了一些新的内容，例如"有调节阀术语方面的解释""调节阀可压缩流体和不可压缩流体流通能力的计算""不同材料的壳体和密封试验压力""API 6D—2014 阀门的特殊要求和检验""阀门的逸散性检验""阀门壳体材料的抗硫试验要求"等。

④ 删去了一些内容。有些是属于已被新标准替代的旧标准，有些虽然仍在沿用且变化不大，但考虑到全书篇幅有限，故删去。

本书在修订过程中，也参考了国内外优秀的工具书，但在内容上仍然以引用各国技术标准原文为主。

本书仍由孙晓霞高级工程师主编。由中国石油化工设备协会专家委员会委员陆培文高级工程师主审。

由于编者水平有限，本书仍然有不令人满意之处，或许还存有错误和不妥之处，恳切希望广大读者批评指正，在此表示衷心地感谢！

编　者

2016 年 1 月

目　　录

第一章　阀　门　基　础

第二章　阀　门　设　计

第三章　阀门标准

第四章　阀门材料

第五章　阀　门　工　艺

第六章　阀门使用与维修

实用阀门技术问答

第七章　阀门的正确选用

第八章　阀门的试验与检验

第一章

阀门基础

1-1　什么是阀门？

用来控制管道内介质流动的、具有可动机构的机械产品的总称。

1-2　什么是通用阀门？

各工业企业中管道上普遍采用的阀门。

1-3　什么是阀门的公称压力（PN）？

PN：与管道系统元件的力学性能和尺寸特性相关，用于参考的字母和数字组合的标识。它由字母 PN 和后跟无因次的数字组成。

注：① 字母 PN 后跟的数字不代表测量值，不应用于计算目的，除非在有关标准中另有规定。

② 除与相关的管道元件标准有关联外，术语 PN 不具有意义。

③ 管道元件许用压力取决于元件的 PN 数值、材料和设计以及允许工作温度等，许用压力在相应标准的压力-温度等级表中给出。

④ 具有同样 PN 和 DN 数值的所有管道元件同与其相配的法兰应具有相同的配合尺寸。

1-4　什么是阀门的公称尺寸（DN）？

DN：用于管道系统元件的字母和数字组合的尺寸标识。它由字母 DN 和后跟无因次的整数数字组成。这个数字与端部连接件的孔径或外径（用 mm 表示）等特征尺寸直接相关。

注：① 除在相关标准中另有规定，字母 DN 后面的数字不代表测量值，也不能用于计算目的。

② 采用 DN 标识系统的那些标准，应给出 DN 与管道元件的尺寸的关系，例如 DN/OD 或 DN/ID。

1-5　什么是阀门的公称压力级（Class）？

Class：与阀门材料的力学性能和尺寸特性相关、用于有关阀门的压力/温度能力的字母和数字组合的标识。它由字母 Class 和后跟的无量纲整数组成。字母 Class 之后的数字不代表测量值，也不应用于计算。除非在有关标准中另有规定，管道元件许用压力取决于 Class 数值、材料以及允许工作温度。许用压力在相应标准的压力-温度额定值表中给出。

1-6 什么是阀门的公称管径（NPS）？

NPS：用于管道系统元件的字母和数字组合的尺寸标识，它由字母 NPS 和后跟的无量纲的整数数字组成。这个数字与端部连接件的孔径或外径等特征尺寸直接相关。无量纲数字可作为没有前缀"NPS"的阀门尺寸标识。无量纲的尺寸数字不代表测量值，也不能用于计算。

1-7 什么是阀门的型号及编制含义？

阀门型号由阀门类型、驱动方式、连接形式、结构形式、密封面材料或衬里材料类型、压力代号或工作温度下的工作压力、阀体材料等代号组合而成。

阀门型号由 7 部分组成，其含义如图 1-1 所示。

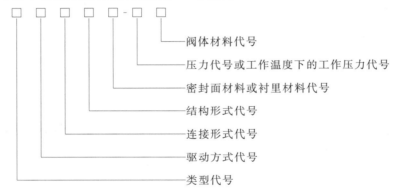

图 1-1 阀门型号各部分的组成及含义

1-8 什么是阀门的类型及通用分类法？

按用途或主要结构特点，对阀门的分类。

通用分类法既按原理、作用又按结构划分，是目前国内、国际最常用的分类方法。一般分为：闸阀、截止阀、旋塞阀、球阀、蝶阀、隔膜阀、止回阀、节流阀、安全阀、减压阀、蒸汽疏水阀、调节阀。

1-9 超高压阀门、高压阀门、中压阀门、低压阀门的压力是如何区分的？

超高压阀门，公称压力≥PN1000；高压阀门，公称压力 PN100～PN800；中压阀门，公称压力 PN25～PN63；低压阀门，公称压力≤PN16。

1-10 特大口径阀门、大口径阀门、中口径阀门、小口径阀门的口径是如何区分的？

特大口径阀门，公称尺寸≥DN1400；大口径阀门，公称尺寸 DN350～DN1200；中口径阀门，公称尺寸 DN50～DN300；小口径阀门，公称尺寸≤DN40。

1-11 高温阀门、耐热阀门、低温阀门、超低温阀门是如何区分的?

高温阀门,介质工作温度大于 450 ℃;耐热阀门,介质工作温度在 600 ℃ 以上;低温阀门,介质工作温度在 ＜－29 ℃～－100 ℃;超低温阀门,介质工作温度小于－100 ℃。

1-12 通用阀门的壳体试验压力和密封试验压力各是多少?

通用阀门的壳体试验压力为材料在 38 ℃ 时的额定工作压力的 1.5 倍。高压密封试验为材料在 38 ℃ 时的额定工作压力的 1.1 倍。低压密封试验各标准要求不同。其中:GB/T 13927—2008、ISO 5208:2008、EN 12266.2—2012 为 0.6 MPa±0.01 MPa;GB/T 26481—2011、API 598—2009 为 0.4 MPa～0.7 MPa;MSS SP61—2013 为 0.56 MPa;API 6D—2014 为 Ⅰ 型:0.034 MPa～0.1 MPa,Ⅱ 型:0.55 MPa～0.69 MPa;ISO 14313:2007 为 Ⅰ 型:0.05 MPa～0.1 MPa,Ⅱ 型:0.55 MPa±0.07 MPa;API 6A(idt ISO 10423:2003)为 PSL3G:第 1 次:额定压力、第二次:2.0 MPa±0.2 MPa;PSL4:第 1 次:额定压力、第 2 次:2.0 MPa±0.2 MPa。

壳体试验、高压密封试验和高压上密封试验的具体试验压力见表 1-1 和表 1-2。

表 1-1 ASME B16.34—2013 规定的标准压力级阀门(常用材料)额定工作压力和试验压力   MPa(bar)

Class	项目	材料					
		A105 WCB LF2 LF3 LF6 CL1	WCC LF6 LC2 LC3 LCC WC4 WC5 WC6 F11 F22 WC9 F12 F5 F2 CM75 B11 B22	F1 CM-70	F21 F5a C5 F9 C12 F91 C12A P91 F44 F51 F53 F55 CK3M CuN CE8MN CD3 MWCuN	F304 F304H CF3 CF8 F316 F316H F317 CF3A CF8M CF3M CF8A CG8M F321 F321H F347 F347H F348 F348H CF10 F310H CF10M	F304L F316L F3172
150	额定工作压力	1.96(19.6)	1.98(19.8)	1.84(18.4)	2.0(20.0)	1.9(19.0)	1.59(15.9)
	高压密封和高压上密封试验压力	2.16(21.6)	2.18(21.8)	2.03(20.3)	2.2(22.0)	2.09(20.9)	1.75(17.5)
	壳体试验压力	2.94(29.4)	2.97(29.7)	2.76(27.6)	3.0(30.0)	2.85(28.5)	2.39(23.9)
300	额定工作压力	5.11(51.1)	5.17(51.7)	4.80(48.0)	5.17(51.7)	4.96(49.6)	4.14(41.4)

表 1-1（续）   MPa（bar）

Class	项 目	A105 WCB LF2 LF3 LF6 CL1	WCC LF6 LC2 LC3 LCC WC4 WC5 WC6 F11 F22 WC9 F12 F5 F2 CM75 B11 B22	F1 CM-70	F21 F5a C5 F9 C12 F91 C12A P91 F44 F51 F53 F55 CK3M CuN CE8MN CD3 MWCuN	F304 F304H CF3 CF8 F316 F316H F317 CF3A CF8M CF3M CF8A CG8M F321 F321H F347 F347H F348 F348H CF10 F310H CF10M	F304L F316L
300	高压密封和高压上密封试验压力	5.63(56.3)	5.69(56.9)	5.28(52.8)	5.69(56.9)	5.46(54.6)	4.56(45.6)
	壳体试验压力	7.67(76.7)	7.76(77.6)	7.20(72.0)	7.76(77.6)	7.44(74.4)	6.21(62.1)
600	额定工作压力	10.21(102.1)	10.34(103.4)	9.60(96.0)	10.34(103.4)	9.93(99.3)	8.27(82.7)
	高压密封和高压上密封试验压力	11.24(112.4)	11.38(113.8)	10.56(105.6)	11.38(113.8)	10.93(109.3)	9.10(91.0)
	壳体试验压力	15.32(153.2)	15.51(155.1)	14.40(144.0)	15.51(155.1)	14.9(149.0)	12.41(124.1)
900	额定工作压力	15.32(153.2)	15.51(155.1)	14.41(144.1)	15.51(155.1)	14.89(148.9)	12.41(124.1)
	高压密封和高压上密封试验压力	16.86(168.6)	17.07(170.7)	15.86(158.6)	17.07(170.7)	16.38(163.8)	13.66(136.6)
	壳体试验压力	22.98(229.8)	23.27(232.7)	21.62(216.2)	23.27(232.7)	22.34(223.4)	18.62(186.2)
1500	额定工作压力	25.53(255.3)	25.86(258.6)	24.01(240.1)	25.86(258.6)	24.82(248.2)	20.68(206.8)
	高压密封和高压上密封试验压力	28.09(280.9)	28.45(284.5)	26.42(264.2)	28.45(284.5)	27.31(273.1)	22.75(227.5)

表 1-1(续)　　　　　　　　　　　　　　　　　　　　　　　　MPa(bar)

Class	项目	材料					
		A105 WCB LF2 LF3 LF6 CL1	WCC LF6 LC2 LC3 LCC WC4 WC5 WC6 F11 F22 WC9 F12 F5 F2 CM75 B11 B22	F1 CM-70	F21 F5a C5 F9 C12 F91 C12A P91 F44 F51 F53 F55 CK3M CuN CE8MN CD3 MWCuN	F304 F304H CF3 CF8 F316 F316H F317 CF3A CF8M CF3M CF8A CG8M F321 F321H F347 F347H F348 F348H CF10 F310H CF10M	F304L F316L
1500	壳体试验压力	38.3(383.0)	38.79(387.9)	36.02(360.2)	38.79(387.9)	37.23(372.3)	31.02(310.2)
2500	额定工作压力	42.55(425.5)	43.09(430.9)	40.01(400.1)	43.09(430.9)	41.37(413.7)	34.47(344.7)
	高压密封和高压上密封试验压力	46.81(468.1)	47.4(474.0)	44.02(440.2)	47.4(474.0)	45.51(455.1)	37.92(379.2)
	壳体试验压力	63.83(638.3)	64.64(646.4)	60.02(600.2)	64.64(646.4)	62.06(620.6)	51.71(517.1)

表 1-2　ASME B16.34—2013 规定的特殊压力级阀门(螺纹端和焊接端阀门材料)
额定工作压力和试验压力　　　　　　　　　　　　　　　　　　　　MPa(bar)

Class	项目	材料			
		A105 WCB LF2 LF3 F2 WC4 WC5 F11 WC6 F22 WC9 F5 F12 F304 F304H CF3 CF8 F316 F316H F317 CF3A CF3M CF8A CF8M CG8M F321 F321H CF8C	WCC LF6 LC2 LC3 LCC F21 C5 F5a F9 C12 F91 C12A F347 F347H F348 F348H F310 F44 F51 F53 F55 CE8MN F92 CK3MCuN CD3MWCuN	F1 CM-70	F304L F316L F317L
150	额定工作压力	1.98(19.8)	2.0(20.0)	1.84(18.4)	1.77(17.7)
	高压密封和高压上密封试验压力	2.18(21.8)	2.2(22.0)	2.03(20.3)	1.95(19.5)
	壳体试验压力	2.97(29.7)	3.0(30.0)	2.76(27.6)	2.66(26.6)

表 1-2(续)　　　　　　　　　　　　　　　　　　　　　MPa(bar)

Class	项　目	A105 WCB LF2 LF3 F2 WC4 WC5 F11 WC6 F22 WC9 F5 F12 F304 F304H CF3 CF8 F316 F316H F317 CF3A CF3M CF8A CF8M CG8M F321 F321H CF8C	WCC LF6 LC2 LC3 LCC F21 C5 F5a F9 C12 F91 C12A F347 F347H F348 F348H F310H F44 F51 F53 F55 CE8MN F92 CK3MCuN CD3MWCuN	F1 CM-70	F304L F316L F317L
300	额定工作压力	5.17(51.7)	5.17(51.7)	4.80(48.0)	4.62(46.2)
	高压密封和高压上密封试验压力	5.69(56.9)	5.69(56.9)	5.28(52.8)	5.09(50.9)
	壳体试验压力	7.76(77.6)	7.76(77.6)	7.20(72.0)	6.93(69.3)
600	额定工作压力	10.34(103.4)	10.34(103.4)	9.60(96.0)	9.23(92.3)
	高压密封和高压上密封试验压力	11.38(113.8)	11.38(113.8)	10.56(105.6)	10.16(101.6)
	壳体试验压力	15.51(155.1)	15.51(155.1)	14.40(144.0)	13.85(138.5)
900	额定工作压力	15.51(155.1)	15.51(155.1)	14.41(144.1)	13.85(138.5)
	高压密封和高压上密封试验压力	17.07(170.7)	17.07(170.7)	15.86(158.6)	15.24(152.4)
	壳体试验压力	23.27(232.7)	23.27(232.7)	21.62(216.2)	20.78(207.8)
1500	额定工作压力	25.86(258.6)	25.86(258.6)	24.01(240.1)	23.09(230.9)
	高压密封和高压上密封试验压力	28.45(284.5)	28.45(284.5)	26.42(264.2)	25.4(254.0)
	壳体试验压力	38.79(387.9)	38.79(387.9)	36.02(360.2)	34.64(346.4)
2500	额定工作压力	43.09(430.9)	43.09(430.9)	40.01(400.1)	38.48(384.8)
	高压密封和高压上密封试验压力	47.4(474.0)	47.4(474.0)	44.02(440.2)	42.33(423.3)
	壳体试验压力	64.64(646.4)	64.64(646.4)	60.02(600.2)	57.72(577.2)

1-13　密封必须比压、密封比压、密封许用比压三者的关系是什么?

对闸阀、截止阀、止回阀以及球阀和蝶阀来说,密封必须比压 q_{MF} 小于密封比压 q,密封比压小于密封许用比压 $[q]$(即 $q_{MF}<q<[q]$)。

1-14　在阀门型号编制方法中,密封面或衬里材料的代号是如何规定的?

由阀体直接加工的密封面材料代号用“W”表示,其余材料代号见表 1-3。

表 1-3 阀座密封面或衬里材料代号

阀座密封面或衬里材料	代号	阀座密封面或衬里材料	代号
锡基轴承合金(巴氏合金)	B	尼龙塑料	N
搪瓷	C	渗硼钢	P
渗氮钢	D	衬铅	Q
氟塑料	F	奥氏体不锈钢	R
陶瓷	G	塑料	S
Cr13 系不锈钢	H	铜合金	T
衬胶	J	橡胶	X
蒙乃尔合金	M	硬质合金	Y

注:当密封副的密封面材料不同时,以硬度低的材料代号表示。

1-15 通用阀门的标志有哪些规定?

通用阀门应使用的和可选择使用的标志如表 1-4 所示。

表 1-4 阀门的标志

项目	标 志	项目	标 志
1	公称尺寸 DN(NPS)	11	产品标准代号
2	公称压力 PN(class)	12	熔炼炉号
3	受压部件材料代号	13	内件材料代号
4	制造厂名称或商标	14	工位号
5	介质流向的箭头	15	衬里材料代号
6	密封环(垫)代号	16	质量和试验标记
7	极限温度(℃)	17	检验人员印记
8	螺纹代号	18	产品生产许可证号
9	极限压力	19	制造年、月
10	生产厂编号	20	质量鉴定水平(QSL)

注:阀体上的公称压力铸字标志值等于 10 倍兆帕(MPa)数,设置在公称压力数值的下方时,其前不冠以代号"PN"。

标记方法:

(1)公称尺寸大于或等于 DN50 的阀门标志

① 表 1-4 中 1～4 项是应使用的标志,应标记在阀体上。

② 表 1-4 中 5 和 6 项只有当某类阀门标准中有此规定时才是应使用的标志,它们应分别标记在阀体及法兰上。

③ 如果各类阀门标准中没有特殊规定,则表 1-4 中 7～19 项是按需使用的标志。当需

要时,可标记在阀体或标牌上。

(2) 公称尺寸小于 DN50 阀门的标志

① 表 1-4 中 1～4 项是必须使用的标志。标志在阀体上还是标牌上,由产品设计者规定。

② 表 1-4 中 5～19 项标志的标记按公称尺寸大于或等于 DN50 的标记②和③的规定。

(3) 附加标志

① 在不同位置可以附加表中任何一项标志。例如,设在阀体上的任何一项标志,也可以重复设在标牌上。

② 只要附加标志不与表中标志发生混淆,可以附加其他任何标志。例如,产品型号等。

对于减压阀,在阀体上的标志除按通用阀门规定的 19 项规定外,还应有出厂日期、适用介质、出口压力。

对于蒸汽疏水阀的标志按 GB/T 12250—2005 的规定,标志可设在阀体上,也可标在标牌上。

对于安全阀的标志按 GB/T 12241—2005 的规定。

球阀、平行式闸阀、旋塞阀标志按 API 6D—2014。

1-16 通用阀门的启、闭方向是如何规定的?

通用阀门的启、闭方向规定为:顺时针方向为关闭;逆时针方向为开启。

1-17 阀门手柄和手轮的涂漆是如何规定的?

手柄和手轮的涂漆代表密封面材料的涂漆颜色,见表 1-5。

表 1-5 阀门手柄和手轮涂漆颜色

密封面材料	手柄和手轮涂漆颜色	密封面材料	手柄和手轮涂漆颜色
青铜或黄铜	红色	硬质合金	天蓝色
巴氏合金	黄色	塑料	紫红色
铝	铝白色	铸铁	黑色
耐酸钢、不锈钢	浅蓝色	橡胶	中绿色
渗氮钢	淡紫色	蒙耐尔合金	深黄色

1-18 阀杆最小直径和最小阀杆直径是如何规定的?

阀杆最小直径指的是阀杆与填料接触部分的直径。最小阀杆直径是指阀杆螺纹退刀槽的直径。

1-19 闸阀的种类有多少?区分方法是什么?

(1) 按闸板的构造分为两类

① 平行式闸阀是指密封面与垂直中心线平行,即两个密封面互相平行的闸阀。平行式闸阀中又有双闸板和单闸板之分。又分有导流孔和无导流孔。

② 楔式闸阀是指密封面与垂直中心线成某种角度,即两个密封面成楔形的闸阀。楔式闸阀中又有双闸板、单闸板及弹性闸板之分。

（2）按阀杆的构造分为两类

① 明杆闸阀是指阀杆螺母在阀盖或支架上,开闭闸板时,用旋转阀杆螺母来实现阀杆的升降的闸阀。

② 暗杆闸阀是指阀杆螺母在阀体内与介质直接接触,开闭闸板时用旋转阀杆来实现的闸阀。

1-20　对于闸阀来说,什么是双面强制密封？什么是单面强制密封？

闸阀的双面强制密封,意即无论在介质的进口端或出口端,闸板与阀座密封面之间都是密封的,密封性由阀杆轴向力来强制地加以保证,当没有介质时,密封面之间的正压力不得小于介质静压力与密封力之和。

闸阀的单面强制密封,意即在介质进口端闸板与阀座密封面之间不密封,这里或者根本没有比压或者只有比密封比压为小的比压。在介质出口一边闸板与阀座密封面之间的密封性是由阀杆轴向力和介质压力来强制地加以保证,当没有介质时,密封面上的比压力不得小于密封比压。

1-21　国家标准对闸阀阀杆螺母的安装有什么要求？

国家标准 GB/T 12234《石油、天然气工业用螺栓连接阀盖的钢制闸阀》中规定,阀杆螺母应从支架上部装入,闸阀阀杆螺母的上部应为一个多棱体、带键槽的圆柱体或具有相等强度的结构与手轮连接。当阀开启时,能将手轮拆卸而不致使阀杆和闸板降落至关闭位置。如应用带螺纹的轴承压盖时,需用点焊或其他方法固定。

1-22　钢制闸阀性能试验时应注意什么？

钢制闸阀做性能试验时,应注意在阀门两端不施加对密封面泄漏有影响的外力。

1-23　截止阀介质的流向是怎样的？

一般截止阀的介质流向是由阀瓣的下方流入,从阀瓣的上方流出。如果截止阀的阀瓣是双阀瓣,介质则从阀瓣上方流入,从阀瓣的下方流出。DN 大于 250 mm 的截止阀允许介质从阀瓣上方流入。

1-24　旋启式止回阀销轴和密封面的关系是什么？

旋启式止回阀销轴轴线的水平投影垂直于阀体过水孔轴线并与密封面倾斜一个夹角。

1-25　单向密封蝶阀和双向密封蝶阀是如何区分的？

单向密封蝶阀是蝶阀的蝶板正面在关闭时,应面对介质的流向;介质只向一个方向流动,在阀体上要有表示介质流动方向的箭头。安装时应注意介质流动方向。

双向蝶阀是蝶板可以面对或背对介质的流向,安装时无需注意介质流动方向,在阀体上也没有表示介质流动方向的箭头。双向密封蝶阀的阀杆受力要大于单向密封蝶阀的阀杆。设计中,同一直径、压力的蝶阀,双向密封蝶阀的阀杆直径要比单向密封蝶阀的阀杆直径大。

1-26 国家标准对球阀阀杆安装有什么规定?

国家标准 GB/T 12237《石油、石化及相关工业用钢制球阀》中规定,球阀阀杆应设计成在介质压力作用下,拆下阀杆密封填料时(如拆下填料压盖),阀杆也不致于冲出阀体的结构。

1-27 钢和铸铁制旋塞阀对浸蚀性介质为何不适用?

因为旋塞阀阀体和塞子间的接触面积很大,故在旋转塞子时产生很大的扭力矩。这时表面的腐蚀很快会使关闭件失去密封性,并且使操纵旋塞阀必须的扭力矩增加。

钢和铸铁制旋塞阀用于带腐蚀性的介质,应具有酚醛保护层和其他塑料保护层。

1-28 什么是蒸汽疏水阀?衡量蒸汽疏水阀性能的指标有几项?

自动排除蒸汽管路和蒸汽使用设备中的凝结水并阻止蒸汽泄漏的阀门为蒸汽疏水阀。

衡量蒸汽疏水阀性能的指标有 9 项:壳体强度、动作性能、最低工作压力、最高工作压力、最高背压率、漏汽率、排空气能力、排水温度、排水量。

1-29 什么是蒸汽疏水阀的漏汽率?为什么用漏汽率衡量蒸汽疏水阀的优劣?

蒸汽疏水阀的漏汽率分为有负荷漏汽率和无负荷漏汽率。

有负荷漏汽率是指有负荷漏汽量与试验时间内实际热凝结水排量的百分比。

无负荷漏汽率是指无负荷漏汽量与相应压力下最大热凝结水排量的百分比。

因为蒸汽疏水阀的主要作用是及时地排除蒸汽加热设备或蒸汽管网中的凝结水,同时阻止蒸汽的漏失,进而提高蒸汽使用设备的效率,达到节约能源的目的。因此,衡量蒸汽疏水阀性能优劣的主要指标应该是排水性能和阻汽性能。根据漏汽率的定义,蒸汽疏水阀漏汽率的大小可综合反应出它的排水和阻汽性能的优劣。

1-30 什么是临界温度?什么是临界压力?

在水的相变过程中,水和水蒸气两相平衡共存状态的系统叫饱和。这种饱和状态存在着一个临界点,这个临界点的温度称为临界温度,其数值为 374.15 ℃。

临界点的压力为临界压力,其数值为 22.12 MPa。

1-31 选择蒸汽疏水阀时应考虑哪些因素?

正确选择疏水阀需要考虑的因素有许多,但主要因素如下:

① 根据不同的场合,选择不同类型的疏水阀;

② 根据实际工况,选择合适的连接尺寸;

③ 根据实际工况的压力及温度选择适当压力及温度的疏水阀;

④ 根据蒸汽供热设备在正常工作时可能产生的凝结水量,乘以 2~4 的选用倍率,然后

对照疏水阀的实际排水量进行选择。

1-32 选择蒸汽疏水阀时,为什么要把蒸汽疏水阀的排量乘以一个安全系数?

① 因为蒸汽疏水阀的排水量是在连续排水的条件下测定的,但几乎所有的疏水阀在实际工作当中并不是连续排水,而通常是间歇排水,因此必须考虑实际工作中的停止时间。

② 即使明确了蒸汽使用设备的容量,该容量也只是正常运转中的负荷状态下容量。当用汽设备开始运转时(起动时),也就是所谓的"预热运转"时,设备本身和被加热物都处于常温状态,这时蒸汽消耗量明显增大。换言之,蒸汽使用设备具有在预热时往往产生大量的凝结水的现象。

基于以上两种原因,选择疏水阀时要把蒸汽疏水阀的排水量乘以一个安全系数。

1-33 什么是显热?什么是潜热?

热量的增减,使物质的状态不发生变化,只不过是使温度产生了变化,这种热称为显热。

相变过程中,温度保持不变,而物质的状态发生了变化,此时物质吸收或放出的热量叫潜热。

1-34 什么是表压?什么是绝对压力?表压和绝对压力的关系是什么?

以大气压力为基准(作为0)测量出来的压力称为表压。

以绝对真空压力为基准(规定为0)测量的压力为绝对压力。

绝对压力为表压与大气压之和。

表压为绝对压力与大气压之差。

1-35 什么是过冷度?开阀过冷度和关阀过冷度有什么区别?哪个过冷度更大些?

凝结水温度与相应压力下的饱和温度之差的绝对值为过冷度。

开阀过冷度指开阀温度与相应压力下饱和温度之差的绝对值。

关阀过冷度指关阀温度与相应压力下饱和温度之差的绝对值。

开阀过冷度大于关阀过冷度。

1-36 蒸汽疏水阀的背压是何意义?背压允许度高好还是低好?为什么?

蒸汽疏水阀的背压是指在工作条件下,蒸汽疏水阀出口端的压力。

蒸汽疏水阀的背压允许度越高越好。

因为背压允许度越高,在实际工作中疏水阀出口端所允许的压力越高。也就是说,背压允许度越高的疏水阀,越适用于高背压的工作场合。

1-37 蒸汽疏水阀的工作温度指的是什么情况下、什么地方的温度?

蒸汽疏水阀的工作温度是指在工作条件下,蒸汽疏水阀进口端的温度。

1-38 何为蒸汽疏水阀的负荷率?

蒸汽疏水阀的负荷率是指试验时间内的实际热凝结水排量与试验压力下最大热凝结

水排量的百分比。

1-39 何为安全阀?

安全阀是一种自动阀门,它不借助任何外力,而是利用介质本身的力来排出额定数量的流体,以防止系统内压力超过预定的安全值。当压力恢复正常后,阀门再行关闭并阻止介质继续流出。

1-40 怎样区分全启式安全阀和微启式安全阀?

阀瓣开启高度等于或大于 1/4 阀座喉径的安全阀为全启式安全阀。

阀瓣开启高度为 1/40～1/20 阀座喉径的安全阀为微启式安全阀。

1-41 安全阀的开启压力和排放压力有什么区别?

安全阀的开启压力指安全阀阀瓣在运行条件下开始升起时的进口压力,在该压力下开始有可测量的开启高度,介质呈可由视觉或听觉感知的连续排出状态。

安全阀的排放压力则是指阀瓣达到规定开启高度时的进口压力。

1-42 安全阀的回座压力和密封压力有什么区别?

安全阀的回座压力是指安全阀排放后,阀瓣重新与阀座接触,即开启高度变为 0 时进口处的静压力值。

安全阀的密封压力是指安全阀进行密封试验时的进口压力,在该压力下测量通过关闭件密封面的泄漏率。

1-43 什么是安全阀的帘面积? 安全阀的帘面积和流道面积有什么关系?

安全阀的帘面积是指当阀瓣在阀座上方升起时,在其密封面之间形成的圆柱面形或圆锥面形通道面积。

安全阀的帘面积应大于流道面积。

1-44 安全阀的理论排量和实际排量的关系怎样表示?

安全阀的理论排量即流道截面积与安全阀流道面积相等的理想喷管的计算排量。

安全阀的实际排量即理论排量与排量系数的乘积。

1-45 什么是安全阀的频跳? 什么是安全阀的颤振?

安全阀的频跳指安全阀阀瓣迅速异常地来回运动,在运动中阀瓣接触阀座。

颤振指安全阀阀瓣迅速异常地来回运动,在运动中阀瓣不接触阀座。

1-46 不同压力的弹簧安全阀其弹簧需要更换吗? 一般 PN16 的弹簧安全阀应配套几根弹簧? 其压力范围是如何规定的?

不同压力的弹簧安全阀其弹簧必须更换。

一般 PN16 的弹簧安全阀应配套 5 根弹簧。

其压力范围规定为：0 MPa～0.3 MPa；0.3 MPa～0.6 MPa；0.6 MPa～0.9 MPa；0.9 MPa～1.2 MPa；1.2 MPa～1.6 MPa。

1-47 何为直接载荷式安全阀？何为先导式安全阀？

直接载荷式安全阀指直接用机械载荷如重锤、杠杆重锤或弹簧来克服由阀瓣下介质压力所产生作用力的安全阀。

先导式安全阀指一种依靠从导阀排出介质来驱动或控制的安全阀。该导阀本身应是符合标准要求的直接载荷式安全阀。

1-48 何为减压阀？使用减压阀的目的是什么？

减压阀，即通过启闭件的节流将进口压力降至某一个需要的出口压力，并能在进口压力及流量变动时，利用本身介质能量保持出口压力基本不变的阀门。

使用减压阀的目的是保持出口压力基本稳定。

1-49 直接作用式减压阀和先导式减压阀有什么区别？

直接作用式减压阀指利用出口压力变化，直接控制阀瓣运动的减压阀。

先导式减压阀指由主阀和导阀组成，出口压力的变化通过导阀放大来控制主阀动作的减压阀。

1-50 减压阀的静态密封和动态密封有什么区别？

减压阀的静态密封指出口流量为零时，减压阀的密封状态。

动态密封指出口介质截止断流时，减压阀的密封状态。

1-51 什么是减压阀的压力特性？什么是减压阀的流量特性？

减压阀的压力特性指稳定流动状态下，当流量等参数不变时，减压阀的出口压力与进口压力的函数关系。

流量特性指稳定流动状态下，当进口压力等参数不变时，减压阀的出口压力与流量的函数关系。

1-52 液体用减压阀和气体用减压阀相同吗？

液体用减压阀和汽体用减压阀其结构原理基本相同，但调定情况不同。用于气体的减压阀，不经重新调定不能用于液体。

1-53 何为控制阀？控制阀的特点是什么？

控制阀是一种调整介质流量或压力的阀门。介质的流量或压力影响某些控制过程，控制阀通常是用远距离信号操纵的，信号来自电动、气动、气液联动等控制机构的独立装置。

控制阀的特点是靠改变阀内通道关系或改变阀口过流面积来实现控制。

1-54　压力控制阀类中的溢流阀、减压阀、顺序阀有何区别？

表 1-6 中,从阀内控制部分所采用的油压、阀在油路中的连接方式、阀的泄漏、阀芯状态和阀的作用五个方面对控制阀类中的溢流阀、减压阀、顺序阀进行了比较。

表 1-6　溢流阀、减压阀、顺序阀的比较

	溢流阀	减压阀	顺序阀
控制压力	从阀的进油端引压力油去实现控制	从阀出油端引压力油去实现控制	从进油端或从外部油源引压力油构成内控式或外控式
连接方式	连接溢流阀的油路与主油路并联;阀出口直接通油箱	串联在减压油路上,出口油到减压部分去工作	当作为卸荷和平衡作用时,出口通油箱;当顺序控制时,出口到工作系统
泄漏的回油方式	泄漏由内部回油	外泄回油(设置外泄口)	外泄回油;当作卸荷阀用时为内泄回油
阀芯状态	原始状态阀口关闭。当安全阀用,阀口是常闭状态;当溢流阀、背压阀用,阀口是常开状态	原始状态阀口开启,工作过程阀口也是微开状态	原始状态阀口关闭,工作过程中阀门常开
作用	安全作用;溢流、稳压作用;背压作用;卸荷作用	减压、稳压作用	顺序控制作用;卸荷作用;平衡(限速)作用;背压作用

1-55　何为双向密封阀门？

设计在两个方向都能密封的阀门。

1-56　何为双截断-泄放阀(DBB)？

具有两个座封副的阀门,当处于关闭状态时,两个密封面间的体腔通大气或排空时,阀门体腔两端的流体应被切断的阀门。

1-57　何为切断推力和切断力矩？

阀门在最大压差下开启时所需的推力和力矩。

1-58　何为流量系数 K_v 值？

水在 5 ℃(40 ℉)～40 ℃(104 ℉)之间流经阀门产生 1 bar(14.7 psi)压力损失的体积流量,用每小时立方米表示。

$$K_v = C_v/1.156$$

流量系数 C_v:是水在 15.6 ℃(60 ℉)流经阀门时产生 1 psi 时的质量流量,用每分钟加仑表示。

1-59　何为承压件？

设计能承受管线介质压力的零件,如阀体、阀盖、填料压盖、阀杆、垫片和螺柱等零件。

1-60　何为控压件？

是指那些用来阻止或允许介质流动的零件,如阀座、球体、蝶板、闸板、阀瓣等密封件。

1-61　何为双阀座,两个阀座双向密封阀门（DIB-1）？

设计为双阀座,在双向各自密封的阀门,如图 1-2 所示。

图 1-2　双向各自密封的双阀座阀门

1-62　何为双阀座,一个阀座单向密封,一个阀座双向密封阀门（DIB-2）？

设计为双阀座,一个为单方向密封阀座,一个为两个方向都能密封的阀座,如图 1-3 所示。

图 1-3　一个阀座单向密封,一个阀座双向密封的双阀座阀门

1-63　什么是文丘里旋塞阀？

一种贯穿塞体有一个明显缩口的阀门。在这种阀门中,从每个全径端到缩径的过渡都有良好的流线型。

1-64　何为采油树（christmas tree）？

安装于油管头上最上部的阀门和附件的组合装置,用于控制油井或气井的生产。

1-65　何为抗腐蚀合金（corrosion resistance alloy）？

含有特定合金元素钛、镍、钴、铬和钼中的任何一种或其非铁基合金总含量超过 50% 的合金。

1-66　何为地面安全阀（surface safety valve，SSV）？

一种失去动力源就会自动关闭的石油、天然气井口装配阀。在 API 6A—2013 中包括 SSV 阀和 SSV 阀用驱动器。

1-67 何为水下安全阀（underwater safety valve，USV）？

安装在水下石油、天然气井口处，失去动力就会自动关闭的阀门，在 API 6A—2013 中，包括 USV 阀和 USV 阀用驱动器。

1-68 何为自力式调节阀？

依靠被调介质（液体、空气、蒸汽、天然气）本身的能力，实现介质温度、压力、流量自动调节的阀门。

1-69 什么是气动调节阀？

以压缩空气为动力，由控制器的信号调节流体通路的面积，以改变流体流量的执行器。

1-70 什么是电动调节阀？

一种以电力为动力，由控制器的信号调节流体通路的面积，以改变流体流量的执行器。

1-71 何为自力式温度调节阀？

利用传感器内特殊液体对温度的敏感性，通过毛细管的传递来推动阀芯作线性变化，从而达到控制阀的开度随温度变化而变化，控制介质的流量。

1-72 什么是调节阀的基本误差？

调节阀的实际上升、下降特性曲线，与规定特性曲线之间的最大极限偏差为基本误差。

1-73 什么是调节阀的回差？

装置或仪表依据施加输入值的方向顺序给出对应于其输入值的不同输出值的特性。

1-74 什么是调节阀的死区？

输入变量的反向变化不至引起输出变量有任何可察觉变化的有限数值区间。

1-75 什么是调节阀的固有可调比？

最大与最小可控流量系数的比值，可控流量系数应在固有流量特性斜率不大于规定的相对行程范围内取定。

1-76 什么是调节阀的固有流量特性？

相对流量系数和对应的相对行程之间的固有关系。

1-77 什么是调节阀的相对流量系数？

某给定开度的流量系数与额定流量系数之比。

1-78　什么是调节阀的额定流量系数？

额定行程时的流量系数值。

1-79　什么是调节阀的直线流量特性？

理论上,相对行程等量增加,引起相对流量系数等量增加的一种固有流量特性。

1-80　什么是调节阀的等百分比流量特性？

理论上,相对行程等量增加,引起相对流量系数等百分比增加的一种固有流量特性。

1-81　什么是调压器？

自动调节燃气出口压力,使其稳定在某一压力范围的降压设备。

1-82　何为调压器的稳压精度？

调压器出口压力偏离额定值的极限偏差,与额定出口压力的比值。

1-83　何为调压器的关闭压力？

当调压器流量逐渐减小,其流量等于零时,输出侧所达到的稳定的压力值。

1-84　何为调压器的额定流量？

在规定的进口压力范围内,当进口压力为 p_{1min},其出口压力在稳压精度范围内下限值时的流量。

1-85　什么是调压器的静特性曲线？

在规定的进口压力范围内,固定进口压力 p_1 为某一值时,出口压力 p_2 随流量变化的关系曲线。

1-86　什么是调压器的压力回差？

当流量一定时,在规定的进口压力 p_1 范围内升高和降低的往返过程中,同一进口压力 p_1 下,所得到的两个相应出口压力 p_2 值之差。

1-87　什么是调压器的固有可调比？

在规定的极限偏差内,最大流量系数与最小流量系数之比。

1-88　什么是调节阀的阻塞流？

不可压缩或可压缩流体在流过调压器时,所能达到的极限或最大流量状态,无论是何种液体,在固定的入口(上游)条件下,压差增大而流量不进一步增大,就表明是阻塞流。

1-89　什么是调节阀的临界压差比？

压差与入口绝对压力之比，它对所有可压缩流体的控制阀尺寸方程式都有影响，当达到此最大比值就会出现阻塞流。

1-90　什么是层流、紊流及雷诺数？

19 世纪初期，水利学家们便发现，在不同的条件下，流体质点的运动情况可能表现为两种不同状态，一种状态是流体质点作有规则的运动，在运动过程中质点之间互不混杂，互不干扰；另一种状态是液流中流体质点的运动是非常混乱的。关于黏性流体这样两种运动状态的存在，一直到 1883 年英国科学家雷诺进行了负有盛名的雷诺试验，才使这一问题得到了科学的说明。

（1）层流和紊流

雷诺试验的装置如图 1-4 所示。

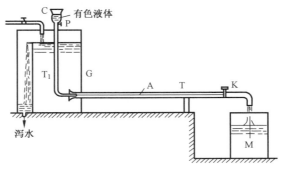

图 1-4　雷诺实验装置

在尺寸足够大的水箱 G 中充满着我们所研究的液体，有一玻璃 T 与它相连。T 管断面积为 A，末端装一阀门 K，用以调节管中流量的大小，流量用量桶 M 来测量。

为了减少 T 管中液体的扰动，在玻璃管的进水口处做成圆滑的入口，在大小箱 G 的上方装设一个小水箱 C，其中盛有某种有色液体，其密度接近于大水箱中的液体密度，使两种液体不会混合，在小水箱下方引出一根极细的水管 T_1，下端弯曲，出口尖端略微插进大玻璃管进口段。小管中的流量由小阀门 P 来调节。在实验过程中要注意经常保持水箱中水位恒定不变，及液体温度不变。

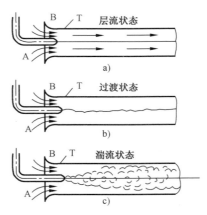

图 1-5　层流和湍流

在开始实验之前，我们首先稍微开启大玻璃管上的阀门 K，液体便开始缓慢的由水箱 G 中流出，此时如果我们将细管 T_1 上的阀门 P 稍微开启，则有色液体将由细管 T_1 流入大管 T 中，而且在 T 中形成一条细直而又鲜明的染色流束，如图 1-5a)所示，可以看到从细管中所流出的一条染色流束在管中流动着,其形状成一直线,且极为稳定。

随后如果将阀门 K 再稍微开大一些,则玻璃管中的流速随之增大,但玻璃管中的现象仍不变,染色流束仍然保持稳定状态,只要缓慢而平稳的开启阀门,控制流动速度小于某一定值,就可以继续维持染色流速处于上面的状态。但到阀门开启到某一较大程度时,即管中的流速增加到某一较大程度时,即管中流速增加到某一较大的确定数值时,我们就会发现染色流束不再是直线,而是突然开始弯曲,或者如一般所说的成为脉动的,而它的流线就成为弯曲的不规则的,如图 1-5b)所示。随着流速的继续加快,染色流束的个别部分出现了破裂,并失掉了原来的清晰的形状,以后就完全被它周围的液体所冲毁,使得玻璃管内的液体都染色了,如图 1-5c)所示。说明此时流体质点的运动是非常混乱的。

以上的试验证明,当流体流动速度不同的时候,流体质点的运动就可能存在两种完全不同的情况,一种是当流动速度小于某一确定值的时候,液体是作有规则的层状或流束状的运动,流体质点互不干扰的前进。流体的这种运动称为层流运动。另一种情况是当流动速度大于该确定值时,流体质点有规则的运动受到破坏,流体质点交错而又混乱的向前运动,流体质点除了主要的纵向运动以外,还有附加的横向运动存在,流体的这种运动称为紊(湍)流运动。流体由层流转变为紊(湍)流时的平均流速,称为上临界速度,以 v'_c 表示。

上述试验也可以用相反的程序进行,即首先开足阀门,然后再逐渐关小,这样在玻璃管中将以相反的程序重演上述现象,即管中的液流首先作紊(湍)流运动,当管中速度降低到某一确定值时,则液体的运动由紊(湍)流转变为层流,以后逐渐降低流速,管中液流将始终保持为层流状态,此时,由紊(湍)流转变为层流时的平均流速,称为下临界速度,以 v_c 表示。

试验结果说明,由紊(湍)流状态过渡到层流时的下临界速度总是小于由层流过渡到紊(湍)流时的上临界速度 v'_c,即:

$$v_c < v'_c$$

由层流过渡到紊(湍)流的上临界速度和由紊(湍)流过渡到层流的下临界速度,这两个临界点并不相等。

如果把上述的实验结果综合起来,就可以得出判别管中流动的状态的初步结论。

① 当管中流速 $v < v_c$ 时,则管中流动一定是层流状态。

② 当管中流速 $v > v'_c$ 时,则管中流动一定是紊(湍)流状态。

③ 当管中流速介于上、下临界速度之间,即 $v_c < v < v'_c$ 时,则管中流动可能是层流状态,也可能是紊(湍)流状态。这主要取决于管中流速的变化规律。如果开始时是作层流运动,即当速度逐渐增加到超过 v_c,但不及 v'_c 时,其层流状态仍有可能保持。如果开始时是作紊(湍)流运动,那么当速度减小到低于 v'_c,但仍大于 v_c 时,则其紊(湍)流状态仍有可能保持。但是应该指出,在上述条件下两种流动状态都是不稳定的,都可能被任何偶然因素所破坏。

从上述可以看出,层流运动和紊(湍)流运动的性质是不同的,那么很显然,在这两种情况之下,它们的流动阻力,速度分布情况以及水头损失等也将不同,事实上利用试验方法完全可以证明这一点。

经过上述再来看伯努力能量方程式中,速度水头 $v^2/2g$ 这一项的 v 是理想流体的平均速度,但在实际流体中在流过断面上各点速度分布并不是完全均匀的,而且各点速度分布规律也是不易得到的,如果以 u 代表实际流体的速度,则它的速度水头 $u^2/2g$ 并不等于 $v^2/2g$,但是我们可以用 $\alpha v^2/2g$ 来代替 $u^2/2g$,这样式中的 α 称为动能修正系数。很明显,如果在过流断面上流速是均匀分布的,那么 $\alpha=1$;如果流速分布愈不均匀,则 α 值愈大于1,α 也可以理解为断面上各质点实有的平均单位动能与以平均流速表示的单位功能的比值。在应用能量方程时,由于具体的流速分布不知道,α 的确切数值也不能确定,只能根据一般的流速分布情况选取一个 α 值。紊(湍)流时可取 α 值为 $1.05\sim1.10$,层流时为 2.0。

如图 1-6 所示,在一根断面不变的直管壁上,相距为 l 处钻上两个小孔,并分别装上两根测压管,由于所取直管断面不变,因而断面平均速度沿流程不变,平均速度水头 $\alpha v^2/2g$ 也是常数,这样,测压管中的液面差就等于发生在长度为 l 的管段内液体的水头损失 h_f。当改变管路中的平均速度时,测压管内的液面差也将随之改变。由此,可以得出相应于一系列平均速度时的水头损失,可以得到如图 1-7 所示的曲线。

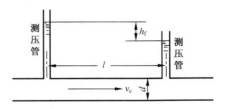

图 1-6　压力降图示

当管中速度逐渐由小增大时,水头损失也逐渐增加,实验点沿着 ab 线上升。在对数坐标上,取 $\lg v$ 和 $\lg h_f$ 为同一比例值,则这一线段和水平线间的夹角 θ_1 为 $45°$,$tg\theta_1$ 等于1。当管路中速度超过上临界速度 v'_c 以后,如果速度继续增加,实验点就脱离了 ab 线,经 bc 线进入 cd 线。cd 线与水平线的夹角 θ_2 不再等于 $45°$。接近 c 点的一段坡度是在改变着,$tg\theta_2$ 从 1.75 逐渐变化到2。

当管路中速度逐渐由大减小时,水头损失相应的减小。实验点沿着 dc 线下降,但是到达 c 点以后,如果速度继续减小,实验点并不进入 cb 线,而是沿着 dc

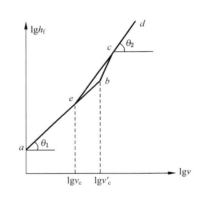

图 1-7　实验曲线

的延长线 ce 下降,一直到和 ab 线相交的 e 点以后(这时相应的速度为下临界速度 v_c)。再进入 ea 线。

从上面的试验曲线可以清楚地看到:

① 当 $v<v_c$ 时,相应为层流状态实验点落在 ae 线的范围内,而 ae 线的坡度 $\tan\theta_1$ 等于1。这就表示在层流区域内。水头损失 h_f 和平均速度的一次方成正比,即:

$$h_f \propto v \tag{1-90-1}$$

② 当 $v>v_c$ 时,相应为紊(湍)流状态,实验点落在 bcd 线范围内,而 bcd 线的坡度 $tg\theta_2$ 等于 $1.75\sim2$。这就表示在紊(湍)流区域,水头损失 h_f 和平均速度的 $1.75\sim2$ 次方成正比,即:

$$h_f \propto v^{1.7 \sim 2} \tag{1-90-2}$$

③ 当 $v_c < v < v'_c$ 时，相应为层流与紊（湍）流的过渡区域。实验点落在 e 点与 c 点之间，这时水头损失和平均速度的关系就要看管路中的速度是自小增大，还是由大减小而定。前者成一次方关系，后者成 1.75 次方关系。

上述内容，形象地说明："在层流与紊（湍）流运动状态时，流体的水头损失与速度之间的关系是大不相同的"。这就是为什么要讨论流体的流动状态的原因。因此也就很显然，在计算一个具体流动的水头损失时，首先必须要判别该流体的流动状态。于是对流体流动状态的判别，成为计算水力损失中首要解决的问题，也就是说，需要找出一个判别流体是层流运动还是紊（湍）流运动的准则来，这就引出了雷诺数的问题。

（2）雷诺数

根据上面雷诺实验的结果，初看起来，似乎利用临界速度作为判别层流或紊（湍）流的准则将是非常简单的，但是这种简单的判别准则在实用上好处不大，因为临界速度本身并不是一个独立不变的量，它是与流体的性质以及过流断面的几何形状等因素有关的，对于不同的流体或者不同大小的管道就会有不同的临界速度。如果我们用临界速度来作为判别流态的准则，那么我们对每一具体流动都需要用试验的办法来确定其临界速度。很显然，这样做不仅麻烦而且常常是很困难的，为此只好另想办法了。

根据实验研究的结果，临界速度主要与流体的黏性以及过流断面的几何形状有关。它与流体的运动黏性系数 ν（ν 的单位：cm^2/s）成正比，即：

$$v_{kp} \propto \nu$$

如果流体的黏性大，则当流体流动时，其摩擦阻力也大，因此流体质点的运动更加混乱，也就是说它的临界速度要增大，此外，对于几何形状相似的过流断面而言，临界速度与过流断面的大小成反比，对于圆形管道，即可以表示为：

$$v_c \propto 1/d$$

式中，d 为管道内径，因为管壁总是要限制流体混乱运动的自由的。当流过断面越大，这种限制作用就越小，因而流体质点的运动也就越容易混乱，也即流动的临界速度减小了。

如果把影响临界速度的两个因素综合起来，则可以表示为：

$$v_c \propto \nu/d$$

在上式中引进一个比例常 Re_c，建立等式，则得：

$$v_c = Re_c \nu/d$$

式中，ν/d 的因次为 $[L^2/(T/L)] = [L/T] = [长度/时间]$，它与速度具有相同的因次，由此可见，上式中的 Re_c 应该是一个无因次的比例系数，称它为雷诺数，这个关系式的正确性是完全被试验所证实的了。

同理

$$v'_c = Re'_c \nu/d$$

也可以将管中的任一平均流速 v 写成相似的表达式：

$$v = Re\nu/d$$

在非圆管中，d 代表水力直径。

由于 ν 和 d 值对于每一具体流体而言是一个固定值，因此，根据上面的关系式，对于这一流动的每一平均速度都相应于一个无因次的雷诺数。

$$Re = vd/\nu \qquad\qquad (1\text{-}90\text{-}3)$$

对应于下临界速度有一个相应的下临界雷诺数

$$Re_c = v_c d/\nu \qquad\qquad (1\text{-}90\text{-}4)$$

对应于上临界速度有一个相应的上临界雷诺数

$$Re'_c = v'_c d/\nu \qquad\qquad (1\text{-}90\text{-}5)$$

由上面这三个关系式,我们可以清楚的看出,对于流动平均流速 v,与其临界速度 v_c 及 v'_c 之间的比较,可以完全用相应于这些速度的雷诺数之间的比较来代替。而且特别有意义的是,由于雷诺数是综合的概括了影响流体流动状态的各种因素。因此,对于流过断面几何相似的流动而言,不管过流断面的尺寸大小如何,也不管液体的性质如何,在实用上可以认为其临界雷诺数 Re_c 及 Re'_c 值始终保持为一常数。因为当管径 d 增大,其 v_c 必然减小,因而在 Re_c 表达式的分子中,一项增大,另一项减小,所以对 Re_c 的值影响不大;另外,当流体的运动黏性系数 ν 增大,则 v_c 也增大,在 Re_c 的表达式中,分子、分母同时增大,所以对 Re_c 的值也不会影响。

根据前面的讨论,既然流体平均速度与临界速度之间的比较,可以用相应于这些速度的雷诺数之间的比较来代替。而且,对于过流断面几何相似的流动而言,其临界雷诺数都是不变的。因此我们就没有必要根据前面所讨论的那样,利用速度与临界速度之间的比较来判断流体流动的状态,而且可以代之以根据相应于这些速度的雷诺数之间的比较来判断流动的状态,也即临界雷诺数成为了我们判别流态的准则,即

当 $Re < Re_c$ 定为层流流动

$Re > Re'_c$ 定为紊(湍)流流动

$Re_c < Re < Re'_c$ 时,层流与紊(湍)流两种状态都有可能,但都不稳定,称为过渡状态,根据实验结果,对于圆管中的液流

$$Re_c = v_c d/\nu \approx 2000$$
$$Re'_c = v'_c d/\nu \approx 8000(大致的平均数)$$

对无压流动:

$$Re_c = v_c R/\nu \approx 300(R \text{ 为水力半径})$$
$$Re'_c = v'_c R/\nu \approx 1000 \sim 1200$$

应该注意对于圆管中的有压流动,其上临界雷诺数值是完全不固定的,它往往取决于进行实验的情况,同时,在实际计算中,Re'_c 也没有多大意义,在两种流态都可能存在的情况下,一般都应该按紊(湍)流来进行计算,因为紊(湍)流时的阻力较层流大,按紊(湍)流计算偏于安全,因此,在实际计算中应把下临界雷诺数作为层流与紊(湍)流的分界点,而把过渡区当作(湍)流情况来处理。即:

当 $Re < Re_c$ 按层流计算

$Re > Re_c$ 按紊(湍)流计算

最后补充说明一点,前面是以圆管为对象进行讨论的,其断面的大小是用直径 d 来加以表示,实际上,上面所得出的结论对于流过断面为任意形状的均匀液流来讲都是适用的。同时对于断面为任意形状的液流,其雷诺数的一般形式为:

$$Re = vL/\nu \tag{1-90-6}$$

上式与圆管的雷诺数公式基本相同,式中 L 为表征过流断面大小的任意线性长度。很显然,如果我们选用不同的线性长度 L,那么相应于同一平均速度的雷诺数数值也将是不同的。但是,我们必须注意的是,如果我们用两个相比较的雷诺数的计算公式中,一定要选用同一个线性长度 L(例如,要么都用水力半径 R,要么都用湿周 X)。因此,在应用雷诺数时,经常要指明我们所选用的线性长度。为此,或者是完整的写出雷诺数的公式,或者在雷诺数的符号旁边加上附标。指明所选用的线性长度,例如 Re_d、Re_R 等。

1-91　何为不可压缩流体的阻塞流?

对于不可压缩流体,控制阀前压力 p_1 保持一定,逐步降低阀后压力 p_2 时,流过控制阀的流量会逐渐增加,但当阀后压力 p_2 降到某一数值后,再进一步降低阀后压力,不能使流量再增大,即流过控制阀的流量有一个最大极限值 Q_{max},称该流量为阻塞流量(chocked flow)。图 1-8 是流量与阀两端压降的关系曲线。如果实际控制阀两端的压降大于阻塞流对应的压降 Δp_{cr} 时,就不应采用该压降来计算流量系数,而应采用阻塞流对应的临界压降 Δp_{cr} 计算流量系数。式中 $\Delta p_{cr} = p_1 - p_{cr}$,它是发生阻塞流时的最大压降,即 p_{cr} 是发生阻塞流时的最小出口压力。

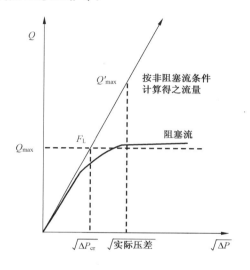

图 1-8　p_1 恒定时 Q 与 $\sqrt{\Delta p}$ 的关系曲线

根据伯努力方程,对不可压缩流体,当流体节流时,流速增大,压力降低,最大流速处具有最低的压力。但是,在节流后,流束的截面并没有立即扩大,而是继续缩小,因此,最大流速并不在节流处,而是在其下游称为静缩流处的某处,该处的压力是 p_{vc}。随流束截面的扩大,压力增高,流速降低,但最终压力不能恢复到入口压力 p_1,而为 p_2,即流过控制阀后压力得到恢复,但也存在不可恢复的压力损失:

$$\Delta p = p_1 - p_2$$

当缩流处压力小于该流体在入口温度下的饱和蒸汽压力 p_v 时,部分液体会发生相变,液体蒸发变为气体,即在液相中产生气泡,出现闪蒸,如果再降低压力,就会出现阻塞流。这时的压力 p_{vc} 用 p_{vcr} 表示。p_{vcr} 与液体介质物理特性有关,用下式描述:

$$p_{vcr} = F_F p_v \tag{1-91-1}$$

式中,F_F 是液体的临界压力比系数,它是阻塞流条件下缩流处的压力 p_{vcr} 与入口温度下液体的饱和蒸汽压力 p_v 之比,是液体在入口温度下液体的饱和蒸汽压力 p_v 和液体的临界压力 p_c(225.65 kgf/cm²)之比的函数,可从图 1-9 查得:也可用下列公式进行计算:

$$F_F = 0.96 - 0.28 \sqrt{p_v/p_c} \tag{1-91-2}$$

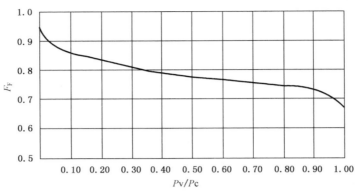

图 1-9　F_F 与 p_v / p_c 的关系

1-92　何为压力恢复系数?

为了说明控制阀压力恢复情况,用压力恢复系数(pressure recovery factor)F_L 描述。

$$F_L = \sqrt{\frac{p_1 - p_2}{p_1 - p_{vcr}}} \qquad (1\text{-}92\text{-}1)$$

压力恢复系数 F_L 表示控制阀内部流体流经缩流处后,动能转换为静压的恢复能力,F_L 是与阀门和流路特性有关的函数。例如,IEC 推荐计算流量系数时,直通单座柱塞阀在流开流向时,取 $F_L = 0.9$,在流关流向时,取 $F_L = 0.8$;偏心旋转阀在任意流向,取 $F_L = 0.85$。

压力恢复系数 F_L 越小,表示该控制阀流路设计好,其压力恢复能力也越好,即经缩流后,静压能够恢复到接近入口压力。例如,蝶阀的 F_L 在 $0.5 \sim 0.68$ 之间,因此,这类阀被称为高压力恢复阀。压力恢复系数 F_L 越大,表示入口压力经控制阀后的降低越大,因此,压力恢复能力差。例如,直通阀的 F_L 在 $0.8 \sim 0.9$ 之间,被称为低压力恢复阀。通常,流关流向的阀要比流开流向的同类阀的压力恢复系数小。

不可压缩流体发生阻塞流的原因是由于流体经过控制阀后的压力小于流体饱和蒸汽压力,使部分液体汽化,从而使流量不再增加。

对不可压缩流体,发生阻塞流时下式成立:

$$\Delta p = (p_1 - p_2) \geqslant F_L^2 (p_1 - p_{vcr}^c) = F_L^2 (p_1 - F_F p_v) \qquad (1\text{-}92\text{-}2)$$

当控制阀安装类似变径的附加管件时,由于变径引起管体的阻尼系数和伯努力系数的变化,并使压力恢复系数变化,因此,在计算流量系数时,当管件有较大变径等情况发生时,应考虑对压力恢复系数进行修正。

典型控制阀的液体压力恢复系数 F_L 见表 1-7。

表 1-7　典型控制阀的液体压力恢复系数 F_L

阀类型	阀内件	流向	F_L	阀类型	阀内件	流向	F_L
直通单座	柱塞	流开/流关	0.9/0.8	角形阀	柱塞	流开/流关	0.9/0.8
	套筒	流开/流关	0.9/0.85		套筒	流开/流关	0.85/0.8
	窗口	任意	0.9	直通双座	柱塞	任意	0.85
	特性化套筒	向外/向内	0.9/0.85		窗口	任意	0.9

表 1-7(续)

阀类型	阀内件	流向	F_L	阀类型	阀内件	流向	F_L
旋转阀	偏心球塞	流开/流关	0.85/0.68		V形球阀	任意	0.60
蝶阀	旋转70°	任意	0.62	球阀	O形球阀	任意	0.55
	旋转60°	任意	0.70		全球阀	任意	0.74
	旋转90°	任意	0.60				

1-93 何为可压缩流体的阻塞流及压差比?

对可压缩流体,同样会发生阻塞流,用压差比 x 表示控制阀两端压降 Δp 与入口压力 p_1 之比

$$x = \frac{\Delta p}{p_1} = \frac{p_1 - p_2}{p_1} \tag{1-93-1}$$

实践表明,当发生阻塞流时,可压缩流体的压差比成常数 x_T,称为临界压差比(critical pressure drop ratio factor)。因此,阻塞流发生的条件按下式:

$$x \geqslant F_r x_T \tag{1-93-2}$$

式中,F_r 是可压缩流体的比热容比系数。空气的比热容比系数为1,其他气体的比热容比系数与该气体比热容 r 有关的数值,即:

$$F_r = \frac{\gamma}{1.4} \tag{1-93-3}$$

式中,r 是比热容,它与气体介质特性及温等有关。例如,0 ℃时甲烷的比热容为 1.314,200 ℃的比热容为 1.225。比热容数值可查表1-8获得。

与压力恢复系数类似,x_T 也与控制阀流路等特性有关。例如,根据 IEC 推荐,直通单座柱塞阀在流开流向时,取 $x_T = 0.72$,在流关流向时,取 $x_T = 0.55$。

上述结果表明,临界压差比 x_T 越小,表示压力恢复能力越强,例如,90°全开蝶阀的 $x_T = 0.2$,O 形球阀的 $x_T = 0.15$,因此,这类控制阀具有较小压力损失,也不容易发生阻塞流。

控制阀的临界压差比系数 x_T 见表1-9。

表 1-8 比热容 r 和比热容比系数 F_r

名称	空气	氨气	一氧化碳	二氧化碳	氢气	氮气	氧气	氯气	氦气
符号		NH₃	CO	CO₂	H₂	N₂	O₂	Cl₂	He
r	1.40	1.32	1.40	1.30	1.41	1.40	1.40	1.31	1.66
F_r	1.000	0.943	1.000	0.929	1.007	1.000	1.000	0.934	1.186
名称	甲烷	乙烷	乙烯	乙炔	丙烷	丙烯	丁烷	氯化氢	氢氟酸
符号	CH₄	C₂H₆	C₂H₄	C₂H₂	C₃H₈	C₃H₆	C₄H₁₀	HCl	HF
r	1.32	1.22	1.22	1.30	1.15	1.14	1.11	1.41	0.97
F_r	0.943	0.871	0.871	0.929	0.821	0.814	0.793	1.007	0.691

表 1-9　控制阀的临界压差比系数 x_r

阀类型	阀内件	流向	x_r	阀类型	阀内件	流向	x_r
直通单座	柱塞	流开/流关	0.72/0.55	旋转阀	偏心球塞	流开/流关	0.60/0.40
	套筒	流开/流关	0.75/0.7	蝶阀	旋转 70°	任意	0.35
	窗口	任意	0.75		旋转 60°	任意	0.42
	特性化套筒	向外/向内	0.75/0.7		旋转 90°	任意	0.35
角形阀	柱塞	流开/流关	0.72/0.65	球阀	V 形球阀	任意	0.25
	套筒	流开/流关	0.65/0.6		O 形球阀	任意	0.15
直通双座	柱塞	任意	0.7		全球阀	任意	0.42
	窗口	任意	0.75				

1-94　什么是闪蒸?

闪蒸是不可压缩流体通过节流后,从缩流断面直至阀出口的静压降低到等于或低于该流体在阀入口温度下的饱和蒸汽压时,部分液体汽化使阀后形成气液两相的现象。这个过程称为闪蒸(flashing)。闪蒸的发生使液化的流量不随压降的增加而增加,出现阻塞流。闪蒸还造成气液两相流,气体与液体同时流过阀芯和下游管道,造成冲刷,其特点是阀芯呈现平滑抛光的外形。

1-95　什么是空化?

空化是流体通过阀节流时,从缩流断面的静压降低到等于或低于该流体在阀入口温度下的饱和蒸汽压时,部分液体汽化形成气泡,继而静压又恢复到饱和蒸汽压,气泡溃裂恢复为液相的现象。这种气泡产生和破裂的全过程称为空化(cavitation)。气蚀是空化作用对材料的侵蚀。空化或汽蚀的发生对控制阀阀芯产生严重的冲刷破坏,冲刷发生在流速最大处,通常在阀芯和阀座环接触处或附近。由于气泡破裂,释放能量,它不仅发生类似流砂流过阀门的爆裂噪声,而且释放的能量冲刷阀芯表面,并波及下游管道,与闪蒸冲刷不同,汽蚀冲刷使阀芯及下游管道呈现类似煤渣的粗糙表面。

1-96　控制阀的直线流量特性表达式是如何推导的?

直线流量特性是指控制阀的相对流量与相对位移成直线关系,即单位位移的变化引起的流量变化是常数,用数学表达式表示:

$$\frac{d\left(\dfrac{Q}{Q_{\max}}\right)}{d\left(\dfrac{l}{L}\right)} = K \tag{1-96-1}$$

式中:K——常数,即控制阀的放大系数

将上式积分得:

$$\frac{Q}{Q_{\max}} = K\frac{l}{L} + C \tag{1-96-2}$$

式中：C——积分常数

已知边界条件是：$l=0$ 时，$Q=Q_{min}$；$l=L$ 时，$Q=Q_{max}$。

把边界条件代入式(1-96-2)，求得各常数项为：

$$\frac{Q_{min}}{Q_{max}}=K\frac{0}{L}+C=C=\frac{1}{R}$$

$$\frac{Q_{max}}{Q_{max}}=K\frac{l}{L}+C=K+C$$

$$K=1-C=1-\frac{1}{R}$$

将上述常数项值代入式(1-96-2)得：

$$\frac{Q}{Q_{max}}=K\frac{l}{L}+C=\left(1-\frac{1}{R}\right)\frac{l}{L}+\frac{1}{R}=\frac{1}{R}\left[1+(R-1)\frac{l}{L}\right] \qquad (1\text{-}96\text{-}3)$$

式(1-96-3)表明，$\frac{Q}{Q_{max}}$ 与 $\frac{l}{L}$ 之间呈直线关系，以不同的 $\frac{l}{L}$ 代入式(1-96-3)，求出 $\frac{Q}{Q_{max}}$ 的对应值，在直角坐标上得到一条直线。

直线流量特性控制阀的曲线斜率是常数，即放大系数是一个常数。

可调比 R 不同，表示最大流量与最小流量之比不同，从相对流量坐标看，表示为相对行程为零时的起点不同，起点的相对流量是 $1/R$，由于最大行程时获得最大流量，因此，相对行程为 1 时的相对流量为 1。

线性流量特性控制阀在不同的行程，如果行程变化量相同，则流量的相对变化量不同。

不同相对行程时的相对流量见表1-10。

表 1-10 线性流量标准控制阀相对行程和相对流量关系（$R=30$）

相对行程/%	0	10	20	30	40	50	60	70	80	90	100
相对流量/%	3.33	13.0	22.67	32.33	42.0	51.67	61.33	71.00	80.67	90.33	100

试计算 $R=30$ 时线性流量特性控制阀，当行程变化量为 10% 时，不同行程位置的相对流量变化量。

相对行程变化 10%，在相对行程 10% 处相对流量的变化是：

$$\frac{22.67-13}{13}\times100\%=74.38\%$$

相对行程变化 10%，在相对行程 50% 处，相对流量的变化是：

$$\frac{61.33-51.67}{51.67}\times100\%=18.7\%$$

相对行程变化 10%，在相对行程 90% 处，相对流量的变化是：

$$\frac{100-90.33}{90.33}\times100\%=10.71\%$$

说明线性流量特性的控制阀在小开度时，流量小，但流量相对变化量大，灵敏度很高，行程稍有变化就会引起流量的较大变化，因此，在小开度时容易发生振荡。在大开度时，流量大，但流量相对变化量小，灵敏度很低，行程要有较大变化才能够使流量有所变化，因此，在大开度时控制采滞，调节不及时，容易超调，使过渡过程变慢。

1-97　控制阀的等百分比流量特性表达式是如何推导的?

等百分比流量特性也称对数流量特性。它是指单位相对位移变化所引起的相对流量变化与此点的相对流量成正比关系。即控制阀的放大系数是变化的,它随相对流量的增大而增大,用数学表达式表示:

$$\frac{d\left(\frac{Q}{Q_{max}}\right)}{d\left(\frac{l}{L}\right)}=K\frac{Q}{Q_{max}} \qquad (1\text{-}97\text{-}1)$$

将式(1-97-1)积分得:

$$\ln\frac{Q}{Q_{max}}=K\frac{l}{L}+C \qquad (1\text{-}97\text{-}2)$$

已知边界条件是:$l=0$ 时,$Q=Q_{min}$;$l=L$ 时,$Q=Q_{max}$。

把边界条件代入式(1-97-2)求得常数项为:

$$C=\ln\frac{Q_{min}}{Q_{max}}=\ln\frac{1}{R}=-\ln R$$

$$\ln\frac{Q}{Q_{max}}=K\frac{l}{L}+C$$

$$\ln\frac{Q_{max}}{Q_{max}}=K\frac{L}{L}+C$$

$$\ln l=K+C$$

$$0=K+(-\ln R)$$

$$K=\ln R$$

将上述常数项值代入式(1-97-2)得:

$$\ln\frac{Q}{Q_{max}}=\ln R\frac{l}{L}-\ln R=\ln R\left(\frac{l}{L}-1\right)$$

得:

$$\frac{Q}{Q_{max}}=e^{\left(\frac{l}{L}-1\right)\ln R} \qquad (1\text{-}97\text{-}3)$$

或

$$\frac{Q}{Q_{max}}=R^{\left(\frac{l}{L}-1\right)} \qquad (1\text{-}97\text{-}4)$$

上式表明,等百分比流量特性控制阀的相对行程与相对流量的对数成比例关系,即在半对数坐标上,流量特性曲线呈现直线或在直角坐标上流量特性曲线是一条对数曲线。由式(1-97-4)可知 $\ln\frac{Q}{Q_{max}}\propto\frac{l}{L}$,即相对流量的对数与相对行程成正比,因此等百分比流量特性也称为对数流量特性。

为了和直线流量特性进行比较,同样以行程的 10%、50%、80% 三点进行研究,行程变化量为 10% 时,不同行程位置的相对流量变化量见表1-11。

表 1-11　等百分比流量特性控制阀相对行程和相对流量的关系($R=30$)

相对行程/%	0	10	20	30	40	50	60	70	80	90	100
相对流量/%	3.33	4.683	6.58	9.25	12.99	18.26	25.65	36.05	50.65	71.17	100

试计算 $R=30$ 时,等百分比流量特性控制阀,当行程变化量为 10% 时,不同行程位置的相对流量变化量。

相对行程变化 10%,在相对行程 10%,相对流量的变化是:

$$\frac{6.58-4.68}{4.68}\times100\%=40.5\%$$

相对行程变化 10%,在相对行程 50% 处,相对流量的变化是:

$$\frac{25.65-18.26}{18.26}\times100\%=40.5\%$$

相对行程变化 10%,在相对行程 80% 处,相对流量的变化是:

$$\frac{71.17-50.65}{50.65}\times100\%=40.5\%$$

说明等百分比流量特性的控制阀在不同开度下,相同的行程变化引起相对流量的变化是相等的,因此,称为等百分比流量特性。等百分比流量特性控制阀在全行程范围内具有相同的控制精度。等百分比流量特性控制阀在小开度时,放大系数较小,因此,调节平稳,在大开度时,放大系数较大,能有效进行调节,使调节及时,理想的等百分比流量特性曲线在线性流量特性曲线的下部,表示同样的相对行程时,等百分比流量特性控制阀流过的相对流量要比线性流量特性的控制阀少。反之,在同样的相对流量下,等百分比流量控制阀的开度要大些。因此,为满足相同的流通能力,通常选用等百分比流量特性控制阀的公称尺寸 DN 要比线性流量特性控制阀的公称尺寸 DN 要大些。

1-98 控制阀的抛物线流量特性表达式是如何推导的?

抛物线流量特性是指单位相对位移的变化所引起的相对流量变化与此点的相对流量值的平方根成正比关系,其数学表达式为:

$$\frac{d\left(\dfrac{Q}{Q_{\max}}\right)}{d\left(\dfrac{l}{L}\right)}=K\sqrt{\frac{Q}{Q_{\max}}} \tag{1-98-1}$$

已知边界条件是:$l=0$ 时,$Q=Q_{\min}$;$l=L$ 时,$Q=Q_{\max}$。

积分后代入边界条件再整理得:

$$\frac{Q}{Q_{\max}}=\frac{1}{R}\left[1+(\sqrt{R}-1)\frac{l}{L}\right]^2 \tag{1-98-2}$$

式(1-98-2)表明相对流量与相对位移之间为抛物线关系,在直角坐标上为一条抛物线,它介于线性流量特性和等百分比流量特性曲线之间,抛物线流量特性控制阀相对行程和相对流量的关系示于表 1-12。

表 1-12 抛物线流量特性控制阀相对行程和相对流量的关系($R=30$)

相对行程/%	0	10	20	30	40	50	60	70	80	90	100
相对流量/%	3.33	6.99	11.98	18.30	25.96	34.96	45.30	56.97	69.98	84.32	100

1-99 控制阀快开流量特性表达式是如何推导的?

快开流量特性在开度较小时就有较大的相对流量,随相对开度的增大,相对流量很快

就达到最大。此后再增加相对开度,相对流量变化很小,故称快开流量特性,其数字表达式为:

$$\frac{d\left(\dfrac{Q}{Q_{max}}\right)}{d\left(\dfrac{l}{L}\right)} = K\left(\frac{Q}{Q_{max}}\right)^{-1} \tag{1-99-1}$$

已知边界条件是:$l=0$ 时,$Q=Q_{min}$;$l=L$ 时,$Q=Q_{max}$。

积分后代入边界条件再整理得:

$$\frac{Q}{Q_{max}} = \frac{1}{R}\left[1+(R^2-1)\frac{l}{L}\right]^{\frac{1}{2}} \tag{1-99-2}$$

快开流量特性的阀芯形式是平板形的,它的有效位移一般为阀座直径的 1/4,当位移再增大时,阀的流通面积就不再增大,失去调节作用,快开流量特性控制阀适用于快速启闭的切断阀或双位调节系统。

快开流量特性控制阀相对行程和相对流量关系示于表 1-13。

表 1-13　快开流量特性控制阀相对行程和相对流量的关系($R=30$)

相对行程/%		0	10	20	30	40	50	60	70	80	90	100
相对流量/%	理想快开	3.33	31.78	44.82	54.84	63.30	70.75	77.49	83.69	89.46	94.87	100
	实际快开	3.33	21.70	38.13	52.63	65.20	75.83	84.53	91.30	96.13	99.03	100

1-100　闪蒸和气蚀发生的原因及防止方法是什么?

闪蒸发生的原因是阀后压力 p_2 仍小于液体的饱和蒸汽压力 p_v、p_2 与管道和下游过程有关,p_v 是流体和工作温度的函数,因此,闪蒸的发生不仅与控制阀有关,还与下游过程和管道等因素有关。这表明任何一个控制阀都可能发生闪蒸。为此,在选用控制阀、设计管路、确定压力分配等过程中都要充分考虑闪蒸的发生,从控制阀看,应注意下列事项:

① 提高材质硬度。选用硬质合金作为阀芯。或采用在可能发生闪蒸的部位焊接硬质材料,提高材质硬度,减少冲刷。

② 降低流体流速。设计合理流路,降低下游流体流速,从而降低冲刷速度。例如,在控制阀下游设置扩径管,降低流速。

③ 选用合适的控制阀类型和流向。不同的控制阀和流向,其压力恢复系数不同,选用 F_L 大的控制类型的流向,可防止发生阻塞流。例如,对易气化的液体不宜选用高压力恢复的球阀或蝶阀,可选用低压力恢复的单座阀等。

从工艺管路设计看,应注意合理设计管路系统的压力分配,提高控制阀上游压力或下游压力。例如,控制阀安装在泵出口,提高上游压力;控制安装在静压高的位置,提高下游压力等,使缩流处的压力高于饱和蒸汽压力。从理论分析,可以通过改变液体温度来改变饱和蒸汽压力,但通常不采用。

汽蚀发生的原因是控制缩流处压力低于液体饱和蒸汽压力,而下游处压力恢复,并高于液体的饱和蒸汽压力,因此,消除和降低汽蚀发生的措施如下:

① 控制压降——使汽蚀不发生。例如,采用多级降压的方法,使控制阀的压降分几级,每级的压降都保证不使缩浅处压力低于液体的饱和蒸汽压力,从而消除气泡的产生,使汽蚀不发生,图 1-10 是三级降压防止汽蚀的阀内件结构。

② 减小汽蚀影响——采用自防止闪蒸发生类似的方法。例如,提高材质硬质,降低流速等,使汽蚀发生造成的影响减小。

③ 合理分配管路压力——提高下游压力。从工艺设计看,提高控阀下游压力,使缩流处压力也相应提高,从而防止汽蚀发生。例如,将控制阀安装在下游有较高静压的位置,增设限流孔板等。

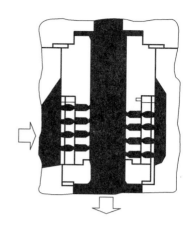

图 1-10 三级降压防止汽蚀

1-101 采用平均重度法计算流量系数 K_v 的公式是什么?

采用平均重度法计算流量系数 K_v 的公式见表 1-14。

表 1-14 采用平均重度法计算流量系数 K_v 的公式

流体类型		压差条件	计 算 公 式
液体		无	$K_v = Q\sqrt{\dfrac{r}{\Delta p}}$
气体		$p_2 > 0.5p_1$	$K_v = \dfrac{Q_N}{380}\sqrt{\dfrac{r_N(273+t)}{\Delta p(p_1+p_2)}}$
		$p_2 \leqslant 0.5p_1$	$K_v = \dfrac{Q_N}{330p_1}\sqrt{r_N(273+t)}$
蒸汽	饱和蒸汽	$p_2 > 0.5p_1$	$K_v = \dfrac{G_s}{16}\dfrac{1}{\sqrt{\Delta p(p_1+p_2)}}$
		$p_2 \leqslant 0.5p_1$	$K_v = \dfrac{G_s}{13.8p_1}$
	过热蒸汽	$p_2 > 0.5p_1$	$K_v = \dfrac{G_s(1+0.0013t_{sh})}{16}\dfrac{1}{\sqrt{\Delta p(p_1+p_2)}}$
		$p_2 \leqslant 0.5p_1$	$K_v = \dfrac{G_s(1+0.0013t_{sh})}{1.38p_1}$

式中：Q——液体流量,m^3/h;

Q_N——气体流量,m^3(标准)$/h$;

G_s——蒸汽流量,kg/h;

r——液体重度,gf/cm^3;

r_N——气体重度，kgf/m³（标准）；

p_1——阀前绝对压力，kgf/cm²；

p_2——阀后绝对压力，kgf/cm²；

Δp——阀的端压差，kgf/cm²；

t——阀前流体温度，℃；

t_{sh}——蒸汽过热温度，℃。

1-102　API 6D—2014《管线和管道阀门规范》对管道阀门的质量规范级别（QSL）是如何规定的？

管道阀门的质量级别：QSL-1 是在 API 6D 中规定的质量级别。QSL-2～QSL-4 是由买方规定的可选择的质量级别。随 QSL 序号增加，QSL 级别越高，要求也越高。QSL 包括无损检测（NDE）特殊要求、压力试验要求以及制造程序和文件要求。当用户对 QSL 有任何规定，所有 QSL 规定的要求应提供。

（1）无损检测（NDE）质量规范级别

表 1-15 规定了 QSL-3 和 QSL-4 质量级别检验规则的补充要求。这些要求随着被检测项目的原材料的不同而不同，对于 QSL-1 和 QSL-2 质量级别无补充要求。表 1-16 中规定了表 1-15 中不同检验规则的范围、方法和可接收准则。

表 1-15　NDE 要求

零件	QSL-3			QSL-4		
	铸件	锻件	板件	铸件	锻件	板件
阀体或关闭件和端部连接件或阀盖或密封座	VT1 和 RT1[1)	VT2 和 UT2	VT2 和 UT2	VT1 和 RT1[1)6) 和 UT1 和 MT1 或 PT1	VT2 和 UT2 和 MT1 或 PT1	VT2 和 UT2 和 MT1 或 PT1
焊接端[2)	VT1 和 RT3 或 UT4 MT1 或 PT1	VT2 和 UT2 和 MT1 或 PT1	VT2 和 UT2 和 MT1 或 PT1	VT1 和 RT3 或 UT4 MT1 或 PT1	VT2 和 UT2 和 MT1 或 PT1	VT2 和 UT2 和 MT1 或 PT1
阀焊或轴[3)7)	N/A	VT2 MT1 或 PT1	N/A	N/A	VT2 UT2 MT1 或 PT1	N/A
吊耳[4)7) 或吊耳垫板	VT1	VT2	VT2	VT1 和 UT1 和 MT1 或 PT1	VT2 和 UT2 和 MT1 或 PT1	VT2 和 UT2 和 MT1 或 PT1

表 1-15（续）

零件	QSL-3			QSL-4		
	铸件	锻件	板件	铸件	锻件	板件
螺栓连接承压件	N/A	VT2	N/A	N/A	VT2 MT1 或 PT1	N/A
球体或闸板[3]	VT1	VT2	VT2	VT1 和 MT1 或 PT1	VT2 和 MT1 或 PT1	VT2 和 MT1 或 PT1
旋塞式阀瓣[4)7)]	VT1	VT2	VT2	VT1 和 RT3 或 UT4 MT1 或 PT1	VT2 和 MT1 或 PT1	VT2 和 MT1 或 PT1
阀瓣臂	VT1	VT2	VT2	VT1 和 RT3 或 UT4 MT1 或 PT1	VT2 和 UT2 和 MT1 或 PT1	VT2 和 UT2 和 MT1 或 PT1
阀座垫环[4)7)]	VT1	VT2	VT2	VT1 MT1 或 PT1	VT2 MT1 或 PT1	VT2 MT1 或 PT1
抗腐蚀堆焊	VT3 和 PT1			VT3 和 UT3 和 PT1		
密封垫环	VT4					
阀座弹簧	VT4					
承压焊接	VT3 和 RT2 和 MT1 和 PT1 或 VT3 和 UT3 和 MT1 和 PT1					
加强焊接	VT3					
承压部件的角焊和 附着焊	VT3 和 MT1 或 PT1					
与阀焊接的管短接	VT3 和 RT2 和 MT1 或 PT1					
喷镀[5]	VT4					
表面堆焊硬质合金	VT4 和 PT1					
密封表面	MT2 或 PT2					

注 1：本表提到的检验规范见表 1-16。

注 2：N/A 是指制造商不允许使用此种材料来制造特殊部件。

注 3：特定产品应进行以上所列的所有 NDE 检测。

1）通过协议 RT1 可以被 UT4 代替。

2）距离焊接端 50 mm 处进行 NDE。

3）在涂层、喷镀或堆焊工艺前进行 MT 或 PT。

4）依据设计类型，平轴可以是承压件或控压件，如果平轴是承压件，那么平轴的要求也适用于阀体。

5）袖管的 NDE 要求应通过协议确定。

6）RT1 和 UT1 可以被 RT3 代替。

7）棒材的检验要求应与锻件相同。

表 1-16　NDE 范围、方法和接收准则/项目检验规则

检查	NDE	范围	方法	接收准则
RT1	RT 铸件	关键区域 ASME B16.34 或按制造商的规定	ASME BPVC,第 V 卷第 2 章	ASME BPVC,第 VIII 卷　第 1 册附录 7
RT2	RT 焊接件	100% 如可行	G.13	G.13
RT3	RT 铸件	100%	ASME BPVC,第 V 卷第 2 章	ASME BPVC,第 VIII 卷　第 1 册附录 7
UT1	UT 铸件	RT1 来包括的剩余区域	ASME BPVC,第 V 卷第 5 章	ASME A609/A609M,表 2,质量级别 2
UT2	UT 锻件和板件	所有表面	ASME BPVC,第 V 卷第 5 章	锻件:ASME BPVC,第 VIII 卷第 1 册,UF-55　角波卷,ASME B16.34 直波束 板件:ASTM A578/A578M 接收标准等级 B
UT3	UT 焊接件	G.14	G.14	G.14
UT3	UT 覆层	G.17	G.17	G.17
UT4	铸件	100%	ASME BPVC,第 V 卷第 5 章	ASTM A609/A609M,表 2,质量等级 1
MT1	MT	G.6,G.7,G.11,G.15,G.18,G.20 或 G.26	G.6,G.7,G.11,G.15,G.18,G.20 或 G.26	G.6,G.7,G.11,G.15,G.18,G.20 或 G.26
MT2	MT	G.22	G.22	G.22
PT1	PT	G.8,G.9,G.12,G.16,G.19,G.21,G.24 或 G.25	G.8,G.9,G.12,G.16,G.19,G.21,G.24 或 G.25	G.8,G.9,G.12,G.16,G.19,G.21,G.24 或 G.25
PT2	PT	G.23	G.23	G.23
VT1	VT 铸件	100% 易接近表面	8.6 节	8.6 节
VT2	VT 锻件和板件	100% 易接近表面	ASME BPVC,第 VIII 卷第 1 册,UF-45 和 UF-46	ASME BPVC,第 VIII 卷　第 1 册,UF-45 和 UF-46
VT3	VT 焊接件	100% 易接近表面	ASME BPVC,第 V 卷第 9 章	焊缝咬边不应减少焊缝厚度(考虑两边)至最小厚度。阀座表面不允许出现表面孔隙或暴露的焊渣长度不允许超过 45 mm
VT4	其他	100% 易接近表面	适用的工业材料规范	适用的工业材料规范

注：G.6、G.7、G.8、G.9、G.11、G.12、G.13、G.14、G.15、G.16、G.17、G.18、G.19、G.20、G.21、G.22、G.23、G.24、G.25、G.26 是 API 6D—2014 附录 G。

（2）静水压/气压试验

表 1-17 中详细规定了 QSL-2、QSL-3 和 QSL-4 的补充试验要求。所有 QSL-4 压力试验应定期进行记录。QSL-1 无补充试验要求。当阀门应用于气体工况时,高压气体壳体和密封试验仅需列入到 QSL-3 和 QSL-4 中。QSL-4 高压气体壳体和密封试验需将阀门浸入水中。

表 1-17　补充压力试验要求

试验类型	质量规范等级			
	QSL-1	QSL-2	QSL-3	QSL-4
按 API 6D 9.3 进行高压壳体试验,试验压力为额定压力的 1.5 倍	按 API 6D 9.3 进行试验	按 API 6D 9.3 进行试验	要求 2 次试验,第 1 次试验后减少压力至 0 后,然后重复试验	要求 3 次试验,在每次试验后,减少压力至 0	试验 1 和试验 3 的保压时间应按照 API 6D 表 5 中规定的保压时间进行。试验 2 的保压时间应为表 5 中所列的保压时间的 4 倍
按 API 6D 9.4 进行高压阀座试验,试验压力为额定压力的 1.1 倍	按 API 6D 9.4 进行试验	按 API 6D 9.4 进行试验	要求每个阀座 2 次试验,第 1 次试验后减少压力至 0,然后全开和全关循环后重复试验	要求每个阀座 3 次试验,在每次试验后减少压力至 0,全开和全关循环	试验 1 和试验 3 的保压时间应按照 API 6D 表 6 中规定的保压时间进行。试验 2 的保压时间应为表 6 中所列的保压时间的 4 倍
按 API 6D H.3.3 类型 Ⅱ 进行低压阀座气密封试验,试验压力为 80 psi～100 psi	无	按 API 6D H3.3.3 类型 Ⅱ 要求每个阀座进行试验	要求每个阀座 2 次试验,第 1 次试验后减少压力至 0 后,然后循环全开和全关后重复每个阀座试验	要求每个阀座 3 次试验,在每次试验后,减少压力至 0,全开和全关循环	试验 1 和试验 3 的保压时间应按照 API 6D 表 6 中规定的保压时间进行。试验 2 的保压时间应为表 6 中所列的保压时间的 4 倍
按 API 6D H.4.2 进行高压气体壳体试验,试验压力为额定压力的 1.1 倍	无	无	要求 2 次试验,第 1 次试验后,减少压力至 0 后,然后重复试验	要求 3 次试验,在每次试验后,减少压力至 0	试验 1 和试验 3 的保压时间应按照 API 6D 表 H.1 中规定的保压时间进行。试验 2 的保压时间应为表 H.1 中所列的保压时间的 4 倍

表 1-17(续)

试验类型	质量规范等级			
	QSL-1	QSL-2	QSL-3	QSL-4
按 API 6D H.4.3 进行高压气体阀座试验,试验压力为额定压力的 1.1 倍	无	无	要求每个阀座 2 次试验,第 1 次试验后减少压力至 0,然后全开和全关循环后重复试验	要求每个阀座 3 次试验,在每次试验后,减少压力至 0,全开和全关循环	试验 1 和试验 3 的保压时间应按照 API 6D 附录 H 表 H.1 中规定的保压时间进行。试验 2 的保压时间应为表 H.1 中所列的保压时间的 4 倍

（3）文件

表 1-18 规定了 QSL-1、QSL-2、QSL-3 和 QSL-4 的最终装配文件要求,对于 QSL-1 无补充文件要求。

表 1-18　文件要求

	阀门要求提供的文件	QSL-1	QSL-2	QSL-3	QSL-4
1	符合 API 6D 标准的合格证明	√	√	√	√
2	控压件硬度试验报告	N/A	N/A	√	√
3	承压件硬度试验报告	N/A	N/A	√	√
4	压力试验报告(包括压力、试验时间、试验介质和接收准则)包括压力试验图形曲线记录复印件	N/A	√	√	√
5	压力试验设备校准证书(如压力表、传感器和图形记录仪)	N/A	N/A	√	√
6	热处理记录包括时间和温度,如温时图	N/A	N/A	√	√
7	承压件和控压件材料试验报告	N/A	√	√	√
8	对于在酸性工况下使用的阀门,符合 ANSI/NACE MR0175/ISO 15156 标准要求的合格证明	N/A	√	√	√
9	总图	N/A	√	√	√
10	NDE 记录	N/A	N/A	√	√
11	剖面装配图带零件明细表和材料明细表	N/A	N/A	√	√
12	安装、操作和维修指南/手册	N/A	√	√	√

注:N/A 表示不要求。"√"表示要提供的文件。

第二章

阀门设计

2-1   影响阀门密封性能的因素是什么?

影响阀门密封性能的因素主要有:

① 密封面质量;② 密封面宽度;③ 阀前和阀后的压力差;④ 密封面材料及其处理状态;⑤ 介质性质;⑥ 表面亲水性;⑦ 密封油膜的存在;⑧ 关闭件的刚性和结构特点。

(1)密封面质量对阀门密封性能的影响

当密封面上的比压在 40 MPa 以下时,密封面的质量对阀门密封性能起决定性作用。这是因为:当密封面上的比压小、表面粗糙度低时,泄漏量迅速增加。当密封面上的比压大时,表面粗糙度对泄漏量影响显著减小。

(2)密封面宽度对阀门密封性能的影响

密封面的宽度决定毛细孔的长度,当宽度加大时,流体沿毛细孔的运动行程加长了,因此增加了运动阻力。加大密封面宽度可以减小高压阀中的浸蚀磨损。密封面宽度加大后,会引起泄漏行程长度成正比地加大,因而能够按比例地减小泄漏量。但密封面宽度增加,在同样的密封力下,密封比压减小,又会使泄漏的可能性增加。因此,不能无限的增加密封面宽度。

(3)阀前和阀后的压力差对密封性能的影响

从理论上分析,阀前、阀后压力差和泄漏量既成正比关系。但试验证明,在其他条件相同的情况下,泄漏量的增长是超过压力差的增长的。泄漏量与压力差之间的关系可以近似地以下式表示:

$$G = M(N\Delta p^2 + S\Delta p)$$

式中:M,N,S——常数系数,这些系数取决于材料、密封表面的加工质量、密封面上的比压和其他条件;

Δp——压差。

(4)密封面材料及其处理状态对密封性能的影响

密封面材料及其处理状态对泄漏量有很大影响。由于密封面间的剩余间隙的大小取决于密封表面微观不平度,所以,如果使用钢制材料的密封圈,造成相同的密封程度,就必须有较大的比压,其值必然超过用黄铜制的密封圈的比压值。

与密封有关的表面处理状态,诸如波峰的变形、尺寸和密封间隙的改变以及其他现象都发生在金属表层上,很明显,表层的性能与基体材料性能有明显区别。由加工引起的变化可以影响表层厚度 50 μm。研磨时,基体金属不露出。工作表层组织不同于金属基体组织。

材料性能与几何形状及微观几何形状相比影响不大。金属性能的差异,通常小于其他因素的影响。密封面在低压条件下工作时,这种情况更为突出。当比压高于 40 MPa 时,表面粗糙度对密封性的影响就减小,而材料的影响便增加。

(5) 介质性质对密封性的影响

液体介质对泄漏量的影响基本上由黏度确定。在同一个密封阀中,各种条件相同的情况下,黏度大的介质比黏度小的介质渗漏要小得多。气体介质和液体介质相比差别更为明显,但饱和蒸汽除外,饱和蒸汽容易保证密封性。

(6) 表面亲水性对密封性的影响

表面亲水性影响泄漏量是因为毛细孔特性的作用。当密封表面上只要有一层很薄的油膜,就需加大通过间隙的水的压力。由于金属表面具有良好的亲水性,煤油能很容易地渗透铸件和密封连接的间隙。所以,在一些最关键性的场合,是采用煤油进行密封性液压试验的。采用腔体内灌煤油的方法进行密封性试验,大约相当于 0.3 MPa~0.4 MPa 压力下的水压密封性试验。

(7) 密封油膜的存在对密封性能的影响

密封表面间存在密封油膜对其密封性有显著影响。当表面上有密封油膜时,破坏了接触表面间的亲水性,这样就需要较大的压力差,才能使介质通过毛细孔。另外,表面上有稠密封油膜能堵塞介质的通道行程,提高连接的密封性。在采用油膜密封时应注意:当工作过程中油膜减少时,应能恢复油膜的厚度。阀门中采用的油脂不允许溶于介质之中,也不应该蒸发、硬化或有其他的化学变化。

(8) 关闭件的刚性和结构特点对密封性能的影响

关闭件的刚性和结构的影响是由于零件的弹性作用。由于闭路阀的关闭件不是绝对刚性,而是具有一定弹性的,在与介质有关的压力作用下,尺寸是变化的,这也引起密封面力的相互作用的变化。为补偿这些变化对关闭件密封性的影响,最好是使密封面具有较小的刚性,即弹性变形尽可能大些。

2-2　什么是密封比压?它是如何计算的?

作用于单位密封面上的平均正压力称为密封比压,密封比压实际上是指密封面理论计算比压。

密封比压按下式计算:

$$q = \frac{F_{MZ}}{\pi(d+b_m)b_m}$$

式中:q——密封比压,MPa;

F_{MZ}——出口端阀座密封面上的总作用力,N;

d——阀座密封面内径,mm;

b_m——阀座密封面宽度,mm。

2-3 什么是必须比压？它是如何计算的？

保证阀门密封所需比压称为必须比压，单位为 MPa。

必须比压按下式计算：

$$q_{MF} = \frac{c + kp}{\sqrt{b/10}}$$

式中：c——与密封面材料有关的系数；

k——在给定密封面材料条件下，考虑介质压力对比压值的影响系数；

p——介质工作压力，MPa；

b——密封面宽度，mm。

注：当材料为铸铁、青铜和黄铜时，c 值取 3.0；当材料为钢和硬质合金时，c 值取 3.5；当材料为铝和铝合金、聚乙烯及聚氯乙烯胶板时，c 值取 1.8；当材料为中硬橡胶时，c 值取 0.4。

2-4 什么是许用比压？它是如何确定的？

阀门密封材料允许的最大比压力称为许用比压。

许用比压的确定往往是根据查表（查设计手册中密封面材料的许用比压 $[q]$ 表），但从表中查出的许用比压必须保证：

$$q_{MF} < q < [q]$$

式中：q_{MF}——保证密封所需比压，即必须比压，MPa；

q——密封比压，MPa；

$[q]$——密封面材料的许用比压，MPa。

2-5 什么情况下阀体壁厚按薄壁容器计算？什么情况下阀体壁厚按厚壁容器计算？

当阀体外径与内径之比小于 1.2 时，按薄壁容器计算。

当阀体外径与内径之比大于 1.2 时，按厚壁容器计算。

2-6 薄壁阀体脆性材料按第几强度理论计算？计算式是什么？

对于用铸铁等脆性材料制造的薄壁阀体，其壁厚按第一强度理论——最大拉应力理论计算。

其计算式如下：

$$t_B = \frac{pD_N}{2[\sigma_L] - p} + c$$

式中：t_B——考虑腐蚀裕量后阀体的壁厚，mm；

p——设计压力，取公称压力 PN，MPa；

D_N——阀体中腔最大内径，根据结构需要选定，mm；

$[\sigma_L]$——材料的许用拉应力，MPa；

c——考虑铸造偏差、工艺性和介质腐蚀等因素而附加的裕量，mm。

2-7 薄壁阀体塑性材料按第几强度理论计算？计算式是什么？

对于塑性材料制造的薄壁阀体，其壁厚按第四强度理论——能量强度理论计算。

其计算式如下：

$$t_B = \frac{pD_N}{2.3[\sigma_L] - p} + c$$

式中：t_B——考虑腐蚀裕量后阀体的壁厚，mm；

$\quad$ p——设计压力，取公称压力 PN，MPa；

$\quad$ D_N——阀体中腔最大内径，根据结构需要选定，mm；

$\quad$ $[\sigma_L]$——材料的许用拉应力，MPa；

$\quad$ c——考虑铸造偏差、工艺性和介质腐蚀等因素而附加的裕量，mm。

2-8　高压阀门阀体壁厚如何计算？

高压阀门的阀体壁厚一般按厚壁容器公式计算，其计算式为：

$$t_B = \frac{D_N}{2}(k_0 - 1) + c$$

式中：k_0——阀体外径与内径之比，按下式计算：

$$k_0 = \sqrt{\frac{[\sigma]}{[\sigma] - \sqrt{3}\,p}}$$

其中：$[\sigma]$——材料的许用应力，MPa，$\dfrac{\sigma_b}{n_b}$ 与 $\dfrac{\sigma_s}{n_s}$ 两者中的较小值。

σ_b 和 σ_s 分别为常温下材料的强度极限和屈服极限，MPa。

n_b 和 n_s 分别为以 σ_b 为强度指标的安全系数和以 σ_s 为强度指标的安全系数，取 $n_b = 4.25$，$n_s = 2.3$。

$\quad$ D_N——阀体中腔最大内径，根据结构需要选定，mm；

$\quad$ c——考虑铸造偏差、工艺性和介质腐蚀等因素而附加的裕量，mm。

2-9　阀体中法兰连接螺栓在高温下工作时按哪三种工况分别验算？计算式是什么？

阀体中法兰连接螺栓在高温下工作时按常温、初加温和高温三种工况分别验算，当介质温度小于等于 300 ℃时，只按常温工况验算。

计算式如下：

（1）螺栓的总计算载荷

① 常温时螺栓的总计算载荷

F_{LZ} 取 F' 或 F'' 中较大值。

其中，F'——操作下总作用力，N；

$$F'_{LZ} = F_{DJ} + F_{DF} + F_{DT} + F'_{FZ} \quad (N)$$

式中：$F_{DJ} = \dfrac{\pi}{4} \cdot D_{DP}^2 \cdot P \quad (N)$

$\quad$ D_{DP}——垫片平均直径，mm；

$\quad$ p——计算压力，MPa；

$\quad$ F_{DJ}——垫片处介质作用力，N。

$$F_{DF} = 2\pi D_{DP} B_N m_{DP} p$$

$$B_N \text{——垫片有效宽度,mm;}$$

$$m_{DP} \text{——垫片系数;}$$

$$F_{DF} \text{——垫片上密封力,N。}$$

$$F_{DT} = \eta F_{DJ}$$

$$\eta \text{——系数;}$$

$$F_{DT} \text{——垫片弹性力,N。}$$

$$F'_{FZ} = K_1 F_{MJ} + K_2 F_{MF} + F_P + F_T$$

$$K_1 \text{、} K_2 \text{——系数;}$$

$$F_{MJ} \text{——密封面处介质作用力,N;}$$

$$F_{MF} \text{——密封面上密封力,N;}$$

$$F_P \text{——阀杆径向截面上介质作用力,N;}$$

$$F_T \text{——阀杆与填料摩擦力,N;}$$

$$F'_{FZ} \text{——关闭时阀杆总轴向力,N;}$$

$$F'' = F_{YJ}$$

式中：F''——最小预紧力,N。

F_{YJ}——必须预紧力,N。

$$F_{YJ} = \pi D_{DP} B_N q_{YJ} K_{DP}$$

$$q_{YJ} \text{——密封面预紧比压,MPa;}$$

$$K_{DP} \text{——垫片形状系数。}$$

② 初加温时螺栓的总计算载荷

（初加温即介质温度刚刚升到所要求的温度的这一阶段。此时,介质与法兰、螺栓、螺母之间的温度差较大）。

$$F'_{LZ} = F_{LZ} + F'_t$$

式中：F'_t——初加温时螺栓温度变形力,N;

$$F'_t = \frac{\Delta t'_{FL} \alpha' \cdot L}{\dfrac{L}{A_L + E'_L} + \dfrac{\delta_{DP}}{A_{DP} \cdot E_{DP}}}$$

$\Delta t'_{FL}$——初加温时法兰与螺栓间的温度差,℃;

α'——材料线膨胀系数;

L——螺栓计算长度,mm;对于钻孔的取 $2h + \delta_{DP}$,对于攻丝的取 $h + \delta_{DP}$;

h——法兰厚度,mm;

δ_{DP}——垫片厚度,mm;

A_L——螺栓总截面积,mm²;

A_{DP}——垫片面积,mm²;

$$A_{DP} = \pi \cdot D_{DP} \cdot b_{DP}$$

E'_L——螺栓材料的弹性模数,MPa;

E_{DP}——垫片材料的弹性模数,MPa。

③ 高温时螺栓的总计算载荷（高温即介质温度已经稳定在所要求的温度,此时,介质与法兰、螺栓、螺母之间的温差相对地减少了）。

$$F''_{LZ} = F_{LZ} + F''_t$$

式中：F''_t——高温时螺栓温度变形力,N。

$$F''_t = \frac{\Delta t''_{FL} d'' L}{\dfrac{L}{A_L \cdot E''_L} + \dfrac{\delta_{DP}}{A_{DP} \cdot E_{DP}}}$$

式中：$\Delta t''_{FL}$——高温正常操作时,法兰与螺栓间的温度差,℃;

d''——螺栓材料的线膨胀系数;

E''_L——螺栓材料的弹性模数,MPa。

（2）螺栓的强度计算

根据螺栓的总计算载荷验算螺栓的强度。

① 常温时螺栓的拉应力

$$\sigma_{L1} = \frac{F_{LZ}}{A_L} \leqslant [\sigma_L]_1$$

式中：$[\sigma_L]_1$——螺栓材料在常温下的许用拉应力,MPa。

② 初加温时螺栓的拉应力

$$\sigma_{L2} = \frac{F'_{LZ}}{A_L} \leqslant [\sigma_L]_2$$

式中：$[\sigma_L]_2$——螺栓材料在加热温度 t'_L 下的许用拉应力,MPa。

螺栓温度 $t'_L = t'_F - \Delta t'_{FL}$,而法兰温度 t'_F 取介质温度的一半,即 $t'_F = 0.5t$。

③ 高温时螺栓的拉应力

$$\sigma_{L3} = \frac{F''_{LZ}}{A_L} \leqslant [\sigma_L]_3$$

式中：$[\sigma_L]_3$——螺栓材料在最高温度 t''_L 下的许用拉应力,MPa。

2-10　阀杆细长比是如何计算的?

阀杆的细长比（即柔度）按下式计算：

$$\lambda = \frac{4\mu_\lambda \cdot l_F}{d_F}$$

式中：d_F——阀杆直径,mm;

l_F——阀杆计算长度,mm;

μ_λ——长度系数。

2-11　阀杆的支承型式有几种?试绘图说明。

阀杆的支承型式有两种,一为两端铰链支承;二为一端铰链支承,另一端具有角约束和线约束的柱形铰支。

如图 2-1、图 2-2 所示。

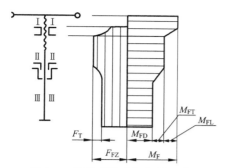

图 2-1　旋转升降式阀杆的受载

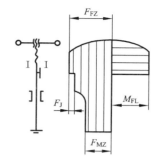

图 2-2　升降式阀杆的受载

2-12　什么情况下阀杆需进行稳定性校验？

对阀门关闭时,承受轴向压力的细长阀杆需进行直线形状平衡的稳定性校验。

阀杆稳定性通常只按常温工况进行验算。

当 $\lambda \leqslant \lambda_1$ 时(λ_1 为常温时中细长比的下界),对于这类低细长比(即小柔度)阀杆,不进行稳定性验算。但当 $\lambda_1 < \lambda < \lambda_2$ 时(λ_2 为常温时中细长比的上界)和 $\lambda \geqslant \lambda_2$ 时,对于这类中细长比(即中柔度)及高细长比(即大柔度)阀杆,则应进行稳定性校验。

2-13　阀杆螺母应计算哪几种应力？其计算式是什么？

工作时,因阀杆螺母承受阀杆轴向力,故阀杆螺母应计算螺纹表面的挤压应力、螺纹根部剪应力、螺纹根部弯曲应力。

其计算式如下:

① 螺纹表面的挤压应力

$$\sigma_{ZY} = \frac{F_{FZ}}{nA_Y} \leqslant [\sigma_{ZY}] \quad （MPa）$$

式中:F_{FZ}——常温时阀杆最大总轴向力,N;

　　　A_Y——单牙螺纹受挤压面积,mm^2;

　　　n——螺纹的计算圈数;

　　$[\sigma_{ZY}]$——材料的许用挤压应力,MPa。

② 螺纹根部剪应力

$$\tau = \frac{F_{FZ}}{nA_J} \leqslant [\tau] \quad （MPa）$$

式中:　A_J——螺母单牙螺纹根部受剪面积,mm^2;

　　　$[\tau]$——材料的许用剪应力,MPa。

③ 螺纹根部弯曲应力

$$\sigma_W = \frac{F_{FZ} \cdot X_L}{n \cdot W} \leqslant [\sigma_W] \quad （MPa）$$

式中:X_L——螺纹弯曲力臂,mm;

　　　W——螺母单牙螺纹根部的抗弯断面系数;

　　$[\sigma_W]$——材料的许用弯曲应力,MPa。

2-14　手轮的直径是如何确定的？

阀门手轮直径 D_0 主要根据阀杆或阀杆螺母上的最大扭矩和可以施加于手轮上的圆周力来选定。

$$D_0 = \frac{2\Sigma M}{F_s} \quad （mm）$$

式中：ΣM——阀杆（或阀杆螺母）上的最大扭矩，$N \cdot m$；

　　　F_s——手轮上的圆周力，N。

2-15　阀盖有几种型式？

阀盖通常分为整体式和分离式两种。整体式阀盖不但作为承压壳体的一部分，还与阀杆螺母连接作为阀杆的支架。整体式阀盖通常用于中小口径阀门。大口径阀门的阀盖通常分为两部分，与阀体连接的部分称为分离式阀盖；与阀杆螺母连接的部分称为支架。

由于在各种类型的阀门中，通常是阀盖和阀体共同组成"承压壳体"，所以，按照阀盖与阀体不同的连接形式，阀盖又可分为：法兰式阀盖、自紧式阀盖、螺纹式阀盖、夹箍式阀盖四种型式。

此外，阀盖按承压部分的形状还可分为平板型阀盖（圆形平板阀盖和非圆形平板阀盖）、蝶形阀盖和球形（无折边球面）阀盖三种。

2-16　各种型式的阀盖是如何计算的？

各种型式的阀盖计算方法与它们的形状有关。

1. 平板型阀盖

平板型阀盖一般用于压力不高的止回阀上，可分为圆形和非圆形两类。

（1）圆形平板阀盖如图 2-3 所示，按垫片的结构形式又可分为 a 型、b 型、c 型三种。

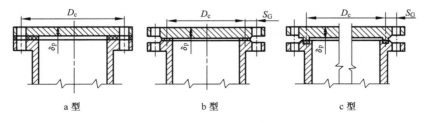

a 型　　　　　　　　　b 型　　　　　　　　　c 型

图 2-3　平板型阀盖

① a 型平板阀盖按下式计算

$$\delta_p = D_c \sqrt{\frac{0.25p}{[\sigma]_t}} + c \quad （mm）$$

式中：δ_p——阀盖厚度，mm；

　　　D_c——阀盖计算直径，mm；

　　　p——设计压力，MPa；

　　　$[\sigma]_t$——设计温度下材料的许用应力，MPa；

　　　c——附加裕量，mm。

② b 型、c 型平板阀盖,按下式分别计算,取较大值。

预紧状态:

$$S_p = D_c \sqrt{\frac{1.78 W S_G}{p D_c^3} \cdot \frac{p}{[\sigma]}} \quad (\text{mm})$$

式中:W——预紧状态时或操作状态时螺栓设计载荷,N;

S_G——螺栓中心至垫片压紧力作用中心线的径向距离,mm;

$[\sigma]$——材料的许用应力,MPa。

操作状态:

$$\delta_p = D_c \sqrt{\left(0.3 + \frac{1.78 W S_G}{p D_c^3}\right) \frac{p}{[\sigma]_t}} + c \quad (\text{mm})$$

(2)非圆形平板阀盖厚度

① 对图 2-3 中 a 型所示非圆平板阀盖,按下式计算:

$$\delta_p = D_c \sqrt{\frac{0.25 z p}{[\sigma]_t}} + c \quad (\text{mm})$$

式中:z——非圆形平板阀盖的形状系数。

$$z = 3.4 - 2.4 \frac{a}{b},\text{且 } z \leqslant 2.5$$

式中:a——非圆形平板阀盖的短轴长度,mm;

b——非圆形平板阀盖的长轴长度,mm。

② 对图 2-3 中 b 型、c 型所示非圆平板阀盖,按下式计算:

$$\delta_p = a \sqrt{\left(0.3 z + \frac{6 W S_G}{p L a^2}\right) \frac{p}{[\sigma]_t}} \quad (\text{mm})$$

式中:L——非圆形平板阀盖螺栓中心连线周长,mm。

2. 蝶形阀盖

蝶形阀盖的受力情况比平板形阀盖好,蝶形阀盖结构如图 2-4 所示。

$$\delta = \frac{M p R_i}{2 [\sigma]_t - 0.5 p} + c$$

式中:δ——蝶形阀盖壁厚,mm;

M——蝶形阀盖形状系数;

R_i——蝶形封头球面部分内半径,mm。

M 按下式计算:

$$M = \frac{1}{4} \left(3 + \sqrt{\frac{R_i}{r}}\right)$$

蝶形阀盖的许用应力按下式确定:

$$[p] = \frac{2 [\sigma]_t \delta_e}{M R_i + 0.5 \delta_e}$$

式中:$[p]$——蝶形阀盖的许用应力,MPa;

δ_e——蝶形阀盖的有效厚度,mm。

3. 无折边球面阀盖

无折边球面阀盖如图 2-5 所示。

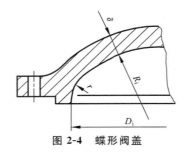

图 2-4　蝶形阀盖

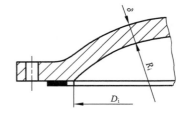

图 2-5　无折边球面阀盖

无折边球面阀盖的壁厚按下式计算：

$$\delta = \frac{QpD_i}{2[\sigma]_t - p} + c \quad (\text{mm})$$

式中：Q——系数；

D_i——阀盖内直径，mm。

2-17　支架有几种型式？有几种断面型式？

根据阀杆螺母与支架的不同安装方式，支架可分为如下三种型式。

① 阀杆螺母式支架，主要用于手轮操作的阀门，如图 2-6 所示。

② 立柱横梁式支架，主要用于小口径阀门或低压阀门，如图 2-7 所示。

③ 法兰连接式支架，主要用于安装各种操纵机构的大口径阀门，如图 2-8 所示。

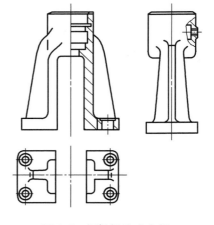

图 2-6　阀杆螺母式支架

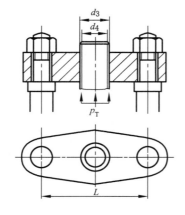

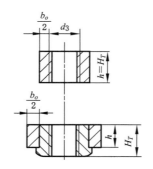

a) 立柱横梁式支架　　　　　　b) 横梁的螺纹部分截面

图 2-7　立柱横梁式支架

支架的断面型式,一般来讲有如下八种:

① 矩形断面型式,如图 2-9 所示。

② 椭圆形断面型式,如图 2-10 所示。

③ T 形断面型式,如图 2-11 所示。

④ 弓形断面型式,如图 2-12 所示。

⑤ 扇形断面型式,如图 2-13 所示。

⑥ 空心圆柱形断面型式,如图 2-14 所示。

⑦ 曲杆形断面型式,如图 2-15 所示。

⑧ 平板弯曲形断面型式,如图 2-16 所示。

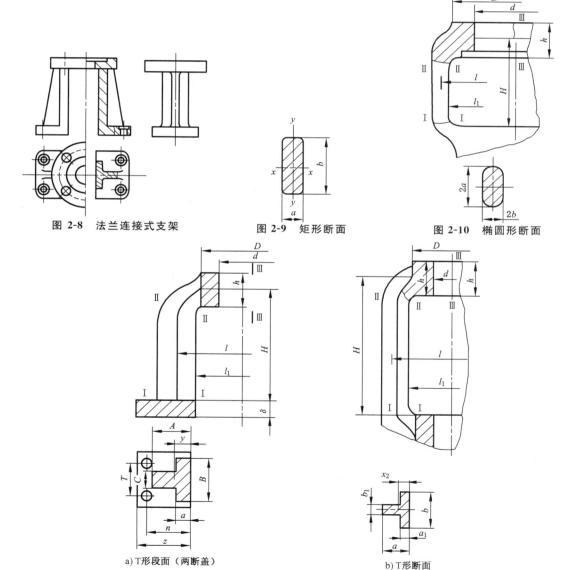

图 2-8 法兰连接式支架

图 2-9 矩形断面

图 2-10 椭圆形断面

a)T形段面(两断盖)

b)T形断面

图 2-11 T 形断面

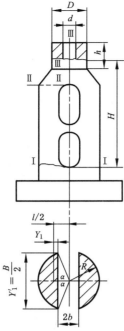

图 2-12 弓形断面

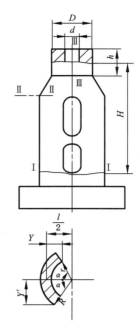

图 2-13 扇形断面

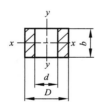

图 2-14 空心圆柱形断面

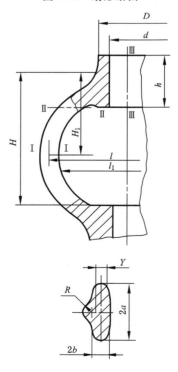

图 2-15 曲杆形断面

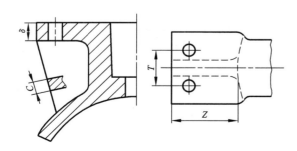

图 2-16 平板弯曲形断面

2-18 试举出两种断面形式的支架计算方法。

由于支架(或框架)的受力情况比较复杂,把它当作超静定的固定桁架,在其中间部分受到阀杆轴向力 F'_{FZ} 的作用来计算。

(1)闸阀 T 形断面形式的支架计算

图 2-11b) Ⅰ-Ⅰ断面的合成应力

$$\sigma_{\Sigma I}=\sigma_{wI}+\sigma_{LI}+\sigma_{wI}^{N}\leqslant[\sigma_{L}] \quad (MPa)$$

式中:σ_{wI}——弯曲应力,按下式计算:

$$\sigma_{wI}=\frac{M_1}{W_I^Y} \quad (MPa)$$

式中:M_1——弯曲力矩,按下式计算:

$$M_1=\frac{F'_{FZ}\cdot l}{8}\cdot\frac{1}{1+\frac{1}{2}\cdot\frac{H}{l}\cdot\frac{I_{\text{Ⅲ}}^x}{I_{\text{Ⅱ}}^y}} \quad (N\cdot mm)$$

式中:l——框架两重心之间的距离,即:

$$l=l_1+2x_2 \quad (mm)$$

式中:x_2——框架形心位置,mm;

$I_{\text{Ⅲ}}^x$,$I_{\text{Ⅱ}}^y$——Ⅲ-Ⅲ断面对 x 轴和Ⅱ-Ⅱ断面对 y 轴的惯性矩,mm^4;

H——框架高度,mm;

W_I^Y——Ⅰ-Ⅰ断面对 y 轴的断面系数;

σ_{LI}——拉应力,按下式计算:

$$\sigma_{LI}=\frac{F'_{LZ}}{2A_1} \quad (MPa)$$

式中:A_1——Ⅰ-Ⅰ断面的面积,mm^2;

σ_{WI}^{N}——扭力矩引起的弯曲应力,按下式计算:

$$\sigma_{WI}^{N}=\frac{M_{\text{Ⅲ}}^{N}}{W_I^X} \quad (MPa)$$

式中:$M_{\text{Ⅲ}}^{N}$——扭力矩,按下式计算:

$$M_{\text{Ⅲ}}^{N}=\frac{M_{FJ}\cdot H}{l} \quad (N\cdot mm)$$

式中:M_{FJ}——阀杆螺母和支架间的摩擦力矩,N·m;

W_I^x——Ⅰ-Ⅰ断面对 x 轴的断面系数。

图 2-11b) Ⅱ-Ⅱ断面的合成应力

$$\sigma_{\Sigma\text{Ⅱ}}=\sigma_{w\text{Ⅱ}}+\sigma_{L\text{Ⅰ}}\leqslant[\sigma_L] \quad (MPa)$$

图 2-11b) Ⅲ-Ⅲ断面的弯曲应力

$$\sigma_{w\text{Ⅲ}}=\frac{M_{\text{Ⅲ}}}{W_{\text{Ⅲ}}^X}\leqslant[\sigma_w] \quad (MPa)$$

式中:$M_{\text{Ⅲ}}$——Ⅲ-Ⅲ断面的弯曲力矩,按下式计算:

$$M_{\text{Ⅲ}}=\frac{F_{FZ}\cdot l}{4}-M_1 \quad (N\cdot mm)$$

$W_{\text{Ⅲ}}^X$——Ⅲ-Ⅲ断面对 X 轴的断面系数。

（2）截止阀矩形断面形式的支架计算

如图 2-17，Ⅰ-Ⅰ断面的合成应力：

$$\sigma_{\Sigma\text{I}} = \sigma_{\text{wI}} + \sigma_{\text{LI}} + \sigma_{\text{wI}}^{\text{N}} \leqslant [\sigma_{\text{L}}] \quad （\text{MPa}）$$

式中：σ_{wI}——弯曲应力，按下式计算：

$$\sigma_{\text{wI}} = \frac{M_{\text{I}}}{W_{\text{I}}^{\text{T}}} \quad （\text{MPa}）$$

式中：M_{I}——弯曲力矩，按下式计算：

$$M_{\text{I}} = \frac{F'_{\text{FZ}} l_4}{8} \cdot \frac{1}{1 + \frac{1}{2} \cdot \frac{H}{l_4} \cdot \frac{I_{\text{III}}^{x}}{I_{\text{I}}^{y}}}$$

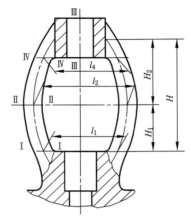

图 2-17　矩形断面支架

σ_{LI}——拉应力，按下式计算：

$$\sigma_{\text{LI}} = \frac{F'_{\text{FZ}}}{2A_1} \quad （\text{MPa}）$$

$\sigma_{\text{wI}}^{\text{N}}$——扭力矩引起的弯曲应力，按下式计算：

$$\sigma_{\text{wI}}^{\text{N}} = \frac{M_{\text{I}}^{\text{N}}}{W_{\text{I}}^{\text{X}}} \quad （\text{MPa}）$$

式中：M_{I}^{N}——扭力矩，按下式计算：

$$M_{\text{I}}^{\text{N}} = \frac{M_{\text{FJ}} H}{l_4} \quad （\text{N} \cdot \text{mm}）$$

如图 2-17，Ⅱ-Ⅱ断面的合成应力

$$\sigma_{\Sigma\text{II}} = \sigma_{\text{wII}} + \sigma_{\text{LII}} + \sigma_{\text{wII}}^{\text{N}} \leqslant [\sigma_{\text{L}}] \quad （\text{MPa}）$$

式中：σ_{wII}——弯曲应力，按下式计算：

$$\sigma_{\text{wII}} = \frac{M_{\text{II}}}{W_{\text{II}}^{\text{Y}}} \qquad M_{\text{II}} = M_{\text{I}} \quad （\text{MPa}）$$

σ_{LII}——拉应力，按下式计算：

$$\sigma_{\text{LII}} = \frac{F'_{\text{FZ}}}{2A_{\text{II}}} \quad （\text{MPa}）$$

$\sigma_{\text{wII}}^{\text{N}}$——扭力矩引起的弯曲应力，按下式计算：

$$\sigma_{\text{wII}}^{\text{N}} = \frac{M_{\text{II}}^{\text{N}}}{W_{\text{I}}^{\text{X}}} \quad （\text{MPa}）$$

式中：M_{II}^{N}——扭力矩，按下式计算：

$$M_{\text{II}}^{\text{N}} = \frac{M_{\text{FJ}} \cdot H_2}{l_4} \quad （\text{N} \cdot \text{mm}）$$

如图 2-17，Ⅲ-Ⅲ断面的弯曲应力

$$\sigma_{\text{wIII}} = \frac{M_{\text{III}}}{W_{\text{III}}^{\text{X}}} \leqslant [\sigma_{\text{w}}] \quad （\text{MPa}）$$

式中：M_{III}——Ⅲ-Ⅲ断面的弯曲力矩，按下式计算：

$$M_{\text{III}} = \frac{F'_{\text{FZ}} \cdot l_2}{4} - M_1 \quad （\text{N} \cdot \text{mm}）$$

如图 2-17，Ⅳ-Ⅳ断面的合成应力：

$$\sigma_{\Sigma\text{IV}} = \sigma_{\text{wIV}} + \sigma_{\text{LIV}} \leqslant [\sigma_{\text{L}}] \quad （\text{MPa}）$$

式中：σ_{wIV}——弯曲应力，按下式计算：

$$\sigma_{wⅣ} = \frac{M_Ⅳ}{W_Ⅳ^y} \quad （MPa）$$

式中：$M_Ⅳ$——弯曲力矩，按下式计算：

$$M_Ⅳ = \frac{F'_{FZ} \cdot l_4}{8} \cdot \frac{1}{1 + \frac{1}{2} \cdot \frac{H}{l_4} \cdot \frac{I_Ⅲ^x}{I_Ⅳ^y}} \quad （MPa）$$

$\sigma_{LⅣ}$——拉应力，按下式计算：

$$\sigma_{LⅣ} = \frac{F'_{FZ}}{2A_Ⅳ} \quad （MPa）$$

2-19 填料压盖应校核哪三个断面？其校验式是什么？

如图 2-18 所示填料压盖，应校核Ⅰ-Ⅰ、Ⅱ-Ⅱ以及按角度 45°方向所取的断面Ⅲ-Ⅲ的弯曲应力。

其校验式如下：

① Ⅰ-Ⅰ断面的弯曲应力为：

$$\sigma_{w1} = \frac{M_Ⅰ}{W_Ⅰ} \leqslant 〔\sigma_w〕 \quad （MPa）$$

式中：$M_Ⅰ$——Ⅰ-Ⅰ断面的弯矩，按下式计算：

$$M_Ⅰ = \frac{F_{YT}}{2} \cdot l_1 \quad （N \cdot mm）$$

式中：l_1——力臂，按下式计算：

$$l_1 = l_2 - \frac{D}{2} \quad （mm）$$

F_{YT}——压紧填料的总力，按下式计算：

$$F_{YT} = 0.785 \quad （D^2 - d^2） \cdot q_T \quad （N）$$

式中：d——填料压盖的内径，mm；

q_T——压紧填料所必须施加于填料上部的比压，MPa；$q_T = \varphi \cdot p$，φ 为石棉绳填料的最大轴向比压系数。

$W_Ⅰ$——Ⅰ-Ⅰ断面的断面系数，按下式计算：

$$W_Ⅰ = \frac{1}{6} b_1 \cdot h_1^2 \quad （mm^3）$$

式中：b_1、h_1——Ⅰ-Ⅰ断面的宽度和高度，mm。

② Ⅱ-Ⅱ断面的弯曲应力为：

$$\sigma_{w2} = \frac{M_Ⅱ}{W_Ⅱ} \leqslant 〔\sigma_w〕 \quad （MPa）$$

式中：$M_Ⅱ$——Ⅱ-Ⅱ断面的弯矩，按下式计算：

$$M_Ⅱ = \frac{F_{YT}}{2}（l_2 - \frac{D_P}{\pi}）$$

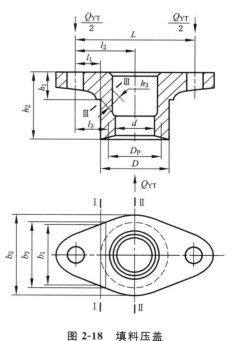

图 2-18 填料压盖

$$（N \cdot mm）$$

式中：D_P——填料反力处的平均直径，为 $\frac{D+d}{2}$，mm；

对于铸铁制的填料压盖，断面系数 $W_Ⅱ$ 按下式计算：

$$W_{II} = \frac{I_{II}}{Y_2} \qquad (\text{mm}^3)$$

式中：Y_2——Ⅱ-Ⅱ断面中性轴到填料压盖上端面的距离，

$$Y_2 = \frac{h_2^2(D-d) + h_1^2(b_2-D)}{2[h_2(D-d) + h_1(b_2-D)]} \qquad (\text{mm})$$

I_{II}——Ⅱ-Ⅱ断面对其中性轴的惯性矩，

$$I_{II} = \frac{1}{3}[(b_2-d)Y_2^3 + (D-d)(h_2-Y_2)^3 - (b_2-D)(Y_2-h_1)^3] \qquad (\text{mm}^4)$$

对于钢制填料压盖，断面系数按下式计算：

$$W_{II} = \frac{I_{II}}{h_2 - Y_{II}} \qquad (\text{mm}^3)$$

③ Ⅲ-Ⅲ断面的弯曲应力为：

$$\sigma_{w3} = \frac{M_{III}}{W_{III}} \leqslant [\sigma_w] \qquad (\text{MPa})$$

式中：M_{III}——Ⅲ-Ⅲ断面的弯矩，按下式计算：

$$M_{III} = \frac{F_{YT}}{2} \cdot l_3 \qquad (\text{N} \cdot \text{mm})$$

式中：l_3——力臂，按下式计算：

$$l_3 = l_2 - \frac{1}{2}D_P \qquad (\text{mm})$$

W_{III}——Ⅲ-Ⅲ断面的断面系数。

$$W_{III} \approx \frac{1}{6}b_3 \cdot h_3^2 \qquad (\text{mm}^3)$$

2-20 填料有几种？填料与阀杆的摩擦力是如何计算的？

填料有软质和硬质两种（详见4-16）。

由于阀门开启和关闭时，填料与阀杆之间将产生摩擦力，其大小与填料的种类和材质有关。因此，在设计各类阀门时都要计算填料与阀杆的摩擦力。

填料与阀杆的摩擦力计算如下。

① 石棉填料的摩擦力：

$$F_T = \Psi \cdot d_F \cdot b_T \cdot p \qquad (\text{N})$$

式中：Ψ——系数；

d_F——阀杆直径，mm；

b_T——填料宽度，mm；

p——额定压力，MPa。

② 聚四氟乙烯成型填料的摩擦力：

$$F_T = \pi \cdot d_F \cdot h \cdot z \times 1.2p \cdot f \qquad (\text{N})$$

式中：h——单圈填料与阀杆接触的高度，mm；

z——填料圈数；

f——填料与阀杆的摩擦系数。

③ O形圈摩擦力：

$$F_T = \pi \cdot d \cdot b'm \cdot z \cdot q_{mf} \cdot f \qquad (\text{N})$$

式中：d——O 形圈内径，mm；

　　b'_m——O 形圈与阀杆接触的宽度，取 O 形圈圆断面半径的 $\frac{1}{3}$，mm；

　　　z——O 形圈个数；

　　q_{mf}——密封比压，按下式计算：

$$q_{mf}=\frac{0.4+0.6p}{\sqrt{b'_m/10}} \qquad （MPa）$$

　　　f——橡胶 O 形圈与阀杆的摩擦系数。

2-21　明杆、暗杆楔式闸阀设计时应计算哪些项目？

明杆、暗杆楔式闸阀设计时，一般应计算如下项目：
① 阀体厚度；
② 密封面上的总作用力及计算比压；
③ 阀杆的强度；
④ 阀杆的稳定性；
⑤ 闸板的厚度；
⑥ 中法兰的强度；
⑦ 中法兰连接螺栓的强度（常温时、初加温时、高温时的强度）；
⑧ 阀盖的强度；
⑨ 支架强度；
⑩ 支架连接螺栓的强度；
⑪ 手轮总扭矩及圆周力；
⑫ 阀杆螺母的强度；
⑬ 其他主要零部件的强度等。

2-22　平板闸阀设计时应计算哪些项目？

平板闸阀设计时，一般应计算如下项目：
① 密封面上总作用力及计算比压；
② 阀杆（上阀杆和下阀杆）的强度；
③ 闸板强度；
④ 填料箱的密封面上总作用力及计算比压；
⑤ 填料箱（填料函）及体箱厚度；
⑥ 中法兰连接螺栓的强度（常温时、初加温时、高温时的强度）；
⑦ 中法兰强度；
⑧ 阀体壁厚；
⑨ 支架强度；
⑩ 盲板厚度；
⑪ 手轮总扭矩及圆周力。

2-23　截止阀设计时应计算哪些项目？

截止阀设计时，一般应计算如下项目：

① 阀体壁厚；
② 密封面上总作用力及计算比压；
③ 阀杆强度；
④ 阀瓣强度；
⑤ 中法兰连接螺栓的强度（常温时、初加温时、高温时的强度）；
⑥ 中法兰强度；
⑦ 阀盖强度；
⑧ 支架强度；
⑨ 手轮总扭矩及圆周力。

2-24　旋启式止回阀设计时应计算哪些项目？

旋启式止回阀设计时，一般应计算如下项目：
① 阀体壁厚；
② 密封面上总作用力及计算比压；
③ 中法兰连接螺栓的强度（常温时、初加温时、高温时的强度）；
④ 中法兰强度；
⑤ 阀盖强度；
⑥ 阀瓣强度。

2-25　升降式止回阀设计时应计算哪些项目？

升降式止回阀设计时，一般应计算如下项目：
① 密封面上总作用力及计算比压；
② 密封环上总作用力及计算比压；
③ 螺栓常温时强度；
④ 法兰常温时强度；
⑤ 阀体边缘强度；
⑥ 阀体锥形过渡部分强度；
⑦ 阀体壁厚；
⑧ 阀瓣强度；
⑨ 阀瓣座强度。

2-26　球阀设计时应计算哪些项目？

球阀设计时，一般应计算如下几个项目：
① 阀体壁厚；
② 阀座密封面上总作用力及计算比压；
③ 手柄总扭矩及圆周力；
④ 阀座预紧力；
⑤ 阀杆与球体连接部分强度；
⑥ 阀杆强度；
⑦ 弹性元件及其他主要零部件的计算等；
⑧ 球体直径。

2-27 球阀设计时球体的直径是如何确定的?

设计球阀,首先应根据球孔直径 d 以及介质工作压力 p 来确定球体的直径 D。D 按阀的结构需要和工作压力的大小来选定,一般取 $D=(1.6\sim1.9)d$,通常小口径的球阀取大值;大口径球阀取小值。如 DN20,取 $D=38$ mm;DN100,取 $D=160$ mm。

2-28 旋塞阀设计时应计算哪些项目?

旋塞阀设计时,一般应计算如下项目:
① 阀体壁厚;
② 旋塞上最大轴向力;
③ 手柄最大扭矩。

2-29 浮动球球阀与固定球球阀有什么区别? 设计时应注意什么?

浮动球球阀的球体是浮动的,在介质压力作用下,球体能产生一定的位移并紧压在出口端的密封圈上,保证出口端密封,属单面强制密封。

固定球球阀的球体是固定的,受压后不产生移动,因此,在设计时两密封圈应有足够的预紧力保证密封,属双面强制密封。通常在与球连在一体的上、下阀杆上装有推力或滑动轴承。

浮动球球阀设计时应着重考虑密封圈材料能否经受得住球体的介质作用载荷。因为球体承受工作介质的载荷全部传给了出口密封圈,因此,这种浮动球结构广泛用于中低压球阀。此外,设计时还应考虑大口径球阀操作时需要较大的力矩。

2-30 金属密封蝶阀的力矩是如何考虑的?

金属密封蝶阀的力矩主要考虑四部分,即:
$$M=M_m+M_c+M_T+M_f$$
式中:M——各扭矩之和,Nmm;
  M_m——密封副的摩擦力矩,Nmm;
  M_c——轴承处摩擦力矩,Nmm;
  M_T——阀杆与填料间的摩擦力矩,Nmm;
  M_f——由于径向偏心的作用所产生于蝶板上的不平衡力矩,Nmm。

各力矩的计算如下:

(1) M_m

从理论上讲,金属硬密封蝶阀的密封形式是线性密封,但在介质压力作用下密封面要发生一定的弹性变形,形成一定宽度的接触面,故需按面密封计算摩擦力 F_m。
$$M_m=F_m R$$
式中:F_m——密封面摩擦力,N;
  $F_m=\pi D_m \cdot b_m \cdot q_{mf} \cdot f$
  D_m——密封副接触位置轨迹圆直径,mm;
  $D_m=\Phi'$
  q_{mf}——密封比压,MPa;

$$q_{mf} = 1.4 \times \frac{3.5 + (PN + p)}{\sqrt{bm/10}}$$

b_m——密封面接触宽度，mm；

$$b_m = 2.15 \sqrt[3]{q_m \frac{E_1 + E_2}{E_1 \cdot E_2} \cdot \frac{R_1 R_2}{R_1 + R_2}}$$

q_m——密封副上均布载荷，MPa；

$$q_m = \frac{1}{4} D_m (PN + p)$$

R——摩擦力臂，mm；

$$R = \sqrt{(0.707\ 1 \times \frac{\Phi'}{2})^2 + h^2}$$

E_1 和 E_2 分别为阀座、蝶板密封面材料的弹性模量，取 $E_1 = E_2 = 210\ GN/m^2$。R_1 和 R_2 分别为阀座和蝶板接触处图 2-21 中的 E_0 点的曲率半径。

（2）M_c

$$M_c = \left[\frac{\pi}{4} D_m (PN + p) + F_G \cdot g \right] \mu \cdot \frac{d_F}{2}$$

式中：F_G——蝶板质量，N；

μ——摩擦系数，取 $\mu = 0.1$；

d_F——阀杆直径，mm。

（3）M_T

$$M_T = \varphi b_T P \cdot \frac{d_F}{2}$$

式中：b_T——填料宽度，mm；

φ——系数，与填料尺寸和压缩高度有关。

（4）M_f

$$M_f = \Delta A (PN + p) \frac{e}{2}$$

如图 2-19，由于径向偏心 e 的存在，旋转轴两侧不对称，因此产生不对称力矩 M_f。

$$\Delta A = e \cdot D_m$$

合理的设计为不对称力矩 M_f 的作用使阀门关闭。

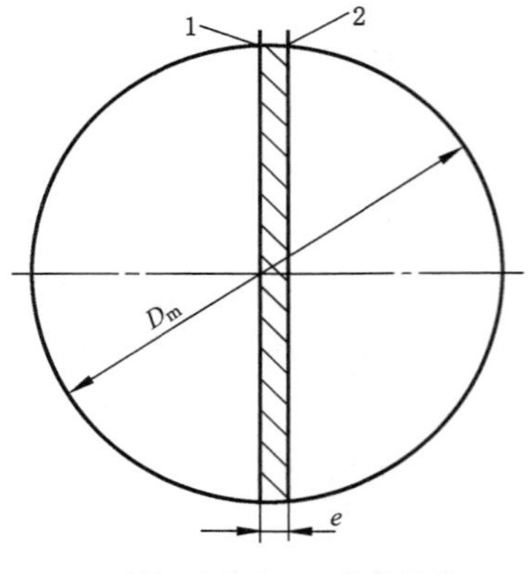

（5）阀杆强度校核

$$\tau = \frac{1.3M}{\omega} \leqslant [\tau]$$

式中：τ——材料的计算扭应力，MPa；

ω——断面系数，m^3；

$[\tau]$——材料的许用扭应力，MPa。

1—蝶板对称线；2—旋转轴线

图 2-19　不平衡力矩计算简图

2-31　金属密封蝶阀蝶板回转轴心位置是如何确定的？

双偏心金属密封蝶阀蝶板回转轴心位置按如下方法计算：

（1）密封副锥度

阀门密封副锥度的选取应保证蝶板关闭后，蝶板能够自锁并在弹性力作用下实现密封。锥度值取决于密封副的材料（见表 2-1）。

表 2-1　密封副锥度

密封副材料	载荷 N	摩擦系数 μ			arctan μ (°)	锥度 (°)
		起动	10 min	60 min		
铍青铜-铍青铜	32	0.46	0.57	0.58	24.7	49.4
不锈钢-不锈钢	64	0.29	0.47	0.51	16.17	32.34
不锈钢-黄铜	64	0.21	0.32	0.39	11.86	23.72
铍青铜-黄铜	64	0.28	0.34	0.38	15.6	31.2

根据图 2-20，锥度 $\angle AOB$ 为

$$\angle AOB = \angle t_1 Ot'_1 \leqslant 2\arctan\mu \tag{2-31-1}$$

能满足自锁条件。

（2）蝶板启闭回转位置

蝶板球端面的 SR 球心在 X 轴 O_1 点，蝶板直径 Φ_{AB} 为 $2a$ 并交 X 轴垂足于 C 点。$CO_1 = H$，与球 SR 相切于 Φ_{AB} 的正圆锥顶点在坐标原点 O。在 $Z\text{-}X$ 切面，得半径为 R 的圆，圆锥母线的延长线 t_1，t'_1。$\angle AOO_1 = \angle BOO_1 = \arcsin\dfrac{H}{R}$，$OO_1 = \dfrac{R^2}{H}$；$OC = \dfrac{a^2}{H}$，圆锥曲面方程为 $\dfrac{Z^2}{a^2} + \dfrac{Y^2}{a^2} = \dfrac{H^2}{a^4} \cdot X^2$，得 $Z = \dfrac{1}{a}(H^2X^2 - a^2Y^2)^{\frac{1}{2}}$，$\dfrac{\partial Z}{\partial X} = \pm\dfrac{H^2}{a}(H^2X^2 - a^2Y^2)^{-\frac{1}{2}}X$。若

$$\begin{cases} X = \dfrac{a^2}{H}\text{时，} \dfrac{\partial Z}{\partial X} = \pm\dfrac{H}{a} \\ Y = 0 \end{cases}$$

$$\begin{cases} X = \dfrac{a^2}{H}\text{时，} \dfrac{\partial Z}{\partial X} = \infty \\ Y = \pm a \end{cases}$$

设双偏心蝶板转动轴心过 $E(X_1, \infty, Z_1)$ 点，回转半径分别为 $AE = r_1$，$BE = r_2$（平行于 $Z\text{-}X$ 平面的截面上回转半径用 r_{1i} 和 r_{2i} 表示）。蝶板按顺时针方向旋转至设计关闭位置 Φ_{AB} 时，密封副中弹性密封件被压缩变形后实现密封。

（3）蝶板过关闭状态

在实际使用中，蝶板有可能关闭到 $A'EB'$ 位置，即过关闭。若 $E(X_1, \infty, Z_1)$ 选择得当，则使蝶

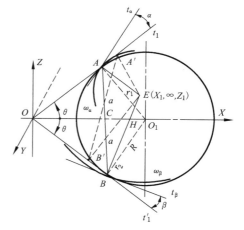

图 2-20　三维坐标系中蝶板位置

板上 A 及 B 两点（实际上是 Φ_{AB} 上各点）沿各自的圆弧 ω_α 及 ω_β 转动一微小的角度。圆弧 ω_α 及 ω_β 分别在 A 和 B 两点切线为 t_α 和 t_β，这就是 A 和 B 两点转动的方向。

由于受阀座的限制（即蝶板不能超越切线 t_1 和 t'_1），故弹性密封件又一次被压缩变形，从而提高了密封比压。当蝶板按逆时针开启时，一旦过 Φ_{AB} 而沿圆弧 ω_α 和 ω_β 旋转时，可以达到及早脱离阀座（即切线 t_1 和 t'_1）减小开启摩擦扭矩的目的。因此应使切线 $t_{\alpha i}$ 与切线 t_{1i} 有正值角度差，而切线 $t_{\beta i}$ 与切线 t_{1i} 有负值角度差，并且 $\alpha_i > \beta_i$。

（4）蝶板轴心位置

图 2-21 是图 2-20 的轴测投影图，$E(X_1,$ $\infty, Z_1)$ 是平行密封副的蝶板轴线。直线 Y_a-Y_a 过 C 点且平行 Y 轴。在密封面 Φ_{AB} 上，使 $Z >$ Z_1，并任取 A_i 点做 E 线垂线，垂足为 e_i。E 线在平面 Φ_{AB} 上投影为 M-N。过 $A_i e_i$ 做平行 Z-X 面的平面与 M-N 交点为 D_i，得 $r_{1i} =$ $\sqrt{D_i e_i^2 + A_i D_i^2}$，则 Φ_{AB} 方程为 $Z^2 + Y^2 = a^2$。现取 $Y \geqslant 0$ 部分分析，$D_i e_i = X_1 - DC = X_1 - \dfrac{a^2}{H}$，

$A_i D_i = \sqrt{a^2 - Y^2} - Z_1$，得

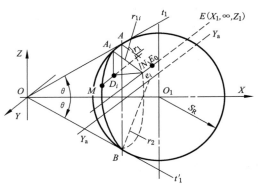

图 2-21　蝶板位置轴测图

$$r_{1i}^2 = A_i e_i^2 = (X_1 - \frac{a^2}{H})^2 + (\sqrt{a^2 - Y^2} - Z_1)^2 \qquad (2\text{-}31\text{-}2)$$

过 A_i 点圆心为 e_i 回转半径为 r_{1i} 的圆方程为 $(Z - Z_1)^2 + (X - X_1)^2 = r_{1i}^2$，由式（2）知，

当 $\begin{cases} Z_1 \leqslant Z \leqslant \alpha \\ -\sqrt{a^2 - Z_1^2} \leqslant Y \leqslant \sqrt{a^2 - Z_1^2} \end{cases}$ 时，得

$$Z = [(\sqrt{a^2 - Y^2} - Z_1)^2 + (X_1 - \frac{a^2}{H})^2 - (X - X_1)^2]^{\frac{1}{2}} + Z_1 \qquad (2\text{-}31\text{-}3)$$

同理，当 $\begin{cases} 0 \leqslant Z \leqslant Z_1 \\ \sqrt{a^2 - Z_1^2} \leqslant Y \leqslant a \\ -a \leqslant Y \leqslant -\sqrt{a^2 - Z_1^2} \end{cases}$ 时，得

$$Z = -[(Z_1 - \sqrt{a^2 - Y^2})^2 + (X_1 - \frac{a^2}{H})^2 - (X - X_1)^2]^{\frac{1}{2}} + Z_1 \qquad (2\text{-}31\text{-}4)$$

同理，当 $\begin{cases} -a \leqslant Z \leqslant 0 \\ -a \leqslant Y \leqslant a \end{cases}$ 时，得

$$Z = -[(\sqrt{a^2 - Y^2} + Z_1)^2 + (X_1 - \frac{a^2}{H})^2 - (X - X_1)^2]^{\frac{1}{2}} + Z_1 \qquad (2\text{-}31\text{-}5)$$

以上这些圆心在轴心线 $E(X_1, \infty, Z_1)$ 且平行 Z-X 面并与 Φ_{AB} 正交的一系列圆的包络曲面相当于蝶板密封线上诸点的运动轨迹。在与 Φ_{AB}（相当于密封线）交点处对 X 轴的斜率分别为

当 $\begin{cases} Z_1 \leqslant Z \leqslant a \\ X = \dfrac{a^2}{H} \end{cases}$ $X_1 > \dfrac{a^2}{H}$ 时，由式（2-31-3），得

$$\frac{\partial Z}{\partial X} = \frac{X_1 - \dfrac{a^2}{H}}{\sqrt{a^2 - Y^2} - Z_1} = +\infty \qquad (2\text{-}31\text{-}3a)$$

同时，据式（2-31-4）、式（2-31-5）分别得

$$\frac{\partial Z}{\partial X} = \frac{X_1 - \dfrac{a^2}{H}}{\sqrt{a^2 - Y^2} - Z_1} \leqslant 0 \qquad (2\text{-}31\text{-}4a)$$

$$\frac{\partial Z}{\partial X} = -\frac{X_1 - \dfrac{a^2}{H}}{\sqrt{a^2 - Y^2 - Z_1}} \leqslant 0 \tag{2-31-5a}$$

所有平行于 $Z\text{-}X$ 面之截面,截球 SR 外切于 Φ_{AB} 正圆锥得一系列单叶双曲线。当 $X = \dfrac{a^2}{H}$ 时,这些双曲线与 Φ_{AB} 交点处的切线斜率为

$$\frac{\partial Z}{\partial X} = \pm H(a^2 - Y^2)^{\frac{1}{2}} \tag{2-31-6}$$

当 $Z>0$ 时,$\dfrac{\partial Z}{\partial X}>0$;当 $Z<0$ 时,$\dfrac{\partial Z}{\partial X}<0$。分别将式(2-31-3a)、式(2-31-4a)和式(2-31-5a)与式(2-31-6)比较,式(2-31-3a)数值大于式(2-31-6),即式(2-31-3a)在该点切线倾角(X 正向)均大于式(2-31-6)表示的单叶双曲线在该点切线的倾角(注意,$Z = Z_1$ 时,式(2-31-3a)的倾角为 $\dfrac{\pi}{2}$)。同样,式(2-31-4a)表示的切线倾角大于 $\dfrac{\pi}{2}$,而式(2-31-6)表示的切线倾角小于 $\dfrac{\pi}{2}$(当 $Y = a$ 时,倾角为 $\dfrac{\pi}{2}$)。式(2-31-5a)表示的切线负倾角绝对值小于式(2-31-6)表示的负倾角绝对值。综上所述,蝶板轴心位置满足了双偏心的要求。

由式(2-31-3a)、(2-31-4a)、(2-31-5a)和式(2-31-6)分析,为免去繁冗的计算过程,可选取蝶板回转轴心范围为 $\begin{cases} Z>0 \\ OC<X \leqslant OO_1 \end{cases}$ 更简便地选取位置为 $\begin{cases} Z>0 \\ X \leqslant \dfrac{R^2}{H} \end{cases}$,这样,$X$ 轴向的位置偏差只能为负值,即蝶板回转轴心坐标为 $E\left(\dfrac{R^{2(-\Delta)}}{H}, \infty, 0^{+\delta}\right)$,其中 Δ 为制造偏差,δ 为蝶板几何中心(C 点)的偏心距,为减小关闭扭矩,一般 $\delta = (2\% \sim 10\%)\Phi_{AB}$。

2-32 减压阀的减压原理是什么?

减压阀的种类很多,但它们的减压原理都是相同的。

从流体力学的观点来看,减压阀是一个局部阻力可以变化的节流元件。即通过改变节流面积,使流速与流体的动能增加,造成压力损耗,这样,流体的压能减小,从而达到减压的目的。再依靠控制与调节系统的调节,使阀后压力的波动与弹簧力相平衡,而达到阀后压力保持在一定误差范围内。

对不可压缩流体,由流体的能量守恒原理可知减压阀上的压力损失为:

$$h = \varepsilon \frac{w^2}{2g} \qquad\qquad \text{(m)}$$

式中:ε——减压阀的阻力系数,随阀瓣的开启高度而变化;

　　　w——流体的平均流速,m/s;

　　　g——重力加速度,m/s^2。

或者写成:

$$h = \frac{p_J - p_C}{\gamma} \qquad\qquad \text{(m)}$$

式中:p_J——阀前压力,MPa;

　　　p_C——阀后压力,MPa;

　　　γ——流体密度,kg/m^3。

如果以流量代替速度,则:

$$q_v = \frac{A}{\sqrt{\xi}}\sqrt{\frac{p_J - p_C}{\gamma} \cdot 2g} \quad (\text{m}^3/\text{s})$$

式中:A——管道截面积,mm^2。

从上式中可见,当流量 q_v 不变时,ξ 值减小,阀后压力 p_C 就增大;反之,p_C 就减小。减压阀就是用改变行程来改变阻力系数,从而达到减压目的的。

2-33　减压阀的流量是如何确定的?

减压阀的流量一般由使用单位提供,但对于通用范围较广的减压阀,则可用下列方法计算:

(1)质量流量 q_m

对于水和空气,质量流量 q_m 按下式计算:

$$q_m = \frac{\pi \times 10^{-6}}{4}\text{DN}^2 u\rho \quad (\text{kg/s})$$

式中:q_m——质量流量,kg/s;

　　DN——阀门的公称尺寸,mm;

　　u——介质的流动速度,m/s;

　　ρ——介质的密度,kg/m^3。

对于蒸汽,质量流量 q_m 按下式计算:

$$q_m = \frac{\pi \times 10^{-6}\text{DN}^2 u}{4V}$$

式中:V——蒸汽的比体积。

(2)体积流量 q_v

体积流量 q_v 按下式计算:

$$q_v = \frac{q_m}{p}$$

式中:q_v——体积流量,L/s。

2-34　截止阀的开启高度是如何确定的?

截止阀开启时,应以开启高度的帘面积计算,当开启高度的帘面积等于阀门通道面时,即阀瓣的开启高度达到阀门公称尺寸的 $25\%\sim30\%$ 时,流量即已达到最大,亦即表明阀门已达到全开位置。所以,截止阀的全开位置应该按阀瓣的行程来确定。截止阀的开启高度也应该按阀瓣的行程来确定。

2-35　减压阀弹簧的作用是什么?它是如何计算的?

减压阀弹簧的作用是使阀后的压力波动与弹簧力相平衡,再依靠控制与调节系统的调节,而达到阀后压力保持在一定的误差范围内,从而达到减压的目的。

减压阀的弹簧包括主阀瓣弹簧、副阀瓣弹簧和调节弹簧,其计算公式如下:

(1)调节弹簧

① 调节弹簧的负荷

从力的平衡关系可以得出调节弹簧的负荷为:

$$p_d = p_c A_m + p_J \frac{\pi}{4} d_f^2 + p_b + \lambda_2 h \qquad (\text{MPa}) \qquad (2\text{-}35\text{-}1)$$

式中:A_m——受压膜片的有效面积,按下式计算:

$$A_m = 0.262(D_m^2 + D_m d_m + d_m^2) - \frac{\pi}{4} d_f^2 \qquad (\text{mm}^2) \qquad (2\text{-}35\text{-}2)$$

式中:D_m——膜片有效直径,mm;

$\quad\quad d_m$——调节弹簧下盘直径,mm;

$\quad\quad p_b$——副阀瓣弹簧的安装负荷,MPa,取 p_b 约为副阀瓣重量的 1.2 倍;

$\quad\quad \lambda_2$——副阀瓣弹簧的刚度,N/mm,按有关公式计算;

$\quad\quad h$——副阀瓣开启高度,mm。

实际上,公式(2-35-1)中,介质作用于副阀阀杆上的力和副阀瓣弹簧的安装负荷以及副阀瓣开启后弹簧的作用力等都很小,往往是忽略不计的,所以可以认为:

$$p_d \approx p_c A_m \qquad (\text{MPa})$$

在确定这些参数时,应当选好膜片尺寸,即在保证调节性能的前题下,尽可能选小尺寸的膜片。这是因为膜片大,虽调节性能较好,但弹簧的负荷增加,结构亦要增大。反之,膜片小,调节性能较差,弹簧的负荷和结构亦可缩小。

② 调节弹簧的尺寸

调节弹簧的负荷确定后,便可以根据有关公式来计算和选定弹簧的钢丝直径、圈数、刚度、间距、自由长度等,并验算材料的剪切应力。

(2)主阀瓣和副阀瓣弹簧

对于主阀瓣和副阀瓣弹簧,往往可以根据结构先选定一个规格的弹簧,然后再进行刚度和剪切应力的验算。这两种弹簧的受力都不大,但要求受力均匀。因此,弹簧的有效圈数应大于 4 圈。

计算时,应首先确定弹簧的最大工作负荷,根据负荷再确定弹簧的钢丝直径。

① 弹簧的代号及有关数据

如图 2-22 所示。

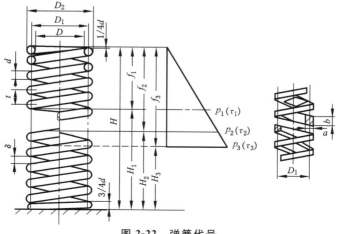

图 2-22　弹簧代号

D、D_1、D_2——弹簧的内径、中径和外径,mm;

d、a、b——圆钢丝直径、矩形钢丝垂直及平行于弹簧轴线的边长,mm;

H——弹簧的自由长度,mm;

t——弹簧圈之间的距离,亦称节距,mm;

δ——弹簧圈之间的间隙,mm;

n、n_1——弹簧的有效圈数(即工作圈数)及总圈数。弹簧圈的尾数应为正数或半圈,其死圈数至少各端有一圈,即 n_1-n 不能小于 2;

C——弹簧指数,亦称旋绕比,可按表 2-2 选用;

K——圆钢丝制弹簧钢丝直径和 C 有关的曲度系数,见表 2-3;

ψ、φ——矩形钢丝制弹簧,钢丝边长 a 及 b 和 c 有关的曲度系数,见图 2-23 所示;

p_1、p_2、p_3——弹簧在减压阀工作压力、整定压力及圈与圈并紧时的作用力,MPa;

τ_1、τ_2、τ_3——在弹簧作用力 p_1、p_2、p_3 时弹簧钢丝的相应扭转应力,MPa;

f_1、f_2、f_3——在弹簧作用力 p_1、p_2、p_3 时弹簧相应的压缩量,mm;

λ——弹簧单位变形量时的力,又称刚度,N/mm;

G——剪切弹性模数,MPa,见表 2-4;

$W=\dfrac{H}{D_1}$——弹簧稳定性指标,在 DN≤25mm 的减压阀,W 值最好小于或等于 2.7;DN≥32mm 时,W 值应小于或等于 3.7;

α——弹簧的螺旋升角,$\tan\alpha=\dfrac{t}{\pi D_1}$ 取 12°~15°,常用 6°~9°。

表 2-2 弹簧指数 C

d/mm	0.45~1	1.1~2.2	2.5~6	7~16	18~50
$C=\dfrac{D_1}{d}$	5~12	5~10	4~9	4~8	4~6

表 2-3 曲度系数 K 值

C^3	64	68.92	74.09	79.51	85.18	91.13	97.34	103.8	110.6	117.6	125	140.6
C	4	4.1	4.2	4.3	4.4	4.5	4.6	4.7	4.8	4.9	5.0	5.2
K	1.4	1.39	1.38	1.37	1.36	1.35	1.34	1.33	1.32	1.32	1.31	1.30
C^3	157.5	166.4	175.6	195.1	216	238.3	262.1	274.6	287.5	314.4	343	
C	5.4	5.5	5.6	5.8	6	6.2	6.4	6.5	6.6	6.8	7	
K	1.28	1.28	1.27	1.26	1.25	1.24	1.24	1.23	1.23	1.22	1.21	
C^3	373.2	405.2	421.9	439	474.6	512	614.1	729	857.4	1000	1331	
C	7.2	7.4	7.5	7.6	7.8	8	8.5	9	9.5	10	11	
K	1.21	1.2	1.2	1.19	1.19	1.18	1.17	1.16	1.15	1.14	1.13	

注:$K=\dfrac{4C-1}{4C-4}+\dfrac{0.615}{C}$。

常用弹簧材料的剪切弹性模数、扭转许用应力等有关数据见表 2-4。

表 2-4　材料特性

材 料	钢丝直径/mm	力学性能/(N/mm²)				弹簧工作的温度极限/℃
		扭转极限应力 τ_3	扭转许用应力 $[\tau]$	弹性模数 E	剪切弹性模数 G	
60Si2Mn	<8	100	60			−40～+250
	8～16	90	50			
	>16	80	45			
50CrVA	<8	100	60	2.1×10⁵	8000	−40～+400
	8～16	90	50			
	>16	80	45			

注：τ_3 为上海阀门厂制造弹簧时试验所得。

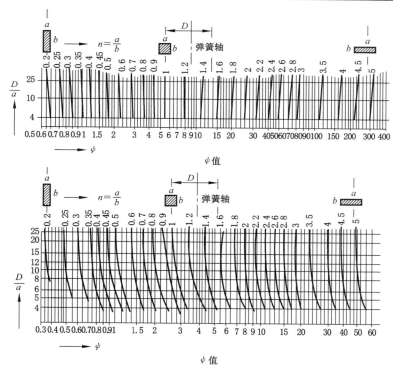

图 2-23　矩形钢丝制弹簧的 φ 值

② 计算的常用公式

如表 2-5 所示。

表 2-5　计算公式

序号	所求项目	单　位	常用计算公式
1	最大工作负荷 p_2	kg	根据工作条件确定
2	最大工作负荷下的变形量 f_2	mm	

表 2-5(续)

序号	所求项目	单位	常用计算公式
3	钢丝直径 d	mm	$d \geqslant 1.6\sqrt{\dfrac{K p_2 C}{[\tau]}}$
4	中 径 D_1	mm	$D_1 = d \times C$
5	工作圈数 n	圈	$n = \dfrac{f_2 G d^4}{8 p_2 D_1^3} = \dfrac{h G d^4}{8(p_2 - p_1)D_1^3} = \dfrac{h G d}{8(p_2 - p_1)C^3}$
6	总圈数 n_1	圈	$n_1 = n + (1.5 \sim 2.5)$
7	允许极限负荷 p	kg	$p = \dfrac{\pi d^3}{8 K D_1}\tau \geqslant 1.25 p_2$
8	极限负荷下单圈变形量 f	mm	$f = \dfrac{8 D_1^3 p}{G d^4}$
9	间 距 δ	mm	一般压缩弹簧 $\delta = f$
10	弹簧刚度 λ	N/mm	$\lambda = \dfrac{G d^4}{8 D_1^3 n} = \dfrac{8 C^3 p}{G d}$
11	最大工作负荷下的间距 δ_1	mm	$\delta_1 = \delta - \dfrac{p_2}{\lambda n} \geqslant 0.1 d$
12	剪切应力 τ	MPa	$\tau = K \cdot \dfrac{8}{\pi} \cdot \dfrac{p_2 D_1}{d^3} = K \times 2.54 \times \dfrac{p_2 C}{d^2}$
13	最大工作负荷下的变形量 f_2	mm	$f_2 = \dfrac{8 D_1^3 p_2 n}{G d^4} - \dfrac{8 C^3 p_2 n}{G d}$
14	节 距 t	mm	$t = d + \delta$
15	自由高度(或长度) H	mm	$H = \delta n + (n_1 - 0.5)d$
16	螺旋角 α	°	$\tan\alpha = \dfrac{t}{\pi D_1}$
17	钢丝展开长度 L	mm	$L = \dfrac{\pi D_1 n_1}{\cos\alpha} \approx \pi D_1 n_1$

采用矩形钢丝绕制的圆柱螺旋压缩弹簧:

最大工作负荷下的变形量:

$$f_2 = \frac{\psi}{G} \cdot \frac{n \cdot D_1^3 p_2}{a^4} = \frac{\psi}{G} \cdot \frac{n \cdot C^3 \cdot p_2}{a}$$

剪切应力:

$$\tau = \varphi \cdot \frac{p_2 D_1}{a^3} = \varphi \cdot \frac{p^2 \cdot C}{a^2}$$

2-36 安全阀的开启压力、关闭压力、排放压力是如何规定的?

安全阀的开启压力、关闭压力、排放压力和工作压力之间有一定的关系,它与介质的性质有关,其有关规定如下。

① 在蒸汽管路系统中的安全阀,见表2-6。

表2-6 蒸汽锅炉安全阀的开启压力

锅炉工作压力 (表压)/MPa	安全阀的开启压力	安全阀名称
<1.3	工作压力+0.02 MPa	控制安全阀
	工作压力+0.03 MPa	工作安全阀
1.3~6.0	1.03 倍工作压力	控制安全阀
	1.05 倍工作压力	工作安全阀
>6.0	1.05 倍工作压力	控制安全阀
	1.08 倍工作压力	工作安全阀

注1:排放压力按开启闭力再增加3%。
注2:关闭压力按工作压力的95%计算(由制造厂自定)。

② 在液体管路系统中的安全阀,见表2-7。

表2-7 液体管路安全阀的开启压力、关闭压力和排放压力

管路工作压力(表压)/MPa	开启压力	关闭压力	排放压力
≤2.5	+0.03 MPa	−0.03 MPa	+0.06 MPa
>2.5	$+0.1p\sim+0.3p$	$-0.3p\sim-0.1p$	$+0.25p$

由于液体在排放时对阀瓣的反冲力较小,因此要达到规定的全排量就必须提高排放压力。

③ 在气体管路系统中的安全阀,见表2-8。

表2-8 气体管路安全阀的开启压力、关闭压力和排放压力

管路工作压力 p(表压)/MPa		开启压力	关闭压力	排放压力
≤2.5	一般的	+0.03 MPa	−0.03 MPa	+0.045 MPa
	高灵敏度的	+0.025 MPa	−0.025 MPa	+0.04 MPa
>2.5	一般的			
	高灵敏度的			

注:对于有毒气体,应按工作压力大小、有害程度及设备的具体情况予以降低一个数值作为管路设备的实际操作压力。

2-37 如何确定安全阀弹簧的刚度?

在安全阀中,微启式安全阀由于没有完善的反冲机构,因此可以认为在规定的开启高

度内,阀瓣的升程和压力增加成正比。故,其弹簧的刚度 λ 由下式计算确定:

$$\lambda = \frac{(p_\mathrm{p} - p)A}{h} \qquad \text{(N/mm)}$$

式中:p_p——排放压力,MPa;

p——工作压力,MPa;

A——介质作用面积,mm^2;按下式计算:

$$A = \frac{\pi}{4}(d_0 + b_\mathrm{M})^2$$

式中:d_0——阀座喉部直径,即密封面内径,mm;

b_m——密封面宽度,mm;

h——阀瓣开启高度,mm;取 $h = \frac{1}{20} \sim \frac{1}{10} d_0$。

全启式安全阀则由于有完善的反冲机构,阀瓣开启速度很快,因此阀瓣的升程和压力增加不成比例。故在确定弹簧刚度时,应考虑阀瓣开启后,阀瓣受介质作用的面积有所增加,但此时的介质压力已不是排放压力 p_p,而比 p_p 要大大减小了。这个减小值,对带有双调节圈的安全阀取 $0.3p_\mathrm{p}$;对带反冲盘的安全阀取 $0.1p_\mathrm{p}$,因此,它们的弹簧刚度 λ 应按下式计算确定。

带双调节圈的安全阀:

$$\lambda = \frac{(p_\mathrm{p} - p)A + 0.3p_\mathrm{p} \cdot A_1}{h} \qquad \text{(N/mm)}$$

带反冲盘的安全阀:

$$\lambda = \frac{(p_\mathrm{p} - p)A + 0.1p_\mathrm{p} \cdot A_1}{h} \qquad \text{(N/mm)}$$

式中:A_1——阀瓣开启后受介质作用面积的增加部分,按下式计算:

$$A_1 = \frac{\pi}{4}(D_\mathrm{W}^2 - D_\mathrm{MP}^2) \qquad (\mathrm{mm}^2)$$

式中:D_W——阀瓣外径或反冲盘直径,对带双调节圈的安全阀,阀瓣外径 $D_\mathrm{W} = 1.7d_0$;对带反冲盘的安全阀,反冲盘直径 $D_\mathrm{W} = 2d_0$;

D_MP——密封面中径,即:

$$D_\mathrm{MP} = d_0 + b_\mathrm{M} \qquad (\mathrm{mm})$$

2-38 杠杆式安全阀的力平衡计算式是什么?

杠杆式安全阀是通过杠杆和重锤来平衡介质的作用力的阀门,如图 2-24 所示。图中 O 为支点,工作时,阀瓣上的作用力与重锤处于平衡状态,力平衡计算式如下:

$$p \cdot a = g_0 \cdot a + g \cdot l + F \cdot L$$

式中:p——介质作用在阀瓣上的力,N,按下式计算,$p = p_\mathrm{K} \cdot A$;

g_0——阀瓣、阀杆等零件的重量,N;

g——杠杆的重量,N;

F——重锤的重量,N;

a——阀杆作用中心至支点间的距离,mm;

l——杠杆重心至阀杆作用中心间的距离,mm;

L——重锤重心至支点间的距离,mm。

通常,杠杆式安全阀的杠杆比为 $a:L=1:10$,重锤的质量不超过 60 kg。

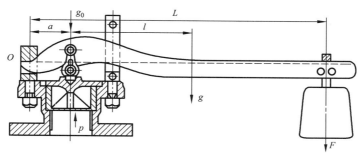

图 2-24 杠杆安全阀的力

2-39 如何确定安全阀的排放量? 液体、蒸汽、过热蒸汽、气体介质的排放量如何确定?

安全阀的排量是指安全阀在排放压力时,阀瓣处于全开状态,阀出口处介质在单位时间内排出的量。可以通过实际测定方法进行测定,亦可以根据安全阀的结构、介质性质、阀座通道面积等来进行计算。

对于给定规格的安全阀,应通过排量计算确定其排量或额定排量。安全阀的额定排量应大于并尽可能接近必要的排放量(即安全排放量),以确保承压设备的安全运行。

(1) 安全阀液体介质的额定排量

按下式计算:

$$W_r = K_{dr} A \frac{\sqrt{\Delta p \rho}}{0.196\ 4} \quad (\text{kg/h})$$

式中:W_r——额定排量,kg/h;

K_{dr}——额定排量系数;

A——流道面积,mm^2;

Δp——阀前后压差,MPa,按下式计算:

$$\Delta p = p_{dr} - p_b \quad (\text{MPa})$$

式中:p_{dr}——额定排放压力,MPa;

p_b——阀门出口压力,MPa;

ρ——介质密度,kg/m^3。

(2) 安全阀蒸汽介质的额定排量

介质为蒸汽时,阀出口绝对压力与进口绝对压力之比 σ 小于或等于临界压力比 σ^*:

$$\sigma^* = (\frac{2}{\kappa+1})^{\frac{\kappa}{\kappa-1}}$$

式中:κ——绝热指数。

当额定排放压力 $p_{dr} \leqslant 11$ MPa 时,额定排量 W_r 按下式计算:

$$W_r = 5.25/K_{dr} A p_{dr} K_{sh} \quad (\text{kg/h})$$

当 11 MPa＜额定排放压力 p_{dr}≤22 MPa 时,额定排量 W_r 按下式计算:

$$W_r = 5.25 K_{dr} A p_{dr} \left(\frac{27.644 p_{dr} - 1\,000}{33.242 p_{dr} - 1\,061}\right) K_{sh} \quad \text{(kg/h)}$$

式中:p_{dr}——绝对额定排放压力,MPa;

K_{sh}——过热修正系数。

（3）安全阀过热蒸汽介质的排量

按下式计算:

$$W'_r = W_r \cdot K_{sh} \quad \text{(kg/h)}$$

式中:W_r——饱和蒸汽的排量,kg/h。

（4）安全阀气体介质的额定排量

按下式计算:

$$W_r = 10 K_{dr} C A p_{dr} \sqrt{\frac{M}{ZT}} \quad \text{(kg/h)}$$

式中:p_{dr}——绝对额定排放压力,MPa;

C——气体特性系数,为绝热指数 κ 的函数;

M——气体分子量;

Z——气体压缩系数,根据介质的对比压力和对比温度确定;

T——排放时阀进口绝对温度,K。

C 按下式计算:

$$C = 3.948 \sqrt{\kappa \left(\frac{2}{\kappa+1}\right)^{\frac{\kappa+1}{\kappa-1}}}$$

p_{dr} 按下式计算:

$$p_{dr} = 1.1 p_s + 0.1$$

式中:p_s——整定压力,MPa。

2-40　怎样正确选择阀门驱动装置?

阀门驱动装置是用于操作阀门并与阀门相连接的一种装置。该装置可以用电力、气压、液压或其组合形式的动力源来驱动,其运动过程可由行程、转矩或轴向推力的大小来控制。

由于阀门驱动装置应有的工作特性和利用率取决于阀门的种类、装置的工作规范以及阀门在管线或设备上的位置。因此,阀门驱动装置正确的选择与阀门类型与技术参数戚戚相关。正确选择阀门驱动装置的依据是:

① 阀门的型式、规格与结构。

② 阀门的启闭力矩(管道压力、阀门的最大压差)、推力。

③ 最高环境温度与流体温度。

④ 使用方式与使用次数。

⑤ 启闭速度与时间。

⑥ 阀杆直径、螺矩、旋转方向。

⑦ 连接方式。

⑧ 动力源参数：电动的电源电压、相数、频率；气动的气源压力；液压的介质压力。

⑨ 特殊考虑：低温、防腐、防爆、防水、防火、防辐射等。

阀门驱动装置正确选择总的原则是：要求驱动装置的操作特性要与阀门的操作特性相吻合。一般的或不需自动控制的阀门，选配手动驱动装置；需快速启闭的阀门，选配气动或气-液联动驱动装置；需要自动控制或远距离遥控的阀门，选配电动驱动装置；在易燃易爆的管路上，若选配电动装置，需选配防爆型的电动驱动装置。

（1）阀门电动装置的正确选择

① 操作力矩：操作力矩是选择阀门电动装置的最主要参数。电动装置的输出力矩应为阀门操作最大力矩的 1.2～1.5 倍。

② 操作推力：阀门电动装置的主机结构，一种是不配置推力盘的，此时直接输出力矩；一种是配置有推力盘的，此时输出力矩通过推力盘中的阀杆螺母转换为输出推力。输出力矩与输出推力之比称为阀杆系数。阀杆螺母的梯形螺纹确定以后，阀杆系数按下式计算：

关闭时：

$$\lambda = \frac{d_p}{2} \cdot \frac{(f + \cos\beta \tan\alpha)}{(\cos\beta - f\tan\alpha)}$$

开阀时：

$$\lambda = \frac{d_p}{2} \cdot \frac{(f' - \cos\beta \tan\alpha)}{(\cos\beta - f'\tan\alpha)}$$

式中：d_p——梯形螺纹平均直径，mm；

f——阀杆螺纹摩擦系数；

f'——开阀时阀杆螺纹摩擦系数 $f' = f + 0.1$；

α——梯形螺纹升角，($°$)；

2β——梯形螺纹牙角，($°$)。

③ 输出轴转动圈数：阀门电动装置输出轴转动圈数的多少与阀门的公称尺寸 DN、阀门螺距、螺纹头数有关，按下式计算：

$$M = \frac{H}{ZS}$$

式中：M——电动装置应满足的总转动圈数；

H——阀门的开启高度，mm；

S——阀杆传动螺纹的螺距，mm；

Z——阀杆螺纹头数。

④ 阀杆直径：对于多回转类的明杆阀门来说，如果电动装置允许通过的最大阀杆直径不能通过所配阀门的阀杆时，是不能组装成电动阀门的。因此，电动装置空心输出轴的内径必须大于明杆阀门的阀杆外径。对于部分回转阀门以及多回转阀门中的暗杆阀门，虽不用考虑阀杆直径的通过问题，但在选配时亦应充分考虑阀杆直径与键槽的尺寸，使组装后能正常工作。

⑤ 输出转速：阀门的启、闭速度快，对工业生产过程是有利的。但是，启、闭速度快容易产生水击现象。因此，应根据不同的使用条件，选择恰当的启、闭速度。

⑥ 安装、连接方式：电动装置的安装方式有垂直安装、水平安装、落地安装；连接方式为：

$$\left.\begin{array}{c}\text{有推力盘}\\\text{无推力盘}\end{array}\right\} - \left\{\begin{array}{l}\text{阀杆通过(明杆多回转阀门)}\\\text{阀杆不通过}\left\{\begin{array}{l}\text{暗杆多回转}\\\text{部分回转}\end{array}\right.\end{array}\right.$$

（2）阀门气动装置的正确选择

① 操作力矩：操作力矩是选择阀门气动装置的最主要参数，气动装置的输出力矩应大于阀门的操作力矩，一般气动装置的输出力矩应为阀门最大操作力矩的 1.2～1.5 倍。

② 启、闭速度：一般对于启、闭速度要求快的阀门才选择气动装置。

③ 选配原则：对于闸阀、截止阀一般应选配只作往复直线运动的气动装置；而对于球阀、蝶阀及旋塞阀一般只选配把气缸的往复直线运动通过齿轮齿条转变成回转动作的气动装置或摆动式气缸气动装置；对于调节阀一般选配薄膜式气动装置；对于长输天然气管线上使用的球阀，通常使用气动装置，因为易实现利用本身气源的自动控制。

（3）阀门液动装置的正确选择

由于阀门液动装置可以获得很大的输出力矩，故当驱动阀门需要很大的力矩时可采用液压驱动装置。

在正确选择阀门驱动装置时还应看到：在所有阀门驱动装置中，电动和薄膜式气动装置应用最广。电动装置主要用在闭路阀门上；薄膜式气动装置主要用在调节阀上；电磁传动主要用于小口径阀门上；置入式的波纹管传动装置主要用在阀瓣的行程不大的阀门上和有腐蚀性和毒性的介质中，但它的使用范围往往受控制主传动装置的辅助的先导装置的限制。

选择阀门驱动装置，对阀门驱动装置不可忽视的一项特殊要求是，必须能够限定转矩或轴向力。阀门电动装置采用限制转矩的联轴器。在液动和气动驱动装置中，其最大作用力取决于膜片或活塞的有效面积以及驱动介质的压力。也可以用弹簧来限制所传递的作用力。

2-41　各种类型蒸汽疏水阀的力平衡方程式是怎样规定的？

自动排放凝结水并阻止蒸汽泄漏的阀门，称为蒸汽疏水阀。蒸汽疏水阀有 15 个种类，它们的力平衡方程式规定如下。

（1）杠杆浮球式疏水阀

临界开启时的力平衡方程（背压为零）

$$(F-W)(a+b)=\left(\frac{\pi}{4}d^2 p-W_1\right)a$$

式中：F——浮球所受浮力，N；

　　　W——浮球和杠杆的重量折合在球心的等效力，N；

　　　W_1——阀瓣重力，N；

　　　p——介质压力，MPa；

　　　d——阀瓣密封面的作用直径，mm；

　　a、b——力臂，mm。

（2）双阀瓣杠杆浮球式疏水阀

临界开启时的力平衡方程（背压力零）

$$(F-W)b=W_1 a$$

式中符号同前。

（3）自由浮球式疏水阀

临界开启时的力平衡方程（背压力零）

$$(F-W)a\cos\alpha=\left[\frac{\pi}{4}d^2 p-(F-W)\sin\alpha\right]\frac{d}{2}$$

式中：α——力臂，mm，$\alpha=\frac{D}{2}\cos\beta$；

　　　　W——浮球重量，N。

（4）浮桶式疏水阀

临界开启时的力平衡方程（背压为零）

$$F_c+F=W$$

式中：F_c——介质压力 p 作用在阀瓣上的力，N，$F_c=\frac{\pi}{4}d^2 p$；

　　　　F——介质对浮桶的浮力，N；

　　　　W——浮桶组件及桶内凝结水的重力和，N。

F 按下式计算：

$$F=\frac{\pi}{4}D^2 H\rho g$$

式中：D——浮桶直径，mm；

　　　　H——浮桶高度，mm；

　　　　ρ——介质密度，kg/mm³；

　　　　g——重力加速度，m/s²。

（5）杠杆浮桶式疏水阀

临界开启时的力平衡方程（背压为零）

$$(W-F)(a+b)=\frac{\pi}{4}d^2 bp$$

式中：F——介质对浮桶的浮力，N；

　　　　W——浮桶组件、杠杆及桶内凝结水的重量折合于浮桶竖直轴线上的等效力，N。

（6）活塞浮桶式疏水阀

副阀即将开启时的力平衡方程（背压为零）

$$F+\frac{\pi}{4}d_1^2 p=W$$

式中：F——浮桶所受浮力，N；

　　　　W——浮桶组件及浮桶内凝结水的重力和，N；

　　　　d_1——副阀瓣密封面作用直径，mm。

（7）杠杆倒吊桶式疏水阀

临界开启时的力平衡方程

$$(W-F)(a+b)=\frac{\pi}{4}d^2 pb$$

式中：W——桶重、杠杆重和阀瓣重折合在桶轴线上的等效力，N；

　　　F——浮力，N。

（8）自由半浮球式疏水阀

临界开启时的力平衡方程（背压为零）

$$d(W-F)\cos\alpha=\left[\frac{\pi}{4}d^2p-(W-F)\sin\alpha\right]\frac{d}{2}$$

式中：W——半浮球组件重力，N；

　　　F——介质对半浮球的浮力，N。

（9）膜盒式疏水阀

阀瓣即将开启时的力平衡方程（背压为零）

$$F_B+F_Y=F_n$$

式中：F_B——使膜盒变型所需要的力，N，其值取决于膜片材料；

　　　F_Y——介质压力 p 作用于膜盒外的力，N；

　　　F_n——低沸点液体的饱和蒸汽压力作用于膜盒内的力，N。

（10）隔膜式疏水阀

临界开启时的力平衡方程（背压为零）

$$F_0+F_p=F_n$$

式中：F_p——介质压力 p 作用于阀瓣上的力，N；

　　　F_0——使隔膜变型需要的力，N，其值取决于隔膜材料；

　　　F_n——填充液压力作用于阀瓣上的力，N。

（11）波纹管式疏水阀

临界开启时的力平衡方程（背压为零）

$$\frac{\pi}{4}D^2p_n=\frac{\pi}{4}(D^2-d^2)p+LK$$

式中：p_n——波纹管内填充液压力，MPa；

　　　L——波纹管恢复自由状态的距离，mm；

　　　D——波纹管有效直径，mm；

　　　K——波纹管刚度，N/mm。

（12）双金属片式疏水阀

双金属片可制作成许多形式，一些基本形状的双金属片在临界开启时的力平衡方程式（背压为零）

① 悬臂梁形

$$\frac{\pi}{4}d^2p=\frac{K(T-T_0)EBS^2}{4L}n$$

② 简支梁形

$$\frac{\pi}{4}d^2p=\frac{K(T-T_0)EBS^2}{L}n$$

③ 环形

$$\frac{\pi}{4}d^2p=K(T-T_0)ES^2n$$

式中：K——双金属片弯曲比；

$T-T_0$——温度差，K；

L——双金属片有效长度，mm；

S——双金属片厚度，mm；

B——双金属片宽度，mm；

E——双金属片弹性模量，MPa；

n——每组重叠的片数。

（13）脉冲式疏水阀

处于关闭状态时的力平衡方程（背压为零）

$$\frac{\pi}{4}(D^2-d^2)p_A+W=\frac{\pi}{4}(D^2-d_1^2)p_1$$

式中：p_A——中间室压力，MPa；

p_1——入口介质压力，MPa；

W——阀瓣重力，N。

（14）圆盘式疏水阀

临界开启时的力平衡方程（背压为零）

$$\frac{\pi}{4}d^2p=\frac{\pi}{4}D^2p_A$$

式中：p——入口介质压力，MPa；

p_A——中间室压力，MPa。

（15）波纹管脉冲式疏水阀

副阀临界开启时的力平衡方程（背压为零）

$$\frac{\pi}{4}(D^2-d^2)p=\frac{\pi}{4}D^2p_n+LK$$

式中：D——波纹管有效直径，mm；

p——入口介质压力，MPa；

p_n——波纹管内压力，MPa；

L——波纹管恢复自由状态的距离，mm；

K——波纹管刚度，N/mm。

2-42 自由浮球式蒸汽疏水阀球体关闭时水封高度是如何计算的？

自由浮球式蒸汽疏水阀球体关闭时水封高度的计算如下，以 $\phi68$ 球为例进行计算。

（1）球体开启时力的计算：

以 $\phi68$ 球为例计算，其他三球列表说明。

$$球的体积 V=\frac{1}{6}\pi\times6.8^3=164.6\ \text{cm}^3$$

当压力为 4.0 MPa 时，饱和水的密度为 $1/1.253$ kg/m³，则球浸没水中时的浮力

$$F'=164.6\times1/1.253=0.131\ \text{kg}=1.28\ \text{N}。$$

73

介质将球推向阀座的力 $F = 4.0 \times \dfrac{\pi}{4} \times 1.8^2 = 10.18$ N。

浮球的重量 $= 0.764$ N。

以 A 点为中心顺时针方向作用于球的转矩

$M_1 = 0.493 \times D(F-W)\cos15° = 1.67$ N·m

球体受力分析图如图 2-25。

逆时针方向作用于球的转矩

$M_2 = \dfrac{d}{2}[F-(F'-W)\sin15°] = 0.9$ N·m

因 $M_1 > M_2$,故当凝结水浸没球时可以开启。

其他规格如表 2-9 所示。

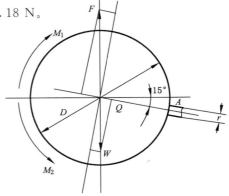

图 2-25　球体受力分析图

表 2-9　作用于不同规格球体的转矩

$\phi68$		$\phi120$		$\phi190$		$\phi220$	
15　20　25		25　40　50		50　80		80　100	
M_1	M_2	M_1	M_2	M_1	M_2	M_1	M_2
1.67	0.9	1.08	0.55	13.8	7.8	22.9	11.04
$M_1 > M_2$		$M_1 > M_2$		$M_1 > M_2$		$M_1 > M_2$	

(2)球体关闭时水封高计算。

以 $\phi68$ 为例计算。

A 点距球中心线的垂直高度 $H_1 = \dfrac{68}{2} \times \sin15° - \dfrac{1.8}{2}\cos15° = 0.793$ cm

水面浸没 A 点时球被浸没的体积

$V_1 = \dfrac{\pi}{3}(3.4-0.793)^2(3 \times 3.4-3.4+0.193) = 54.1$ cm³

凝结水在 100 ℃时比体积为 1.043 cm³/g,球质量 0.078 kg 时浸没在凝结水的体积

$V_2 = 0.078 \times 1000 \times 1.043 = 81.35$ cm³

因 $V_2 > V_1$,所以有足够的水封,故能防止蒸汽漏失。

2-43　对低温阀设计的要求是什么?

用于介质温度为 -40 ℃ ~ -100 ℃ 的各种阀门称为低温阀门。由于低温阀门其工作温度极低,因此,在设计这类阀门时,除了应遵循一般阀门的设计原则外,还有一些特殊要求。

(1)根据使用情况,低温阀的设计有下列要求:

① 阀门在低温介质及周围环境温度下应具有长时间工作的能力,一般使用寿命为 10 年或 3000~5000 次循环。

② 阀门不应成为低温系统的一个显著热源,这是因为热量的流入除降低热效率外,如流入过多,还会使内部流体急速蒸发,产生异常升压,造成危险。

③ 低温介质不应对手轮操作、填料密封性能产生有害的影响。

④ 直接与低温介质接触的阀门组合件应具有防爆和防火结构。

⑤ 在低温下工作的阀门组合件无法润滑,所以需要采取结构措施,以防止摩擦件擦伤。

(2) 低温阀主体材料选用应考虑的因素有下列要求:

① 阀门的最低使用温度。

② 金属材料在低温下保持工作条件所需要的力学性能,特别是冲击韧性、相对延伸率及组织稳定性。

③ 材料有足够的低温冲击强度。

④ 材料有不同的冷收缩性能。

⑤ 在低温及无油润滑的情况下,具有较好的耐磨性。

⑥ 具有良好的耐蚀性。

⑦ 采用焊接时还要考虑材料的焊接性能。

低温阀主体零部件阀体、阀盖、阀座、阀瓣等材料的选用原则是:温度高于 -100 ℃ 时,选用铁素体钢;温度低于 -100 ℃ 时,选用奥氏体钢;低压及小口径阀门可选用铜和铝等材料。阀杆及紧固件的材料选用:温度高于 -100 ℃ 时,阀杆和螺栓材料采用 Ni、Cr-Mo 等合金钢,经适当的热处理,以提高抗拉强度和防止螺纹咬伤等;温度低于 -100 ℃ 时,采用奥氏体不锈耐酸钢制造,同时,阀杆应镀硬铬(镀层厚 0.04 mm～0.06 mm),或进行氮化处理,以提高表面硬度。为防止螺母与螺栓咬死,螺母一般采用 Mo 钢或 Ni 钢,同时在螺纹表面涂二硫化钼。低温阀门用垫片应在常温、低温及温度变化下具有可靠的密封性和复原性。由于垫片材料在低温下会硬化和降低塑性,所以应选择性能变化小的垫片材料。使用温度为 -200 ℃,低温最高使用压力 3 MPa 时,采用长纤维白石棉的石棉橡胶板。使用温度为 -200 ℃、最高使用压力 5 MPa 时,采用耐酸钢带夹石棉缠制而成的缠绕式垫片,或聚四氟乙烯耐酸钢带绕制而成的缠绕式垫片。膨胀石墨与耐酸钢绕制而成的缠绕式垫片用于 -200 ℃ 的低温阀门上比较理想。低温阀门的填料选择要考虑填料的低温特性,一般在低温阀门中采用浸渍聚四氟乙烯 V 型填料。

(3) 低温阀结构设计有下列基本要求:

① 采用能充分承受温度变化而引起膨胀、收缩的阀体,而且阀座部位的结构不会因温度变化而产生永久变形。

② 采用能保护填料函的长颈阀盖结构。采用此结构的主要目的是减少传入装置内的热量,并防止因填料函部分过冷而使在填料函部位的阀杆和阀盖上部的零件结霜和冻结。保证填料箱部位的温度在 0 ℃ 以上。

③ 采用无论温度如何变化均能保持可靠密封的阀瓣。例如,闸阀采用弹性闸板或开式闸板;截止阀的平阀座及针形阀采用塞子形的阀瓣。

④ 采用上密封结构。低温阀,一般都要求设上密封结构,上密封面一般堆焊钴铬钨硬质合金,精加工后研磨。

⑤ 采用钴铬钨硬质合金堆焊结构的阀座、阀瓣(闸板)密封面。

注:① 软密封结构,由于聚四氟乙烯膨胀系数大,低温变脆,所以仅适用于温度高于 -70 ℃ 的低温阀,但聚三氟乙烯可用于 -162 ℃ 的低温阀。

② 低温阀门也可采用无填料的波纹管密封结构。

⑥ 采用泄压孔防止异常升压。泄压孔开设位置视阀门结构而定,有的在阀体上,有的在闸板上。

也可在阀门上设置引出管或安装安全阀以排出异常高压。

2-44　低温阀为什么要规定用长颈阀盖?

低温阀规定采用长颈阀盖,因为:

① 长颈阀盖具有保护填料函的功能,因为填料函的密封性是低温阀的关键之一。该处如果泄漏,将降低保冷效果,导致液化气体气化。在低温状态下随着温度的降低,填料弹性逐渐消失,防漏性能随之下降,由于介质渗漏造成填料与阀杆处结冰,影响阀杆正常操作,同时也会因阀杆上下移动而将填料划伤,引起严重泄漏。因此要保证填料箱部位的温度在8 ℃以上。

② 长颈结构便于缠绕保冷材料,防止冷能损失。

③ 长颈结构便于阀门主件通过阀盖拆下进行快速更换。由于设备冷段中的工艺管道和阀门经常装设在"冷箱"中,长颈阀盖可以穿过"冷箱"壁伸出。更换阀门主件时,只需通过阀盖进行拆换,而不需拆卸阀体。阀体与管道焊接成一体,尽可能地减小了冷箱的渗漏,保证了阀门的密封性。

2-45　阀门为什么要规定上密封装置?

当阀门全开时,阻止介质向填料函处渗漏的一种密封装置称为上密封装置。当闸阀、截止阀、节流阀处于关闭状态时,因截止阀、节流阀的介质流动方向是从阀瓣下方向上流动,所以体腔内没有压力,闸阀处于关闭状态时体腔内压力要低于工作压力,所以介质对填料的压力很小。当开启时,则填料处就要承受工作压力,若有上密封结构,则可防止工作介质压力作用于密封填料,延长密封填料的寿命,使阀门不致有外漏出现。它的另一个作用是,当密封填料处有渗漏时,可以全开启阀门,使上密封处密封,这样可以松开填料压盖或填料压套,增加填料,再压紧填压盖,从而保证阀门填料处密封,无外漏现象,因此,对于闸阀、截止阀、节流阀要规定有上密封装置。

2-46　安全阀排气时反作用力是如何计算的?

如图 2-26 所示,安全阀排放时,大量气体或蒸汽以音速或亚音速排出,给予阀门巨大的反作用力,对阀门与设备连接处产生很大的力矩。计算安全阀与设备连接部位的强度时,必须考虑到上述排气反作用力。

设安全阀通过排放管向大气排放,排放管道出口截面处压力可按下式计算:

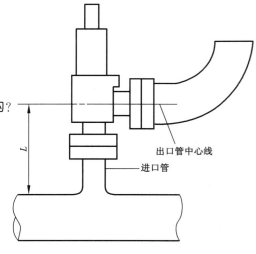

出口管中心线

进口管

图 2-26　带排放管道的安全阀示意图

$$p_c = \frac{K_{dr}Ap}{0.9A_c}\left(\frac{2}{\kappa+1}\right)^{\frac{\kappa}{\kappa-1}}\sqrt{\frac{1}{Z}}$$

式中：p_c——排放管出口截面处绝对压力，Pa；

p——排放时阀进口绝对压力，Pa；

K_{dr}——安全阀额定排量系数；

A——安全阀流道面积，m^2；

A_c——排放管出口截面积，m^2；

κ——气体绝热指数；

Z——气体压缩系数。

若 p_c 大于或等于大气压力，则排气速度为音速。此时，排放反作用力按下式计算：

$$F_{pf} = (1+\kappa)\left[\frac{K_{dr}}{0.9}Ap\left(\frac{2}{\kappa+1}\right)^{\frac{\kappa}{\kappa-1}}\sqrt{\frac{1}{Z}}\right] - A_c p_A$$

式中：F_{pf}——排气反作用力，N；

p_A——大气压力，$p_A = 1.013 \times 10^5$ Pa。

若 p_A 小于大气压力，则排气速度为亚音速。此时，排气反作用力按下式计算：

$$F_{pf} = \frac{(K_{dr}Ap)^2}{0.81A_c p_A Z}\kappa\left(\frac{2}{\kappa+1}\right)^{\frac{2\kappa}{\kappa-1}}$$

考虑到安全阀排气反作用力具有冲击载荷的性质，通常还需对计算得出的排气反作用力 F_{pf} 乘以动载系数 ζ_d。

动载系数 ζ_d 的计算程序如下：

① 安全阀装置周期按下式计算：

$$T = 0.1846\sqrt{\frac{WL}{EI}}$$

式中：T——安全阀装置周期，s；

W——安全阀、安装管道、法兰、附件等的重量，N；

L——从被保护设备到安全阀出口管中心线的距离，mm；

E——安全阀进口管在设计温度下的杨氏模量，MPa；

I——进口管惯性矩，mm^3。

② 计算比值 t_κ/T。此处，t_κ 为安全阀开启时间，即安全阀从关闭状态到全开启的动作时间(s)。

③ 根据比值 t_κ/T 查得动载系数 ζ_d，ζ_d 值为 1.1～2.0。

2-47 阀门密封副有几种形式？试绘图说明之。

阀门密封副由阀座和关闭件组成，依靠阀座和关闭件上两个经过精密加工的密封面紧密接触或密封面受压塑性变形而取得密封，它是保证阀门可靠工作的主要部位。

阀门密封副有如下五种形式。

① 平面密封：如图 2-27 所示，密封副的两个接触面为平面。此类型式制造维修方便，在截止阀上使用时，关闭瞬间没有摩擦现象，但阀杆所受的轴向力较大。

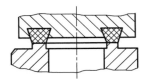
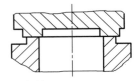

图 2-27　平面密封

② 锥面密封:如图 2-28 所示,密封副的两个接触面为锥面。此种型式,在其他条件相同于平面密封时,能获得较高的密封力,密封性能好,锥面密封一般用在高压小口径的阀门上(如针形阀和旋塞阀)。

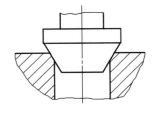
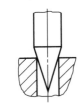

③ 球面密封:如图 2-29 所示,密封副的两个接触面有一个(线接触)或两个(面接触)为球面。此种型式密封性好,但制造和维修困难,球阀和截止阀采用较多。

图 2-28　锥面密封

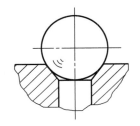

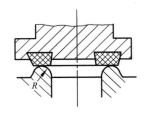

图 2-29　球面密封

④ 刀形密封:如图 2-30 所示,密封的两个接触面中有一个是刀口形,这是一种介于线与平面接触之间的密封。此种形式的密封,在真空阀和其他密封力不大的条件下使用较多。

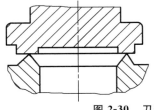

图 2-30　刀形密封

⑤ 柱形密封:如图 2-31 所示。

2-48　蒸汽疏水阀的最高工作温度与最高允许温度有何区别?

蒸汽疏水阀的最高工作温度是与最高工作压力相对应的饱和温度;而最高允许温度则是在给定压力下,疏水阀壳体持久承受的最高温度。

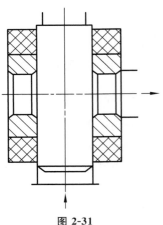

图 2-31

2-49 美国机械工程师学会标准 **ASME B16.34—2013**《法兰、螺纹和焊连接阀门》对于阀体的最小壁厚是如何计算的？

$$t = 1.5 \frac{p_c d}{2S_F - 1.2p_c} \qquad (\text{mm})$$

式中：t——计算出的最小壁厚，mm；

    p_c——Class 数值，(例如 Class 150，$p_c=150$；Class 300，$p_c=300$)；

    d——流道的最小直径，但不小于阀门端部基本内径的 90%，mm；

    S_F——基本应力系数，取 7000；

    注：本式不适用于 p_c 值大于 4500。

2-50 **ASME B16.34—2013** 对螺栓连接的阀帽或阀盖组件的螺栓截面积要求是什么？

$$p_c \frac{A_g}{A_b} \leqslant K_1 S_a \leqslant 9000$$

式中：S_a——螺栓在 38 ℃（100 °F）时的许用应力，当大于 137.9 MPa（20000 psi）时用 137.9 MPa（20000 psi）螺栓的许用应力值可从 ASME PBVC 第 Ⅱ 卷，D 篇，第 Ⅷ 卷第 1 册或第 Ⅲ 卷第 1 册 2 级或 3 级中选取。

    p_c——Class 数值（例如 Class 150，$p_c=150$ psi；Class 300，$p_c=300$ psi 类推）；

    A_g——由垫片或 O 形圈的有效外周边或其密封件的有效周边所限定的面积，垫环连接面的限定面积由环中径确定，mm²；

    A_b——螺栓总抗拉应力有效面积，mm²；

    K_1——当 S_a 用 MPa 表示时，K_1 取 65.26；当 S_a 用 psi 表示时，K_1 取 0.45。

2-51 **ASME B16.34—2013** 对螺纹连接的阀帽或阀盖组件的螺纹剪切面积要求是什么？

$$\frac{p_c A_g}{A_s} \leqslant 4200$$

式中：p_c——Class 数值，(例如 Class 150，$p_c=150$；Class 300，$p_c=300$ 类推)；

    A_g——由垫片或 O 形圈的有效外周边或其密封件的有效周边所限定的面积，垫环连接面的限定面积由环中径确定，mm²；

    A_s——螺纹总抗剪切应力有效面积，mm²。

2-52 **ASME B16.34—2013** 对螺栓连接阀体组件的螺栓截面积的要求是什么？

$$p_c \frac{A_g}{A_b} \leqslant K_2 S_a \leqslant 7000$$

式中：p_c——Class 数值，(例如 Class 600，$p_c=600$；Class 900，$p_c=900$，类推)；

    A_g——由垫片或 O 形圈的有效外周边或其密封件的有效周边所限定的面积，环垫连接面的限定面积由环中径确定，mm²；

A_b——螺栓总抗拉应力有效面积,mm^2;

K_2——当 S_a 用 MPa 表示时,K_2 取 50.76,当 S_a 用 psi 表示时,K_2 取 0.35。

2-53 ASME B16.34—2013 对螺纹连接阀体组件螺纹抗剪切面积的要求是什么？

$$\frac{p_c A_g}{A_s} \leqslant 3300$$

式中：A_g——由垫片或 O 形圈的有效外周边或其密封件的有效周边所限定的面积,环连接面的限定面积,由环中径确定,mm^2;

p_c——Class 数值,(例如 Class 1500,p_c=1500;Class 2500,p_c=2500,类推);

A_s——螺纹的总抗剪有效面积,mm^2。

2-54 ASME B16.34—2013 对于局部区域小于最小壁厚是怎样规定的？

小于最小壁厚的局部区域,只有满足下述所有限制条件才可接受：

① 小于最小壁厚的面积能被直径不大于 $0.35\sqrt{d_0 t_0}$ 的圆所包容,对于阀体颈部：$d_0=d',t_0=t'$;对于其他局部区域 $d_0=d,t_0=t_m$。

d'——阀体颈部的一段内径的直径,mm;

t'——该颈部的最小壁厚,mm;

d——流道的最小直径,但不小于阀门端部基本内径的 90%,mm;

t_m——最小壁厚,mm。

② 所测厚度不小于 $0.75t$。

③ 各包围圆边缘至边缘的相隔距离不小于 $1.75\sqrt{d_0 t_0}$。

2-55 ASME B16.34—2013 对标准压力级和专用压力级是如何规定的？

凡符合 ASME B16.34—2013 要求的阀门,除对专用压力级阀门的要求和限定压力级要求的阀门外,均定为标准压力级阀门。

凡符合所有标准压力级的阀门,且通过专用压力级所要求检查的螺纹端和焊接端的阀门,可定为专用压力级阀门。

2-56 ASME"锅炉和压力容器规范"第Ⅷ卷关于球阀中法兰厚度的计算式是如何规定的？

如图 2-32 所示：

$$t=1.78\sqrt{M_p/(S_f \cdot C)}$$

式中：t——计算法兰厚度,mm;

M_p—— 作用于法兰上的总力矩,N·mm;

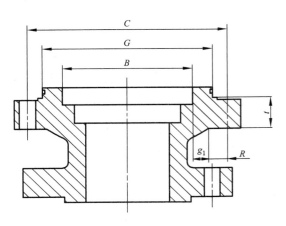

图 2-32 球阀左右体剖视图

C——螺栓孔中心圆直径,mm;

S_f——材料许用应力,MPa。

$$M_p = H_d \cdot h_d + H_g \cdot h_g + H_t \cdot h_t$$

式中:H_d——作用于阀座上的力,N;

h_d——力臂长度,mm;

H_g——作用于垫片上的轴向力,N;

h_g——力臂长度,mm;

H_t——作用于 O 形密封圈外径上的力与作用于阀座上的力的差,N;

h_t——力臂,mm。

$$H_d = 0.785 \cdot B^2 \cdot p$$
$$h_d = R + 0.5g_1$$
$$h_g = 0.5(C - G)$$
$$H_t = H - H_d$$
$$h_t = (R + g_1 + h_g)/2$$
$$H = 0.785 \cdot G^2 p$$

式中:B——阀座孔内径,mm;

p——计算压力,MPa;

R——螺栓孔中心圆直径至法兰背锥的距离,mm;

g_1——法兰背锥至阀座孔内径的距离,mm;

G——O 形圈密封处直径,mm;

H——O 形密封圈处作用力,N。

2-57 单向密封球阀密封比压的计算式是什么?

如图 2-33 所示,阀座密封面工作比压为

$$q = \frac{D_{JH}(pD_{JH} + 3.82) + 1.6D_{MW}^2 - D_{MN}^2(p + 1.6)}{8Rh\cos\varphi}$$

式中:q——密封面工作比压,MPa;

p——工作压力,MPa;

D_{JH}——阀座套筒外径,mm;

D_{MW}——阀座密封面外径,mm;

D_{MN}——阀座密封面内径,mm;

R——球体半径,mm;

h——阀座密封面投影宽度,mm;

φ——阀座密封面与球体中心水平交角,(°)。

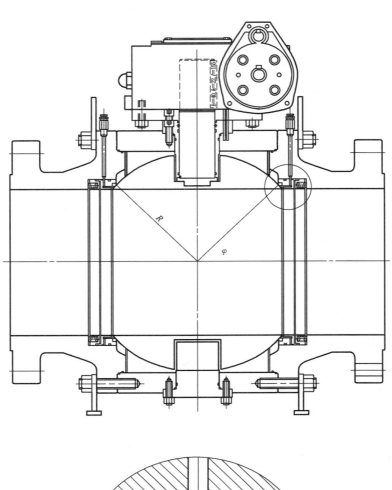

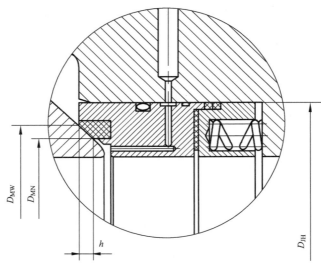

图 2-33　单向密封球阀

2-58 美国石油协会标准 API 6A—2013《井口装置和采油树设备规范》对阀门的材料是怎样规定的?

API 6A—2013 对阀门的材料的规定见表 2-10。

表 2-10 阀门材料

材料类别	材料最低要求	
	阀体、阀盖、出口连接	控压件、阀杆
AA——一般环境	碳钢或低合金钢	碳钢或低合金钢
BB——一般环境	碳钢或低合金钢	不锈钢
CC——一般环境	不锈钢	不锈钢
DD—酸性环境	碳钢或低合金钢	碳钢或低合金钢
EE—酸性环境	碳钢或低合金钢	不锈钢
FF—酸性环境	不锈钢	不锈钢
HH—酸性环境	抗腐合金	抗腐合金

2-59 API 6A—2013 对阀门的额定温度是怎样规定的?

API 6A—2013 对阀门的额定温度的规定见表 2-11。

表 2-11 阀门额定温度

温度类别	额定温度/℉		额定温度/℃	
	最低	最高	最低	最高
K	−75	180	−60	82
L	−50	180	−46	82
P	−20	180	−29	82
R	室温	室温	室温	室温
S	0	150	−18	66
T	0	180	−18	82
U	0	250	−18	121
V	35	250	2	121

2-60 API 6A—2013 对阀门的公称压力是怎样规定的?

API 6A—2013 对阀门的公称压力的规定见表 2-12。

表 2-12　阀门公称压力

额定工作压力		额定工作压力	
MPa	psi	MPa	psi
13.8	2000	69.0	10000
20.7	3000	103.5	15000
34.5	5000	138.0	20000

2-61　API 6A—2013 对阀体、阀盖、盖板材料的力学性能是如何规定的?

API 6A—2013 对阀体、阀盖、盖板材料的力学性能的规定见表 2-13。

表 2-13　阀体、阀盖、盖板材料的力学性能

材料牌号	0.2%屈服强度 min	抗拉强度 min	延伸率 min 50 mm(2in)	断面收缩 min
	MPa(psi)	MPa(psi)	%	%
36K	248(36000)	483(70000)	21	不要求
45K	310(45000)	483(70000)	19	32
60K	414(60000)	586(85000)	18	35
75K	517(75000)	655(95000)	17	35

2-62　API 6A—2013 推荐的法兰用螺柱上的拧紧力矩是怎样规定的?

API 6A—2013 推荐的法兰用螺柱上的拧紧力矩的规定见表 2-14。

表 2-14　法兰用螺柱上的拧紧力矩

螺栓直径 D		螺距 P/mm	螺柱材料屈服强度 $S_y=550$ MPa 螺柱材料许用应力 $S_t=275$ MPa			螺柱材料屈服强度 $S_y=720$ MPa 螺柱材料许用应力 $S_t=360$ MPa			螺柱材料屈服强度 $S_y=665$ MPa 螺柱材料许用应力 $S_t=327.5$ MPa		
in	mm		推力 F/kN	力矩 $f=$ 0.07 Nm	力矩 $f=$ 0.13 Nm	推力 F/kN	力矩 $f=$ 0.07 Nm	力矩 $f=$ 0.13 Nm	推力 F/kN	力矩 $f=$ 0.07 Nm	力矩 $f=$ 0.13 Nm
0.500	12.70	1.954	25	36	61	33	48	80	—	—	—
0.625	15.88	2.309	40	70	118	52	92	155	—	—	—
0.750	19.05	2.540	59	122	206	78	160	270	—	—	—
0.875	22.23	2.822	82	193	328	107	253	429	—	—	—
1.000	25.40	3.175	107	288	488	141	376	639	—	—	—
1.125	28.58	3.175	140	413	706	184	540	925	—	—	—
1.250	31.75	3.175	177	569	981	232	745	1285	—	—	—
1.375	34.93	3.175	219	761	1320	286	996	1727	—	—	—

表 2-14（续）

螺栓直径 D		螺距 P/mm	螺柱材料屈服强度 $S_y=550$ MPa 螺柱材料许用应力 $S_t=275$ MPa			螺柱材料屈服强度 $S_y=720$ MPa 螺柱材料许用应力 $S_t=360$ MPa			螺柱材料屈服强度 $S_y=665$ MPa 螺柱材料许用应力 $S_t=327.5$ MPa		
in	mm		推力 F/kN	力矩 $f=$ 0.07 Nm	力矩 $f=$ 0.13 Nm	推力 F/kN	力矩 $f=$ 0.07 Nm	力矩 $f=$ 0.13 Nm	推力 F/kN	力矩 $f=$ 0.07 Nm	力矩 $f=$ 0.13 Nm
1.500	38.10	3.175	265	991	1727	346	1297	2261	—	—	—
1.625	41.28	3.175	315	1263	2211	412	1653	2894	—	—	—
1.750	44.45	3.175	369	1581	2777	484	2069	3636	—	—	—
1.875	47.63	3.175	428	1947	3433	561	2549	4493	—	—	—
2.000	50.80	3.175	492	2366	4183	644	3097	5476	—	—	—
2.250	57.15	3.175	631	3375	5997	826	4418	7851	—	—	—
2.500	63.50	3.175	788	4635	8271	1032	6069	10828	—	—	—
2.625	66.68	3.175	—	—	—	—	—	—	1040	6394	11429
2.750	69.85	3.175	—	—	—	—	—	—	1146	7354	13168
3.000	76.20	3.175	—	—	—	—	—	—	1375	9555	17156
3.250	82.55	3.175	—	—	—	—	—	—	1624	12154	21878
3.750	95.25	3.175	—	—	—	—	—	—	2185	18685	33766
3.875	98.43	3.175	—	—	—	—	—	—	2338	20620	37293
4.000	101.60	3.175	—	—	—	—	—	—	2496	22683	41057

2-63 API 6D—2014 对固定球球阀体腔内介质压力超过 1.33p 时,阀座自动泄放的计算式是什么?

如图 2-33：

$$D_{JH} > \sqrt{\frac{1.53D_{MW}^2 - 1.2D_{MN}^2}{0.33}}$$

式中：D_{JH}——阀座套筒直径,mm;

D_{MW}——阀座密封面外径,mm;

D_{MN}——阀座密封面内径,mm。

满足上式尺寸要求,即可在体腔内介质压力超过 1.33p 时,阀座自动被堆开,排放体腔内介质。

2-64 API 6D—2014 球体后阀座密封固定球球阀密封比压的计算式是什么?

如图 2-34 所示：

$$q = \frac{D_{MW}^2(p+1.6) - D_{HW}(pD_{HW} - 1.91) - 1.6D_{MN}^2}{8Rh\cos\varphi}$$

式中：q——阀座密封面计算比压,MPa;

D_{MW}——阀座密封面外径,mm;

D_{HW}——阀座活塞套筒内径,mm;

D_{MN}——阀座密封面内径,mm;

R——球体半径,mm;

h——阀座密封面投影宽度,mm;

φ——阀座密封面与球体中心水平交角,(°)。

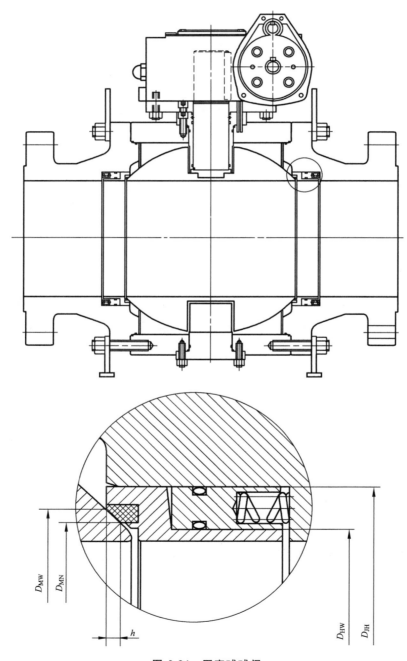

图 2-34　固定球球阀

2-65　API 6D—2014 对固定球球阀单向密封阀座密封力矩的计算式是什么？

$$M_\mathrm{m}=\frac{\pi R\mu_\mathrm{T}\cdot\left[p(D_\mathrm{JH}^2-D_\mathrm{MN}^2)+3.2(D_\mathrm{MW}^2-D_\mathrm{MN}^2)+7.66D_\mathrm{JH}\right](1+\cos\varphi)}{8\cos\varphi}$$

式中：M_m——两密封面对球体的密封力矩，N·mm；

p——工作压力，MPa；

R——球体半径，mm；

μ_T——密封面与球体间的摩擦系数；

φ——密封面与球体中心的水平夹角，(°)；

D_JH——密封圈套筒外径，mm；

D_MW——密封面外径，mm；

D_MN——密封面内径，mm。

2-66　API 6D—2014 对固定球球阀球体后阀座密封力矩的计算式是什么？

如图 2-34，两个阀座同时密封：

$$M_\mathrm{m}=\frac{\pi R\mu_\mathrm{T}\left[D_\mathrm{MW}^2(p+1.6)-D_\mathrm{HW}(pD_\mathrm{HW}-3.82)-1.6D_\mathrm{MN}^2\right](1+\cos\varphi)}{4\cos\varphi}$$

式中：M_m——两阀座密封面对球体的密封力矩，N·mm；

p——工作压力，MPa；

R——球体半径，mm；

μ_T——密封面与球体间的摩擦系数；

φ——密封面与球体中心的水平夹角，(°)；

D_MW——阀座密封面外径，mm；

D_HW——阀座套筒内径，mm；

D_MN——阀座密封面内径，mm。

2-67　API 6D—2014 对固定球球阀阀杆与 V 形或圆环形填料间的摩擦力矩是如何计算的？

$$M_\mathrm{T}=0.6\pi\mu_\mathrm{T}d_\mathrm{T}^2Zhp$$

式中：M_T——阀杆与填料间的摩擦力矩，N·mm；

μ_T——填料与阀杆间的摩擦系数；

d_T——阀杆直径，mm；

Z——填料圈数；

h——单圈填料高度，mm；

p——设计压力，MPa。

2-68　API 6D—2014 对固定球球阀阀杆与 O 形密封圈的摩擦力矩计算式是什么？

$$M_\mathrm{T}=\frac{1}{2}\pi d_\mathrm{T}^2(0.33+0.92\mu_0d_0p)$$

式中：M_T——阀杆与 O 形圈间的摩擦力矩，N·mm；

d_{T}——阀杆直径,mm;

μ_0——橡胶对金属的摩擦系数,$\mu_0=0.3\sim0.4$;有润滑油时 $\mu_0=0.15$;

d_0——O 形圈横截面直径,mm;

p——设计压力,MPa。

2-69　API 6D—2014 对固定球球阀阀杆与球体连接部分的强度计算是怎样的?

如图 2-35 所示。

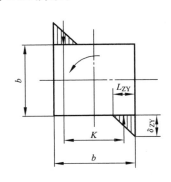 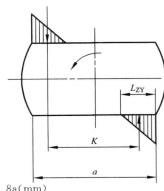

$L_{\mathrm{ZY}}=0.3a(\mathrm{mm}),K=0.8a(\mathrm{mm})$

图 2-35　固定球球阀阀杆与球体连接部分

$$\sigma_{\mathrm{ZY}}=\frac{M_{\mathrm{m}}}{0.12a^2h}\leqslant[\sigma_{\mathrm{ZY}}]$$

式中:σ_{ZY}——挤压应力,MPa;

a——如图 2-35 所示,正方形时,a 改为 b;

h——阀杆头部插入球体的深度,mm;

$[\sigma_{\mathrm{ZY}}]$——材料的许用挤压应力,MPa;

M_{m}——阀座密封圈对球体的摩擦力矩,N·mm。

2-70　API 6D—2014 对固定球球阀阀杆强度验算式是什么?

固定球球阀阀杆如图 2-36 所示。

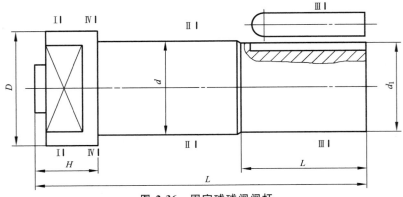

图 2-36　固定球球阀阀杆

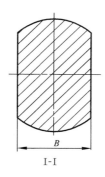

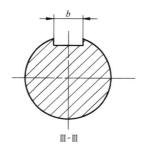

图 2-36（续）

（1）Ⅰ-Ⅰ断面处的扭应力计算式

$$\tau_N = \frac{M_m}{W} \leqslant [\tau_N]$$

式中：τ_N——Ⅰ-Ⅰ断面的扭应力，MPa；

$\quad M_m$——阀座密封圈与球体之间的摩擦力矩，N·mm；

$\quad W$——Ⅰ-Ⅰ断面的抗扭断面系数；

$\quad [\tau_N]$——Ⅰ-Ⅰ断面的许用扭应力，MPa。

Ⅰ-Ⅰ断面的形状如图 2-37 所示。矩形断面的 α 值根据 b/a 的比值选取，如表 2-15。材料的许用扭应力 $[\tau_N]$ 见表 2-16。

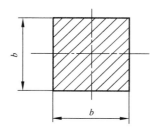

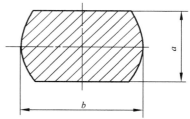

对于正方形断面　　　$W = \dfrac{b^3}{4.8}$（mm³）

对于矩形断面　　　　$W = 0.9\alpha ba^2$（mm³）

图 2-37　Ⅰ-Ⅰ断面的形状

表 2-15　α 值根据 b/a 的比值选取

b/a	1	1.2	1.5	2	2.5	3.0	4.0	6.0	8.0
α	0.208	0.219	0.231	0.246	0.258	0.267	0.282	0.299	0.307

表 2-16　材料的许用扭应力 $[\tau_N]$

材料牌号	许用扭应力 $[\tau_N]$/MPa	材料牌号	许用扭应力 $[\tau_N]$/MPa
35	120	Cr17Ni2	165
40Cr	180	2Cr13	145
38CrMoAl	190	1Cr18Ni9Ti	90
25Cr2MoV	180	Cr18Ni12Mo2Ti	95

（2）Ⅱ-Ⅱ断面处的扭转应力 τ_N 的计算

$$\tau_N = \frac{M}{W} \leqslant [\tau_N]$$

$$W = \frac{\pi}{16} d_F^{3}$$

式中：M——球阀总摩擦转矩，N·mm；

　　　W——Ⅱ-Ⅱ断面处的抗扭转断面系数，mm³；

　　　d_F——阀杆直径，mm；

　　　$[\tau_N]$——Ⅱ-Ⅱ断面的许用扭应力，MPa。

（3）Ⅲ-Ⅲ断面处的扭转应力 τ_N 的计算

$$\tau_N = \frac{M}{W} \leqslant [\tau_N]$$

单键　　$W = \frac{\pi d_1^{3}}{16} - \frac{bt(d_1-t)^2}{2d_1}$

双键　　$W = \frac{\pi d_1^{3}}{16} - \frac{bt(d_1-t)^2}{d_1}$

花键　　$W = \frac{\pi d^4 + bZ(D-d)(D+d)^2}{16D}$

式中：M——球阀总摩擦转矩，N·mm；

　　　W——Ⅲ-Ⅲ断面处的抗扭转断面系数，mm³；

　　　$[\tau_N]$——Ⅲ-Ⅲ断面的许用扭应力，MPa；

　　　d——键槽处阀杆直径，mm；

　　　t——键槽深度，mm；

　　　b——键槽宽度，mm；

　　　Z——花键数目；

　　　D——花键外径，mm；

　　　d——花键内径，mm。

（4）Ⅳ-Ⅳ断面处的剪切应力 τ 的计算式

$$\tau = \frac{(D+d)^2}{16DH} p \leqslant [\tau]$$

式中：D——阀杆头部直径，mm；

　　　d——阀杆直径，mm；

　　　H——阀杆头部台肩高度，mm；

　　　p——介质工作压力，MPa；

　　　$[\tau]$——材料的许用剪切应力（见表 2-17），MPa。

表 2-17　材料许用剪切应力

材料牌号	材料许用剪切应力$[\tau]$/MPa	材料牌号	材料许用剪切应力$[\tau]$/MPa
35	111	38CrMoAl	177
40Cr	168	25Cr2MoVA	168

表 2-17（续）

材料牌号	材料许用剪切应力[τ]/MPa	材料牌号	材料许用剪切应力[τ]/MPa
Cr17Ni2	153	12Cr19Ni10	87
20Cr13	132	Cr18Ni12Mo2Ti	87

2-71　阀座与阀体的固定连接通常有几种方式？

（1）螺纹式

阀座通过螺纹旋紧到阀体上，通过不同螺纹倾角设计，可做到阀体与阀座之间严密金属密封，安装维修不方便，需特殊工具，欧洲产品使用较多。

（2）压紧式

阀座通过阀笼或其他装置压紧在阀体上，阀座与阀体之间通常设置垫片，用于补偿垂直方向间隙变化，这种型式，安装和维修方便，目前新型设计用的较多，也是典型的顶进式设计和可快速更换阀内件的标准设计。美国产品使用较多。

（3）整体式

阀座是在阀体隔板上加工出来，阀座直径可以最大，如果损坏，阀体必须更换。

2-72　控制阀开度如何计算？

根据流量和压差计算得到 K_v 值，并按制造厂提供的各类控制阀的标准系列选取控制阀的公称尺寸 DN 后，考虑到选用时要圆整，因此，对工作时的阀门开度应该进行验算。

一般来说，最大流量时控制阀的开度应在 90% 左右，最大开度过小，说明控制阀选得公称尺寸 DN 过大，它经常在小开度下工作，可调比缩小，造成调节性能的下降和经济上的浪费。一般不希望最小开度小于 10%，否则阀芯和阀座由于开度太小，受流体冲蚀严重，特性变坏，甚至失灵。

不同的流量特性其相对开度和相对流量的对应关系是不一样的，理想特性和工作特性又有差别，因此，计算开度时应按不同特性进行。

控制阀在串联管路的工作条件下，传统的开度验算公式如下：

由式

$$\frac{Q}{Q_{100}} = f\left(\frac{l}{L}\right)\sqrt{\frac{1}{(1-S)f^2\left(\frac{l}{L}\right)+S}}$$

式中：Q——控制阀在某一开度时流量，m^3/h；

　Q_{100}——存在管道阻力时控制阀全开时的流量，m^3/h；

　　l——控制阀在某一开度时阀芯的位移，mm；

　　L——控制阀全开时阀芯的位移，mm；

　　S——阀阻比：控制阀全开时阀的压差 Δp_v 和系统的压力损失总和 Δp_s 之比。

变换可得

$$f\left(\frac{l}{L}\right) = \sqrt{\frac{S}{S+\left(\frac{Q_{100}}{Q}\right)^2-1}} \tag{2-72-1}$$

当流过控制阀的流量 $Q = Q_i$ 时：

$$f\left(\frac{l}{L}\right) = \sqrt{\dfrac{S}{S + \dfrac{K_v^2 \times \Delta p}{Q_i^2 r} - 1}} \qquad (2\text{-}72\text{-}2)$$

式中：K_v——所选用控制阀的流量系数；

Δp——控制阀全开时的压差，即计算压差，100 kPa；

r——介质重度，g/cm³；

Q_i——被验算开度处的流量，m³/h。

若理想流量特性为直线时，把可调比 $R = 30$ 代入式（2-72-3）

$$\frac{Q}{Q_{max}} = \frac{1}{R}\left[1 + (R-1)\frac{l}{L}\right] = \frac{1}{R} + \left(1 - \frac{1}{R}\right)\frac{l}{L} \qquad (2\text{-}72\text{-}3)$$

得 $f\left(\dfrac{l}{L}\right) = \dfrac{1}{30} + \dfrac{29}{30}\dfrac{l}{L}$

若理想流量特性为等百分比时，把可调比 $R = 30$ 代入式（2-72-4）

$$\frac{Q}{Q_{max}} = R^{\left(\frac{l}{L}-1\right)} \qquad (2\text{-}72\text{-}4)$$

得 $f\left(\dfrac{l}{L}\right) = 30^{\left(\frac{l}{L}-1\right)}$

若理想流量特性为抛物线时，把可调比 $R = 30$ 代入式（2-72-5）

$$\frac{Q}{Q_{max}} = \frac{1}{R}\left[1 + (\sqrt{R}-1)\frac{l}{L}\right]^2 \qquad (2\text{-}72\text{-}5)$$

$$\frac{l}{L} = \frac{\sqrt{R\dfrac{Q}{Q_{max}}} - 1}{\sqrt{R}-1}$$

$$\frac{l}{L} = \frac{5.4772\sqrt{\dfrac{Q}{Q_{max}}} - 1}{4.4772}$$

若理想流量特性为快开时

$$\frac{Q}{Q_{max}} = \frac{1}{R}\sqrt{1 + (R^2-1)\frac{l}{L}} \qquad (2\text{-}72\text{-}6)$$

当考虑阀阻比（压降比）S 时，控制阀开度的计算公式如下：

线性流量特性：

$$K \approx \left[\frac{R}{R-1} \times \sqrt{\dfrac{S}{S + \dfrac{K_v^2 \times \Delta p}{100Q_i^2 \dfrac{\rho}{\rho_0}} - 1}} - \frac{1}{R-1}\right] \times 100\% \qquad (2\text{-}72\text{-}7)$$

等百分比流量特性：

$$K \approx \left[\frac{1}{\lg R}\lg\sqrt{\dfrac{S + \dfrac{K_v^2 \times \Delta p}{100Q_i^2 \dfrac{\rho}{\rho_0}} - 1} + 1}\right] \times 100\% \qquad (2\text{-}72\text{-}8)$$

抛物线流量特性：

$$K \approx \frac{1 - \sqrt{\dfrac{SR}{S + \dfrac{K_v^2 \times \Delta p}{100 Q_i^2 \dfrac{\rho}{\rho_0}} - 1}}}{\sqrt{R} - 1} \times 100\% \qquad (2\text{-}72\text{-}9)$$

实际工厂快开流量特性：

$$K \approx \left[1 - \sqrt{\frac{\sqrt{\dfrac{SR}{S + \dfrac{K_v^2 \times \Delta p}{100 Q_i^2 \dfrac{\rho}{\rho_0}} - 1}} - 1}{1 - \dfrac{1}{R}}} \right] \times 100\% \qquad (2\text{-}72\text{-}10)$$

式中：K——流量 Q_i 处的控制阀开度，%；

    K_v——最大流量时的控制阀流量系数，m^3/h；

    S——控制全开时，阀两端的压降与系统总压降之比，无量纲；

    Δp——控制阀全开时阀两端的压降，kPa；

    $\dfrac{\rho}{\rho_0}$——流体相对于水（15 ℃）的密度；

    Q_i——被计算处的流量，m^3/h；

    R——可调比。

《调节阀口径计算指南》（奚文群，谢海维编）提出利用控制阀放大系数 m 的方法。这里的控制阀放大系数 m 是指圆整后选定的 K_v 值与计算的 $K_{v计}$ 值的比值，即

$$m = \frac{K_v}{K_{v计}} \qquad (2\text{-}72\text{-}11)$$

m 值的取定由多种因素决定。根据所给的计算条件、采用的流量特性、选择的工作开度及考虑扩大生产等因素，可以取不同的 m 值。

可以推导出放大系数 m 值的计算式，它是控制阀固有流量特性表达式 $f\left(\dfrac{l}{L}\right)$ 的倒数。

m 的计算式如下：

直线流量特性时：

$$m = \frac{R}{\left(\dfrac{l}{L}\right)(R-1) + 1} \qquad (2\text{-}72\text{-}12)$$

等百分比流量特性时：

$$m = R^{\left(1 - \frac{l}{L}\right)} \qquad (2\text{-}72\text{-}13)$$

抛物线流量特性时：

$$m = \frac{R}{\left[1 + (\sqrt{R} - 1)\dfrac{l}{L}\right]^2} \qquad (2\text{-}72\text{-}14)$$

快开特性时：

$$m = \frac{l}{1 - \frac{1}{R}(R-1)\left(1 - \frac{l}{L}\right)^2} \qquad (2\text{-}72\text{-}15)$$

根据不同开度 $\left(\frac{l}{L}\right)$ 计算的 m 值如表 2-18 所示。

表 2-18　控制阀计算流量系数与相对开度关系

R	特性	$K = \dfrac{l}{L}$												
		0.1	0.2	0.3	0.4	0.5	0.6	0.65	0.7	0.75	0.8	0.85	0.9	0.95
		m												
30	直线	7.692	4.412	3.093	2.381	1.935	1.630	1.511	1.409	1.319	1.24	1.17	1.107	1.051
	等百分比	21.35	15.19	10.81	7.696	5.477	3.898	3.289	2.774	2.34	1.974	1.666	1.405	1.185
	抛物线	14.31	8.35	5.464	3.852	2.86	2.208	1.962	1.755	1.58	1.429	1.299	1.186	1.087
	实际快开	3.147	2.231	1.823	1.58	1.413	1.291	1.24	1.195	1.155	1.118	1.085	1.054	1.026
50	直线	8.47	4.63	3.18	2.43	1.96	1.64	1.53	1.42	1.33	1.24	1.17	1.11	1.055
	等百分比	33.8	22.9	15.5	10.4	7.07	4.78	4.01	3.23	2.71	2.19	1.84	1.48	1.24
	抛物线	19.4	10.2	6.28	4.25	3.07	2.32	2.065	1.81	1.635	1.46	1.33	1.20	1.1
	实际快开	4.85	2.68	1.92	1.54	1.32	1.18	1.14	1.10	1.07	1.04	1.025	1.01	1.005

按 m 值法进行开度计算的公式如下：

直线流量特性时：

$$K = \frac{l}{L} = \frac{R-m}{(R-1)m} \qquad (2\text{-}72\text{-}16)$$

等百分比流量特性时：

$$K = \frac{l}{L} = 1 - \frac{\lg m}{\lg R} \qquad (2\text{-}72\text{-}17)$$

抛物线流量特性时：

$$K = \frac{l}{L} = \frac{\sqrt{\dfrac{R}{m}} - 1}{\sqrt{R} - 1} \qquad (2\text{-}72\text{-}18)$$

快开特性时：

$$K = \frac{l}{L} = 1 - \sqrt{\frac{R(m-1)}{m(R-1)}} \qquad (2\text{-}72\text{-}19)$$

如果用正常流量计算 K_v 值,先要确定阀正常工作开度,并根据所选用的阀的流量特性从公式(2-72-12)～(2-72-15)中选择合适的公式计算 m 值,或从表 1 中查出 m 值,得到放大后的流量系数 K_v 值(等于 mK_{vif});然后按所选的阀系列 K_v 值圆整。设圆整后的流量系数为 K'_v,则实际放大系数为 $m'(m' = K_v/K_{vif})$。根据所选的阀流量特性,从公式(2-72-16)到(2-72-19)中选择合适的公式进行开度验算。

2-73 控制阀可调比如何计算？

控制阀的可调比就是控制阀所能控制的最大流量与最小流量之比，可调比也称可调范围，若以 R 来表示，则

$$R = \frac{Q_{max}}{Q_{min}} \qquad (2\text{-}73\text{-}1)$$

要注意最小流量 Q_{min} 和泄漏量的含义不同，最小流量是指可调流量的下限值，它一般为最大流量 Q_{max} 的 $2\% \sim 4\%$，而泄漏量是阀全关时泄漏的量，它仅为最大流量的 $0.1\% \sim 0.01\%$。

（1）控制阀的理想可调比

控制阀的理想可调比是阀两端压降恒定条件下，控制阀可调节的最大流量与最小流量之比，理想可调比亦称为固有可调比，用 R 表示，即：

$$R = \frac{Q_{max}}{Q_{min}} = \frac{K_{vmax}\sqrt{\dfrac{\Delta p_v}{\rho}}}{K_{min}\sqrt{\dfrac{\Delta p_v}{\rho}}} = \frac{K_{vmax}}{K_{vmin}} \qquad (2\text{-}73\text{-}2)$$

固有可调比反映控制阀能够调节流量的能力，在控制阀出厂时已经确定，固有可调比取决于控制阀的结构设计，固有可调比大，说明控制阀可调节流量的能力强，但是因加工能力和阀芯设计方面的限制，通常，固有可调比不可能很大，国产控制阀的固有可调比是 $R=30$，国外一些控制阀产品可做到 $R=50$ 或更高，旋转阀的固有可调比可达 $R=300$。

（2）控制阀的实际可调比

控制阀在实际工作时不是与管路系统串联就是与管路系统并联，随管路系统的阻力变化或旁路阀开启程度的不同，控制阀的可调比也产生相应的变化，这时的可调比就称为实际可调比。

① 串联管道时的可调比

如图 2-38 所示的串联管道连接图中，控制阀与管道串联，图中，Δp_v 是控制阀两端的压降，Δp_S 是系统总压降，Δp_Σ 是管路总压降，定义压降比 S 为：

$$S = \frac{\Delta P_{vmin}}{\Delta p_S} \qquad (2\text{-}73\text{-}3)$$

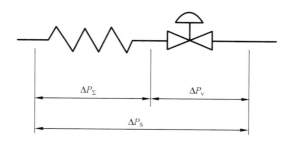

图 2-38 管道和控制阀串联

压降比 S 表示控制阀全开时阀两端压降与系统总压降之比，当控制阀全开时，阀两端的压降最小，因此，也可以用式（2-73-4）表示。

$$S = \frac{\Delta p_{vmin}}{\Delta p_S} = \frac{\Delta p_{vmin}}{\Delta p_\Sigma + \Delta p_{vmin}} \qquad (2\text{-}73\text{-}4)$$

压降比也称阀阻比，一般运行情况下，压降比 $S \leqslant 1$。

当管路阻力 Δp_Σ 增大时，因系统的总压降 Δp_S 不变，使控制阀两端的压降 Δp_v 下降，造

成控制阀允许流过的最大流量下降。因此,实际运行时,如果控制阀与管道串联连接,实际可调比下降,用 R' 表示实际可调比,即:

$$R' = \frac{Q_{max}}{Q_{min}} = \frac{K_{vmax}\sqrt{\dfrac{\Delta p_{vmin}}{\rho}}}{K_{vmin}\sqrt{\dfrac{\Delta p_{vmax}}{\rho}}} = R\sqrt{\frac{\Delta p_{vmin}}{\Delta p_{vmax}}} \approx R\sqrt{\frac{\Delta p_{vmin}}{\Delta p_S}} = R\sqrt{S} \qquad (2\text{-}73\text{-}5)$$

上式表示,实际可调比 R' 与压降比 S 有关,当压降比 S 减小时,实际可调比 R' 也减小,换言之,如果控制阀所在串联管道的阻力大,压降比就小,流过控制阀的最大流量全下降,实际可调比减小。因此,从提高实际可调比看,应使系统总压降大部分损失在控制阀两端,即提高压降比 S,从节能看,应使控制阀两端的压损尽可能小,即降低压降比 S。

实际应用时,将控制阀上、下游节流阀全开,降低管道压降来提高 S。使控制阀实际可调比提高。

图 2-39 显示串联连接时控制阀实际可调比 R' 与压降比 S 的关系。

② 并联管道时的可调比

如图 2-40 所示的并联管道连接图中,控制与管道并联。图中 Δp 是控制阀两端的压降,Q_1 是流过控制阀的流量,Q_2 是流过并联管路的流量,Q 是流过总管的流量。

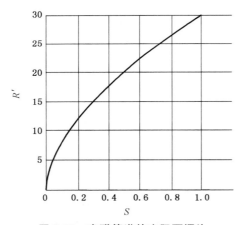

图 2-39　串联管道的实际可调比

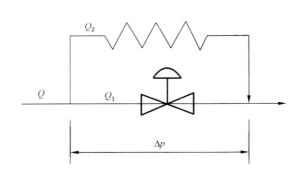

图 2-40　管道和控制阀并联

控制阀可调节的最大流量是总管的最大流量,由于存在并联的旁路管道,因此,控制阀可调节的最小流量应是控制阀最小流量与旁路流量之和,即并联管路时控制实际可调比为:

$$R' = \frac{Q_{max}}{Q_{1min} + Q_2} \qquad (2\text{-}73\text{-}6)$$

设控制阀全开时流量与总管最大流量之比为 x,即:

$$x = \frac{Q_{1max}}{Q_{max}} \qquad (2\text{-}73\text{-}7)$$

因此,

$$R' = \frac{Q_{max}}{Q_{1min} + Q_2} = \frac{Q_{max}}{\dfrac{xQ_{max}}{R} + (1-x)Q_{max}} = \frac{R}{R - (R-1)x} \qquad (2\text{-}73\text{-}8)$$

上式可改写为：

$$R' = \frac{1}{1 - \left(1 - \dfrac{1}{R}\right)x} \approx \frac{1}{1-x} = \frac{Q_{\max}}{Q_2} \tag{2-73-9}$$

x 越小，表示流过控制阀的流量占总管流量的比例越小，则控制阀对流量可调节的能力越差，实际可调比越小，图 2-41 是并联管道时控制阀实际可调比 R' 与 x 的关系曲线。

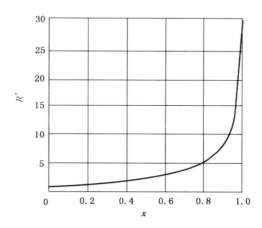

图 2-41 并联管道的实际可调比

从式(2-73-9)可见，旁路流量越大，控制阀实际可调比越小；总管流量越大，表示控制阀可调节的流量也越大，因此，并联实际可调比的下降就小一些。这说明，实际应用时，不应将与控制阀旁路的阀门打开，如果旁路阀门开度越大，控制阀实际可调比就越小，控制系统控制品质也就变差。

（3）提高控制阀可调比的措施

控制阀固有可调比是控制阀出厂具有的固有特性。控制阀实际可调比是工程应用时控制阀实际能够进行调节的流量范围。因此，提高控制实际可调比，可有效改善控制系统的控制品质。

可采取下列措施提高控制阀实际可调比。

① 应尽可能降低控制阀所在串联管路的阻力，因此，在工艺配管设计时，应减少不必要的弯头、截止阀、缩径管和扩径管等附加管件，减小管段长度，例如，控制阀采用与管道相同的公称尺寸，并采用限制流通能力的阀内件，正常运行时，将控制阀上、下游节流阀全开等。

② 尽可能不使用旁路进行控制，正常运行时，应关闭与控制阀并联的旁路阀。

③ 选用理想可调比高的控制图，例如选用旋转阀等。

（4）可调比的验算

目前国内外的控制阀，理想的可调比一般只有 $R = 30$ 和 $R = 50$ 两种，考虑到在选用控制阀公称尺寸 DN 时，对 K_v 值的圆整和放大，特别是对于使用时最大开度和最小开度的限制，都会使可调比下降，一般 R 值都在 10 左右。此外，还受到工作流量特性畸变的影响，使实际可调比 R' 下降，在串联管道阻力下，$R' \approx R\sqrt{S}$。因此，可调比的验算可按下面的近似公式计算：

$$R' \approx 10\sqrt{S} \tag{2-73-10}$$

从式(2-73-10)可知，当 $S \geqslant 0.3$ 时，$R' = 5.5$，说明控制阀实际可调的最大流量 $Q_{\max}$ 等于或大于最小流量 $Q_{\min}$ 的 5.5 倍，在一般生产中最大流量与最小流量之比为 3 左右。

当选用的控制阀不能同时满足工艺上最大流量和最小流量的调节要求时，除增加系统压力外，可以采用两个控制阀进行分程控制来满足可调比的要求。

2-74 安装条件下控制阀流量计算流程图是什么？

（1）不可压缩流体

1）根据控制阀的类型和尺寸按表 2-19 选择 F_L（有疑问时将入口管道尺寸作为阀的尺寸）。

2）用式（2-74-1）计算 F_F

$$F_F = 0.96 - 0.28 \sqrt{\frac{p_v}{p_c}} \tag{2-74-1}$$

式中：p_v——入口温度下液体蒸汽的绝对压力，kPa 或 bar；

p_c——绝对热力学临界压力，kPa 或 bar；

F_F——液体临界压力比系数，见图 2-42。

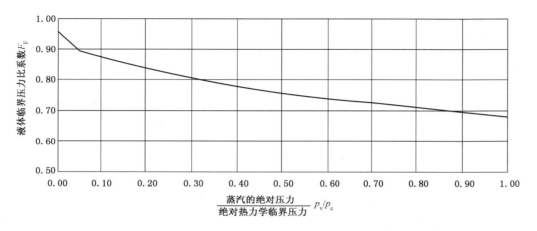

图 2-42 液体临界压力比系数 F_F

3）用式（2-74-2）确定是否阻塞流

$$\Delta p < F_L^2 (p_1 - F_F p_v) \tag{2-74-2}$$

① 是非阻塞流用式（2-74-3）计算流量系数 C

$$C = \frac{Q}{N_1} \sqrt{\frac{\dfrac{\rho_1}{\rho_0}}{\Delta p}} \tag{2-74-3}$$

式中：C——流量系数（K_v、C_v）；

Q——体积流量，m³/h；

N_1——数字常数，见表 2-20；

ρ_1——在 P_1 和 T_1 时的流体密度，kg/m³；

$\dfrac{\rho_1}{\rho_0}$——相对密度（对于 15 ℃ 的水，$\dfrac{\rho_1}{\rho_0} = 1.0$）；

Δp——上、下游取压口的压力差（$p_1 - p_2$），kPa 或 bar。

表 2-19 控制阀类型修正系数 F_d、液体压力恢复系数 F_L 和额定行程下的压差比系数 x_T 的典型值[1)]

控制阀类型	阀内件类型	流向[2)]	F_L	x_T	F_d
球形阀,单孔	3V 孔阀芯	流开或流关	0.9	0.70	0.48
	4V 孔阀芯	流开或流关	0.9	0.70	0.41
	6V 孔阀芯	流开或流关	0.9	0.70	0.30
	柱塞型阀芯（直线和等百分比）	流开	0.9	0.72	0.46
		流关	0.8	0.55	1.00
	60 个等直径孔的套筒	向外或向内[3)]	0.9	0.68	0.13
	120 个等直径孔的套筒	向外或向内[3)]	0.9	0.68	0.09
	特殊套筒,4 孔	向外[3)]	0.9	0.75	0.41
		向内[3)]	0.85	0.70	0.41
球形阀,双孔	开口阀芯	阀座间流入	0.9	0.75	0.28
	柱塞形阀芯	任意流向	0.85	0.70	0.32
球形阀,角阀	柱塞型阀芯（直线和等百分比）	流开	0.9	0.72	0.46
		流关	0.8	0.65	1.00
	特殊套筒,4 孔	向外[3)]	0.9	0.65	0.41
		向内[3)]	0.85	0.60	0.41
	文丘里阀	流关	0.5	0.20	1.00
球形阀,小流量阀内件	V 形切口	流开	0.98	0.84	0.70
	平面阀座（短行程）	流关	0.85	0.70	0.30
	锥形针状	流开	0.95	0.84	$\dfrac{N_{19}\sqrt{C\times F_L}}{D_0}$
角行程阀	偏心球形阀芯	流开	0.85	0.60	0.42
		流关	0.68	0.40	0.42
	偏心锥形阀芯	流开	0.77	0.54	0.44
		流关	0.79	0.55	0.44
蝶阀（中心轴式）	70°转角	任意	0.62	0.35	0.57
	60°转角	任意	0.70	0.42	0.50
	带凹槽蝶板（70°）	任意	0.67	0.38	0.30
蝶阀（偏心轴式）	偏心阀座（70°）	任意	0.67	0.35	0.57
球阀	全球体（70°）	任意	0.74	0.42	0.99
	部分球体	任意	0.60	0.30	0.98

1) 这些值仅为典型值,实际值应由制造商规定。

2) 趋于阀开或阀关的流体流向,即将截流件推离或推向阀座。

3) 向外的意思是流体从套筒中央向外流,向内的意思是流体从套筒外向中央流。

表 2-20　数字常数 N

常数	流量系数 C		公式的单位						
	K_v	C_v	W	Q	$p,\Delta p$	ρ	T	d,D	ν
N_1	1×10^{-1} 1	8.65×10^{-2} 8.65×10^{-1}	— —	m³/h m³/h	kPa bar	kg/m³ kg/m³	— —	— —	— —
N_2	1.6×10^{-3}	2.14×10^{-3}	—	—	—	—	—	mm	—
N_4	7.07×10^{-2}	7.60×10^{-2}	—	m³/h	—	—	—	—	m³/s
N_5	1.80×10^{-3}	2.41×10^{-3}	—	—	—	—	—	mm	—
N_6	3.16 3.16×10^1	2.73 2.73×10^1	kg/h kg/h	— —	kPa bar	kg/m³ kg/m³	— —	— —	— —
N_8	1.10 1.1×10^2	9.48×10^{-1} 9.48×10^1	kg/h kg/h	— —	kPa bar	— —	K K	— —	— —
N_9 ($t_s=0$ ℃)	2.46×10^1 2.46×10^3	2.12×10^1 2.12×10^3	— —	m³/h m³/h	kPa bar	— —	K K	— —	— —
N_9 ($t_s=15$ ℃)	2.60×10^1 2.60×10^3	2.25×10^1 2.25×10^3	— —	m³/h m³/h	kPa bar	— —	K K	— —	— —
N_{17}	1.05×10^{-3}	1.21×10^3	—	—	—	—	—	mm	—
N_{18}	8.65×10^{-1}	1.00	—	—	—	—	—	mm	—
N_{19}	2.5	2.3	—	—	—	—	—	mm	—
N_{22} ($t_s=0$ ℃)	1.73×10^1 1.73×10^3	1.50×10^1 1.50×10^3	— —	m³/h m³/h	kPa bar	— —	K K	— —	— —
N_{22} ($t_s=15$ ℃)	1.84×10^1 1.84×10^3	1.59×10^1 1.59×10^3	— —	m³/h m³/h	kPa bar	— —	K K	— —	— —
N_{27}	7.75×10^{-1} 7.75×10^1	6.70×10^{-1} 6.70×10^1	kg/h kg/h	— —	kPa bar	— —	K K	— —	— —
N_{32}	1.40×10^2	1.27×10^2	—	—	—	—	—	mm	—

注：使用表中提供的数字常数和表中规定的实际公制单位就能得出规定单位的流量系数。

② 阻塞流用式(2-74-4)计算流量系数 C

$$C = \frac{Q}{N_1 F_L}\sqrt{\frac{\frac{\rho_1}{\rho_0}}{p_1 - F_F p_v}} \qquad (2\text{-}74\text{-}4)$$

式中：F_L——无附接管件控制阀的液体压力恢复系数；见表 2-19。

3）用式(2-74-5)计算 Re_v，用 C 用为 C_i，用表 2-19 中的 F_d。

$$Re_v = \frac{N_4 F_d Q}{\nu \sqrt{C_i F_L}}\left(\frac{F_L^2 C_i^2}{N_2 D^4}+1\right) \qquad (2\text{-}74\text{-}5)$$

式中：Re_v——控制阀的雷诺数；

N_4——数字常数,见表2-20;

N_2——数字常数,见表2-20;

ν——运动黏度,m^2/s;1厘斯=$10^{-6}\ m^2/s$;

F_d——控制阀类型修正系数,见表2-19;

C_i——用于反复计算的假定流量系数;

D——管道内径,mm。

4)$Re_v>10000$

①$Re_v>10000$,阀门尺寸等于管道尺寸;

a)若阀门尺寸等于管道尺寸,采用计算出的流量系数C。

b)若不采用阀门尺寸等于管道尺寸

$F_P=1,C_i=C,F_P$——管道几何形状系数

具体计算流程参见GB/T 17213.2—2005的附录B。

(2)可压缩流体

1)根据控制阀类型和尺寸按表2-19选择x_T(有疑问时将入口管道尺寸作为阀的尺寸)。

2)用式(2-74-6)计算F_γ

$$F_\gamma = \frac{\gamma}{1.40} \tag{2-74-6}$$

式中:F_γ——比热比系数,见表2-21;

γ——比热比,见表2-21。

具体计算流程参见GB/T 17213.2—2005附录B。

计算中的符号:

d——控制阀公称尺寸,DN;

D_1——上游管道内径,mm;

D_2——下游管道内径,mm;

D_0——节流孔直径,mm;

F_R——雷诺数系数;

F_γ——比热比系数;

M——流体分子量,kg/kmol;

N——数字常数,见表2-20;(见注1)

p_1——上游取压口测得的入口绝对静压力;kPa 或 bar;(见注2)

p_2——下游取压口测得的出口绝对静压力;kPa 或 bar;

P_r——对比压力(P_1/P_c);

T_1——入口绝对温度,K;

T_c——绝对热力学临界温度,K;

T_r——对比温度(T_1/T_c);

t_s——标准条件下的绝对参比温度,K;

W——质量流量,kg/h;

x——压差与入口绝对压力之比（$\Delta p/\rho_1$）；

x_T——阻塞流条件下无附接管件控制阀的压差比系数；（见注 4）

x_{TP}——阻塞流条件下带附接管件控制阀的压差比系数；（见注 4）

Y——膨胀系数；

Z——压缩系数；

γ——比热比；

ζ——控制阀或阀内件附接渐缩管、渐扩管或其他管件时速度头损失系数；

ζ_1——管件上游速度头损失系数；

ζ_2——管件下游速度头损失系数；

ζ_{B1}——入口的伯努力系数；

ζ_{B2}——出口的伯努力系数。

注 1：为确定常数的单位，应使用表 2-20 给出的单位对相应的公式进行量纲分析。

注 2：1 bar＝10^2 kPa＝10^5 Pa。

注 3：1 厘斯＝10^{-6} m^2/s。

注 4：这些值与行程有关，由制造商发布。

注 5：体积流量 Q 以立方米每小时为单位，是指标准条件，标准立方米每小时是在 101.325 kPa（1013.25 mbar）和 273 K 或 288 K 下的值（见表 2-20）。

表 2-21　物理常数[1]

气体和蒸汽	符号	M	γ	F_γ	p_c[2]	T_c[3]
乙炔	C_2H_2	26.04	1.30	0.929	6140	309
空气	—	28.97	1.4	1.000	3771	133
氨	NH_3	17.03	1.32	0.943	11400	406
氩	A	39.948	1.67	1.191	4870	151
苯	C_5H_6	78.11	1.12	0.800	4924	562
异丁烷	C_4H_9	58.12	1.10	0.784	3638	408
丁烷	C_4H_{10}	58.12	1.11	0.793	3800	425
异丁烯	C_4H_8	56.11	1.11	0.790	4000	418
二氧化碳	CO_2	44.01	1.30	0.929	7387	304
一氧化碳	CO	28.01	1.40	1.000	3496	133
氯气	Cl_2	70.906	1.31	0.934	7980	417
乙烷	C_2H_6	30.07	1.22	0.871	4884	305
乙烯	C_2H_4	28.05	1.22	0.871	5040	283
氟	F_2	18.998	1.36	0.970	5215	144
氟里昂 11（三氯氟化甲烷）	CCl_3F	137.37	1.14	0.811	4409	471

表 2-21(续)

气体和蒸汽	符号	M	γ	F_γ	p_c [2]	T_c [3]
氟里昂 12(二氯二氟甲烷)	CCl_2F_2	120.91	1.13	0.807	4114	385
氟里昂 13(一氯三氟代甲烷)	$CClF$	104.46	1.14	0.814	3869	302
氟里昂 22(一氯二氟代甲烷)	$CHClF_2$	80.47	1.18	0.846	4977	369
氦	He	4.003	1.66	1.186	229	5.25
庚烷	C_7H_{16}	100.20	1.05	0.750	2736	540
氢	H_2	2.016	1.41	1.007	1297	33.25
氯化氢	HCl	36.46	1.41	1.007	8319	325
氟化氢	HF	20.01	0.97	0.691	6485	461
甲烷	CH_4	16.04	1.32	0.943	4600	191
一氯甲烷	CH_3Cl	50.49	1.24	0.889	6677	417
天然气	—	17.74	1.27	0.907	4634	203
氖	Ne	20.179	1.64	1.171	2726	44.45
一氧化氮	NO	63.01	1.40	1.000	6485	180
氮	N_2	28.013	1.40	1.000	3394	126
辛烷	C_8H_{18}	114.23	1.66	1.186	2513	569
氧	O_2	32.000	1.40	1.000	5040	155
戊烷	C_5H_{12}	72.15	1.06	0.757	3374	470
丙烷	C_3H_8	44.10	1.15	0.821	4256	370
丙二醇	C_3H_6	42.08	1.14	0.814	4600	365
饱和蒸汽	—	18.016	1.25～1.32 [4]	0.893～0.943 [4]	22119	647
二氧化硫	SO_2	64.06	1.26	0.900	7822	430
过热蒸汽	—	18.016	1.315	0.939	22119	647

1) 环境温度和大气压力下的流体常数(不包括蒸汽)。
2) 压力单位为 kPa(绝对压力)。
3) 温度单位 K。
4) 代表性值,准确的特性需要了解确切的组成成分。

第三章

阀 门 标 准

3-1　现行的阀门基础标准有哪些?

阀门标准对提高阀门产品质量和管道装置的效率及经济性有重大影响,在许多情况下,它对阀门用户有很大帮助。

阀门标准一般可分为基础标准、材料标准、产品标准、零部件标准、结构要素标准、检验标准等。在基础标准中,主要包括标志、供货要求、结构长度、连接尺寸、外观要求等。现行的阀门基础标准见表 3-1 所示。

表 3-1　阀门基础标准

序　号	标 准 代 号	标 准 名 称
1	GB/T 1047—2005	管道元件　DN(公称尺寸)的定义和选用
2	GB/T 1048—2005	管道元件　PN(公称压力)的定义和选用
3	GB/T 7306.1—2000	55°密封管螺纹　第 1 部分:圆柱内螺纹和圆锥外螺纹
4	GB/T 7306.2—2000	55°密封管螺纹　第 2 部分:圆锥内螺纹和圆锥外螺纹
5	GB/T 12220—2015	工业阀门　标志
6	GB/T 12221—2005	金属阀门　结构长度
7	GB/T 12222—2005	多回转阀门驱动装置的连接
8	GB/T 12223—2005	部分回转阀门驱动装置的连接
9	GB/T 12224—2015	钢制阀门　一般要求
10	GB/T 12247—2015	蒸汽疏水阀　分类
11	GB/T 12250—2005	蒸汽疏水阀　术语、标志、结构长度
12	GB/T 12712—1991	蒸汽供热系统凝结水回收及蒸汽疏水阀技术管理要求
13	GB/T 21465—2008	阀门　术语
14	JB/T 74—2015	钢制管路法兰　技术条件
15	JB/T 106—2004	阀门的标志和涂漆
16	JB/T 308—2004	阀门　型号编制方法
17	JB/T 450—2008	锻造角式高压阀门技术条件
18	JB/T 1308.1—2011	PN2500 超高压阀门和管件　第 1 部分:阀门型式与基本参数
19	JB/T 1308.2—2011	PN2500 超高压阀门和管件　第 2 部分:阀门、管件和紧固件

表 3-1(续)

序　号	标　准　代　号	标　准　名　称
20	JB/T 2203—2013	弹簧直接载荷式安全阀　结构长度
21	JB/T 2205—2013	减压阀　结构长度
22	JB/T 2765—1981	阀门　名词术语
23	JB/T 2766—1992	PN160~PN320 锻造高压阀门结构长度
24	JB/T 4018—1999	电站阀门　型号编制方法
25	JB/T 7673—2011	真空阀门型号编制方法
26	JB/T 8530—2014	阀门电动装置型号编制方法

3-2　现行的阀门材料标准有哪些？

我国现行的阀门材料标准见表 3-2。

表 3-2　阀门材料标准

序　号	标　准　代　号	标　准　名　称
1	GB/T 12225—2005	通用阀门　铜合金铸件技术条件
2	GB/T 12226—2005	通用阀门　灰铸铁件技术条件
3	GB/T 12227—2005	通用阀门　球墨铸铁件技术条件
4	GB/T 12228—2006	通用阀门　碳素钢锻件技术条件
5	GB/T 12229—2005	通用阀门　碳素钢铸件技术条件
6	GB/T 12230—2005	通用阀门　不锈钢铸件技术条件
7	GB/T 18983—2003	油淬火　回火弹簧钢丝
8	JB/T 5263—2005	电站阀门铸钢件　技术条件
9	JB/T 5300—2008	工业用阀门材料　选用导则
10	JB/T 6438—2011	阀门密封面等离子弧堆焊技术要求
11	JB/T 6617—2016	柔性石墨填料环技术条件
12	JB/T 7248—2008	阀门用低温钢铸件技术条件
13	JB/T 7744—2011	阀门密封面等离子弧堆焊用合金粉末
14	JB/T 9142—1999	阀门用缓蚀石棉填料　技术条件
15	YB/T 5136—1993	阀门用铬钒弹簧钢丝

3-3　现行的阀门产品标准有哪些？

我国现行的阀门产品标准见表 3-3。

表 3-3　阀门产品标准

序　号	标　准　代　号	标　准　名　称
1	GB/T 4213—2008	气动调节阀
2	GB 7512—2006	液化石油气瓶阀
3	GB/T 7899—2006	焊接、切割及类似工艺用气瓶减压器
4	GB/T 8464—2008	铁制和铜制螺纹连接阀门

表 3-3(续)

序 号	标 准 代 号	标 准 名 称
5	GB/T 10868—2005	电站减温减压阀
6	GB/T 10869—2008	电站调节阀
7	GB 10879—2009	溶解乙炔气瓶阀
8	GB/T 12232—2005	通用阀门 法兰连接铁制闸阀
9	GB/T 12233—2006	通用阀门 铁制截止阀与升降式止回阀
10	GB/T 12234—2007	石油、天然气工业用螺柱连接阀盖的钢制闸阀
11	GB/T 12235—2007	石油、石化及相关工业用钢制截止阀和升降式止回阀
12	GB/T 12236—2008	石油、化工及相关工业用的钢制旋启式止回阀
13	GB/T 12237—2007	石油、石化及相关工业用的钢制球阀
14	GB/T 12238—2008	法兰和对夹连接弹性密封蝶阀
15	GB/T 12239—2008	工业阀门 金属隔膜阀
16	GB/T 12240—2008	铁制旋塞阀
17	GB/T 12241—2015	安全阀一般要求
18	GB/T 12243—2005	弹簧直接载荷式安全阀
19	GB/T 12244—2006	减压阀 一般要求
20	GB/T 12246—2006	先导式减压阀
21	GB 13438—1992	氪气瓶阀
22	GB 13439—1992	液氯瓶阀
23	GB/T 13852—2009	船用液压控制阀技术条件
24	GB/T 13854—2008	射流管电液伺服阀
25	GB/T 13932—1992	通用阀门 铁制旋启式止回阀
26	GB/T 14173—2008	水利水电工程钢闸门制造、安装及验收规范
27	GB/T 15185—1994	铁制和铜制球阀
28	GB 15382—2009	气瓶阀通用技术条件
29	GB 15930—2007	建筑通风和排烟系统用防火阀门
30	GB/T 17213.2—2005	工业过程控制阀 第 2-1 部分:流通能力安装条件下流体流量的计算公式
31	GB/T 17447—2012	气雾阀
32	GB 17877—1999	液氨瓶阀
33	GB 17878—2009	工业用非重复充装焊接钢瓶用瓶阀
34	GB 17926—2009	车用压缩天然气瓶阀
35	GB 18299—2001	机动车用液化石油气钢瓶集成阀
36	GB/T 19672—2005	管线阀门 技术条件
37	GB/T 20173—2013	石油天然气工业 管道输送系统 管道阀门
38	GB/T 20910—2007	热水系统用温度压力安全阀

表 3-3(续)

序　号	标　准　代　号	标　准　名　称
39	GB/T 21384—2008	电热水器用安全阀
40	GB/T 21385—2008	金属密封球阀
41	GB/T 21386—2008	比例式减压阀
42	GB/T 21387—2008	轴流式止回阀
43	GB/T 21412.4—2013	石油天然气工业　水下生产系统的设计与操作　第 4 部分:水下井口装置和采油树设备
44	GB/T 22130—2008	钢制旋塞阀
45	GB/T 22653—2008	液化气体设备用紧急切断阀
46	GB/T 22654—2008	蒸汽疏水阀　技术条件
47	GB/T 23300—2009	平板闸阀
48	GB/T 24917—2010	眼镜阀
49	GB/T 24918—2010	低温介质用紧急切断阀
50	GB/T 24920—2010	石化工业用钢制压力释放阀
51	GB/T 24922—2010	隔爆型阀门电动装置技术条件
52	GB/T 24923—2010	普通型阀门电动装置技术条件
53	GB/T 24924—2010	供水系统用弹性密封闸阀
54	GB/T 24925—2010	低温阀门　技术条件
55	GB/T 26478—2011	氨用截止阀和升降式止回阀
56	GB/T 27734—2011	压力管道用聚丙烯(PP)阀门　基本尺寸　公制系列
57	GB/T 28270—2012	智能型阀门电动装置
58	GB/T 28494—2012	热塑性塑料截止阀
59	GB/T 28572—2012	大中型水轮机进水阀门系列
60	GB/T 28636—2012	采暖与空调系统水力平衡阀
61	GB/T 28776—2012	石油和天然气工业用钢制闸阀、截止阀和止回阀(≤DN100)
62	GB/T 28777—2012	石化工业用阀门的评定
63	GB/T 28778—2012	先导式安全阀
64	GB/T 29462—2012	电站堵阀
65	GB/T 30210—2013	飞机高压空气充气阀
66	GB/T 30818—2014	石油和天然气工业管线输送系统用全焊接球阀
67	NB/T 47044—2014	电站阀门
68	JB/T 4119—2013	制冷用电磁阀
69	JB/T 5298—1991	管线用钢制平板闸阀
70	JB/T 5299—2013	液控止回蝶阀
71	JB/T 5345—2005	变压器用蝶阀

表 3-3(续)

序 号	标 准 代 号	标 准 名 称
72	JB/T 6378—2008	气动换向阀 技术条件
73	JB/T 6441—2008	压缩机用安全阀
74	JB/T 6446—2004	真空阀门
75	JB/T 6900—1993	排污阀
76	JB/T 7245—1994	制冷装置用截止阀
77	JB/T 7252—1994	阀式孔板节流装置
78	JB/T 7352—2010	工业过程控制系统用电磁阀
79	JB/T 7387—2014	工业过程控制系统用电动控制阀
80	JB/T 7746—2006	紧凑型钢制阀门
81	JB/T 7747—2010	针形截止阀
82	JB/T 8219—1999	工业过程测量和控制系统用电动执行机构
83	JB/T 8473—2014	仪表阀组
84	JB/T 8527—2015	金属密封蝶阀
85	JB/T 8531—2013	阀门手动装置 技术条件
86	JB/T 8691—2013	对夹式刀形闸阀
87	JB/T 8692—2013	烟道蝶阀
88	JB/T 8729—2013	液压多路换向阀
89	JB/T 8864—2004	阀门气动装置 技术条件
90	JB/T 8937—2010	对夹式止回阀
91	JB/T 9081—2016	空气分离设备用低温截止阀和节流阀技术条件
92	JB/T 9576—2000	大中型水轮机进水阀门系列
93	JB/T 9624—1999	电站安全阀技术条件
94	JB/T 10529—2005	陶瓷密封阀门 技术条件
95	JB/T 10530—2005	氧气用截止阀
96	JB/T 10606—2006	气动流量控制阀
97	JB/T 10648—2006	空调与冷冻设备用制冷剂截止阀
98	JB/T 10673—2006	撑开式金属密封阀门
99	JB/T 10674—2006	水力控制阀
100	JB/T 10675—2006	水用套筒阀
101	JB/T 10768—2007	空调水系统用电动阀门
102	JB/T 10830—2008	液压电磁换向座阀
103	JB/T 11048—2010	自力式温度调节阀
104	JB/T 11049—2010	自力式压力调节阀
105	JB/T 11057—2010	旋转阀 技术条件
106	JB/T 11150—2011	波形管密封钢制截止阀

表 3-3（续）

序　号	标　准　代　号	标　准　名　称
107	JB/T 11152—2011	金属密封提升式旋塞阀
108	JB/T 11175—2011	石油、天然气工业用清管阀
109	JB/T 11340.1—2012	阀控式铅酸蓄电池安全阀　第 1 部分:安全阀
110	JB/T 11483—2013	高温掺合阀
111	JB/T 11484—2013	高压加氢装置用阀门　技术规范
112	JB/T 11485—2013	小口径铜制电动阀
113	JB/T 11486—2013	冶金除鳞系统用最小流量阀
114	JB/T 11487—2013	波纹管密封钢制闸阀
115	JB/T 11488—2013	钢制衬氟塑料闸阀
116	JB/T 11489—2013	放料用截止阀
117	JB/T 11490—2013	汽轮机用快速关闭蝶阀
118	JB/T 11491—2013	撬装式燃气减压装置
119	JB/T 11492—2013	燃气管道用铜制球阀和截止阀
120	JB/T 11493—2013	变压器用闸阀
121	JB/T 11494—2013	氧化铝疏水专用阀
122	JB/T 11495—2013	水封逆止阀
123	JB/T 11496—2013	冶金除鳞系统用喷射阀
124	JB/T 11522—2013	空调与冷冻设备用球阀
125	JB/T 11596—2013	冶金用尘气切断阀
126	JB/T 11597—2013	冶金用煤气总管切断阀
127	HG/T 2482—1993	气体稳流阀技术条件
128	HG/T 2737—2004	玻璃纤维增强聚丙烯球阀
129	HG/T 3156—2000	尿素用高压角式截止阀和节流阀
130	HG 3157—2005	液化石油气罐车用弹簧安全阀
131	HG 3158—2005	液化石油气罐车用紧急切断阀
132	HG/T 3215—1986	聚三氟氯乙烯塑料衬里截止阀
133	HG/T 3217—2009	搪玻璃上展式放料阀
134	HG/T 3218—2009	搪玻璃下展式放料阀
135	HG/T 3219—2009	搪玻璃平面阀
136	HG/T 3220—2009	搪玻璃球阀
137	HG/T 3235—2006	橡胶机械用气动二位四通滑阀
138	HG/T 3236—2006	橡胶机械用气动二位切断阀
139	HG/T 3237—2006	橡胶机械用自力式压力调节阀
140	HG/T 3704—2003	氟塑料衬里阀门通用技术条件
141	HG/T 3912—2006	内置式安全止流底阀技术条件

表 3-3(续)

序　号	标　准　代　号	标　准　名　称
142	HG/T 4086—2009	生化专用截止阀
143	HG/T 21551—1995	柱塞式放料阀
144	SY/T 0511.1～0511.9—2010	石油储罐附件
145	SY/T 5525—2009	旋转钻井设备　上部和下部方钻杆旋塞阀
146	SY/T 5835—2011	压裂用井口球阀
147	SY/T 10006—2000	海上井口地面安全阀和水下安气阀规范
148	DL/T 530—1994(2005)	水力除灰排渣阀技术条件
149	DL/T 531—1994(2005)	电站高温高压截止阀、闸阀技术条件
150	DL/T 641—2015	电站阀门电动执行机构
151	DL/T 642—2016	隔爆型电动执行机构
152	DL/T 906—2004	仓泵进、出料阀
153	DL/T 923—2005	火力发电用止回阀技术条件
154	CB 299—1977	胶管接头青铜和黄铜截止阀
155	CB 300—1977	胶管接头青铜和黄铜止回阀
156	CB 301—1977	胶管接头青铜和黄铜截止止回阀
157	CB 304—1992	法兰铸铁直角安全阀
158	CB/T 309—2008	船用内螺纹青铜截止阀
159	CB/T 310—2008	船用内螺纹青铜直通止回阀
160	CB/T 312—2008	压力表阀
161	CB/T 314—1994	法兰青铜节流阀
162	CB/T 315—1993	外螺纹青铜节流阀
163	CB 371—2001	铝合金管路阀件通用规范
164	CB/T 466—1995	法兰铸钢闸阀
165	CB/T 467—1995	法兰青铜闸阀
166	CB/T 557—2005	青铜截止止回排出阀
167	CB 558—1980	PN160 外螺纹黄铜空气快速起动阀
168	CB/T 561—2008	空气瓶截止阀
169	CB/T 563—2007	外螺纹铝合金直角截止阀
170	CB 565—1977	胶管内螺纹铝合金直角截止阀
171	CB 566—1977	胶管接头铝合金截止阀
172	CB 567—1977	胶管接头铝合金止回阀
173	CB/T 569—1999	船用 PN160 外螺纹青铜空气截止阀
174	CB 575—1977	胶管末端螺纹青铜截止阀
175	CB/T 577—2007	铝合金燃油四通操纵阀
176	CB/T 580—2007	外螺纹铝合金止回阀

表 3-3（续）

序　号	标 准 代 号	标 准 名 称
177	CB 584—1995	举止回阀高压空气直角截止阀规范
178	CB 585—2007	带底部法兰直角吹除阀
179	CB 587—2004	黄铜通海阀规范
180	CB 588—1967	PN250 膜片式空气直角截止阀
181	CB 589—1995	带有安装板高压空气直角截止阀规范
182	CB 590—1995	带有安装板高压空气直角截止止回阀规范
183	CB 591—1996	高压空气直角止回阀规范
184	CB 592—1996	带底部法兰高压空气直角截止阀规范
185	CB 593—1996	带底部法兰高压空气直角截止止回操纵阀规范
186	CB 594—1980	空气直角速开阀
187	CB 595—2008	高压空气直角节流阀规范
188	CB 596—1990	外螺纹钢制直角截止阀
189	CB 597—1990	外螺纹钢制直角截止止回阀
190	CB 598—1990	带底部法兰外螺纹青铜直角截止阀
191	CB/T 601—1992	自闭式放泄阀
192	CB/T 627—1992	撞击式法兰铸钢截止止回阀
193	CB 686—1996	PN30 法兰青铜止回操纵阀规范
194	CB 687—1998	缩短本体法兰青铜止回操纵阀规范
195	CB 689—1968	通气阀
196	CB 852—1976	PN250 外螺纹青铜空气直通截止阀
197	CB 853—2005	PN30 法兰铸钢截止阀规范
198	CB 854—2005	PN30 法兰青铜截止阀规范
199	CB 855—2005	PN30 法兰青铜截止止回阀规范
200	CB 856—2004	PN30 铸钢法兰规范
201	CB 857—2004	PN30 铸铜法兰规范
202	CB 858—2004	PN30 焊接铜法兰规范
203	CB 859—2004	PN30 焊接钢法兰规范
204	CB 898—2004	排污舷侧阀规范
205	CB 900—1979	竖型止回阀
206	CB 901—1979	PN30 法兰青铜闸阀
207	CB 905—2007	应急舌阀规范
208	CB 906—1979	PN30 齿轮传动法兰青铜截止阀
209	CB 907—1994	外螺纹青铜直角液体安全阀
210	CB 909—1980	折角舌阀
211	CB 1010—1990	外螺纹不锈钢截止阀

表 3-3（续）

序　号	标　准　代　号	标　准　名　称
212	CB/T 1018—1995	船用双向溢流阀组
213	CB 1034—1983	铺板放水阀
214	CB 1049—2004	双面传动应急舷侧阀规范
215	CB 1141—1985	船用球式先导电磁阀
216	CB 1142.3—1985	船用液压二通插装阀技术条件
217	CB 1168—1986	船用液压控制阀用电磁铁技术条件
218	CB 1170—1986	船用电液比例控制阀技术条件
219	CB 1252—1994	潜艇通海阀、通气阀和应急舌阀安装技术条件
220	CB 1265—1994	鱼雷互锁阀规范
221	CB 1285—1996	通风蝶阀规范
222	CB 1313—1998	鱼雷调速阀规范
223	CB 1314—1998	鱼雷停车阀规范
224	CB/T 3021—2013	安全阀技术要求和性能试验方法
225	CB/T 3022—2013	外螺纹空气信号安全阀
226	CB/T 3087—1994	法兰铸钢直角出海阀
227	CB 3111—1992	船用辅锅炉安全阀
228	CB/T 3191—2013	高压手动球阀
229	CB/T 3192—2013	外螺纹蒸汽青铜直角安全阀
230	CB/T 3196—1995	法兰铸钢海水截止阀
231	CB/T 3197—1995	法兰铸钢海水截止止回阀
232	CB/T 3265—1994	液位计自闭阀
233	CB 3297—1987	波纹管式疏水阀
234	CB/T 3312—2013	船用液压球形截止阀
235	CB 3372—1991	铸钢舷侧截止止回阀
236	CB/T 3388—1992	船用二通插装阀阀体设计规则
237	CB/T 3443—1992	船用电液比例流量方向复合阀
238	CB/T 3444—1992	船用比例压力先导阀
239	CB/T 3446—1992	船用比例溢流阀
240	CB/T 3475—2013	防浪阀
241	CB/T 3476—2013	立式防浪阀
242	CB/T 3477—2013	可闭立式防浪阀
243	CB/T 3478—1992	法兰吸入止回阀
244	CB/T 3524—1993	船用数字溢流阀
245	CB/T 3557—1995	船用防火风阀
246	CB 3566—1993	船用液压管道破裂保护阀

表 3-3(续)

序　号	标　准　代　号	标　准　名　称
247	CB/T 3591—2005	法兰油轮闸阀
248	CB/T 3600—2005	船用平衡阀
249	CB/T 3656—1994	船用空气减压阀
250	CB/T 3697—1995	船用气动调速阀
251	CB/T 3698—1995	船用气动电磁阀
252	CB/T 3699—1995	船用气动延时阀
253	CB/T 3779—1997	燃油管路浮球溢气阀
254	CB/T 3800—1997	船用双速换向组合阀
255	CB/T 3819—2013	板式止回阀
256	CB/T 3841—2000	舷侧锅炉泄放阀
257	CB/T 3928—2001	船用手动比例流量方向复合阀
258	CB/T 3941—2001	船用叠加式液压组合阀
259	CB/T 3942—2002	法兰不锈钢截止阀
260	CB/T 3943—2002	法兰不锈钢截止止回阀
261	CB/T 3944—2002	法兰不锈钢止回阀
262	CB/T 3945—2013	法兰铸钢带波纹管截止阀
263	CB/T 3946—2013	法兰铸钢带波纹管截止止回阀
264	CB/T 3955—2004	法兰不锈钢闸阀
265	CB/T 4001—2005	J 类法兰铸钢 0.5 MPa 直角截止阀
266	CB/T 4002—2005	J 类法兰铸钢 1.0 MPa 截止阀
267	CB/T 4003—2005	J 类法兰铸钢 1.0 MPa 截止止回阀
268	CB/T 4004—2005	J 类法兰铸钢 2.0 MPa 截止阀
269	CB/T 4005—2005	J 类法兰铸钢 2.0 MPa 截止止回阀
270	CB/T 4006—2005	J 类法兰铸钢 4.0 MPa 截止阀
271	CB/T 4007—2005	J 类法兰铸铁 0.5 MPa 截止阀
272	CB/T 4008—2005	J 类法兰铸铁 0.5 MPa 截止止回阀
273	CB/T 4009—2005	J 类法兰铸铁 0.5 MPa 止回阀
274	CB/T 4010—2005	J 类法兰铸铁 1.0 MPa 截止阀
275	CB/T 4011—2005	J 类法兰铸铁 1.0 MPa 截止止回阀
276	CB/T 4012—2005	J 类法兰青铜 0.5 MPa 截止阀
277	CB/T 4013—2005	J 类法兰青铜 0.5 MPa 截止止回阀
278	CB/T 4014—2005	J 类法兰青铜 0.5 MPa 止回阀
279	CB/T 4015—2005	J 类法兰青铜 1.6 MPa 截止阀
280	CB/T 4016—2005	J 类法兰青铜 1.6 MPa 截止止回阀
281	CB/T 4017—2005	J 类法兰青铜 1.6 MPa 止回阀

表 3-3（续）

序　号	标　准　代　号	标　准　名　称
282	CB/T 4018—2005	J 类青铜 2.0 MPa 截止阀
283	CB/T 4019—2005	J 类青铜 0.5 MPa 旋启式止回阀
284	CB/T 4020—2005	J 类锻钢 3.0 MPa 截止阀
285	CB/T 4021—2005	J 类法兰铸钢直角通海阀
286	CB/T 4022—2005	J 类铸钢弦侧阀
287	CB/T 4023—2005	J 类法兰铸钢可闭立式防浪阀
288	CB/T 4024—2005	J 类法兰自闭式放泄阀
289	CB/T 4025—2005	J 类法兰铸钢直角空气阀
290	CB/T 4026—2005	J 类法兰铸铁 0.5 MPa 闸阀
291	CB/T 4027—2005	J 类法兰铸钢 1.0 MPa 闸阀
292	CB/T 4028—2005	J 类法兰青铜 0.5 MPa 闸阀
293	CB/T 4033—2005	J 类法兰青铜软管阀
294	CB/T 4157—2011	船用液压控制截止阀
295	CB/T 4158—2011	船用液压控制截止止回阀
296	CB/T 4159—2011	船用法兰柱塞阀
297	CB/T 4164—2011	船用组合式放泄阀
298	CB/T 4173—2011	船用电动控制蝶阀
299	CB/T 4174—2011	船用电动控制球阀
300	CB/T 4189—2011	船用铸钢旋启式止回阀
301	CB/T 4280—2013	法兰钛合金带波纹管截止阀
302	CB/T 4281—2013	法兰钛合金带波纹管截止止回阀
303	CB/T 4303—2013	蝶形止回阀
304	CB/T 4329—2013	撞击式法兰铸钢截止止回阀
305	CB/T 4333—2013	船用液压控制蝶阀
306	CB/T 4334—2013	船用液压控制球阀
307	CBM 1038—1981	法兰铸铁直角安全阀
308	CBM 1050—1981	10 kgf/cm² 法兰铸钢止回阀
309	CBM 1053—1981	20 kgf/cm² 法兰铸钢止回阀
310	CBM 1079—1981	水减压阀
311	CBM 1116—1982	20 kgf/cm² 撞击式铸钢截止阀
312	JC/T 783—2004	玻璃纤维增强改性酚醛塑料球阀
313	JC/T 931—2003	机械式便器冲洗阀
314	JC/T 1001—2006	水泥工业用热风阀
315	YB/T 4072—2007	高炉热风阀
316	YB/T 4156—2007	干熄焦旋转排出阀

表 3-3(续)

序 号	标 准 代 号	标 准 名 称
317	YB/T 4157—2007	高湿连杆式切断蝶阀
318	SJ 3184—1989	隔膜阀技术条件
319	SJ 3185—1989	管路用双卡套式隔膜阀
320	SJ 3186—1989	节流阀技术条件
321	SJ 3187—1989	管路用双卡套式节流阀
322	SJ 3188—1989	止回阀技术条件
323	SJ 3189—1989	管路用双卡套式止回阀
324	SJ 3190—1989	球阀技术条件
325	SJ 3191—1989	管路用双卡套式球阀
326	GJB 2136—1994	军用小氧气瓶阀通用规范
327	GJB 3305—1998	潜艇核动力装置安全阀通用规范
328	GJB 3370—1998	飞机电液流量伺服阀通用规范
329	GJB 4039—2000	低温球阀通用规范
330	GJB 4194—2001	飞机液压系统油液采样阀通用规范
331	GJB 4251—2001	军用轻便球阀通用规范
332	QC/T 305—2013	汽车动力转向控制阀总成技术条件
333	QC/T 411—1999(2005)	保险阀
334	QC/T 461—1999(2005)	自卸汽车换向阀技术条件
335	QC/T 510—1999(2005)	汽车柴油机用喷油泵出油阀
336	QC/T 511—1999(2005)	汽车柴油机用喷油器针阀偶件技术条件
337	QC/T 593—1999(2005)	液压感载比例阀技术条件
338	QC/T 663—2000(2005)	汽车空调(HFC-134a)用热力膨胀阀
339	QC/T 673—2007	汽车用液化石油气电磁阀
340	QC/T 674—2007	汽车用压缩天然气电磁阀
341	QC/T 675—2000(2005)	汽车用汽油电磁阀
342	QC/T 833—2010	汽车空调用压力安全阀技术条件
343	QC/T 917—2013	燃气汽车专用手动截止阀
344	CJ/T 25—1999	供热用手动流量调节阀
345	CJ/T 153—2001	自含式湿度控制阀
346	CJ/T 154—2001	给排水用缓闭止回阀通用技术要求
347	CJ/T 167—2002	多功能水泵控制阀
348	CJ/T 179—2003	自力式流量控制阀
349	CJ/T 196—2004	膜片式快开排泥阀
350	CJ/T 216—2013	给排水用软密封闸阀
351	CJ/T 217—2013	给水管道复合式高速进排气阀

表 3-3（续）

序　号	标　准　代　号	标　准　名　称
365	CJ/T 219—2005	水利控制阀
366	CJ/T 282—2008	蝶形缓闭止回阀
367	CJ/T 283—2008	偏心半球阀

3-4　现行的阀门结构要素有哪些？

我国现行的阀门结构要素见表 3-4。

表 3-4　阀门结构要素

序号	要素名称	序号	要素名称
1	阀门结构要素　阀杆头部尺寸	10	阀门结构要素　承插焊连接和配管端部尺寸
2	阀门结构要素　上密封座尺寸	11	阀门结构要素　外螺纹连接端部尺寸
3	阀门结构要素　锥形密封面尺寸	12	阀门结构要素　卡套连接端部尺寸
4	阀门结构要素　阀体铜密封面尺寸	13	阀门结构要素　板体尺寸
5	阀门结构要素　闸板和阀瓣铜密封面尺寸	14	阀门结构要素　闸板（或阀瓣）丁形槽尺寸
6	阀门结构要素　楔式闸阀阀体闸板导轨和导轨槽尺寸	15	阀门结构要素　填料函尺寸
7	阀门结构要素　楔式闸阀阀体密封面间距和楔角尺寸	16	阀门结构要素　阀杆端部尺寸
8	阀门结构要素　楔式闸板密封面尺寸	17	阀门结构要素　阀瓣与阀杆连接槽尺寸
9	阀门结构要素　氨阀阀体密封面尺寸		

3-5　现行的阀门零部件标准有哪些？

我国现行的阀门零部件标准见表 3-5。

表 3-5　阀门零部件标准

序号	标　准　代　号	标　准　名　称
1	JB/T 93—2008	阀门零部件扳手、手柄和手轮
2	JB/T 1308.3—2011	PN2500　管子端部　型式、尺寸和技术条件
3	JB/T 1308.4—2011	PN2500　带颈接头　型式、尺寸和技术条件
4	JB/T 1308.5—2011	PN2500　凹穴接头　型式、尺寸和技术条件
5	JB/T 1308.6—2011	PN2500　锥面垫、锥面盲垫　型式、尺寸和技术条件
6	JB/T 1308.7—2011	PN2500　螺套　型式、尺寸和技术条件
7	JB/T 1308.8—2011	PN2500　内外螺母　型式、尺寸和技术条件
8	JB/T 1308.9—2011	PN2500　接头螺母　型式、尺寸和技术条件
9	JB/T 1308.10—2011	PN2500　外螺母　型式、尺寸和技术条件
10	JB/T 1308.11—2011	PN2500　内外螺套　型式、尺寸和技术条件
11	JB/T 1308.12—2011	PN2500　定位环　型式、尺寸和技术条件

表 3-5(续)

序号	标 准 代 号	标 准 名 称
12	JB/T 1308.13—2011	PN2500　法兰　型式、尺寸和技术条件
13	JB/T 1308.14—2011	PN2500　双头螺柱　型式、尺寸和技术条件
14	JB/T 1308.15—2011	PN2500　阶端双头螺柱　型式、尺寸和技术条件
15	JB/T 1308.16—2011	PN2500　螺母　型式、尺寸和技术条件
16	JB/T 1308.17—2011	PN2500　异径管　型式、尺寸和技术条件
17	JB/T 1308.18—2011	PN2500　异径接头　型式、尺寸和技术条件
18	JB/T 1308.19—2011	PN2500　等径三通、等径四通　型式、尺寸和技术条件
19	JB/T 1308.20—2011	PN2500　异径三通、异径四通　型式、尺寸和技术条件
20	JB/T 1308.21—2011	PN2500　弯管　型式、尺寸和技术条件
21	JB/T 1694—1991	阀杆螺母(一)
22	JB/T 1695—1991	阀杆螺母(二)
23	JB/T 1696—1991	阀杆螺母(三)
24	JB/T 1698—1991	阀杆螺母(五)
25	JB/T 1699—1991	阀杆螺母(四)
26	JB/T 1700—2008	阀门零部件螺母、螺栓和螺塞
27	JB/T 1701—2010	阀杆螺母(六)
28	JB/T 1702—2008	阀门零部件　轴承压盖
29	JB/T 1703—2008	阀门零部件　衬套
30	JB/T 1708—2010	填料压盖,填料压套和填料压板
31	JB/T 1712—2008	阀门零部件　填料和填料垫
32	JB/T 1718—2008	阀门零部件　垫片和止动垫片
33	JB/T 1726—2008	阀门零部件　阀瓣盖和对开圆环
34	JB/T 1741—2008	阀门零部件　顶心
35	JB/T 1749—2008	阀门零部件　氨阀阀瓣
36	JB/T 1754—2008	阀门零部件　接头组件
37	JB/T 1757—2008	阀门零部件　卡套、卡套螺母
38	JB/T 1759—2010	阀门零部件　轴套
39	JB/T 2768—2010	PN160～PN320　管子、管件、阀门端部尺寸
40	JB/T 2769—2008	阀门零部件高压螺纹法兰
41	JB/T 2770—1992	PN160～PN320　接头螺母
42	JB/T 2771—1992	PN160～PN320　接头
43	JB/T 2772—2008	阀门零部件高压盲板
44	JB/T 2773—1992	PN160～PN320　双头螺柱
45	JB/T 2774—1992	PN160～PN320　阶端双头螺柱及螺孔尺寸
46	JB/T 2775—1992	PN160～PN320　螺母

表 3-5(续)

序号	标 准 代 号	标 准 名 称
47	JB/T 2776—2010	PN160～PN320 透镜垫
48	JB/T 2777—1992	PN160～PN320 无孔透镜垫
49	JB/T 2778—2008	阀门零部件高压管件和紧固件温度标记
50	JB/T 5206.1—1991	填料压套(一)
51	JB/T 5206.2—1991	填料压套(二)
52	JB/T 5206.3—1991	填料压套(三)
53	JB/T 5207—1991	填料压板
54	JB/T 5208—2008	阀门零部件 隔环
55	JB/T 5210—2010	上密封座
56	JB/T 5211—2008	阀门零部件 闸阀阀座
57	JB/T 6169—2006	金属波纹管
58	JB/T 6617—1993	阀门用柔性石墨填料环 技术条件
59	JB/T 6658—2007	气动用 O 形橡胶密封圈 沟槽尺寸和公差
60	JB/T 6659—2007	气动用 O 形橡胶密封圈 尺寸系列和公差
61	JB/T 6994—2007	VD 形橡胶密封圈
62	JB/T 6997—2007	U 形内骨架橡胶密封圈
63	JB/T 7370—1994	柔性石墨编织填料
64	JB/T 7485—2007	金属膜片
65	JB/T 7757.2—2006	机械密封用 O 形橡胶圈
66	JB/T 9142—1999	阀门用缓蚀石棉填料 技术条件
67	JB/T 10507—2005	阀门用金属波纹管
68	JB/T 10688—2006	聚四氟乙烯垫片 技术条件
69	JB/T 10706—2007	机械密封用氟塑料全包覆橡胶 O 形圈
70	HG/T 2480—1993	管法兰用金属包覆垫片
71	HG/T 20606—2009	钢制管法兰用非金属平垫片(PN 系列)
72	HG/T 20607—2009	钢制管法兰用聚四氟乙烯包覆垫片(PN 系列)
73	HG/T 20609—2009	钢制管法兰用金属包覆垫片(PN 系列)
74	HG/T 20610—2009	钢制管法兰用缠绕式垫片(PN 系列)
75	HG/T 20611—2009	钢制管法兰用具有覆盖层的齿形组合垫(PN 系列)
76	HG/T 20612—2009	钢制管法兰用金属环垫(PN 系列)
77	HG/T 20613—2009	钢制管法兰用紧固件(PN 系列)
78	HG/T 20627—2009	钢制管法兰用非金属平垫片(class 系列)
79	HG/T 20628—2009	钢制管法兰用聚四氟乙烯包覆垫片(class 系列)
80	HG/T 20630—2009	钢制管法兰用金属包覆垫片(class 系列)
81	HG/T 20631—2009	钢制管法兰用缠绕式垫片(class 系列)

表 3-5（续）

序号	标 准 代 号	标 准 名 称
82	HG/T 20632—2009	钢制管法兰用具有覆盖层的齿形组合垫（class 系列）
83	HG/T 20633—2009	钢制管法兰用金属环垫（class 系列）
84	HG/T 20634—2009	钢制管法兰用紧固件（class 系列）
85	SH/T 3401—2013	管法兰用石棉橡胶板垫片
86	SH/T 3402—2013	管法兰用聚四氟乙烯包覆垫片
87	SH/T 3403—2013	管法兰用金属环垫
88	SH/T 3404—2013	管法兰用紧固件
89	SH/T 3407—2013	管法兰用缠绕式垫片
90	SY/T 5027—2012	石油钻采设备用气动元件
91	SY/T 5127—2002	石油井口装置　法兰用密封垫环型式,尺寸及技术要求
92	CB/T 3589—1994	船用阀门非石棉材料垫片及填料
93	YB/T 4095—2007	金属包覆高温密封圈
94	SJ 3182—1989	双卡套式管接头通用技术条件
95	SJ 3183—1989	双卡套式管接头系列
96	GJB 2591—1995	鱼雷发动机用浸银石墨配气阀座和衬套规范
97	QC/T 666—2010	汽车空调用密封件　O 形橡胶密封圈

3-6 现行的阀门检验与试验标准有哪些?

我国现行的阀门检验与试验标准见表 3-6。

表 3-6 阀门检验与试验标准

序号	标 准 代 号	标 准 名 称
1	GB/T 12242—2005	压力释放装置　性能试验规范
2	GB/T 12245—2006	减压阀　性能试验方法
3	GB/T 12251—2005	蒸汽疏水阀　试验方法
4	GB/T 13927—2008	通用阀门　压力试验
5	GB/T 17213.4—2015	工业过程控制阀　第 4 部分:检验和例行试验
6	GB/T 17213.9—2005	工业过程控制阀　第 9 部分:流通能力　试验程序
7	GB/T 21433—2008	不锈钢压力容器晶间腐蚀敏感性检验
8	GB/T 26479—2011	弹性密封部分回转阀门　耐火试验
9	GB/T 26480—2011	阀门的检验和试验
10	GB/T 26481—2011	阀门的逸散性试验
11	GB/T 26482—2011	止回阀　耐火试验
12	GB/T 28777—2012	石化工业用阀门的评定
13	JB/T 4730.2—2005	承压设备无损检测　第 2 部分:射线检测
14	JB/T 4730.3—2005	承压设备无损检测　第 3 部分:超声检测

表 3-6（续）

序号	标 准 代 号	标 准 名 称
15	JB/T 4730.4—2005	承压设备无损检测 第 4 部分:磁粉检测
16	JB/T 4730.5—2005	承压设备无损检测 第 5 部分:渗透检测
17	JB/T 5058—2006	机械工业产品质量特性重要度分级导则
18	JB/T 5296—1991	通用阀门 流量系数和流阻系数的试验方法
19	JB/T 6439—2008	阀门受压铸钢件 磁粉擦伤检验
20	JB/T 6440—2008	阀门受压铸钢件 射线照像检验
21	JB/T 6899—1993	阀门的耐火试验
22	JB/T 6902—2008	阀门铸钢件液体渗透检查方法
23	JB/T 6903—2008	阀门锻钢件超声波检查方法
24	JB/T 7748—1995	阀门清洁度和测定方法
25	JB/T 7760—2008	阀门填料密封试验规范
26	JB/T 7927—1999	阀门铸钢件 外观质量要求
27	JB/T 7928—1999	通用阀门 供货要求
28	JB/T 8729.2—1998	液压多路换向阀 试验方法
29	JB/T 9092—1999	阀门的检验与试验
30	SH/T 3064—2003	石油化工钢制通用阀门选用、检验及验收
31	SH/T 3518—2013	阀门检验与管理规程
32	SY/T 4102—2013	阀门的检验与安装规范
33	SY/T 6400—1999	气举阀性能试验方法
34	SY/T 6746—2008	倒密封阀耐火试验规范
35	DL/T 1068—2007	水轮机进水液动煤阀选用、试验及验收导则
36	CB/T 3021—2013	安全阀技术要求和性能试验方法
37	CB/T 3396—1992	船用减压阀性能试验

3-7 现行的阀门静压寿命试验标准有哪些？

我国现行的阀门静压寿命试验标准见表 3-7。

表 3-7 阀门静压寿命试验标准

序号	标准代号	标准名称
1	JB/T 8858—2004	闸阀 静压寿命试验规程
2	JB/T 8859—2004	截止阀 静压寿命试验规程
3	JB/T 8860—2004	旋塞阀 静压寿命试验规程
4	JB/T 8861—2004	球阀 静压寿命试验规程
5	JB/T 8862—2014	阀门 电动装置寿命试验规程
6	JB/T 8863—2004	蝶阀 静压寿命试验规程
7	CB/T 3397—1993	船用阀门静压寿命试验

3-8 在标准中,楔式闸阀阀体密封面与闸板密封面磨损位移余量是怎样规定的? 绘图并列表说明。

阀体上的阀座密封面及闸板密封面应有足够的宽度,以保证磨损后完全吻合。对于楔式闸阀,当阀门全关时,闸板密封面中心必须高于阀体密封面中心。如图 3-1 所示,闸板磨损中的位移余量不得小于表 3-8 的规定。

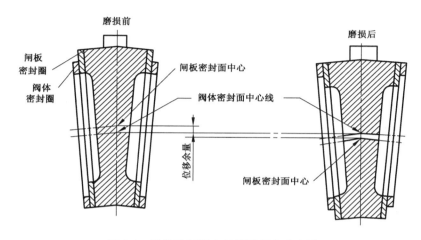

图 3-1 阀体及闸板密封面磨损位移余量

表 3-8 磨损位移余量   mm

公称尺寸 DN	位移余量	公称尺寸 DN	位移余量
25～50	2.3	350～450	9.7
65～150	3.3	≥500	12.7
200～300	6.4		

3-9 在标准中,对于法兰和对焊连接钢制闸阀中法兰连接螺栓是怎样规定的?

GB/T 12234—2007 石油、天然气工业用螺柱连接阀盖的钢制闸阀规定,与阀体连接的螺柱不得少于 4 个,其直径应按表 3-9 的规定。

螺柱根部总截面积上的拉力是按公称压力作用于垫片有效外边缘的面积上计算(如果是梯形槽连接,则按中径计算),其拉力应不超过 62 MPa。如果用户指定的螺柱材料,其屈服强度度小于或等于 207 MPa,则产生的拉应力应不超过 48 MPa。

此外,阀体与阀盖法兰连接可采用等长双头螺柱;按 GB/T 901 的规定,也可采用全螺纹螺柱,螺母按 GB/T 6175 的规定。

小于和等于 M24 的螺栓、螺柱采用粗牙普通螺栓;大于 M24 时螺距不大于 3 mm,螺纹尺寸和公差按 GB/T 196 和 GB/T 197 的规定。

表 3-9　阀体与阀盖法兰连接螺柱　　　　　　　　　　　　mm

公称尺寸 DN	最小螺柱直径	公称尺寸 DN	最小螺柱直径
25～65	M10	≥250	M16
80～200	M12		

标准中还规定,除订货合同中注明阀门使用温度低于－30 ℃或高于 482 ℃或为了增加对环境的抗蚀性而用其他材料外,螺柱材料应为合金钢,螺母材料为优质碳素钢。

3-10　在标准中,对于法兰和对焊连接钢制闸阀上密封有什么规定?

GB/T 12234—2007 规定:阀盖上必须有一个圆锥形或球面形的上密封;上密封座应采用衬套镶在阀盖上。对奥氏体不锈钢阀盖的上密封面也可直接加工而成。

此外,阀杆应有一个圆锥形或球面形的上密封面,当阀门全开时与阀盖上的密封座吻合。

3-11　在标准中,对于法兰和对焊连接钢制闸阀阀杆与阀杆螺母的旋合长度有什么规定?

GB/T 12234—2007 规定,阀杆与阀杆螺母的旋合长度不得小于阀杆直径的 1.4 倍。

3-12　在标准中,对于法兰和对焊连接钢制闸阀新制造的闸阀在关闭后阀杆伸出阀杆螺母的顶部有什么规定?

GB/T 12234—2007 规定,新制造的闸阀在关闭后,其阀杆的螺纹应伸出阀杆螺母顶部,其长度至少应等于表 3-10 所要求的磨损余量。当公称尺寸≤DN150 时,阀杆螺纹伸出部分的最大值应是磨损余量的 5 倍;公称尺寸≥DN200 时,阀杆螺纹伸出部分的最大值应是磨损余量的 3 倍。

表 3-10　磨损余量

公称尺寸　DN	磨损余量/mm	公称尺寸　DN	磨损余量/mm
25～50	2.3	350～400	9.7
65～150	3.3	500～600	12.7
200～300	6.4		

3-13　在标准中,对于法兰和对焊连接钢制闸阀填料安装有什么要求?

GB/T 12234—2007 规定,填料函的填料应在压盖未压紧之前全部装满,填料为方形或矩形等;在装配时应切成 45°,并将切口按 120°交叉进行安装。

公称压力≤PN25 的闸阀,填料函的深度应不少于 6 圈;公称压力≥PN40 的闸阀,填料函的深度相当于带孔填料垫的高度加上不少于上面 5 圈和下面 2 圈的填料高度。公称压力≤PN25 的闸阀,不提供带孔填料垫;公称压力≥PN40 的闸阀,应在订货合同中注明可提供带孔填料垫。带孔填料垫的每一端上应有两孔,彼此错开成 180°;该孔可以是通孔或是 M3 螺孔,便于在装拆时用钩子取出。在填料函对应带孔填料垫中心通孔处的位置,应有一个螺塞孔并用螺塞堵住。

此外,除在订货合同中规定用其他填料或较高设计温度的填料外,一般填料应是无石棉编织的,内部含有金属防腐剂,应能适用于设计温度小于或等于 400 ℃的蒸气和其他介质。

3-14　在标准中,对阀杆螺母的材料有什么要求?

GB/T 12232—2005《通用阀门　法兰连接铁制闸阀》要求,阀杆螺母应用强度较高和耐磨性能好的铜合金或其他材料制成。

GB/T 12233—2006《通用阀门　铁制截止阀与升降式止回阀》要求,阀杆螺母应用 ZCuSn3Zn11Pb4,ZCuAl9Mn2、2CuAl10Fe3、ZCuZn38Mn2Pb2 铜合金材料制成。

GB/T 12234—2007 要求,阀杆螺母的材料应具有足够的承载能力和最低熔点高于 954 ℃的铜合金或含镍铸铁材料制成。

GB/T 12235—2007《石油、石化及相关工业用钢制截止阀和升降式止回阀》要求,阀杆螺母的材料应具有足够的承载性能和最低熔点高于 954 ℃的铜合金或含镍铸铁材料制成。

GB/T 12239—2008《工业阀门　金属隔膜阀》要求,阀杆螺母应用球墨铸铁或铜合金材料制成。

通用阀门材料标准中要求,阀杆螺母应用铸铝青铜、铸铝黄铜、铸锰黄铜材料制成。

3-15　在标准中,对阀体密封面和阀瓣(闸板)密封面的硬度有什么规定?

GB/T 12234—2007 规定,阀体密封面和闸板密封面的硬度按表 3-11 的规定。

表 3-11　阀体密封面和闸板密封面的硬度

材料类型	密封面硬度 min	备　注
13Cr	250 HB[1]	
18-8　Cr-Ni	由制造厂规定	
25-20　Cr-Ni	由制造厂规定	
硬 13Cr	750[2]	硬化
CoCr-A	350[2]	表面硬化
13Cr	250[3]	
Cu-Ni	175[3]	
13Cr	300[3]	硬化
硬 13Cr	750[3]	
13Cr	300[3]	表面硬化
CoCr-A	350[3]	
Ni-Cu 合金	由制造厂规定	
18-8　Cr-Ni	由制造厂规定	
1) 阀体密封面和闸板密封面的最小硬度是 HB 250,二者最小硬度差为 50 HB。		
2) 阀体密封面和闸板密封面间不要求硬度差。		
3) 阀体密封面和闸板密封面的硬度区分按制造厂的标准。		

GB/T 12235—2007 规定,阀体密封面和阀瓣密封面的硬度按表 3-11 的规定。

GB/T 12236—2008《石油、化工及相关工业用的钢制旋启式止回阀》规定,阀体密封面和阀瓣密封面的硬度按表 3-11 的规定。

3-16　在标准中,对闸板和阀体的密封面有什么规定?

阀体、闸板密封面设计时应考虑磨损后要有足够的宽度并成比例。闸板密封面中心必须高于阀体密封面中心。当闸板密封面磨损时,关闭位置下降,但阀体、闸板密封面仍能完全吻合。

3-17　在 GB 26640—2011《阀门壳体最小壁厚要求规范》中对阀门的最小壁厚是怎样规定的?

(1) 钢制阀门阀体壁厚 t_m 应不小于表 3-12 的规定。壁厚数值不能从表 3-12 查得的,可通过式(3-17-1)计算求得。

$$t_m = \frac{1.5 p_c d}{ns - 1.2 p_c} \qquad (3\text{-}17\text{-}1)$$

式中:t_m——计算壳体壁厚,mm;

　　　p_c——数值为 0.1 倍的公称压力,MPa;

　　　d——阀体端部内径尺寸,见表 3-13,mm;

　　　n——系数,当 $p_c \leqslant 2.5$ MPa 时,$n = 3.8$;当 $p_c > 2.5$ MPa 时,$n = 4.8$;

　　　s——应力系数,$s = 48.3$ MPa。

1) 表 3-12 中的实际数值比用式(3-17-1)计算得出的数值约厚 3 mm～5 mm。

因为考虑装配应力、阀门启闭应力、非圆形状和应力集中需增加附加厚度。因此,在计算的厚度数值上,制造商应增加一定的厚度余量,确保阀门满足强度要求。

2) 内径 d 的确定

钢制阀门端部基本内径 d 按表 3-13 规定的流道内径选取,但最小内径不小于阀门端部基本内径的 90%。对于承插焊接端和螺纹连接端阀门,在确定 d 值时不考虑承插孔或螺纹直径和相关的沉孔或锥孔。焊接坡口加工的过渡带局部偏差不需考虑,但中间压力额定值的螺纹连接端或焊接连接端钢制阀门规定的除外。流道内有衬垫、镶衬或衬套的场合,内径 d 是衬里与阀体分界面处的直径。

表 3-12　阀门壳体最小壁厚 t_m　　　　　　　　　　　　　　　　mm

内径 d	公称压力 PN												
	16	20	25	40	50	63	100	110	150	160	260	420	760
3	2.5	2.5	2.5	2.5	2.5	2.6	2.8	2.8	2.8	2.8	3.1	3.6	4.9
6	2.7	2.7	2.7	2.7	2.7	2.8	3.0	3	3.1	3.1	3.5	4.2	6.5
9	2.8	2.8	2.8	2.9	2.9	3.0	3.2	3.2	3.4	3.4	3.8	4.9	8
12	2.9	2.9	2.9	3.0	3	3.1	3.3	3.4	3.7	3.7	4.2	5.6	9.6

表 3-12（续）

内径 d	公称压力 PN												
	16	20	25	40	50	63	100	110	150	160	260	420	760
15	3.1	3.1	3.1	3.2	3.3	3.4	3.6	3.6	4.2	4.3	4.8	6.6	12
18	3.3	3.3	3.3	3.4	3.5	3.6	3.8	3.9	4.7	4.8	5.3	7.7	14.3
21	3.5	3.5	3.5	3.6	3.7	3.8	4.1	4.2	5.2	5.3	5.9	8.7	16.7
24	3.7	3.7	3.8	3.9	4	4.1	4.3	4.4	5.7	5.8	6.4	9.7	19
27	3.8	3.9	4.0	4.2	4.3	4.4	4.7	4.8	6.3	6.4	7.2	11.1	22.2
31	4.2	4.3	4.4	4.6	4.7	4.8	5.0	5.1	6.6	6.7	8.1	12.8	26.1
35	4.5	4.6	4.7	4.9	5.1	5.2	5.4	5.4	6.9	7.1	9	14.5	30
40	4.8	4.9	5.0	5.3	5.5	5.5	5.7	5.7	7.2	7.4	9.9	16.2	33.9
45	5.1	5.2	5.3	5.7	5.9	5.9	6.0	6	7.5	7.8	10.8	17.9	37.9
50	5.4	5.5	5.6	6.0	6.3	6.3	6.3	6.3	7.8	8.2	11.8	19.6	41.8
55	5.5	5.6	5.8	6.2	6.5	6.5	6.3	6.3	8.3	8.7	12.7	21.3	45.7
60	5.6	5.7	5.9	6.3	6.6	6.6	6.6	6.6	8.8	9.2	13.6	23	49.6
65	5.7	5.8	6.0	6.5	6.8	6.8	6.9	6.9	9.3	9.8	14.5	24.7	53.6
70	5.8	5.9	6.1	6.6	6.9	7.0	7.2	7.3	9.9	10.4	15.5	26.4	57.5
75	5.9	6	6.2	6.7	7.1	7.2	7.5	7.6	10.4	10.9	16.4	28.1	61.4
80	6.0	6.1	6.3	6.8	7.2	7.4	7.9	8	10.9	11.5	17.3	29.8	65.3
85	6.0	6.2	6.4	7.0	7.4	7.6	8.2	8.3	11.4	12.0	18.2	31.5	69.3
90	6.1	6.3	6.5	7.1	7.5	7.7	8.4	8.6	11.9	12.6	19.1	33.2	73.2
95	6.2	6.4	6.6	7.3	7.7	8.0	8.8	9	12.5	13.2	20.1	34.9	77.1
100	6.3	6.5	6.7	7.4	7.8	8.1	9.1	9.3	13	13.7	21	36.6	81
110	6.3	6.5	6.8	7.5	8	8.4	9.7	10	14	14.8	22.8	40	88.9
120	6.5	6.7	7.0	7.8	8.3	8.8	10.3	10.7	15.1	16.0	24.7	43.4	96.7
130	6.5	6.8	7.1	8.1	8.7	9.3	11.0	11.4	16.1	17.0	26.5	46.9	104.6
140	6.7	7	7.3	8.3	9	9.7	11.5	12	17.2	18.2	28.4	50.3	112.4
150	6.8	7.1	7.5	8.6	9.3	10.0	12.1	12.7	18.2	19.3	30.2	53.7	120.3
160	7.0	7.3	7.7	8.9	9.7	10.5	12.8	13.4	19.3	20.5	32	57.1	128.1
170	7.2	7.5	7.9	9.2	10	10.9	13.4	14.1	20.3	21.5	33.9	60.5	136
180	7.2	7.6	8.1	9.4	10.3	11.3	14.0	14.7	21.3	22.6	35.7	63.9	143.8
190	7.4	7.8	8.3	9.7	10.7	11.7	14.6	15.4	22.4	23.8	37.6	67.3	151.7
200	7.6	8	8.5	10.0	11	12.1	15.3	16.1	23.4	24.9	39.4	70.7	159.5
210	7.7	8.1	8.6	10.2	11.3	12.5	15.9	16.8	24.5	26.0	41.3	74.1	167.4
220	7.8	8.3	8.9	10.6	11.7	12.9	16.5	17.4	25.5	27.1	43.1	77.5	175.2
230	7.9	8.4	9.0	10.8	12	13.3	17.1	18.1	26.6	28.5	45	80.9	183.1
240	8.1	8.6	9.2	11.1	12.3	13.7	17.7	18.8	27.6	29.3	46.8	84.4	190.9

表 3-12（续）

内径 d	公称压力 PN												
	16	20	25	40	50	63	100	110	150	160	260	420	760
250	8.3	8.8	9.5	11.4	12.7	14.2	18.4	19.5	28.7	30.5	48.6	87.8	198.8
260	8.4	8.9	9.6	11.6	13	14.6	19.0	20.2	29.7	31.6	50.5	91.2	206.6
270	8.5	9.1	9.8	11.9	13.3	14.9	19.6	20.8	30.8	32.8	52.3	94.6	214.5
280	8.7	9.3	10.0	12.2	13.7	15.4	20.2	21.5	31.8	33.8	54.2	98	222.3
290	8.8	9.4	10.2	12.5	14	15.8	20.8	22.2	32.8	34.9	56	101.4	230.2
300	9.0	9.6	10.4	12.7	14.3	16.2	21.5	22.9	33.9	36.1	57.9	104.8	238
310	9.1	9.8	10.6	13.1	14.7	16.6	22.0	23.5	34.9	37.2	59.7	108.2	245.9
320	9.2	9.9	10.8	13.3	15	17.0	22.7	24.2	36	38.3	61.6	111.6	253.7
330	9.4	10.1	11.0	13.6	15.3	17.4	23.3	24.9	37	39.4	63.4	115	261.6
340	9.5	10.2	11.1	13.9	15.7	17.8	24.0	25.6	38.1	40.6	65.2	118.4	269.4
350	9.7	10.4	11.3	14.1	16	18.2	24.6	26.3	39.1	41.6	67.1	121.9	277.2
360	9.8	10.6	11.6	14.4	16.3	18.6	25.1	26.9	40.2	42.8	68.9	125.3	285.1
370	9.9	10.7	11.7	14.7	16.7	19.1	25.8	27.6	41.2	43.9	70.8	128.7	292.9
380	10.1	10.9	11.9	15.0	17	19.4	26.4	28.3	42.2	45.0	72.6	132.1	300.8
390	10.3	11.1	12.1	15.2	17.3	19.8	27.1	29	43.3	46.1	74.5	135.5	308.6
400	10.3	11.2	12.3	15.5	17.7	20.3	27.6	29.6	44.3	47.2	76.3	138.9	316.5
410	10.5	11.4	12.5	15.8	18	20.7	28.3	30.3	45.4	48.4	78.2	142.3	324.3
420	10.6	11.5	12.6	16.0	18.3	21.1	28.9	31	46.4	49.5	80	145.7	332.2
430	10.8	11.7	12.9	16.4	18.7	21.5	29.5	31.7	47.5	50.6	81.8	149.1	340
440	11.0	11.9	13.1	16.6	19	21.9	30.2	32.4	48.5	51.7	83.7	152.5	347.9
450	11.0	12	13.2	16.9	19.4	22.3	30.7	33	49.6	52.9	85.5	155.9	355.7
460	11.2	12.2	13.5	17.2	19.7	22.7	31.4	33.7	50.6	53.9	87.4	159.4	363.6
470	11.4	12.4	13.7	17.5	20	23.1	32.0	34.4	51.7	55.1	89.2	162.8	371.4
480	11.4	12.5	13.8	17.8	20.4	23.6	32.7	35.1	52.1	55.6	91.1	166.2	379.3
490	11.6	12.7	14.0	18.0	20.7	24.0	33.2	35.7	53.7	57.3	92.9	169.6	387.1
500	11.8	12.9	14.3	18.3	21	24.4	33.8	36.4	54.8	58.4	94.8	173	395
510	11.9	13	14.4	18.6	21.4	24.8	34.5	37.1	55.8	59.5	96.6	176.4	402.8
520	12.1	13.2	14.6	18.9	21.7	25.2	35.1	37.8	56.9	60.7	98.4	179.8	410.7
530	12.1	13.3	14.8	19.1	22	25.6	35.8	38.5	57.9	61.8	100.3	183.2	418.5
540	12.3	13.5	15.0	19.4	22.4	26.0	36.3	39.1	59	62.9	102.1	186.6	426.4
550	12.5	13.7	15.2	19.7	22.7	26.4	37.0	39.8	60	64.0	104	190	434.2
560	12.6	13.8	15.3	19.9	23	26.8	37.6	40.5	61.1	65.2	105.8	193.4	442.1
570	12.7	14	15.6	20.3	23.4	27.3	38.2	41.2	62.1	66.2	107.7	196.9	449.9
580	12.9	14.2	15.8	20.5	23.7	27.6	38.8	41.8	63.1	67.3	109.5	200.3	457.8

表 3-12(续)

内径 d	公称压力 PN												
	16	20	25	40	50	63	100	110	150	160	260	420	760
590	13.0	14.3	15.9	20.8	24	28.0	39.4	42.5	64.2	68.5	111.4	203.7	465.6
600	13.2	14.5	16.2	21.1	24.4	28.5	40.1	43.2	65.2	69.6	113.2	207.1	473.5
610	13.3	14.6	16.3	21.3	24.7	28.9	40.7	43.9	66.3	70.7	115	210.5	481.3
620	13.4	14.8	16.5	21.6	25	29.2	41.3	44.6	67.3	71.8	116.9	213.9	489.2
630	13.6	15	16.7	21.9	25.4	29.7	41.9	45.2	68.4	73.0	118.7	217.3	497
640	13.7	15.1	16.9	22.2	25.7	30.1	42.5	45.9	69.4	74.1	120.6	220.7	504.9
650	13.9	15.3	17.1	22.4	26	30.5	43.2	46.6	70.5	75.2	122.4	224.1	512.7
660	14.0	15.5	17.3	22.8	26.4	30.9	43.8	47.3	71.5	76.3	124.3	227.5	520.6
670	14.1	15.6	17.5	23.0	26.7	31.3	44.4	47.9	72.5	77.4	126.1	230.9	528.4
680	14.3	15.8	17.7	23.3	27	31.7	45.0	48.6	73.6	78.5	128	234.4	536.3
690	14.4	15.9	17.8	23.6	27.4	32.1	45.7	49.3	74.6	79.6	129.8	237.8	544.1
700	14.6	16.1	18.0	23.8	27.7	32.5	46.3	50	75.7	80.8	131.6	241.2	552
710	14.7	16.3	18.3	24.1	28	32.9	46.9	50.7	76.1	81.9	133.5	244.6	559.8
720	14.8	16.4	18.4	24.4	28.4	33.4	47.5	51.3	77.8	83.0	135.3	248	567.7
730	15.0	16.6	18.6	24.7	28.7	33.7	48.1	52	78.8	84.1	137.2	251.4	575.5
740	15.2	16.8	18.8	24.9	29	34.1	48.8	52.7	79.9	85.3	139	254.8	583.4
750	15.2	16.9	19.0	25.2	29.4	34.6	49.4	53.4	80.9	86.4	140.9	258.2	591.2
760	15.4	17.1	19.2	25.5	29.7	35.0	50.0	54	82	87.5	142.7	261.6	599
770	15.6	17.3	19.4	25.8	30.0	35.4	50.6	54.7	83.0	88.6	144.6	265.0	606.9
780	15.7	17.4	19.6	26.1	30.4	35.8	51.2	55.4	84.0	89.7	146.4	268.4	614.7
790	15.9	17.6	19.8	26.3	30.7	36.2	51.9	56.1	85.1	90.8	148.2	271.9	622.6
800	15.9	17.7	19.9	26.6	31.0	36.6	52.5	56.8	86.1	91.9	150.1	275.3	630.4
820	16.3	18.1	20.4	27.2	31.7	37.4	53.7	58.1	88.2	94.2	153.8	282.1	646.1
840	16.5	18.4	20.7	27.7	32.4	38.3	55.0	59.5	90.3	96.4	157.5	288.9	661.8
860	16.8	18.7	21.1	28.2	33.0	39.0	56.2	60.8	92.4	98.6	161.1	295.7	677.5
880	17.0	19.0	21.5	28.8	33.7	39.9	57.5	62.2	94.5	100.9	164.8	302.5	693.2
900	17.4	19.4	21.9	29.4	34.4	40.7	58.7	63.5	96.6	103.1	168.5	309.4	708.9
920	17.7	19.7	22.3	29.9	35.0	41.5	59.9	64.9	98.7	105.4	172.2	316.2	724.6
940	17.9	20.0	22.6	30.5	35.7	42.3	61.1	66.2	100.8	107.6	175.9	323.0	740.3
960	18.2	20.3	23.0	31.0	36.4	43.2	62.4	67.6	102.9	109.9	179.6	329.6	756.0
980	18.5	20.7	23.4	31.6	37.1	44.0	63.7	69.0	104.9	112.0	183.3	336.6	771.7
1000	18.8	21.0	23.8	32.1	37.7	44.8	64.9	70.3	107.0	114.3	187.0	343.5	787.4
1020	19.0	21.3	24.2	32.7	38.4	45.6	66.2	71.7	109.1	116.5	190.7	350.3	803.1
1040	19.4	21.7	24.6	33.3	39.1	46.4	67.4	73.0	111.2	118.8	194.3	357.1	818.8

表 3-12（续）

内径 d	公称压力 PN												
	16	20	25	40	50	63	100	110	150	160	260	420	760
1060	19.6	22.0	25.0	33.8	39.7	47.2	68.6	74.4	113.3	121.0	198.0	363.9	834.5
1080	19.9	22.3	25.3	34.4	40.4	48.0	69.8	75.7	115.4	123.2	201.7	370.7	850.2
1100	20.1	22.6	25.7	34.9	41.1	48.9	71.1	77.1	117.5	125.5	205.4	377.5	865.9
1120	20.5	23.0	26.1	35.5	41.7	49.7	72.3	78.4	119.6	127.7	209.1	384.4	881.6
1140	20.8	23.3	26.5	36.0	42.4	50.5	73.6	79.8	121.7	130.0	212.8	391.2	897.3
1160	21.0	23.6	26.9	36.6	43.1	51.4	74.9	81.2	123.7	132.1	216.5	398.0	913.0
1180	21.3	23.9	27.2	37.1	43.7	52.1	76.0	82.5	125.8	134.4	220.2	404.8	928.7
1200	21.6	24.3	27.7	37.7	44.4	53.0	77.3	83.9	127.9	136.6	223.9	411.6	944.4
1220	21.9	24.6	28.0	38.3	45.1	53.8	78.5	85.2	130.0	138.9	227.5	418.5	960.1
1240	22.1	24.9	28.4	38.8	45.7	54.6	79.8	86.6	132.1	141.1	231.2	425.3	975.8
1260	22.4	25.2	28.7	39.3	46.4	55.4	81.0	87.9	134.2	143.4	234.9	432.1	991.5
1280	22.7	25.6	29.2	39.9	47.1	56.2	82.3	89.3	136.3	145.6	238.6	438.9	1 007.2
1300	23.0	25.9	29.5	40.4	47.7	57.0	83.5	90.6	138.4	147.8	242.3	445.7	1 022.9

表 3-13　钢制阀门公称尺寸和阀体端部基本内径的关系　　　　mm

管道公称尺寸	公称压力 PN													
	16	20	25	40	50	63	67	100	110	150	160	260	320	420
15	15	15	15	15	15	15	15	15	15	12.7	12.7	12.1	12.1	11.2
20	20	20	20	20	20	20	20	20	20	15.2	15.2	14.8	14.8	14.2
25	25	25	25	25	25	25	25	25	25	22.1	22.1	21.0	21.0	19.1
32	32	32	32	32	32	32	32	32	32	28.4	28.4	27.3	27.3	25.4
40	38.1	38.1	38.1	38.1	38.1	38.1	38.1	38.1	38.1	35	35	32.5	32.5	28.4
50	50	50	50	50	50	50	50	50	50	47.5	47.5	44.0	44.0	38.1
65	63.5	63.5	63.5	63.5	63.5	63.5	63.5	63.5	63.5	57.2	57.2	53.6	53.6	47.5
80	76.2	76.2	76.2	76.2	76.2	76.2	76.2	76.2	76.2	72.9	70	65.2	65.2	57.2
100	100	100	100	100	100	100	100	100	100	98.3	91.9	84.8	84.8	72.9
125	125	125	125	125	125	125	125	125	125	121	111	104	104	92
150	150	150	150	150	150	150	150	150	150	146	136	127	127	111
200	200	200	200	200	200	200	200	200	200	191	178	166	166	146
250	250	250	250	250	250	250	250	248	248	238	222	208	208	184
300	300	300	300	300	300	300	300	298	298	282	263	247	247	219
350	336	336	336	336	336	333	333	327	327	311	289	271	271	241
400	387	387	387	387	387	381	381	375	375	356	330	310	310	276

表 3-13（续）

管道公称尺寸	公称压力 PN												
	16	20	25	40	50	63	67	100	110	150	160	260	320	420
450	438		432		432		419		400		371	349	311
500	489		483		479		464		445		416	389	343
550	540		533		527		511		489		457	427	378
600	590		584		575		556		533		498	466	413
650	641		635		622		603		578		540	505	448
700	692		686		670		648		622		584	546	483
750	743		737		718		695		667		625	585	517

3）阀体颈部内径 d 的确定

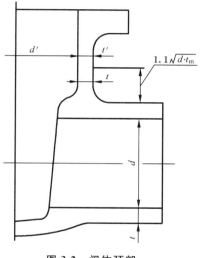

图 3-2　阀体颈部

阀体颈部应从阀体外侧沿颈部方向量出 $1.1\sqrt{dt_m}$ 的区段之内（见图 3-2），保持表 3-12 中所述的最小壁厚。直径 d 为表 3-13 所规定的内径，t_m 为表 3-12 中的最小壁厚。最小壁厚的要求范围是从阀体内部接触流体的表面，直到阀盖填料密封部位，包括所有压力腔壁。

超出上述 $1.1\sqrt{dt_m}$ 区段之外，阀体颈部应有一段内径为 d' 的直圆筒部分，该局部壁厚不小于 t'，t' 是根据相应直径 d'' 在表 3-12 中按相应的压力等级查取的壁厚。

公称压力 PN16～PN420 的阀体颈部相应内径按式（3-17-2）计算：

$$d'' = \frac{2d'}{3} \tag{3-17-2}$$

公称压力大于 PN420 的阀体颈部相应内径按式（3-17-3）计算：

$$d'' = \frac{d'}{48}\left(27 + \frac{PN}{84.4}\right) \tag{3-17-3}$$

式中：d'——阀体颈部一段直圆筒部分内径，mm；

　　　d''——按 d' 计算的相应内径，mm；

　　　PN——公称压力。

a）在 $d' > 1.5d$ 的特殊场合，整个阀体颈部长度内，包括上述 $1.1\sqrt{dt_m}$ 的区段内径为 d'，其壁厚不小于 t'。

b）对于阀体颈部内径比阀体通道内径小很多的情况，例如蝶阀阀体的 $(d/d') \geqslant 4$（见图 3-3），从阀体内径到阀体颈部直径轴线相交处的区段 $L = t_m(1 + 1.1\sqrt{dt_m})$ 内的局部壁厚应不小于 t'。t' 是根据相应的阀体颈部内径 d' 从表 3-12 中查取。超出上述 $L = t_m(1 + 1.1\sqrt{dt_m})$ 区段的阀体颈部壁厚应根据 d'' 从表 3-12 中查取。

c）在阀体颈部壁上平行于阀体颈部轴线方向钻孔或攻丝的情况下，要求内侧和外侧连

线厚度之和不小于 t_m 或 t'，见图 3-3 中 $f'+g' \geqslant t_2'$。钻孔的内侧连线厚度和底部的连线厚度不小于 $0.25\,t_m$ 或 $0.25t'$，见图 3-3 中 $f \geqslant 0.25\,t_m$，$j \geqslant 0.25\,t_m$。并且这个厚度应沿阀体颈部延续一段距离，即从颈部顶端开始至少等于孔深加上半个孔径或螺栓直径的距离。

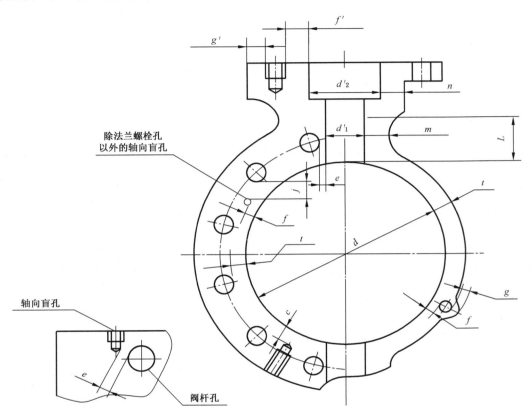

关系式	参阅部分
$t \geqslant t_m$ ··	表 3-12
$m \geqslant t_1'$ ···	3)-b)
$n \geqslant t_2'$ ···	3)-b)
$L = t_m (1+1.1\sqrt{dt_m})$ ·····················	3)-b)
$f \geqslant 0.25\,t_m$，注 1 ····························	8)-c)
$f+g \geqslant t_m$ ···	8)-c)
$f' \geqslant 0.25\,t_2'$，注 1 ··························	3)-c)
$f'+g' \geqslant t_2'$ ·····································	3)-c)
$c \geqslant 0.75\,t_m$ ····································	8)-e)
$j \geqslant 0.25\,t_m$，注 1 ····························	8)-d)
$e \geqslant 0.25\,t_1'$，注 1 ··························	8)-b)

注 1：不小于 2.5 mm。

注 2：5)规定的情况除外。

图 3-3　蝶阀阀体

4）中间压力额定值的螺纹连接端或焊接连接端钢制阀门

中间压力等级的壳体最小壁厚用线性插入法由式（3-17-4）和式（3-17-5）确定：

$$p_{rd} = p_{r1} + \frac{(p_d - p_1)}{(p_2 - p_1)}(p_{r2} - p_{r1}) \qquad (3\text{-}17\text{-}4)$$

$$t_m = t_1 + \frac{(p_{rd} - p_{r1})}{(p_{r2} - p_{r1})}(t_2 - t_1) \qquad (3\text{-}17\text{-}5)$$

式中：p_{rd}——中间压力等级的公称压力；

    t_m——中间压力等级的壳体最小壁厚，mm；

    p_d——设计温度下的工作压力，MPa；

    p_1——与 p_d 相邻的压力低值，MPa；

    p_2——与 p_d 相邻的压力高值，MPa；

    p_{r1}——与 p_1 相应的公称压力 PN；

    p_{r2}——与 p_2 相应的公称压力 PN；

    t_1——公称压力 p_{r1} 的最小壁厚，mm；

    t_2——公称压力 p_{r2} 的最小壁厚，mm。

以设计温度和工作压力 p_d 查 GB/T 12224—2015 中 3.1.1 规定的压力-温度额定值，再确定与 p_d 相邻的额定压力低值 p_1 和相邻高值 p_2，p_1 和 p_2 是相当于压力级 p_{r1} 和 p_{r2} 的额定值。确定相当于设计条件的中间压力等级 p_{rd} 用式（3-17-4）计算。

用表 3-12 中适当的内径 d，分别确定出公称压力 p_{r1} 和 p_{r2} 的最小壁厚 t_1 和 t_2。确定相当于设计条件的最小壁厚用式（3-17-5）计算。

5）阀体端部壁厚

a）对焊端

阀体焊接坡口流道部分的壳体壁厚应不小于表 3-12 的要求值 t_m。距焊接端头 $1.33t_m$ 距离的厚度应不小于 $0.77t_m$。

b）承插焊接端和螺纹连接端

从基本圆筒形流道中心线到阀体流道外表面的距离应不小于 GB/T 14976 所列管子公称外径的 0.5 倍。

6）局部区域

局部区域的壳体壁厚小于最小壁厚的，满足下述所有限制条件时是可以接受的。

a）小于最小厚度的面积能被直径不大于 $0.35\sqrt{d_0 t_0}$ 的圆所包围。对于阀体颈部，$d_0 = d'$ 和 $t_0 = t'$。对所有其他局部区域，$d_0 = d$ 和 $t_0 = t_m$；

b）所测厚度不小于 $0.75t_0$；

c）各包围圆边缘之间相隔的距离不小于 $1.75\sqrt{d_0 t_0}$。

7）附加厚度余量

由于受到管道系统负荷、操作（关闭和开启）负荷、非圆形状及应力集中等因素的影响，按表 3-12 查取的壳体壁厚需要附加厚度余量。因为附加厚度余量要考虑的因素很多，所以附加厚度余量由制造厂设计计算确定。

对于斜置阀杆钢制阀门（其加大了阀体内腔的相贯面和开口）和组焊阀体钢制阀门，可能需要额外加强,以确保足够的强度和刚度。

8) 对夹式钢制阀门

对夹式钢制阀门(如蝶阀),其壁厚应符合法兰连接端钢制阀门的要求和下列要求(见图 3-3)。

a) 要求的阀体最小壁厚 t_m 应从阀体的内圆周线向外测量到阀体外圆周线最小距离,或从阀体的内圆周线到法兰螺栓孔内侧切线的距离。

b) 阀杆通道附近的通孔或螺纹盲孔的内侧厚度(图 3-3 中的 e)应不小于阀体颈部要求壁厚的 0.25 倍,但不小于 2.5 mm。

c) 与阀体通道平行的孔内侧厚度(图 3-3 中的 f)应不小于 $0.25t_m$,但不小于 2.5 mm。内侧厚度和外侧厚度之和应不小于阀体壁厚 t_m。

d) 阀体壁中的两个相邻孔之间的阀体最小壁厚(图 3-3 中的 j)应不小于 $0.25t_m$,但不小于 2.5 mm。

e) 径向盲孔内侧厚度(图 3-3 中的 c)不小于 $0.75t_m$。

(2) 石油、化工及相关工业用钢制闸阀、截止阀、旋塞阀、升降式止回阀、旋启式止回阀和对夹式止回阀等壳体的最小壁厚按表 3-14 的规定。石油、化工及相关工业用钢制球阀壳体最小壁厚按表 3-12 的规定。

表 3-14 石油、化工及相关工业用钢制阀门的壳体最小壁厚

公称尺寸 DN	公称压力 PN									
	16	20	25	40	50	63	100、110	150、160	250、260	420
	阀体最小壁厚/mm									
50	7.9	8.6	8.8	9.3	9.7	10.0	11.2	15.8	19.1	22.4
65	8.7	9.7	10.0	10.7	11.2	11.4	11.9	18.0	22.4	25.4
80	9.4	10.4	10.7	11.4	11.9	12.1	12.7	19.1	23.9	30.2
100	10.3	11.2	11.5	12.2	12.7	13.4	16.0	21.3	28.7	35.8
150	11.9	11.9	12.6	14.6	16.0	16.7	19.1	26.2	38.1	48.5
200	12.7	12.7	13.5	15.9	17.5	19.2	25.4	31.8	47.8	62.0
250	14.2	14.2	15.0	17.5	19.1	21.2	28.7	36.6	57.2	67.6
300	15.3	16.0	16.8	19.1	20.6	23.0	31.8	42.2	66.8	86.6
350	15.9	16.8	17.7	20.5	22.4	25.2	35.1	46.0	69.9	—
400	16.4	17.5	18.6	21.8	23.9	27.0	38.1	52.3	79.5	—
450	16.9	18.3	19.5	23.0	25.4	28.9	41.4	57.2	88.9	—
500	17.6	19.1	20.4	24.3	26.9	30.7	44.5	63.5	98.6	—
600	19.6	20.6	22.2	27.0	30.2	34.7	50.8	73.2	114.3	—

(3) 一般工况用钢制旋塞阀

一般工况用钢制旋塞阀壳体的最小壁厚按表 3-15 的规定。

表 3-15 　一般工况用钢制旋塞阀的壳体最小壁厚

公称尺寸 DN	公称压力 PN										
	10	16	25	40	20	50	100/110	140[1]	160/150	250/260	420
	阀体最小壁厚/mm										
15	4.0	4.0	4.0	4.0	4.0	4.0	5.0	4.0	—	6.0	8.0
20	4.0	4.0	4.0	4.0	4.0	4.0	5.0	4.3	—	7.0	9.0
25	5.0	5.0	5.0	5.0	5.0	6.0	6.0	5.0	—	8.0	11.0
32	6.0	6.0	6.0	6.0	6.0	7.0	7.0	5.6	—	10.0	14.0
40	6.0	6.0	6.0	6.0	6.0	7.0	7.0	5.6	—	12.0	16.0
50	6.5	6.5	7.5	8.0	7.0	8.0	8.0	6.1	—	14.0	20.0
65	6.5	7.0	7.5	8.0	7.0	8.0	9.0	—	—	16.0	23.0
80	6.5	7.0	7.5	8.0	7.0	9.0	10.0	—	13.0	20.0	26.0
100	7.5	7.5	8.0	9.0	8.0	10.0	12.0	—	16.0	23.0	32.0
150	8.0	9.0	9.0	11.0	9.0	12.0	16.0	—	22.0	32.0	44.0
200	9.0	10.0	11.0	13.0	10.0	14.0	20.0	—	26.0	40.0	56.0
250	9.5	11.0	12.0	14.0	11.0	16.0	23.0	—	31.0	48.0	70.0
300	11.0	12.0	13.0	16.0	12.0	18.0	27.0	—	36.0	55.0	81.0
350	11.0	12.5	14.0	17.5	13.0	20.0	29.0	—	—	60.0	—
400	12.0	14.0	16.0	19.0	14.0	22.0	32.0	—	—	68.0	—
450	13.0	15.0	18.0	—	15.0	—	—	—	—	—	—
500	14.0	16.0	20.0	—	16.0	—	—	—	—	—	—
600	15.0	18.0	22.0	—	18.0	—	—	—	—	—	—

1) PN140 压力级仅适用于锻造或棒材制作的阀体。

（4）紧凑型钢制阀门

紧凑型钢制阀门壳体的最小壁厚按表 3-16 的规定。

表 3-16 　紧凑型钢制阀门的壳体最小壁厚

公称尺寸 DN	公称压力 PN	
	PN16～PN140	PN250
	壳体最小壁厚/mm	
8	3.1	3.8
10	3.3	4.3
15	4.1	4.8
20	4.8	6.1

表 3-16(续)

公称尺寸 DN	公 称 压 力 PN	
	PN16～PN140	PN250
	壳体最小壁厚/mm	
25	5.6	7.1
32	5.8	8.4
40	6.1	9.7
50	7.1	11.9
65	8.4	14.2
80	9.7	16.5
100	11.9	21.3

（5）铁制阀门最小壁厚

1）铁制阀门壳体材料

GB 26640 标准提供的阀门壳体最小壁厚的数据,仅适用于壳体材料为灰铸铁 HT200,其中带 * 的为 HT250,球墨铸铁 QT450-10。

2）铁制阀门最小壁厚的确定

① 铁制闸阀壳体最小壁厚按表 3-17 的规定。

表 3-17　铁制闸阀壳体最小壁厚　　　　　　　　　　　　　　　　mm

公称尺寸 DN	公 称 压 力					
	PN1	PN2.5	PN6	PN10	PN16	PN25
	灰铸铁				球墨铸铁	
15	—	—	—	5	4	5
20	—	—	—	5	4	5
25	—	—	—	5	4	5
32	—	—	—	5.5	4.5	6
40	—	—	—	6	5	7
50	—	—	—	7	7	8
65	—	—	—	7	7	8
80	—	—	—	8	8	9
100	—	—	—	9	9	10
125	—	—	—	10	10	12
150	—	—	—	11	11	12
200	—	—	—	12	12	14
250	—	—	—	13	13	16

表 3-17(续)　　　　　　　　　　　　　　　　　　　　　　　mm

公称尺寸 DN	公 称 压 力					
	PN1	PN2.5	PN6	PN10	PN16	PN25
	灰铸铁				球墨铸铁	
300	13	—	—	14	14	16
350	14	—	—	14	15	—
400	15	—	—	15	16	—
450	15	—	—	16	17	—
500	16	16	—	16	18	—
600	18	18	—	18	18	—
700	20	20	—	20 *	20	—
800	20	22	—	22 *	22	—
900	20	22	—	24 *	24	—
1000	20	24	—	26 *	26	—
1200	22	26 *	26 *	28 *	28	—
1400	25	26 *	28 *	30 *	—	—
1600	—	30 *	32 *	35 *	—	—
1800	—	32 *	35 *	—	—	—
2000	—	34 *	38 *	—	—	—

② 铁制截止阀、升降式止回阀最小壳体壁厚按表 3-18 的规定。

表 3-18　铁制截止阀、升降式止回阀最小壳体壁厚　　　　　　　　mm

公称尺寸 DN	公 称 压 力					
	PN10	PN16	PN10	PN16	PN16	PN25
	灰铸铁		可锻铸铁		球墨铸铁	
15	5	5	5	5	5	6
20	6	6	6	6	6	7
25	6	6	6	6	6	7
32	6	7	6	7	7	8
40	7	7	7	7	7	8
50	7	8	7	8	8	9
65	8	8	8	8	8	9
80	8	9	8	9	9	10
100	9	10	9	10	10	11

表 3-18(续)   mm

公称尺寸 DN	公称压力					
	PN10	PN16	PN10	PN16	PN16	PN25
	灰铸铁		可锻铸铁		球墨铸铁	
125	10	—	—	—	12	—
150	11	—	—	—	12	—
200	12	—	—	—	14	—

③ 铁制旋启式止回阀最小壳体壁厚按表 3-19 的规定。

表 3-19 铁制旋启式止回阀壳体最小壁厚   mm

公称尺寸 DN	公称压力				
	PN2.5	PN6	PN10	PN16	PN25
	灰铸铁			球墨铸铁	
50	6	8	8	8	8
65	6	8	8	9	9
80	6	9	9	10	10
100	8	9	9	11	11
125	9	10	10	12	12
150	9	10	10	14	14
200	10	12	12	15	15
250	12	13	13	15	—
300	13	14	14	16	—
350	14	15	15	16	—
400	14	16	16	18	—
450	15	17	17	20	—
500	15	18	18	23	—
600	16	20	20	23	—
700	20	24	26	—	—
800	20	24	26	—	—
900	22	25	28	—	—
1000	22	26	30	—	—
1200	23	26	—	—	—
1400	24	30	—	—	—
1600	24	30	—	—	—
1800	26	—	—	—	—

④ 铁制球阀最小壳体壁厚按表 3-20 的规定。

表 3-20　铁制球阀壳体最小壁厚　　　　　　　　　　　　　　　mm

公称尺寸 DN	公 称 压 力			
	PN10	PN16	PN16	PN25
	灰铸铁		球墨铸铁	
15	5	5	5	6
20	5	5	5	7
25	6	6	6	7
32	6	7	6	8
40	7	7	7	8
50	7	8	7	9
65	8	8	8	9
80	8	9	8	10
100	9	10	9	11
125	10	—	10	12
150	11	—	11	13
200	12		12	—
250	13		13	—
300	14	—	14	—

⑤ 铁制蝶阀最小壳体壁厚按表 3-21 的规定。

表 3-21　铁制蝶阀最小壳体壁厚　　　　　　　　　　　　　　　mm

公称尺寸 DN	公 称 压 力				
	PN2.5	PN6	PN10	PN10	PN16
	灰铸铁			球墨铸铁	
40	7	7.5	8	7.5	8
50					
65	8	8.5	9	8.5	9
80					
100					
125	9	9.5	10	9.5	10
150					
200	10	11	12	11	12
250					

表 3-21(续)　　　　　　　　　　　　　mm

公称尺寸 DN	公称压力				
	PN2.5	PN6	PN10	PN10	PN16
	灰铸铁			球墨铸铁	
300	11	12	14	12	14
350		13	15	13	15
400	12	14		14	
450	12	15	16	15	16
500	13	16	17	16	17
600	14	17	18	17	18
700	15	18	19	18	19
800	16	19	20	19	20
900	18	20	22	20	22
1000	20	21	23	21	23
1200	21	23	26	23	26
1400	22	25	30	25	—
1600	24	28	34	28	—
1800	26	31	38	31	—
2000	28	34	42	34	—
2200	32	36	47	36	—
2400	35	38	50	38	—
2600	38	41	55	41	—
2800	41	45	60	45	—
3000	44	50	65	50	—

⑥ 铁制隔膜阀最小壳体壁厚按表 3-22 的规定。

表 3-22　铁制隔膜阀最小壳体壁厚　　　　　　　　　　mm

公称尺寸 DN	公称压力			
	PN10		PN16	
	灰铸铁		球墨铸铁	
	阀体	阀盖	阀体	阀盖
8	5	3	5	3
10	5	3.5	5	3.5
15	5	3.5	5	3.5
20	5	4	5	4

表 3-22（续）　　　　　　　　　　　　　　　　　　　　　mm

公称尺寸 DN	公 称 压 力			
	PN10		PN16	
	灰铸铁		球墨铸铁	
	阀体	阀盖	阀体	阀盖
25	5	4	5	4
32	6	5	6	5
40	7	6	7	6
50	8	6	8	6
65	8	7	8	7
80	9	7	9	7
100	10	8	10	8
125	11	9	11	9
150	12	10	12	10
200	13	11	13	11
250	15	12	15	12
300	16	13	16	13
350	17	14	17	14
400	18	15	18	15

⑦ 铁制旋塞阀最小壳体壁厚按表 3-23 的规定。

表 3-23　铁制旋塞阀最小壳体壁厚　　　　　　　　　　　mm

公称尺寸 DN	公 称 压 力			
	PN10	PN16	PN10	PN16
	灰铸铁		球墨铸铁	
≤25	6	8	4	6
32	7	9.5	5	7
40	8	11	6	8
50	9	12	7	9
65	10	13	8	10
80	11	15	9	11
100	13	16	11	13
150	16	—	14	16
200	20	—	18	20

（6）铁制阀门最小壁厚计算

1）中腔为圆桶形薄壁的阀体

中腔为圆桶形薄壁的阀体按式（3-17-6）计算：

$$S_B = \frac{pD_N}{2[\sigma_L] - p} + C \tag{3-17-6}$$

式中：S_B——考虑腐蚀余量后阀体的壁厚，mm；

D_N——阀体中腔最大内径，mm；

p——设计压力，MPa，数值为 0.1 倍的公称压力；

$[\sigma_L]$——材料的许用拉应力，MPa；

C——考虑铸造偏差、工艺性和介质腐蚀等因素而附加的余量（mm）。由设计部门根据制造工况确定。

2）中腔为非圆桶形薄壁阀体

① 中腔为非圆桶形薄壁阀体的形式见图 3-4，按式（3-17-7）和式（3-17-18）校核。

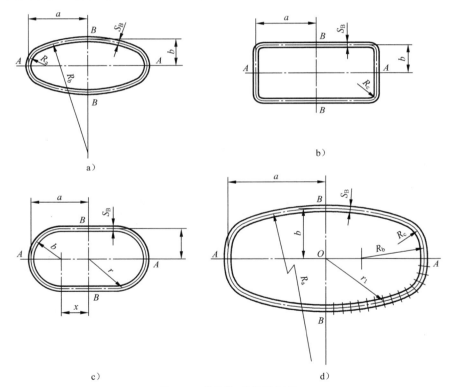

图 3-4 非圆桶形薄壁阀体

$$\sigma_A = \pm \frac{3p}{(S_B - C)^2}(K^3 - a^3) + \frac{p \cdot a}{(S_B - C)} \tag{3-17-7}$$

$$\sigma_B = \pm \frac{3p}{(S_B - C)^2}(K^2 - b^2) + \frac{p \cdot b}{(S_B - C)} \tag{3-17-8}$$

式中：σ_A——A 处的合成应力，MPa；

σ_B——B 处的合成应力，MPa；

S_B——考虑腐蚀余量后阀体的设计壁厚，mm；

a——壳体横断面的长半轴，mm；

b——壳体横断面的短半轴，mm；

K——壳体对其轴线的极回转半径，mm。

② 壳体轴线的极回转半径 K

a）对于椭圆形截面［见图 3-4 a)］，K 按式(3-17-9)计算：

$$K = f\frac{a+b}{2} \tag{3-17-9}$$

式中：f——系数。由表 3-24 查得。实际应用中，当 $\dfrac{b}{a} \geqslant 0.4$ 时，取 $K = \dfrac{a+b}{2}$。

表 3-24　f 系数

b	0	0.1	0.2	0.3	0.4	0.5	0.6	0.7	0.8	0.9	1.0
f	1.154	1.074	1.034	1.015	1.006	1.002	1.001	1	1	1	1

b）对于矩形截面［见图 3-4 b)］，K 按式(3-17-10)计算：

$$K = \sqrt{\frac{(a+b)^2}{3}} \tag{3-17-10}$$

c）对于扁圆形截面［见图 3-4 c)］，K 按式(3-17-11)计算：

$$K = \sqrt{x^2 + b^2 + \frac{2x(3b^2 - x^2)}{3\left(x + \frac{\pi b}{2}\right)}} \tag{3-17-11}$$

式中：x ——扁圆形的偏心尺寸［见图 3-4 c)］，mm。

d）对于近似椭圆形截面［见图 3-4 d)］，K 按式(3-17-12)计算：

$$K = \sqrt{\sum_{i=1}^{n} \frac{r_i^2}{n}} \tag{3-17-12}$$

式中：r_i —— 测量点的半径，mm；

i——测量点序号；

n——测量点的数量。

测量点越多，所求 K 值越精确。

③ σ_A 和 σ_B 的计算值，正号为拉应力，负号为压应力；就其绝对值而言，应小于材料的许用弯曲应力 $[\sigma_w]$。

3-18　在标准中，对钢制球阀球体的缩径与不缩径有什么规定？

钢制球阀球体的缩径与不缩径其通道都应是圆形的，其最小直径按表 3-25 的规定或按订货合同的要求。

表 3-25　钢制球阀球体的最小直径　　　　　　　　　　　mm

DN	缩　　径	不　缩　径	
		PN16、PN25、PN40、PN63、PN100	PN150、PN160
10	—	9	9
15	9.5	13	13
20	13	19	19
25	19	25	25
32	25	32	32
40	32	38	38
50	38	49	49
65	49	62	62
80	62	74	74
100	74	100	100
125	—	—	—
150	100	150	150
200	150	201	201
250	201	252	252
300	252	303	303
350	252	334	322
400	303	385	373
450	334	436	423
500	385	487	471

此外,球阀全开时应保证球体通道与阀体通道在同一轴线上。

3-19　在标准中,对钢制球阀的阀杆有什么规定?

GB/T 12237—2007《石油、石化及相关工业用的钢制球阀》规定,钢制球阀的阀杆应设计成在介质压力作用下,拆开阀杆密封圈时(如填料压盖),阀杆不致于脱出的结构。阀杆的截面及与球体的连接面应能经受最大操作转矩。阀座除与阀体堆焊在一起为整体式结构外,应设计成单独的零件,以便更换。

3-20　在标准中,对钢制球阀的防静电要求是怎样规定的?

GB/T 12237—2007 规定,如订货合同有规定,球阀应设计成有防静电的结构。对≤DN50 的球阀,应使阀体和阀杆之间能导电;对>DN50 的球阀,则要保证球体、阀杆和阀体之间能导电,其结构应满足下列要求:

安装后能防止外界物质侵入并不受周围介质的腐蚀。

取一台经压力试验并至少开、关过 5 次的新的干燥球阀作典型试验,在电源电压不超过 12 V 时,阀杆、阀体、球阀的防静电电路应有小于 10 Ω 的电阻。

此外,带有防静电结构的球阀应按规定进行防静电试验。带有防静电结构的球阀应标志"AS"。

3-21 在标准中,对非金属密封球阀的耐火试验是怎样规定的?

GB/T 12237—2007 规定,如订货合同有规定,球体应设计成耐火结构,并能通过非金属密封球阀规定的耐火试验。

非金属密封球阀耐火试验规定如下:

(1) 试验装置

球阀的耐火试验系统如图 3-5 所示。

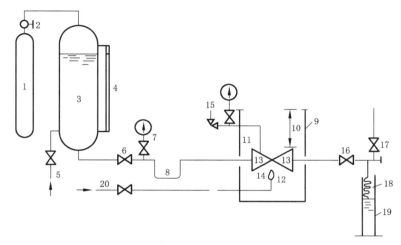

1—气源;2—减压阀;3—水箱;4—水位表;5—供水口;6—截止阀;7—压力表;8—安装疏水阀的管子;

9—试验箱:被试球阀任何部分与试验箱间的最小水平距离应为 15 mm～24 mm;

10—被试球阀顶部与试验箱顶部平面间的最小高度为 15 mm～24 mm;11—水平安装的试验阀;

12—燃烧嘴;13—测量阀体温度的热电偶;14—测火焰温度的热电偶;

15—与被试球阀阀体内腔连接的安全阀;16—截止阀;17—放空阀;

18—冷凝器;19—带刻度的容器;20—燃烧器进口

图 3-5 球阀耐火试验系统

(2) 试验条件

① 本试验应尽可能模拟球阀的使用环境来进行。

② 球阀在关闭位置,试验介质用水,试验期间由体腔内介质的热膨胀而获得较大的升压。

③ 本试验不包括球阀与管道连接处的泄漏。

(3) 试验方法

① 试验时,球阀应水平安装。试验期间球阀不应包有绝热材料。

② 试验时,球阀应在 760 ℃～870 ℃的火焰中烧 30 min,其温度为两个热电偶所测读数的平均值。热电偶安装位置如图 3-6 所示,一个在阀体下方 25 mm 处,另一个在离阀杆填料函半径为 25 mm 的范围内。

③ 在火焰燃烧的 30 min 内,阀体温度应达到 593 ℃,保温 5 min。其测温热电偶应安装在阀体顶部,并与阀体中心线成 60°夹角的不受火焰影响的位置上。热电偶可插入离阀体表面小于 1.6 mm 的深处,也可装在体腔内;如有条件可焊在阀体表面上,见图 3-7 所示。

④ 试验时,操作人员应带有防护罩。

⑤ 应使用气体燃料。

⑥ 所有试验设备应清洁,操作状况良好。

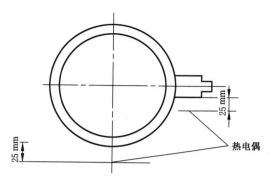

图 3-6   热电偶安装位置

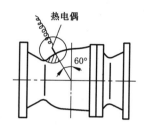  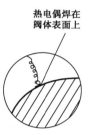

图 3-7   热电偶的安装位置

⑦ 最小试验压力应按表 3-26 的规定。

表 3-26   最小试验压力

公称压力 PN	最小试验压力/MPa	公称压力 PN	最小试验压力/MPa
16	0.14	63,100	0.72
25,40	0.34		

（4）试验步骤

① 如图 3-2,打开供水阀 5 和放空阀 17 及各必要的出口,给系统充水,排除系统中的空气,把球阀转到半关位置,使阀腔充满水。

② 关闭各出口放空阀,关闭球阀后即进行试验,此时系统中应全部充满水。

③ 系统增压至 1.5 倍表 3-26 所列的试验压力值,检查并排除泄漏。

④ 降低压力至表 3-26 规定的试验压力值(在整个试验过程中保持该值),打开截止阀 16,记下水位表 4 的读数,排空带刻度的容器 19。

⑤ 通燃料气,点燃火焰。当火焰温度达到 760 ℃时即按(3)②条的规定进行。

⑥ 每 2 min 记录一次图 3-5 中压力表和热电偶的读数。

⑦ 试验结束时关闭燃料气,记录容器 19 所收集的水量以测定球阀的内漏量,直到球阀冷却到 100 ℃以下并记录水位表 4 的读数,测定球阀的外漏量。

⑧ 在试验压力下进行全开和全关试验,试验中测量的内漏量分别记入试验报告,此数值应与(4)⑦条的数值分开。

⑨ 球阀在试验过程中不作调整。

（5）性能要求

① 在燃烧期间，球阀密封面处的内漏量（不包括阀盖和填料处）应小于 1.6 cm³/（min·DN[1]）。

② 外漏量

a）在试验过程中，包括降温期内，球阀的外漏量应小于 0.8 cm³/（min·DN[1]）。

b）按（4）⑧条要求，在开关球阀后，其外漏量应小于 1.6 cm³/（min·DN[1]）（外漏量包括阀杆、阀盖连接处和阀体连接处的漏量，但不包括球阀与管道连接处的漏量）。

③ 如安全阀起跳，则应重新试验。

④ 对相对设计的各压力级球阀和各种规格的球阀，可用试验合格的球阀来证明其他规格和压力级的球阀是否合格。

a）可用试验合格的球阀来证明通径比其大两倍和小两倍的相同设计的球阀是否合格。

b）可用试验合格的球阀来证明压力级比其大 0.5 倍和小两倍的相同设计的球阀是否合格。

⑤ 试验记录作为用户复验的依据。

3-22　在标准中，用于液体介质时，对蝶阀进口液体的流速是怎样规定的？

GB/T 12238—2008《法兰和对夹连接弹性密封蝶阀》规定，用于液体介质时，蝶阀进口液体的最高流速分为 3 m/s 和 5 m/s 两个级别。

3-23　在标准中，对蝶阀的使用条件是如何规定的？

GB/T 12238—2008 规定，蝶阀适用于下述任意使用条件，但不适用于自由排空的工况。

① 截流并密封；

② 截流和低泄漏（允许液体最大渗漏量 0.1×DNmm³/s）；

③ 在规定范围内调节流量。

3-24　在标准中，对蝶阀阀座的最小通径是怎样规定的？

GB/T 12238—2008 规定，蝶阀阀座的最小通径不得小于表 3-27 的规定。

表 3-27　蝶阀阀座的最小通径

公称尺寸 DN	阀座的最小通径/mm	公称尺寸 DN	阀座的最小通径/mm
40	34	80	74
50	44	100	94
65	59	125	119

1）表示公称尺寸的数值。

表 3-27（续）

公称尺寸 DN	阀座的最小通径/ mm	公称尺寸 DN	阀座的最小通径/ mm
150	144	700	670
200	190	800	770
250	230	900	870
300	280	1000	970
350	325	1200	1160
400	375	1400	1360
450	425	1600	1560
500	475	1800	1760
600	575	2000	1960

3-25 在标准中,对蝶阀阀杆设计成两段时其嵌入轴孔的长度是怎样规定的?

GB/T 12238—2008 规定,蝶阀阀杆可以设计成两个分离的短轴,其嵌入轴孔的长度应不小于轴径的 1.5 倍。

3-26 标准规定的隔膜阀的型式主要有几种?

GB/T 12239—2008《工业阀门　金属隔膜阀》规定,隔膜阀的型式主要有"堰式"、"直通式"、"角式"、"直流式"和"内螺纹式"5 种。主要结构形式见图 3-8～图 3-12 所示。

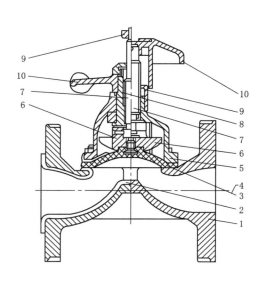

1—阀体;2—阀体衬里;3—隔膜;4—螺钉;
5—阀盖;6—阀瓣;7—阀杆;8—阀杆螺母;
9—指示器;10—手轮

图 3-8 堰式隔膜阀

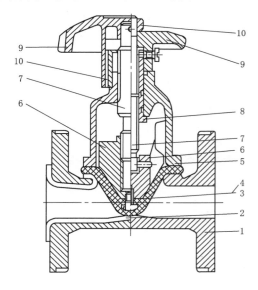

1—阀体;2—阀体衬里;3—隔膜;4—螺钉;
5—阀盖;6—阀瓣;7—阀杆;8—阀杆螺母;
9—手轮;10—指示器

图 3-9 直通式隔膜阀

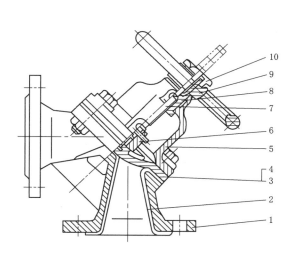

1—阀体;2—阀体衬里;3—隔膜;4—螺钉;
5—阀盖;6—阀瓣;7—阀杆;8—阀杆螺母;
9—手轮;10—锁紧螺母

图 3-10 直角式隔膜阀

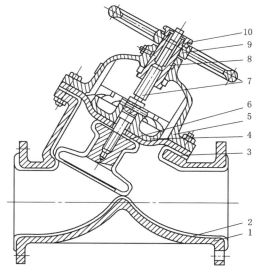

1—阀体;2—阀体衬里;3—隔膜;4—隔膜压头;
5—阀盖;6—阀瓣;7—阀杆;8—阀杆螺母;
9—手轮;10—锁紧螺母

图 3-11 直流式隔膜阀

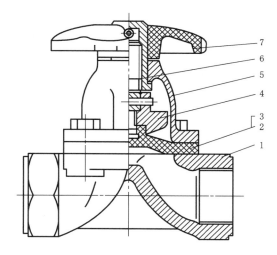

1—阀体;2—隔膜;3—螺钉;4—阀瓣;5—阀盖;6—阀杆螺母;7—手轮

图 3-12 内螺纹式隔膜阀

3-27 在标准中,对隔膜阀的隔膜有什么规定?

GB/T 12239—2008 标准中规定:

① 隔膜与操作机构连接应牢固可靠,更换方便。

② 橡胶隔膜和隔膜垫中间应夹不少于两层的网眼纤维织物布。

③ 除耐油橡胶外,橡胶隔膜禁止涂任何油类。

147

此外,隔膜上应有清晰的材料标志。其代号可按表 3-28 的规定。

表 3-28　隔膜材料代号

隔膜材料	代　号	隔膜材料	代　号
天然橡胶	NR	氯磺化聚乙烯合成橡胶	CSM
氯丁橡胶	CR	硅橡胶	SI
丁基橡胶	IIR	氟橡胶	FPM
丁苯橡胶	SBR	聚全氟乙炳烯	FEP
丁腈橡胶	NBR	可熔性聚四氟乙烯	PFA
乙丙橡胶	EPDM	聚四氟乙烯	TFE

3-28　在标准中,对旋塞阀塞杆和塞子有什么要求?

GB/T 12240—2008《铁制旋塞阀》规定,旋塞阀塞杆和塞子可以做成一体,也可以分开,但塞杆和塞子之间的连接应能承受规定的最大操作转矩。

此外,铸铁制塞杆和塞子材料应按 GB/T 12226—2005《通用阀门　灰铸铁件技术条件》的规定;铸铜制塞杆和塞子应按 GB/T 12225—2005《通用阀门　铜合金铸件技术条件》的规定。

3-29　在标准中,对安全阀的机械特性有什么规定?

GB/T 12241—2005《安全阀　一般要求》规定,安全阀的机械特性为:

① 频跳:安全阀阀瓣迅速异常地来回运动,在运动中阀瓣接触阀座。

② 颤振:安全阀阀瓣迅速异常地来回运动,在运动中阀瓣不接触阀座。

GB/T 12243—2005《弹簧直接载荷式安全阀》规定,弹簧直接载荷式安全阀的机械特性为阀门动作必须稳定,应无频跳、颤振、卡阻等现象。

3-30　在标准中,对安全阀的开启压力偏差和开启高度偏差是怎样规定的?

GB/T 12241—2005 规定,安全阀的开启压力偏差,当开启压力小于 0.5 MPa 时为 ±0.014 MPa;当开启压力大于等于 0.5 MPa 时为 ±3% 开启压力。开启高度偏差为开启高度平均值的 ±5%。

3-31　在标准中,对安全阀的排放压力是怎样规定的?

阀瓣达到规定开启高度时的进口压力称为排放压力,排放压力的上限需服从国家有关标准或规范的要求。

GB/T 12243—2005 规定,蒸汽用安全阀的排放压力应小于或等于开启压力的 1.03 倍;空气或其他气体用安全阀的排放压力应小于或等于开启压力的 1.10 倍;水或其他液体用安全阀的排放压力应小于或等于开启压力的 1.20 倍。

3-32　在标准中,对减压阀的性能有什么要求?

GB/T 12244—2006《减压阀　一般要求》规定:

① 在给定的弹簧压力级范围内,使出口压力在最大值与最小值之间能连续调整,不得有卡阻和异常振动。

② 对于软密封的减压阀在规定时间内不得有渗漏;对于金属密封的减压阀其渗漏量应不大于最大流量的 0.5%。

③ 出口流量变化时其出口压力偏差值,直接作用式不大于 20%;先导式不大于 10%。

④ 进口压力变化时其出口压力偏差值,直接作用式不大于 10%;先导式不大于 5%。

3-33 在标准中,对减压阀的零部件有什么要求?

GB/T 12246—2006《先导式减压阀》规定:

① 阀体两端连接法兰的通径应相同,且与公称尺寸 DN 一致。

② 阀体底部应设有排泄孔,并用螺塞堵封。

③ 主阀座喉部直径一般不小于 0.8DN。

④ 导阀瓣采用锥面密封时,其密封宽度不大于 0.5 mm。

⑤ 导阀瓣上端面与膜片应有 0.1 mm～0.3 mm 的间隙。

⑥ 弹簧的设计制造应按 GB/T 1239 中二级精度的规定,其调节弹簧压力按表 3-29 中的规定。

⑦ 弹簧指数(中径和钢丝直径的比)应在 4～9 的范围内选取。

⑧ 弹簧两端应各有不少于 3/4 圈的支承面,支承圈不应小于一圈。

⑨ 弹簧的工作变形量应在全变形量的 20%～30% 范围内选取。

表 3-29 调节弹簧压力

公称压力 PN	出口压力 p_z/MPa	弹簧压力级/MPa
16	0.1～1.0	0.05～0.50 0.50～1.00
25	0.1～1.6	0.10～1.00 1.00～1.60
40	0.1～2.5	0.10～1.00 1.00～2.50
63	0.1～3.0	0.10～1.00 1.00～3.00

3-34 在标准中,对蒸汽疏水阀的漏汽率是怎样规定的?

GB/T 22654—2008《蒸汽疏水阀 技术条件》规定,除脉冲式和孔板式外,负荷率在 (6 ± 3)% 的条件下,疏水阀的有负荷漏汽率不得大于 3%。机械型和热静力型疏水阀的无负荷漏汽率不得大于 0.5%。

3-35 在标准中,对蒸汽疏水阀的最高背压率是怎样规定的?

蒸汽疏水阀最高工作背压与最高工作压力的百分比称为最高背压率。

《蒸汽疏水阀　技术条件》标准中规定,蒸汽疏水阀的最高背压率为:

① 机械型不低于80%;

② 热动力型不低于50%;其中脉冲式不低于25%;

③ 热静力型不低于30%。

3-36　标准为什么规定蒸汽疏水阀要有排空气和其他不凝性气体的装置?

因为从蒸汽疏水阀的功能而言,最重要的功能有三个:第一能迅速排除产生的凝结水;第二防止蒸汽泄漏;第三排除空气及其他不可凝气体。排除空气及其他不可凝气体的必要性是:① 防止腐蚀蒸汽使用设备内部。蒸汽使用设备内如果混入了空气,凝结水和空气中的氧起化学反应,造成对铁的腐蚀,这是危险和不经济的,所以必须排除。② 防止降低蒸汽使用设备的运转效率。设备内蒸汽的潜热使被加热物加热,蒸汽则冷却,凝结成水,在管壁周围形成凝结水层。但是,若设备内部一旦混入空气,由于空气是不凝气体,所以设备内管壁上的凝结水层内侧又形成空气层,且空气的导热率极小(比保温材料还小)因而使蒸汽和被加热物之间的热交换能力显著降低。③ 防止产生空气气堵。蒸汽使用设备里混入了空气,当没有得到彻底排除时,自然会进入蒸汽疏水阀内部。假如蒸汽疏水阀没有排空气的能力,空气和其他不可凝气体就会最先到蒸汽疏水阀的入口,引起蒸汽疏水阀的闭塞,产生空气和其他不可凝气体及凝结水都排不出去的故障。这种空气及其他不可凝气体进入蒸汽疏水阀使蒸汽疏水阀产生故障的现象称为“空气气堵”。因此,对蒸汽疏水阀来说,排除空气和其他不可凝气体的装置是非常必要的,务必引起足够的重视。

3-37　在标准中,对阀门的供货有什么要求?

JB/T 7928—2014《通用阀门　供货要求》规定:

① 阀门必须按其相应的技术标准、设计图样、技术文件及订货合同的规定进行制造,并经检验合格后,方可出厂供货。

② 当有特殊要求时,应在订货合同中规定,并应按规定要求检验和供货。

3-38　在标准中,对阀门的标志有哪些规定?

JB/T 7928—2014规定,阀门应具有清晰的标志,并符合如下标记方法:

① 公称尺寸 DN、公称压力 PN、受压部件材料代号、制造厂名或商标是必须使用的标志,应标记在阀体上(对公称尺寸<DN50 的阀门,这四项是标记在阀体上还是标牌上,由产品设计者规定)。

② 介质流向的箭头和密封环(垫)代号,只有当某类阀门标准中有此规定时才是必须使用的标志,它们应分别标记在阀体及法兰上。

③ 如果各类阀门标准中没有特殊规定时,则极限温度(℃)、螺纹代号、极限压力、生产厂编号、标准号、熔炼炉号、内件材料代号、工位号、衬里材料代号、质量和试验标记、检验人员印记、制造年月、流动特性项是按需选择使用的标志。当需要时,可标记在阀体或标牌上。

注:阀体上的公称压力铸字标志值等于公称压力 PN 数值,设置在公称尺寸数值的下方,其前不冠以代号“PN”。

此外还规定：标牌应牢固地固定在阀门的明显部位，其内容必须齐全、正确并应符合有关标准的规定，其材料应用不锈钢、铜合金或铝合金制造。

对于手轮旋向的标志，如果手轮尺寸足够，手轮上应设以指示阀门关闭方向的箭头或附加"关"字。

对于附加标志的标记做了如下规定：在不同位置可以附加上述任何一项标志，例如：设在阀体上的任何一项标志，也可以重复设在标牌上。同时，只要附加标志不与表中标志发生混淆，可以附加其他任何标志，例如：产品型号等。

3-39　在 GB / T 26480—2011《阀门的检验与试验》标准中，对钢制阀门的试验压力有什么规定？

试验压力分壳体试验压力和密封试验压力两种。阀门进行壳体试验时规定的压力称为壳体试验压力。阀门进行密封试验时规定的压力称为密封试验压力。

GB/ T 26480—2011《阀门的检验与试验》规定：

① 壳体试验压力为 38 ℃时最大允许工作压力的 1.5 倍。

② 高压密封试验和高压上密封试验压力为 38 ℃时最大允许工作压力的 1.1 倍。

③ 低压密封试验和低压上密封试验压力为 0.4 MPa～0.7 MPa。

④ 蝶阀的密封试验压力为 38 ℃时最大允许工作压差的 1.1 倍。

⑤ 止回阀的密封试验压力为 38 ℃时的最大允许工作压力。

3-40　GB / T 26480—2011 标准是如何规定试验的持续时间的？

GB/ T 26480—2011 规定，压力试验时，止回阀和其他阀类保持试验压力的最短试验持续时间应按表 3-30 的规定，蝶阀应按表 3-31 的规定。

表 3-30　止回阀和其他阀类最短试验持续时间

公称尺寸 DN	最短试验持续时间/s				
	壳体试验		上密封试验	密封试验	
	止回阀	其他阀类		止回阀	其他阀类
≤50	60	15	15	60	15
65～150	60	60	60	60	60
200～300	60	120	60	60	120
≥350	120	300	60	120	120

表 3-31　蝶阀最短试验持续时间

公称尺寸 DN	最短试验持续时间/s	
	壳体试验	密封试验
≤50	15	15
65～150	60	60
200～300	120	120
≥350	300	120

3-41　在 GB／T 26480—2011 标准中,对阀门的渗漏量有什么规定?

作阀门密封试验时,在规定的持续时间内由密封面间渗漏的介质量称为渗漏量。

GB/ T 26480—2011 规定:

① 进行壳体和上密封试验时,在试验的持续时间内不允许有渗漏。用液体试验时,壳体表面及阀体与阀盖连接处不得有明显可见的点滴或潮湿现象;用气体试验时,按规定的检漏方法检漏应无气泡泄出,试验时应无结构损坏。

② 进行低压密封试验和高压密封试验时,在试验的持续时间内不允许通过阀瓣、阀座、静密封面及蝶阀的心轴处产生明显的渗漏。其结构不得损伤。在试验持续时间内通过密封面的允许泄漏量见表 3-32。用于测量泄漏量的测量仪器应校正到使其结果当量等于表 3-32所列每分钟的单位数,测量仪表的校正应使用与产品试验相同的介质温度。

表 3-32　通过密封面的允许泄漏量

公称尺寸 DN	所有弹性密封副阀门 滴/min 气泡/min	除止回阀外的所有金属密封副阀门		金属密封副止回阀	
		液体试验[1] 滴/min	气体试验 气泡/min	液体试验 mL/min	气体试验 m³/h
≤50 65~150 200~300 ≥350[3]	0	0[2] 12 20 $2\times\dfrac{DN}{25}$	0[2] 24 40 $4\times\dfrac{DN}{25}$	$\dfrac{DN}{25}\times 3$	$\dfrac{DN}{25}\times 0.042$

1) 对于液体试验介质,1 mL(cm³)相当于 16 滴。

2) 在规定的最短试验时间内无渗漏,对于液体试验,"0"滴表示在每个规定的最短试验时间内无可见渗漏;对于气体试验,"0"气泡表示在每个规定的最短试验时间内泄漏量小于 1 个气泡。

3) 对于口径规格大于 DN600 的止回阀,允许的泄漏量应由供需双方商定。

3-42　国外常用标准代号是怎样规定的?

国外常用标准代号见表 3-33。

表 3-33　国外常用标准代号

一、国外常用标准代号		
序号	代　号	名　　　称
1	ISO	国际标准化组织建议标准
2	ISA	国际标准化协会标准
3	IEC	国际电工委员会建议标准
4	DIN	德国工业标准(1946 年后西德标准)
5	JIS	日本工业标准
6	ГОСТ	前苏联国家标准
7	NF	法国国家标准

表 3-33(续)

序号	代号	名称
8	CSA	加拿大工业标准
9	UNI	意大利工业标准
10	BS	英国国家标准
11	EN	欧盟标准
12	API	美国石油学会标准
13	ASME	美国机械工程师学会标准
14	ASTM	美国材料试验学会标准
15	AWWA	美国水利工程协会标准
16	MSS	美国阀门及配件制造者协会标准
17	ANSI	美国国家标准学会标准
18	NBS	美国国家标准局标准
19	AFS	美国铸造协会
20	AGMA	美国齿轮制造者协会标准
21	AIEE	美国电气工程学会
22	NEMA	美国电气制造协会标准
23	AISI	美国钢铁学会标准
24	IS	印度国家标准
25	ONORM	奥地利标准委员会标准
26	AIR	美国航空标准
27	SAE	美国汽车协会标准
28	AFNOR	法国标准协会标准
29	CPC	法国常设标准化委员会标准
30	MSZ	匈牙利国家标准
31	БДС	保加利亚国家标准
32	JES	日本工业产品标准统一调查会标准
33	SIA	瑞士建筑工业协会标准
34	VSM	瑞士机械学会标准
35	CSN	捷克斯洛伐克国家标准
36	STAS	罗马尼亚国家标准
37	PN	波兰国家标准
38	ЯЛ	朝鲜民主主义人民共和国国家标准
39	STASH	阿尔巴尼亚国家标准
40	AWS	美国焊接协会标准
41	ASI	美国规格学会标准
42	MIL	美国军用标准
43	JPI	日本石油学会标准

一、国外常用标准代号

表 3-33（续）

二、国际及区域性标准及其代号		
序号	代　号	名　　　称
1	ABCA	美、英、加拿大、澳大利亚联合标准
2	AICMA	国际宇航设备制造商协会
3	CECT	欧洲锅炉与压力容器制造委员会
4	CEE	电气设备质量鉴定规程委员会
5	CENEL	欧洲电气标准协调委员会
6	CPI	国际乙炔、氧乙炔焊接及有关工业常设委员会
7	ECMA	欧洲计算机制造商协会
8	EPF	欧洲包装联合会
9	FEM	欧洲机械装卸联合会
10	FIP	国际预应力学术联合会
11	IAPM	国际管道与机械员工协会
12	IEC	国际电工委员会
13	IHB	国际水道局
14	IIW	国际焊接学会
15	ISO	国际标准化组织
16	OIML	国际法计量组织
17	PRE	欧洲耐火材料制造商联合会

3-43　我国常用标准代号是怎样规定的?

（1）中华人民共和国国家标准代号

GB——强制性国家标准代号

GB/T——推荐性国家标准代号

（2）中华人民共和国行业标准代号

见表 3-34。

表 3-34　行业标准代号

序号	行业标准名称	行业标准代号	序号	行业标准名称	行业标准代号
1	农业	NY	9	教育	JY
2	水产	SC	10	烟草	YC
3	水利	SL	11	黑色冶金	YB
4	林业	LY	12	有色冶金	YS
5	轻工	QB	13	石油天然气	SY
6	纺织	FZ	14	化工	HG
7	医药	YY	15	石油化工	SH
8	民政	MZ	16	建材	JC

表 3-34(续)

序号	行业标准名称	行业标准代号	序号	行业标准名称	行业标准代号
17	地质矿产	DZ	40	体育	TY
18	土地管理	TD	41	商业	SB
19	测绘	CH	42	物资管理	WB
20	机械	JB	43	环境保护	HJ
21	汽车	QC	44	稀土	XB
22	民用航空	MH	45	城镇建设	CJ
23	兵工民品	WJ	46	建筑工业	JG
24	船舶	CB	47	新闻出版	CY
25	航空	HB	48	煤炭	MT
26	航天	QJ	49	卫生	WS
27	核工业	EJ	50	公共安全	GA
28	铁路运输	TB	51	包装	BB
29	交通	JT	52	地震	DB
30	劳动和劳动安全	LD	53	旅游	LB
31	电子	SJ	54	气象	QX
32	通信	YD	55	海关	HS
33	广播电影电视	GY	56	邮政	YZ
34	电力	DL	57	外经贸	WM
35	金融	JR	58	供销	GH
36	海洋	HY	59	粮食	LS
37	档案	DA	60	安全生产	AQ
38	商检	SN	61	文物保护	WW
39	文化	WH	62	特种设备安全技术规范	TSG

注:行业标准分为强制性和推荐性标准。表中给出的是强制性行业标准代号,推荐性行业标准的代号是在强制性行业标准代号后面加"/T",例如农业行业的推荐性行业标准代号是 NY/T。

3-44 我国阀门行业目前常用的 ISO 标准有哪些?

阀门行业目前常用的 ISO 标准见表 3-35。

表 3-35 阀门行业常用 ISO 标准

序号	标准代号	标准名称
1	ISO 07-1:2007	以螺纹做为密封部位的管螺纹 第1部分:尺寸、公差和标示方法
2	ISO 148:2006	钢 夏比冲击试验(V形缺口)
3	ISO 228-1:2000	非压力密封接头用管螺纹 第1部分:尺寸、公差和标示方法
4	ISO 228-2:1987	非压力密封接头用管螺纹 第2部分:螺纹用极限量规检验
5	ISO 4126-1:2013	超压保护安全装置 第1部分:安全阀

表 3-35（续）

序号	标 准 代 号	标 准 名 称
6	ISO 4126-2:2003	超压保护安全装置 第 2 部分:爆破片安全装置
7	ISO 4126-3:2006	超压保护安全装置 第 3 部分:安全阀与爆破片安全装置的组合
8	ISO 4126-4:2013	超压保护安全装置 第 4 部分:先导式安全阀
9	ISO 4126-5:2013	超压保护安全装置 第 5 部分:可控安全压力释放系统
10	ISO 4126-6:2014	超压保护安全装置 第 6 部分:爆破片安全装置的应用、选择和安装
11	ISO 4126-7:2013	超压保护安全装置 第 7 部分:通用数据
12	ISO 5145:2014	气体和混合气体气瓶阀出气口 选择和尺寸
13	ISO 4200:1991	焊接和无缝平端钢管 尺寸
14	ISO 5208:2008	工业阀门 阀门的压力试验
15	ISO 5209:1977	一般用途工业阀门 标志
16	ISO 5210:1991	工业阀门 多回转阀门驱动装置的连接
17	ISO 5211:2001	工业阀门 部分回转阀门驱动装置的连接
18	ISO 5752:1988	法兰管路系统中金属阀门的结构长度
19	ISO 5996:1984	铸铁闸阀
20	ISO 6002:1992	螺栓连接阀盖的钢制闸阀
21	ISO 6552:1980(2009)	自动蒸汽疏水阀 术语
22	ISO 6553:1980	自动蒸汽疏水阀 标志
23	ISO 6554:1980	法兰连接自动蒸汽疏水阀 结构长度
24	ISO 6704:1982	自动蒸汽疏水阀 分类
25	ISO 6708:1995	管道工程部件 公称尺寸的定义和选用
26	ISO 6948:1981	自动蒸汽疏水阀 产品试验和工作特性试验
27	ISO 7005-1:2011	金属法兰 第 1 部分:钢制法兰
28	ISO 7005-2:1988	金属法兰 第 2 部分:铸铁法兰
29	ISO 7005-3:1988	金属法兰 第 3 部分:铜合金及合成材料法兰
30	ISO 7121:2006	法兰连接钢制球阀
31	ISO 7259:1988	靠扳手操作的地下用铸铁闸阀
32	ISO 7268:1984	管道元件 公称压力的定义
33	ISO 7508:1985	受压管路用未增塑氯乙烯(PVC-U)阀门米制系列基本尺寸
34	ISO 7841:1988	自动蒸汽疏水阀 漏气量测定 试验方法
35	ISO 7842:1988	自动蒸汽疏水阀 排水量测定 试验方法
36	ISO 8233:1988	热塑性塑料阀门 力矩试验方法
37	ISO 8242:1989	受压管用聚丙烯阀门 基本尺寸 公制系列
38	ISO 8659:1989	热塑性塑料阀门 疲劳强度试验方法
39	ISO 9393-1:2004	工业用热塑性塑料阀门 压力试验方法和要求 第 1 部分:总则
40	ISO 9393-2:2005	工业用热塑性塑料阀门 压力试验方法和要求 第 2 部分:试验条件和基本要求

表 3-35(续)

序号	标准代号	标准名称
41	ISO 9635-1:2006	农业灌溉设备 灌溉阀 第 1 部分:一般要求
42	ISO 9635-2:2006	农业灌溉设备 灌溉阀 第 2 部分:隔离阀
43	ISO 9635-3:2006	农业灌溉设备 灌溉阀 第 3 部分:止回阀
44	ISO 9635-4:2006	农业灌溉设备 灌溉阀 第 4 部分:空气阀
45	ISO 9635-5:2006	农业灌溉设备 灌溉阀 第 5 部分:调节阀
46	ISO 9644:2008	农业灌溉设备 灌溉阀的压力泄漏试验方法
47	ISO 9712:2012	无损检测人员技术资格鉴定与认证
48	ISO 9911:2006	农业灌溉设备 手动操作的小型塑料阀门
49	ISO 10417:2004	石油和天然气工业 井下安全阀系统 设计、安装、操作和修复
50	ISO 10423:2013	石油和天然气工业 钻井和生产设备 井口和采油树设备
51	ISO 10432:2004	石油和天然气工业 井下设备 地下安全阀设备
52	ISO 10434:2004	石油和天然气工业用螺栓连接阀盖的钢制闸阀
53	ISO 10474:1991	钢和钢产品 检验文件
54	ISO 10497:2010	阀门的试验 耐火试验技术要求
55	ISO 10631:2013	通用金属蝶阀
56	ISO 10933:1997	燃气分配系统用聚乙烯(PE)阀门
57	ISO 12149:1999	一般用途螺栓连接阀盖钢制截止阀
58	ISO 13623:2009	石油天然气工业 管道输送系统
59	ISO 14313:2009	石油天然气工业 管线输送系统 管线阀门
60	ISO 14723:2009	石油和天然气工业 管道输送系统 海底管线阀
61	ISO 16135:2006	工业用阀门 热塑性材料制球阀
62	ISO 16136:2006	工业用阀门 热塑性材料制蝶阀
63	ISO 16137:2006	工业用阀门 热塑性材料制止回阀
64	ISO 16138:2006	工业用阀门 热塑性材料制隔膜阀
65	ISO 16139:2006	工业用阀门 热塑性材料制闸阀
66	ISO 15649:2001	石油和天然气工业 管道
67	ISO 15761:2002	石油和天然气工业用公称尺寸为≤DN100 钢制闸阀、截止阀和止回阀
68	ISO 17082:2004	气液传动 阀门 供货商供货单中提供的数据
69	ISO 17292:2004	石油、石化和相关工业用金属球阀
70	ISO 20401:2005	气动液压驱动系统 方向控制阀 直径在 8 mm～12 mm 的圆形电连接器管脚分布的规范
71	ISO 21787:2006	工业阀门 热塑塑料制截止阀
72	ISO 22435:2012	气瓶 带完整压力调节器的气瓶阀门 规范和型式试验
73	ISO 23551-4:2005(2010)	气体燃烧器和燃气设备用安全和控制设备特殊要求 第 4 部分:自动截止阀的阀门检验系统

3-45 我国阀门行业目前常用的 ASME 标准有哪些?

我国阀门行业目前常用的 ASME 标准见表 3-36。

表 3-36 阀门行业常用 ASME 标准

序号	标 准 代 号	标 准 名 称
1	ASME B1.1—2003(R2008)	统一英制管螺纹(UN 及 UNR 螺纹形式)
2	ASME B1.5—R2004(2014)	梯形螺纹(ACME)
3	ASME B1.8—1988(2011)	短齿梯形螺纹(ACME)
4	ASME B1.20.1—2013	通用管螺纹
5	ASME B1.20.3—1976	密封管螺纹
6	ASME B16.1—2010	铸铁管法兰和法兰管件
7	ASME B16.5—2013	管法兰及法兰管件
8	ASME B16.10—2009	阀门结构长度
9	ASME B16.11—2011	承插焊和螺纹连接的锻造管件
10	ASME B16.14—2013	钢铁制管螺塞、衬套和防松螺母(带管螺纹)
11	ASME B16.20—2012	用于管法兰的金属垫片 环、缠绕式垫片和包覆垫片
12	ASME B16.21—2011	法兰用非金属平垫片
13	ASME B16.24—2011	铸铜合金管法兰和法兰管件
14	ASME B16.25—2012	对接焊端部
15	ASME B16.34—2013	法兰、螺纹和焊接连接的阀门
16	ASME B16.36—2009	孔板法兰
17	ASME B16.47—2011	大直径钢制法兰
18	ASME B16.104—2006	控制阀座泄漏量
19	ASME B18.2.2—2010	方螺母和六角螺母
20	ASME B18.5—2003	圆头螺钉(吋制系列)
21	ASME B31.3—1990	化工厂和炼油厂管道
22	ASME B31.4—1992	液化石油气、液态烃、液氨和酒精输送系统
23	ASME B31.8—1995	气体输送和分配管道系统
24	ASME B36.10M—2004	焊接和无缝轧制钢管
25	ASME B36.19M—1993	不锈钢管
26	ASME B16.42—1987	可锻铸铁管法兰及管件
27	ASME B46.1—2009	表面结构(表面粗糙度、波纹度)
28	ASME B95.1—1997	减压装置的术语

表 3-36(续)

序号	标 准 代 号	标 准 名 称
29	ASME 锅炉及压力容器规范 2013	Ⅱ卷 A 篇　铁基材料(含增补)
30	ASME 锅炉及压力容器规范 2013	Ⅱ卷 B 篇　铁基材料
31	ASME 锅炉及压力容器规范 2013	Ⅱ卷 C 篇　焊条、焊丝及填充金属
32	ASME 锅炉及压力容器规范 2013	Ⅱ卷 D 篇　性能
33	ASME 锅炉及压力容器规范 2013	Ⅴ卷　无损检测
34	ASME 锅炉及压力容器规范 2013	Ⅷ卷　压力容器建造规则
35	ASME 锅炉及压力容器规范 2013	Ⅷ卷　第二册:压力容器建造另一规则
36	ASME 锅炉及压力容器规范 2013	Ⅷ卷　第三册:压力容器建造另一规则
37	ASME 锅炉及压力容器规范 2013	Ⅸ卷　焊接工艺评定

3-46　我国阀门行业目前常用的 ASTM 标准有哪些?

阀门行业目前常用的 ASTM 标准见表 3-37。

表 3-37　阀门行业常用 ASTM 标准

序号	标 准 代 号	标 准 名 称
1	ASTM A27/A27M—2013	通用碳素钢铸件
2	ASTM A29/A29M—2013	热轧碳钢及合金钢棒
3	ASTM A36/A36M—2012	结构钢规范
4	ASTM A48/A48M—2003	灰铸铁件
5	ASTM A105/A105M—2013	管道部件用碳素钢锻件
6	ASTM A106/A106M—2014	高温无缝碳钢管
7	ASTM A108/A108M—2013	优质冷精轧碳素钢和合金钢棒材技术规范
8	ASTM A126/A126M—2014	阀门、法兰和管件用灰铸铁件
9	ASTM A148/A148M—2008	结构用高强度钢铸件标准规范
10	ASTM A181/A181M—2013	一般用途锻制或轧制钢管法兰、管件、阀门及零件

表 3-37(续)

序号	标 准 代 号	标 准 名 称
11	ASTM A182/A182M—2014	高温用锻制或轧制合金钢管法兰、锻制管件、阀门及零件
12	ASTM A193/A193M—2014	高温用合金钢和不锈钢螺栓材料
13	ASTM A194/A194M—2014	高温高压螺栓用碳钢和合金钢螺母
14	ASTM A203/A203M—2012	压力容器用镍合金钢板标准规范
15	ASTM A216/A216M—2014	高温下使用的适合于焊接的碳素钢铸件规范
16	ASTM A217/A217M—2014	高温承压零件用合金钢和马氏体不锈钢铸件
17	ASTM A220/A220M—2014	珠光体可锻铸铁
18	ASTM A230/A230M—2011	阀门用油回火优质碳素弹簧钢丝
19	ASTM A232/A232M—2011	阀门用优质铬钒合金钢弹簧丝
20	ASTM A240/A240M—2014	压力容器用耐热铬-镍不锈钢板、薄板及带材
21	ASTM A250/A250M—2005	锅炉和过热器用电阻焊铁素体合金钢管规范
22	ASTM A266/A266M—2013	压力容器部件用碳素钢锻件
23	ASTM A276/A276M—2013	压力容器用耐热铬及铬-镍不锈钢棒和型钢规范
24	ASTM A278/A278M—2011	适用于 350 ℃(650 ℉)承压部件用灰铸铁件技术规范
25	ASTM A283/A283M—2003	低和中等抗拉强度碳素钢板
26	ASTM A285/A285M—2012	压力容器用低和中等抗拉强度碳素钢板
27	ASTM A297/A297M—2014	高温用铬铁及铬镍铁合金锻件
28	ASTM A307/A307M—2012	抗拉强度为 60 000psi 的碳素钢螺栓和螺柱标准规范
29	ASTM A312/A312M—2014	无缝和焊接奥氏体不锈钢管
30	ASTM A320/A320M—2014	低温用合金钢螺栓材料标准规范
31	ASTM A333/A333M—2005	低温用无缝与焊接钢管标准规范
32	ASTM A335/A335M—2011	高温用无缝铁素体合金钢管
33	ASTM A336/A336M—2010	压力容器与高温零件用合金钢锻件规范
34	ASTM A350/A350M—2013	要求进行缺口韧性试验的管道部件用碳素钢与低合金钢锻件规范
35	ASTM A351/A351M—2014	压力容器零件用奥氏体及奥氏体-铁素体铸件规范
36	ASTM A352/A352M—2012	低温承压零件用铁素体和马氏体钢铸件规范
37	ASTM A355/A355M—2012	渗氮用合金钢棒
38	ASTM A356/A356M—2003	蒸汽透平用厚壁碳钢和低合金钢铸件
39	ASTM A370/A370M—2014	钢制产品力学性能试验的标准方法与定义
40	ASTM A372/A372M—2013	薄壁压力容器用碳钢及合金钢锻件

表 3-37(续)

序号	标 准 代 号	标 准 名 称
41	ASTM A387/A387M—2011	压力容器用铬钼合金钢板标准规范
42	ASTM A388/A388M—2004	重型钢锻件超声波检验
43	ASTM A395/A395M—2014	高温铁素体球墨铸铁承压铸件
44	ASTM A405/A405M—2004	高温用经特殊处理的无缝铁素体合金钢管规范
45	ASTM A439/A439M—2009	奥氏体球墨铸铁规范
46	ASTM A447/A447M—2003	高温用镍铬铁合金钢铸件(25—12级)
47	ASTM A453/A453M—2012	345 MPa～827 MPa 高膨胀系数与奥氏体钢相近的螺栓材料
48	ASTM A473/A473M—2013	不锈钢和耐热钢锻件
49	ASTM A479/A479M—2014	合金钢棒材和型材标准规范
50	ASTM A484/A484M—2014	不锈钢及耐热钢棒材、钢坯及锻件一般要求
51	ASTM A487/A487M—2014	承压铸钢件
52	ASTM A488/A488M—2004	铸钢件焊接规程和工作人员的合格鉴定
53	ASTM A494/A494M—2004	镍和镍合金铸件
54	ASTM A516/A516M—2010	中、低温压力容器用碳素钢板材标准规范
55	ASTM A536/A536M—2009	球墨铸铁件
56	ASTM A564/A564M—2013	热轧和冷拔经时效硬化的不锈钢棒和型材规范
57	ASTM A582/A582M—2005	热轧和冷精轧的高速切削不锈钢棒及耐热钢棒
58	ASTM A609/A609M—2012	碳钢、低合金钢和马氏体不锈钢铸件超声波检测
59	ASTM A668/A668M—2013	一般工业用碳素钢和合金钢锻件
60	ASTM A694/A694M—2013	高压管路用锻造碳钢和合金钢法兰、管件、阀门及其他零件
61	ASTM A703/A703M—2013	受压零件用铸钢件技术要求
62	ASTM A743/A743M—2014	一般用途耐蚀铬钛及镍铬合金钢件
63	ASTM A744/A744M—2013	严酷条件下使用的耐腐蚀镍铬铁合金铸件规范
64	ASTM A747/A747M—2012	沉淀硬化不锈钢铸件
65	ASTM A757/A757M—2010	低温下承压设备及其他设备用铁素体和马氏体钢铸件
66	ASTM A874/A874M—2014	适于低温使用的铁素体球墨铸铁件
67	ASTM A890/A890M—2013	一般用途铁-铬-镍-钼双相(奥氏体-铁素体)耐蚀合金标准规范
68	ASTM A995/A995M—2014	用于承压零件的奥氏体-铁素体(双相)不锈钢铸件规范
69	ASTM B16/B16M—2005	自动车床用易切削黄铜线材、棒材和带材
70	ASTM B62/B62M—2009	复合青铜或高铜黄铜铸件
71	ASTM B127—2005	镍铜合金板(UNS No 4400)中厚板

表 3-37（续）

序号	标 准 代 号	标 准 名 称
72	ASTM B165—2003	无缝镍铜合金管（UNS No 4400）
73	ASTM B167—2005	镍铬铁（UNS No 6600、6601、6603、6690、6693、6025 和 6045）以及镍、铬、钴、钼合金（UNS No 6617）无缝管
74	ASTM B168—2011	镍铬铁合金（UNS No 6600、6601、6603、6690、6693、6025 和 6045）和镍、铬、钴、钼合金（UNS No 6617）中厚板、薄板和带材
75	ASTM B443—2009	镍、铬、钼、铌合金（UNS No 6625）及镍铬钼硅合金（UNS No 6619）中厚板、薄板和带材
76	ASTM B462—2013	腐蚀高温用锻造或轧制合金管法兰、锻制配件、阀门和零件的标准规范
77	ASTM B473—2002	UNS No 8020、8024 和 8026 镍合金棒和线材规范
78	ASTM B562—1999	镀黄金定义的标准规范
79	ASTM B564—2013	镍合金锻件
80	ASTM B575—2004	低碳镍铬钼、低碳镍铬钼铜、低碳镍铬钼钽和低碳镍铬钼钨合金的中厚板、薄板及带材
81	ASTM B584—2014	一般用铜合金砂模铸件
82	ASTM B622—2004	镍与镍钴合金无缝钢管
83	ASTM B670—2002	高温用沉淀硬化的镍合金（UNS No 7718）板、薄板及带材
84	ASTM D395—2003	橡胶压缩变形性能
85	ASTM D412—R2002	橡胶拉伸性能
86	ASTM D471—1998	液体对橡胶性能的影响
87	ASTM D573—2004	橡胶在空气炉变质
88	ASTM D865—1999	橡胶在空气中加钽变质（试管法）
89	ASTM D1414—2013	O 形橡胶圈
90	ASTM D1415—R1999	橡胶性能　国际硬度
91	ASTM D1418—2001	橡胶和橡胶乳　命名
92	ASTM D2240—2004	橡胶性能　硬度计硬度
93	ASTM E10—2014	金属材料的布氏硬度标准试验方法
94	ASTM E18—2014	金属材料的洛氏硬度和洛氏表面硬度标准试验方法
95	ASTM E92—2004	金属材料的维氏表面硬度标准试验方法
96	ASTM E94—2004	射线照像检验的标准方法
97	ASTM E140—2013	金属标准硬度换算表
98	ASTM E165—2012	液体渗透检验的标准试验

表 3-37（续）

序号	标 准 代 号	标 准 名 称
99	ASTM E186—1998	壁厚 51 mm～114 mm 的钢铸件标准参考射线照片
100	ASTM E280—1998	壁厚 114 mm～305 mm 铸钢件标准参考射线照片
101	ASTM E428—2005	超声波检验用钢试块的制造和控制标准
102	ASTM E446—2004	厚度小于 51 mm 的铸钢件参考射线照片
103	ASTM E709—2014	磁粉检验的标准推荐操作方法
104	ASTM E767—R2001	连接体冲击试验标准测试方法
105	ASTM SA-705/705M—1993	时效硬化不锈钢和耐热钢锻件
106	ASTM SB 754—1999	低碳镍铬钼合金钢、低碳镍铬钼钽合金钢、低碳镍铬钼铜合金钢、低碳镍铬钼钨合金钢棒材规范

3-47 我国阀门行业目前常用的 API 标准有哪些?

阀门行业目前常用的 API 标准见表 3-38。

表 3-38 阀门行业常用 API 标准

序号	标 准 代 号	标 准 名 称
1	API Q1—2014	质量纲要规范
2	API 526—2012	钢制法兰端泄压阀
3	API 527—2007	泄压阀的阀座密封度
4	API 591—2014	工艺阀门资格审核程序
5	API 593—1981	法兰连接球墨铸铁旋塞阀
6	API 594—2014	对夹式和凸耳对夹式止回阀
7	API 595—1979	法兰连接铸铁闸阀
8	API 597—1981	法兰和对焊连接的钢制缩径闸阀
9	API 598—2009	阀门的检查和试验
10	API 599—2013	法兰和焊接连接的金属旋塞阀
11	API 600—2015	石油和天然气工业用螺栓连接阀盖钢制闸阀
12	API 601—1998	用于凸面管法兰和法兰连接的金属垫片（包覆式和缠绕式）
13	API 602—2009	法兰、螺纹、焊接端和延长阀体端部紧凑型钢制阀门
14	API 603—2013	CL150 铸造耐腐蚀法兰连接闸阀
15	API 604—1981	法兰连接球墨铸铁闸阀
16	API 605—1988	大口径碳钢法兰
17	API 606—1989	阀体加长的紧凑型钢制闸阀

表 3-38（续）

序号	标 准 代 号	标 准 名 称
18	API 607—2010	转 1/4 周软阀座阀门的耐火试验
19	API 608—2012	法兰、螺纹和焊接连接的金属球阀
20	API 609—2007（2009）	凸耳对夹式和对夹式蝶阀
21	API 6FA—2011	阀门耐火试验规范
22	API 6D—2014	石油天然气工业　管线输送系统　管线阀门
23	API 6A—2014	井口装置和采油树设备规范
24	API 5B—2008	套管、油管和管线管螺纹加工、测量和检验
25	API 5L—2004	管线钢管规范
26	API 11V1—2008	气举阀、孔板、回流阀和隔板阀规范
27	API 622—2011	炼油阀门防泄漏结构的型式试验
28	API 623—2015	法兰和对焊端螺栓连接阀盖钢制截止阀
29	API 624—2014	用于短时排放的配有石墨填料的升降式阀杆阀门的型式试验

3-48　我国阀门行业目前常用的 JIS 标准有哪些？

阀门行业目前常用的 JIS 标准见表 3-39。

表 3-39　阀门行业常用 JIS 标准

序号	标 准 代 号	标 准 名 称
1	JIS B0100—2013	阀门名词术语
2	JIS B2001—1987	阀门的公称通径和口径
3	JIS B2002—1987	阀门的结构长度
4	JIS B2003—1987	阀门的检验通则
5	JIS B2004—1987	阀门的标志规则
6	JIS B2005—2-3-2004（2008）	工业过程控制阀　第 2-3 部分：阀的流通能力　试验程序
7	JIS B2011—1988	青铜闸阀、截止阀、角阀及止回阀
8	JIS B2031—2013	灰铸铁阀
9	JIS B2032—2013	对夹式橡胶阀座蝶阀
10	JIS B2041—1976	铸铁制 1.0MPa 法兰连接的截止阀
11	JIS B2042—1976	铸铁制 1.0MPa 法兰连接的角式截止阀
12	JIS B2043—1976	铸铁制 1.0MPa 法兰连接的暗杆闸阀
13	JIS B2044—1976	铸铁制 1.0MPa 法兰连接的明杆闸阀
14	JIS B2045—1976	铸铁制 1.0MPa 法兰连接的旋启止回阀

表 3-39(续)

序号	标 准 代 号	标 准 名 称
15	JIS B2051—2013	可锻铸铁 10K 螺纹阀门
16	JIS B2052—1978	1.0MPa 可锻铸铁制螺纹连接闸阀
17	JIS B2053—1978	1.0MPa 可锻铸铁制螺纹连接升降式止回阀
18	JIS B2061—2013	给水龙头
19	JIS B2062—2013	水管用闸阀
20	JIS B2063—1994	水管用空气阀
21	JIS B2064—1995	水管用蝶阀
22	JIS B2071—2009	铸钢制法兰连接阀门
23	JIS B2072—1976	铸钢制 1.0MPa 法兰连接的角式截止阀
24	JIS B2073—1976	铸钢制 1.0MPa 法兰连接的明杆闸阀
25	JIS B2074—1976	铸钢制 2.0MPa 法兰连接的旋启式止回阀
26	JIS B2081—1976	铸钢制 2.0MPa 法兰连接的截止阀
27	JIS B2082—1976	铸钢制 2.0MPa 法兰连接的角式截止阀
28	JIS B2083—1976	法兰连接的明杆闸阀
29	JIS B2084—1976	铸钢制 2.0MPa 法兰连接的旋启式止回阀
30	JIS B2191—1995	青铜制螺纹连接旋塞阀
31	JIS B2192—1977	青铜制螺纹连接填料式旋塞阀
32	JIS B3372—1982	压缩空气用减压阀
33	JIS B8210—2009	蒸汽锅炉及压力容器用弹簧式安全阀
34	JIS B8225—2012	安全阀排放系数测定方法
35	JIS B8244—2008	溶解乙炔容器用阀
36	JIS B8245—2013	液化石油容器用阀
37	JIS B8246—2013	高压气体容器用阀
38	JIS B8373—2013	气动用二通电磁阀
39	JIS B8374—2011	气动用三通电磁阀
40	JIS B8375—2012	气动用四通、五通电磁阀
41	JIS B8410—2011	水用减压阀
42	JIS B8414—2011	热水器用安全阀
43	JIS B8471—2013	水用电磁阀
44	JIS B8472—2013	蒸汽用电磁阀
45	JIS B8473—2012	燃油用电磁阀

表 3-39（续）

序号	标 准 代 号	标 准 名 称
46	JIS B8651—2011	比例电磁式减压阀试验方法
47	JIS B8654—2011	比例电磁式系列流量控制阀
48	JIS B8655—2011	比例电磁旁通定向流量控制阀　试验方法
49	JIS B8656—2011	比例电磁旁通定向流量控制阀
50	JIS B8657—2011	比例电磁旁通定向流量控制阀　试验方法
51	JIS B8659-1—2013	液压流体动力　电气调节液压控制阀门　第 1 部分：四通直流控制　阀门的试验方法
52	JIS F3058—2012	铸钢立式波浪止回阀
53	JIS F3059—2012	青铜螺旋截止立式波浪止回阀
54	JIS F3060—2012	铸钢螺旋截止立式波浪止回阀
55	JIS F7300—2009	一般用阀和旋塞的使用标准
56	JIS F7306—2007	船用铸铁 5K 法兰角阀
57	JIS F7307—2007	船用铸铁 10K 直通截止阀
58	JIS F7353—2007	船用铸铁 5K 截止止回阀
59	JIS F7354—2007	船用铸铁 5K 角式止回阀
60	JIS F7359—2007	船用铸铁 5K 升降角式止回阀
61	JIS F7363—2007	船用铸铁 5K 闸阀
62	JIS F7364—2007	船用铸铁 10K 闸阀
63	JIS F7366—2007	船用铸铁 20K 闸阀
64	JIS F7371—2007	船用铸铁 5K 青铜旋启式止回阀
65	JIS F7372—2007	船用铸铁 5K 旋启式止回阀
66	JIS F7373—2007	船用铸铁 10K 旋启式止回阀
67	JIS F7376—2007	船用铸铁 10K 角式止回阀
68	JIS F7377—2007	船用铸铁 16K 截止止回阀
69	JIS F7378—2007	船用铸铁 16K 角式止回阀
70	JIS F7398—2010	船舶燃油罐自动关闭排除阀
71	JIS F7399—2010	船舶燃油罐紧急切断阀
72	JIS F7412—2007	船用 5K 青铜管帽形螺旋式止回联结帽状角阀
73	JIS F7414—2007	船用 16K 青铜管帽形升降式止回联结帽状角阀
74	JIS F7416—2007	船用 5K 青铜管帽形升降式止回联结帽状角阀
75	JIS F7421—2007	船用 20K 锻钢截止阀

表 3-39（续）

序号	标准代号	标准名称
76	JIS F7422—2007	船用 20K 锻钢角式阀
77	JIS F7457—2007	气动操纵遥控切断装置,船舶燃油罐紧急切断阀

3-49 我国阀门行业目前常用的 BS 标准有哪些?

阀门行业目前常用的 BS 标准见表 3-40。

表 3-40 阀门行业常用 BS 标准

序号	标准代号	标准名称
1	BS EN 19—2002	通用工业阀门标记
2	BS EN 287-1—1997	焊工评定 熔焊 第 1 部分:钢
3	BS EN 288-1—1997	金属材料焊接工艺评定 第 1 部分:熔焊通则
4	BS EN 288-2—1997	金属材料焊接工艺评定 第 2 部分:电弧焊焊接工艺规程
5	BS EN 288-3—1997	金属材料焊接工艺评定 第 3 部分:钢材的焊接工艺试验
6	BS EN 558—2008(2012)	工业阀门 法兰连接管道系统金属阀门结构长度
7	BS EN 593—2010(2011)	工业阀门 金属蝶阀
8	BS EN 736-1—1995	阀门术语 第 1 篇:阀门类型的定义
9	BS EN 736-2—1997	阀门术语 第 2 篇:阀门部件的定义
10	BS EN 736-3—2008	阀门术语 第 3 篇:术语的定义
11	BS EN 917—1997	塑料管系统热塑阀门 抗内压和泄漏密封性的试验方法
12	BS 1010-2—2006(2010)	给排水设施用排放旋塞和截止阀规范 第 2 部分:排放旋塞和地面上用截止阀
13	BS EN 1074-1—2000(2004)	供水用阀门 第 1 部分:一般要求
14	BS EN 1074-2—2000(2004)	供水用阀门 第 2 部分:隔离阀
15	BS EN 1074-3—2000	供水用阀门 第 3 部分:止回阀
16	BS EN 1074-4—2000	供水用阀门 第 4 部分:空气阀
17	BS EN 1074-5—2001	供水用阀门 第 5 部分:控制阀
18	BS EN 1092-1—2007(2014)	法兰和其连接 管道、阀门、管件和附件用圆法兰 PN 系列 第 1 部分:钢制法兰
19	BS EN 1092-2—1997	法兰和其连接 管道、阀门、管件和附件用圆法兰 PN 系列 第 2 部分:铸铁法兰

表 3-40(续)

序号	标准代号	标准名称
20	BS EN 1092-3—2004	法兰和其连接 管道、阀门、管件和附件用圆法兰 PN 系列 第 3 部分:铜合金法兰
21	BS EN 1171—2002(2003)	工业阀门 铸铁闸阀
22	BS 1212-1—1990(2013)	浮子阀 第 1 部分:活塞浮子阀(铜合金阀体)(不含浮子)
23	BS 1212-2—1990(2013)	浮子阀 第 2 部分:隔膜型浮子阀(铜合金阀体)(不含浮子)
24	BS 1212-3—1990(2013)	浮子阀 第 3 部分:仅供冷水用隔膜型塑料体浮子操作阀(不包括浮子)
25	BS 1212-4—1990(2013)	浮子阀 第 4 部分:厕所冲水箱用小型浮子阀(包含浮子)
26	BS EN 1213—2000	建筑物阀门 建筑物饮水用铜合金截止阀 试验和要求
27	BS EN 1267—2012	阀门 用水作试验流
28	BS EN 1349—2009	工业过程控制阀
29	BS EN 1487—2014	建筑物阀门 液压安全组 试验和要求
30	BS EN 1488—2000	建筑物阀门 膨胀组 试验和要求
31	BS EN 1489—2000	建筑物阀门 压力安全阀 试验和要求
32	BS EN 1490—2000	建筑物阀门 温度和压力结合型的释放阀 试验和要求
33	BS EN 1491—2000	建筑物阀门 膨胀阀门 试验和要求
34	BS EN 1503-1—2000	阀门 体和盖用材料 欧洲标准中规定的钢
35	BS EN 1503-2—2000	阀门 体和盖用材料 非欧洲标准中规定的钢
36	BS EN 1503-3—2000(2003)	阀门 体和盖用材料 欧洲标准中规定的铸铁
37	BS EN 1503-4—2000(2007)	阀门 体和盖用材料 欧洲标准中规定的铜合金
38	BS 1552—1995(2011)	压力可达 200 mbar 家庭用一类、二类和三类燃气敞口底部锥形旋塞阀
39	BS 1560-3-2—1990(2011)	管道、阀门和接头(class 标识)用圆法兰 第 3 部分:钢、铸铁和铜合金法兰 第 2 节:铸铁法兰规范
40	BS EN 1567—2000(2009)	建筑阀门 减压阀和组合减压阀 要求和试验
41	BS EN 1626—2009	制冷容器 制冷装置用阀门
42	BS EN 1643—2014	燃气装置自动断开阀门的阀门供气系统
43	BS EN 1704—1997	塑料管道系统 热塑料阀 弯曲情况下温度循环后阀门完整性的试验方法

表 3-40(续)

序号	标准代号	标准名称
44	BS EN 1759-1—2004	法兰及其连接件　Class 标识的管道、阀门、管件和附件用圆形法兰　第 1 部分:NPS 1/2 到 24 钢法兰
45	BS EN 1759-3—2004	法兰及其连接件　Class 标识的管道、阀门、管件和附件用圆形法兰　第 3 部分:铜合金法兰
46	BS EN 1759-4—2003	法兰及其连接件　Class 标识的管道、阀门、配件及附件用圆形法兰　第 4 部分:铝合金法兰
47	BS 1868—1975(2012)	石油、石油化工及有关工业用法兰及对焊端钢制止回阀
48	BS EN 1983—2013	工业阀门　钢制球阀
49	BS EN 1984—2010	工业阀门　钢制闸阀
50	BS 2767—1991(2013)	散热器用手动铜合金阀门
51	BS 3457—1973	水龙头与截止阀阀座垫圈材料
52	BS EN ISO 4126.1—2013	超压保护安全装置　第 1 部分:安全阀
53	BS EN ISO 4126-4—2013	超压保护安全装置　第 4 部分:先导式安全阀
54	BS EN ISO 4126-2—2003 (R2009)	超压保护安全装置　第 2 部分:爆破片安全装置
55	BS EN ISO 4126-5—2013	超压保护安全装置　第 5 部分:可控压力释放系统(CSPRS)
56	BS EN ISO 4126-6—2014	防超压安全装置　第 6 部分:爆破片安全装置的应用、选择和安装
57	BS EN ISO 4126-7—2013	防超压安全装置　第 7 部分:通用数据
58	BS 5154—1991(2014)	铜合金截止阀、截止止回阀和闸阀
59	BS 5158—1989(R2012)	铸铁旋塞阀
60	BS 5163-1—2004(2014)	供水系统用铸铁闸阀　实用编码
61	BS EN ISO 5210—1996(2003)	通用阀门　多回转阀门驱动装置的连接
62	BS EN ISO 5211—2001(2003)	通用阀门　部分回转阀门驱动装置的连接
63	BS 5353—1989(2012)	钢制旋塞阀
64	BS 5433—1976(2012)	供水装置用地下截止阀
65	BS ISO 5781—2000	液压传动　减压阀、顺序阀、卸压阀、节流阀和止回阀　装配面
66	BS 5998—1983(R2007)	钢制阀门铸件的质量等级
67	BS ISO 6263—2013	液压传动　补偿式流量控制阀　装配面
68	BS ISO 6264—1998	液压传动　减压阀　装配面
69	BS 6364—1984(2007)	低温条件用阀门

表 3-40(续)

序号	标 准 代 号	标 准 名 称
70	BS 6675—1986(2012)	供水用(铜合金)辅助工作阀
71	BS 6683—1985(2012)	阀门的安装和使用指南
72	BS ISO 7121—2007	一般工业用涂 钢制球阀
73	BS ISO/TR 7470—2000	储气瓶阀门 标准化过程或使用中的供应目录
74	BS 7296-1—1990(R2005)	液压传动插装式阀的型腔 第 1 部分:二通镶套阀
75	BS 7438—1991(R2012)	弹簧加载型钢和铜合金单盘片止回阀
76	BS 7461—1991(R2011)	带有流量调节器、闭路开关指示、闭合位置指示器开关或气体流量控制的电动自动气体截止阀
77	BS 7478—1991(2011)	恒温散热器阀的选择和使用指南
78	BS 7942—2011	检修机构用恒温混合阀
79	BS ISO 9393-1—2004	工业用热塑性塑料阀门 压力试验方法和要求 第 1 部分:总则
80	BS ISO 9393-2—2005	工业用热塑性塑料阀门 压力试验方法和要求 第 2 部分:试验条件和基本要求
81	BS ISO 9635-1—2007	农业灌溉设备 灌溉阀 一般要求
82	BS ISO 9635-2—2007	农业灌溉设备 灌溉阀 隔离阀
83	BS ISO 9635-3—2007	农业灌溉设备 灌溉阀 止回阀
84	BS ISO 9635-4—2007	农业灌溉设备 灌溉阀 空气阀
85	BS ISO 9635-5—2007	农业灌溉设备 灌溉阀 控制阀
86	BS ISO 9911—2006	农业灌溉设备 手动小型塑料阀
87	BS EN 10090—1998(R2004)	内燃机用钢和合金钢阀门
88	BS EN 10213—2007(2009)	承压铸钢件的交货技术条件
89	BS EN 10241—2000	螺旋钢管配件
90	BS EN 10242—1995(R2003)	可锻铸铁的螺旋管道配件
91	BS EN 10253-1—1999	对焊连接管道配件 一般用途和无特殊检验要求的锻制碳钢
92	BS ISO 10294-1—1997	耐火试验 用于空气调节系统的防火阀 第 1 部分:试验方法
93	BS ISO 10294-2—1999	耐火试验 用于空气调节系统的防火阀 第 2 部分:试验结果的分类、校正和应用
94	BS ISO 10294-3—1999	耐火试验 空气分配系统的防火阀 第 3 部分:试验方法指南
95	BS ISO 10294-4—2001	耐火试验 空气分配系统的防火阀 第 4 部分:热量释放机械装置的试验
96	BS ISO 10294-5—2005	耐火试验 用于空气分配系统的防火阀 膨胀防火阀

表 3-40(续)

序号	标 准 代 号	标 准 名 称
97	BS ISO 10372—1998	液压传动 4 和 5 阀口伺服阀 安装面
98	BS EN ISO 10417—2004(2009)	石油和天然气工业 井下安全阀系统 设计、安装、操作和修复
99	BS EN ISO 10432—2005(2009)	石油和天然气工业 下井设备 地下安全阀
100	BS EN ISO 10434—2004	石油、石化和相关工业螺栓连接阀盖钢制闸阀
101	BS EN ISO 10497—2010	阀门试验 耐火试验要求
102	BS EN ISO 10692-2—2001	气瓶 微电子工业用气瓶阀连接器 第 2 部分:气瓶连接器的阀门规范和型式试验
103	BS ISO 10770-1—2009	液压传动 电模式液压控制阀 第 1 部分:四向流动控制阀的试验方法
104	BS ISO 10770-2—2012	液压传动 电模式液压控制阀 第 2 部分:三向流动控制阀的试验方法
105	BS ISO 11727—1999(2005)	气动液压能力 控制阀的其他部件的阀口和控制机构的标识
106	BS EN 12201-4—2012	供水用塑料管道系统 聚乙烯 第 4 部分:阀门
107	BS ISO 12238—2001	气动液压能力 方向调节阀 变换时间测量
108	BS EN 12266-1—2012	工业阀门 阀门试验 压力试验、试验规程和验收标准 强制要求
109	BS EN 12266-2—2012	工业阀门 阀门试验 压力试验、试验规程和验收标准 补充要求
110	BS EN 12284—2003(2012)	冷却系统和加热泵 阀 要求、试验及标记
111	BS EN 12288—2010	工业阀门 铜合金闸阀
112	BS EN 12334—2001(2004)	工业阀门 铸铁止回阀
113	BS EN 12351—2010	工业阀门 带法兰连接的阀门用保护帽
114	BS EN 12380—2002	排水系统用进气阀 要求、试验方法以及合格评定
115	BS EN 12516-1—2005(2007)	阀门 外壳设计强度 第 1 部分:钢制阀门外壳的制表方法
116	BS EN 12516-2—2004	阀门 外壳设计强度 第 2 部分:钢制阀门外壳的计算方法
117	BS EN 12516-3—2002(2007)	阀门 外壳设计强度 第 3 部分:实验方法
118	BS EN 12524—2000	建筑材料和产品 冷热特性 列表阀门设计
119	BS EN 12567—2000	工业阀门 液化天然气用隔离阀 适用性验证试验
120	BS EN 12569—1999(2001)	工业阀门 化工和石油化工工业阀门 要求和试验
121	BS EN 12570—2000	工业阀门 操作元件分级的方法
122	BS EN 12627—1999	工业阀门 对焊连接的钢制阀门

表 3-40(续)

序号	标准代号	标 准 名 称
123	BS EN 12760—1999	阀门 承插焊连接的钢制阀门
124	BS EN 12982—2010	工业阀门 对焊连接阀门的结构长度
125	BS EN 13082—2009(2012)	危险商品运输用罐 装罐设备 汽化液体转化阀门
126	BS EN 13152—2002(2003)	液化石油气瓶阀门的规范和测试 自动关闭阀
127	BS EN 13153—2002(2003)	液化石油气瓶阀门的规范和测试 手动阀门
128	BS EN 13175—2003(R2007)	液化石油气(LPG) 罐阀和配件的规范和试验
129	BS EN 13312-5—2001	生物技术 管道和仪表的性能标准 第5部分:阀门
130	BS EN 13397—2002	工业阀门 金属材料制隔膜阀
131	BS EN 13617-3—2012	加油站 剪切阀的结构和性能的安全要求
132	BS EN 13648-1—2009	冷凝容器 超压保护设施 第1部分:冷凝设备的安全阀
133	BS EN 13709—2010	工业阀门 钢制截止阀和止回阀
134	BS EN 13774—2013	最大工作压力≤16bar 的配气系统用阀门 性能要求
135	BS EN 13786—2004(2009)	丁烷、丙烷或它们的混合物用最大输出压力≤4bar 和流量 ≤100kg/h 及以下容积的自动转换阀及其相关设备安全
136	BS EN 13789—2010	工业阀门 铸铁截止阀
137	BS EN 13828—2003(2008)	建筑用阀 建筑物内饮用水供给用手动铜合金及不锈钢球阀 试验及要求
138	BS EN 13942—2009	石油和天然气工业 管道输送系统 管线阀门
139	BS EN 13953—2003(2007)	液化石油气(LPG)储运气瓶用压力泄放阀
140	BS EN 14071—2004	LPG 罐用减压阀 辅助设备
141	BS EN 14129—2014	LPG 罐用减压阀
142	BS EN 14141—2013	天然气输送管线阀门 试验和性能要求
143	BS ISO 14245—2006	气瓶 石油气瓶阀的规格和测试 自锁
144	BS EN ISO 14246—2014	贮运气瓶 气瓶阀 制造试验和检验
145	BS EN 14341—2006	工业阀门 钢制止回阀
146	BS EN 14596—2005	危险物品运输用罐 罐用辅助设备 应急减压阀
147	BS EN 14617-8—2007	图示的图形符号 阀门和气流调节器
148	BS EN ISO 14723—2009	石油和天然气工业 管道输送系统-海底管道阀
149	BS ISO 15218—2003	气动液压能力 3/2 电磁阀 安装界面表面
150	BS ISO 15364—2009	船舶与海上技术 散货船真空/压力阀
151	BS ISO 15407-1—2000	18 mm 和 26 mm 五气口气动方向控制阀 无电插头的安装 界面

表 3-40(续)

序号	标准代号	标 准 名 称
152	BS ISO 15665—2003(2009)	声学 管线阀门和法兰的隔音
153	BS EN ISO 15761—2003	石油和天然气工业用≤DN100 钢制闸阀,截止阀和止回阀
154	BS EN ISO 15848-1—2006	工业阀门 散逸性介质泄漏的测量、试验和鉴定程序 第1部分:阀门型式试验的分类和鉴定程序
155	BS EN ISO 15848-2—2006	工业阀门 散逸性介质泄漏的测量、试验和鉴定程序 第2部分:阀门产品验收试验
156	BS ISO 15995—2006	气瓶手动石油气瓶阀的规格和测试
157	BS EN ISO 15996—2005(2008)	储气瓶 剩余压力阀 一般要求和型式试验
158	BS EN ISO 16135—2006	工业阀门 热塑性材料球阀
159	BS EN ISO 16136—2006	工业阀门 热塑性材料蝶阀
160	BS EN ISO 16137—2006	工业阀门 热塑性材料止回阀
161	BS EN ISO 16138—2006	工业阀门 热塑性材料隔膜阀
162	BS ISO 17082—2004	气液传动 阀 供货商文件中的数据
163	BS EN ISO 17292—2004	石油、石油化工和相关工业用金属球阀
164	BS EN ISO 21787—2006	工业阀门 热塑性材料截止阀
165	BS ISO 20401—2005	气动液压驱动系统 方向控制阀 直径为 8-12 mm 的电动圆形连接器的管脚分布规范
166	BS EN 28233—1992(R2014)	热塑性塑料阀门 力矩 试验方法
167	BS EN 28659—1992	热塑性塑料阀门 疲劳强度 试验方法
168	BS EN 45510-7-1—2000(2005)	发电站设备、设备和系统的采购指南 第7-1部分:管道系统和阀门 高压管道系统
169	BS EN 45510-7-2—2000	发电站设备、设备和系统的采购指南 第7-2部分:管道系统和阀门 锅炉和高压管道阀
170	BS EN 60534-1—2005	工业过程控制阀 第1部分:控制阀术语和一般条件
171	BS EN 60534-2-1—2011	工业过程控制阀 流量 安装条件下液流规模方程
172	BS EN 60534-2-3—1998	工业过程控制阀 流量 试验程序
173	BS EN 60534-2-5—2003	工业过程控制阀 流通能力 通过有段间恢复功能的多段控制阀的流体流量的校准公式
174	BS EN 60534-3-1—2000	工业过程控制阀 尺寸 法兰连接、直通、球型、角式控制阀门的结构长度
175	BS EN 60534-3-3—1998	工业过程控制阀 尺寸 对焊连接、直通、球型、角式控制阀的结构长度

表 3-40（续）

序号	标 准 代 号	标 准 名 称
176	BS EN 60534-5—2004	工业过程控制阀　标记
177	BS EN 60534-8-1—2006	工业过程控制阀　噪声问题　通过控制阀的动力噪声的实验室测量
178	BS EN 60534-8-2—2012	工业过程控制阀　第 8 部分:噪声考虑　第 2 节　通过控制阀的流体产生的噪声的实验室测量
179	BS EN 60534-8-3—2011	工业流程控制阀　噪声问题　控制阀的空气动力噪声　预报法
180	BS EN 60534-8-4—2007	工业过程控制阀　第 8 部分:噪声问题　第 4 节　流动产生的噪声的预报
181	BS EN 61514-2—2013	工业过程控制系统　气动输出智能阀门定位器性能的评价方法
182	BS EN 61954—2011(2013)	送电和配电系统用电力电子设备　静态变量补偿器　用半导体闸流管阀门的试验

3-50　我国阀门行业目前常用的 DIN 标准有哪些?

阀门行业目前常用的 DIN 标准见表 3-41。

表 3-41　阀门行业常用 DIN 标准

序号	标 准 代 号	标 准 名 称
1	DIN EN 558—2012	工业阀门　法兰连接管道系统用金属阀门的结构长度
2	DIN EN 593—2011	工业阀门　金属蝶阀
3	DIN EN 1074-1—2000	供水用阀门　适用性要求和专用检查试验　第 1 部分:一般要求
4	DIN EN 1074-2—2000(R2004)	供水用阀门　第 2 部分:隔离阀
5	DIN EN 1074-3—2000	供水用阀门　第 3 部分:止回阀
6	DIN EN 1074-4—2000	供水用阀门　第 4 部分:空气阀
7	DIN EN 1074-5—2001	供水用阀门　第 5 部分:控制阀
8	DIN EN 1074-6—2009	供水用阀门　适用性要求和相应的检查试验　第 6 部分:给水栓
9	DIN EN 1092-1—2013	法兰及其连接件:管道、阀门、配件和附用圆形法兰　第 1 部分:用 PN 标注和钢制法兰
10	DIN EN 1092-2—1997	法兰及其连接件:管道、阀门、配件和附用圆形法兰　第 2 部分:用 PN 标注的铸铁法兰
11	DIN EN 1092-3—2004	法兰及其连接件:管道、阀门、配件和附用圆形法兰　第 3 部分:用 PN 标注的铜合金法兰
12	DIN EN 1503-1—2001	阀门　阀体、阀盖用材料　第 1 部分:欧洲标准中规定的钢材

表 3-41(续)

序号	标 准 代 号	标 准 名 称
13	DIN EN 1503-2—2001	阀门 阀体、阀盖用材料 第 2 部分:欧洲标准中没有规定的钢材
14	DIN EN 1503-3—2001	阀门 阀体、阀盖用材料 第 3 部分:欧洲标准中规定的铸铁
15	DIN EN 1759-1—2005	法兰及其连接件 class 标识的管、阀、管件和附件用圆形法兰 第 1 部分:钢法兰 NPS1/2～NPS24
16	DIN EN 1759-2—2005	法兰及其连接件 class 标识的管、阀、管件和附件用圆形法兰 第 2 部分:铸铁法兰
17	DIN EN 1759-3—2004	法兰及其连接件 class 标识的管、阀、管件和附件用圆形法兰 第 3 部分:铜合金法兰
18	DIN EN 1984—2010	工业阀门 钢制闸阀
19	DIN 3356-1—1982	截止阀 第 1 部分:阀门一般要求
20	DIN 3356-2—1982	截止阀 第 2 部分:铸铁制截止阀
21	DIN 3356-3—1982	截止阀 第 3 部分:合金钢制截止阀
22	DIN 3356-4—1982	截止阀 第 4 部分:耐热钢制截止阀
23	DIN 3356-5—1982	截止阀 第 5 部分:不锈钢制截止阀
24	DIN 3357-1—1989	球阀、金属球阀 第 1 部分:一般说明
25	DIN 3357-2—1981	球阀、金属球阀 第 2 部分:钢制全径直通球阀
26	DIN 3357-3—1981	球阀、金属球阀 第 3 部分:钢制变径直通球阀
27	DIN 3430—1986	供气设备用阀 角式截止阀
28	DIN 3431—1986	供气设备用阀 角式球阀
29	DIN 3432—1986	供气设备用阀 直通球阀
30	DIN 3500—2012	饮水系统用公称压力 PN10 的活塞式闸阀
31	DIN 3543-1—1984	金属旁通阀 要求和检验
32	DIN 3548-1—1993	法兰蒸汽疏水阀
33	DIN EN ISO 4126-1—2013	超压保护安全装置 第 1 部分:安全阀
34	DIN EN ISO 4126-4—2013	超压保护安全装置 第 4 部分:先导式安全阀
35	DIN EN ISO 5210—1996	工业阀门 多回转阀门驱动装置的连接
36	DIN EN ISO 5211—2001	工业阀门 部分回转阀门驱动装置的连接
37	DIN EN ISO 10417—2004	石油和天然气工业井下安全阀系统设计、安装、操作和维修
38	DIN EN ISO 10432—2000	石油和天然气工业用下山巷道设备地下安全阀规范
39	DIN EN ISO 10434—2005	石油、石油化工和相关工业用螺栓连接阀盖钢制闸阀
40	DIN EN 12334—2004	工业阀门 铸铁止回阀

表 3-41（续）

序号	标准代号	标 准 名 称
41	DIN EN 12567—2000	工业阀门 液化天然气用隔离阀 适用性验证试验规范
42	DIN EN 12569—2001	工业阀门 化工和石油化工用阀门 要求和试验
43	DIN EN 12570—2000	工业阀门 元件分级方法
44	DIN EN 12982—2000	工业阀门 结构长度
45	DIN EN 13709—2003	工业阀门 钢制截止阀、球形截止阀和止回阀
46	DIN EN 13942—2005	石油和天然气工业管道输送系统 管道阀
47	DIN EN 14141—2004	石油、天然气输送管道用阀门、性能要求和试验
48	DIN EN 14723—2009	石油和天然气工业管道输送系统海底管道阀
49	DIN EN ISO 15761—2003	石油和天然气工业用 DN≤100mm 的钢制闸阀、截止阀和止回阀
50	DIN EN ISO 17292—2004	石油、石油化工和相关工业用金属球阀
51	DIN 20042—2001	公称压力 PN40 的水阀 尺寸和要求
52	DIN 21635—1998	空气调节系统 空气阀门 尺寸和要求
53	DIN EN 26554—1991	法兰连接蒸汽疏水阀 结构长度
54	DIN EN 26704—1991	蒸汽疏水阀 分类
55	DIN EN 26949—1991	蒸汽疏水阀 生产检验和性能特性试验
56	DIN EN 27841—1991	蒸汽疏水阀 蒸汽泄漏量测定的试验方法
57	DIN EN 27842—1991	蒸汽疏水阀 排量测定试验方法
58	DIN 86251—1998	造船用铸铁法兰连接的 DN15～DN500 的截止阀
59	DIN 86252—1998	造船用铸铁制可闭锁法兰连接 DN15～DN500 的止回阀
60	DIN 86720—2002	带螺纹连接阀帽和法兰 DN20～DN100 PN16 的炮铜钢制模式闸阀
61	DIN 87901—2001	公称尺寸 NPS3/8～NPS3/4 温度 16～100 ℃泵用呼吸阀

3-51 我国阀门行业目前常用的 NF 标准有哪些？

阀门行业目前常用的 NF 标准见表 3-42。

表 3-42 阀门行业常用的 NF 标准

序号	标准代号	标 准 名 称
1	NF E29-306-3—2008	阀门术语 第3部分:术语定义
2	NF E29-312—1984	工业阀门 阀门的流量和流阻系数定义、计算及实测方法
3	NF E29-323—1985	工业阀门 地面设施用法兰连接铸铁闸阀 ISO PN10、16
4	NF E29-324—1989	工业阀门 用于地下装置的法兰连接铸铁闸阀

表 3-42(续)

序号	标 准 代 号	标 准 名 称
5	NF E29-327—1985	工业阀门 铸钢闸阀 ISO PN16、20、25、40、50、100
6	NF E29-328—1989	工业阀门 锻钢或锻焊闸阀
7	NF E29-332—2003	工业阀门 铜合金制螺纹联接闸阀 PN10
8	NF E29-335—2003	工业阀门 法兰连接夹套式不锈钢闸阀系列 PN6～160
9	NF E29-337—1975	工业阀门 ISO系列,公称压力 PN10～64 法兰连接的夹套不锈钢闸阀
10	NF E29-350—2003	工业阀门 钢制截止阀(和节流阀)技术规范
11	NF E29-354—2003	工业阀门 铸铁截止阀(及其他形式的截止阀)技术条件
12	NF E29-358—1987	工业阀门 法兰连接钢制截止阀和升降止回阀公称压力 PN64～100
13	NF E29-359—1973	工业阀门 法兰连接钢制截止阀和升降式止回阀公称压力 PN100
14	NF E29-371—1984	工业阀门 法兰连接铁制旋启式止回阀 ISO PN10、16、25、40、CL150、CL300
15	NF E29-373—1984	工业阀门 法兰连接钢制旋启式止回阀 ISO PN16、20、25、40、50、100
16	NF E29-376—1981	工业阀门 法兰连接钢制旋启式止回阀 PN100
17	NF E29-410—1990	工业阀门 安全阀技术术语定义
18	NF E29-411—1988	工业阀门 安全阀一般设计、排量计算、试验、标记、包装
19	NF E29-412—1990	工业阀门 安全阀性能和排量试验
20	NF E29-413—1989	工业阀门 安全阀排量计算方法
21	NF E29-414—1984	工业阀门 安全阀结构长度和温压关系
22	NF E29-415—1990	阀门安全阀 G2 型安全阀气量等于流量的计算
23	NF E29-420—1985	安全阀 技术规范及可靠性证明
24	NF E29-430—2009	工业阀门 金属蝶阀
25	NF E29-431—1988	地下管道用蝶阀规范
26	NF E29-444—1999(R2002)	自动蒸汽疏水阀 蒸汽漏损试验
27	NF E29-470—1989	工业阀门 钢制球阀规格
28	NF M87-150—1980	石油工业 阀门和法兰在不同温度下的最大允许工作压力
29	NF M87-401—1985(R2001)	石油工业阀门的试验和验收检查
30	NF P43-002—1981	建筑物水管阀门 水表截止阀 一般技术规范
31	NF P43-003—1983(R2008)	建筑物水管阀门 冲刷水箱阀门 一般技术规范

表 3-42（续）

序号	标准代号	标 准 名 称
32	NF P43-007—1985	建筑物水管阀门 A 级控制非回动阀 一般技术规范
32	NF P43-008—1985	建筑物水管阀门 B 级控制非回动阀 一般技术规范

3-52 我国阀门行业目前常用的 EN 标准有哪些？

阀门行业目前常用的 EN 标准见表 3-43。

表 3-43 阀门行业常用的 EN 标准

序号	标准代号	标 准 名 称
1	EN 19—2002	工业阀门 金属阀门的标志
2	EN 558—2008(2012)	工业阀门—法兰管路系统使用的金属阀门结构长度
3	EN 593—2010(2011)	工业阀门—金属蝶阀
4	EN 917—1997	塑料管道系统 热塑阀门 抗内压和泄漏密封性的试验方法
5	EN 1092-1—2007	法兰及其连接件 按 PN 标准的管道、阀门、管件和附件用圆形法兰 第 1 部分:钢法兰
6	EN 1092-2—1997	法兰及其连接件 按 PN 标准的管道、阀门、管件和附件用圆形法兰 第 2 部分:铸铁法兰
7	EN 1092-3—2003(2007)	法兰及其连接件 按 PN 标准的管道、阀门、管件和附件用圆形法兰 第 3 部分:铜合金法兰
8	EN 1171—2002(2003)	工业阀门 铸铁闸阀
9	EN 1213—2000	建筑阀门 建筑物饮水用铜合金截止阀 试验和要求
10	EN 1267—2012	阀门试验 以水作试验介质的流阻试验
11	EN 1349—2009	工业过程控制阀
12	EN 1366-2—1999	服务设施的耐火试验 第 2 部分:防火阀
13	EN 1488—2000	建筑用阀门 膨胀类 试验和要求
14	EN 1489—2000	建筑用阀门 压力安全阀 试验和要求
15	EN 1490—2000	建筑用阀门 温度和压力联合泄压阀的试验和要求
16	EN 1491—2000	建筑用阀门 膨胀阀试验和要求
17	EN 1503-1—2000	阀门 阀体和阀盖用材料 第 1 部分:欧洲标准规定的钢材
18	EN 1503-2—2000	阀门 阀体和阀盖用材料 第 2 部分:非欧洲标准规定的钢材
19	EN 1503-3—2000(2003)	阀门 阀体和阀盖用材料 第 3 部分:欧洲标准规定的铸铁
20	EN 1503-4—2002(2007)	阀门 阀体和阀盖用材料 第 4 部分:欧洲标准规定的铜合金
21	EN 1567—2000(2009)	建筑阀门 水减压阀和组合水减压阀 要求和试验

表 3-43(续)

序号	标 准 代 号	标 准 名 称
22	EN 1555-4—2011	气体燃料用塑料管道供气系统 聚乙烯(PE) 第4部分:阀门
23	EN 1626—2009	低温容器 低温设备用阀门
24	EN 1643—2000	气体燃烧器和气体设备自动关闭阀门的阀门检验系统
25	EN 1705—1997	塑料管道系统 热塑性阀门 外部冲击后阀门完整性试验方法
26	EN 1759-1—2004	法兰及其连接件 Class 标示的管道、阀门、管件和附件用圆形法兰 第1部分:钢法兰 NPS 1/2 至 24in
27	EN 1759-3—2003(2004)	法兰及其连接件 Class 标示的管道、阀门、管件和附件用圆形法兰 第3部分:铜合金法兰
28	EN 1759-4—2003	法兰及其连接件 Class 标示的管道、阀门、管件和附件用圆形法兰 第4部分:铝合金法兰
29	EN 1983—2006	工业阀门 钢制球阀
30	EN 1984—2010	工业阀门 钢制闸阀
31	EN ISO 5210—1996(2003)	通用阀门 多回转阀门驱动装置的连接
32	EN ISO 5211—2001(2003)	通用阀门 部分回转阀门驱动装置的连接
33	PrEN ISO 10297—2006	可运输的气瓶 气瓶阀 规范和型式试验
34	PrEN ISO 10434—2004	石油天然气工业用螺栓连接阀盖的钢制闸阀
35	EN 12266-1—2003	工业阀门 阀门试验 第1部分:压力试验、试验程序和验收标准 强制性要求
36	EN 12266-2—2012	工业阀门 阀门测试 第2部分:试验、试验规程和验收标准 补充要求
37	EN 12288—2010	工业阀门 铜合金闸阀
38	EN 12334—200lal(2004)	工业阀门 铸铁止回阀
39	EN 12351—2010	工业阀门 法兰连接的阀门保护帽
40	EN 12380—2002	排水系统通气阀 要求、试验方法和合格评定
41	EN 12516-1—2005(2007)	工业用阀 壳体强度设计 第1部分:钢制阀门壳体强度的列表法
42	EN 12516-2—2004	工业用阀 壳体强度设计 第2部分:钢制阀门壳体强度的计算方法
43	EN 12516-3—2002(2007)	工业用阀 壳体强度设计 第3部分:试验方法
44	EN 12567—2000	工业阀门 液化天然气用隔离阀 适用性验证试验
45	EN 12569—1999(2001)	工业阀门 化工和石油化工工业阀门 要求和试验
46	EN 12570—2000	工业阀门 操作元件分级方法
47	EN 12627—1999	工业阀门 对焊连接的钢制阀门

表 3-43(续)

序号	标 准 代 号	标 准 名 称
48	EN 12760—1999	阀门 承插焊连接钢制阀门
49	EN 12982—2010	工业阀门 对焊连接阀门结构长度
50	EN 13152—2002(2003)	液化石油气瓶自动关闭阀规范和试验
51	EN 13153—2002(2003)	手动操作液化石油气瓶阀规范和试验
52	EN 13175—2003(2007)	液化石油气(LPG)罐阀门及管件的规范和试验
53	EN 13397—2001	工业阀门 金属隔膜阀
54	EN 13547—2007	工业阀门 铜合金球阀
55	EN 13648-1—2009	低温容器 超压保护安全装置 政策 第1部分:低温设备用安全阀
56	EN 13709—2010	工业阀门 钢制截止阀和止回阀
57	EN 13774—2003	最大工作压力≤16 bar及以下的配气系统用阀 性能要求
58	EN 13786—2004(2009)	用于丁烷、丙烷或其混合物的最大输出压力≤4 bar、流量≤100 kg/h的自动转换阀及其有关安全装置
59	EN 13789—2010	工业阀门 铸铁截止阀
60	EN 13942—2009	石油和天然气管道输送系统 管线阀门(idt ISO 14313—1999)
61	EN 13953—2003(2007)	液化石油气设备和附件 液化石油气(LPG)用可移动充气钢瓶的泄压阀
62	EN 13959—2006(2008)	DN 6至DN 250.E系列A、B、C、D型防污止回阀
63	EN 14129—2004	LPG罐用泄压阀
64	EN 14141—2003	天然气输送管线用阀门 性能要求和试验
65	EN 14617-8—2007	图表用图形符号 第8部分:阀及挡板
66	EN 26553—1991	蒸汽疏水阀 标志
67	EN 26554—1991	法兰连接蒸汽疏水阀 结构长度
68	EN 26704—1991	蒸汽疏水阀 分类
69	EN 26948—1991	蒸汽疏水阀产品和性能试验
70	EN 27841—1991	蒸汽疏水阀 漏气量测定的试验方法
71	EN 27842—1991	蒸汽疏水阀 排量测定试验方法
72	EN 28233—1990	热塑性塑料阀门力矩试验方法
73	EN 28659—1990	热塑性塑料阀 疲劳强度 试验方法
74	EN 45510-7-2—2000	发电厂设备和系统购置指南 第7-2部分:管道系统和阀门 锅炉和高压管路阀门

表 3-43(续)

序号	标 准 代 号	标 准 名 称
75	EN 60534-1—2005	工业过程控制阀 第1部分:控制阀术语和总则
76	EN 60534-2-1—2011	工业过程控制阀 第2-1部分:流通能力 安装条件下流体流量的校准公式
77	EN 60534-2-3—1998	工业过程控制阀 第2-3部分:流通能力 试验方法
78	EN 60534-3-1—2000	工业过程控制阀 第3-1部分:法兰连接二通式、截止型、直通式控制阀结构长度和带法兰的二通式、截止型、角式控制阀结构长度
79	EN 60534-3-2—2001	工业过程控制阀 第3-2部分:除蝶阀外旋转控制阀的结构长度
80	EN 60534-3-3—1998	工业过程控制阀 第3-3部分:对焊连接二通式、截止型、直通式控制阀结构长度(IEC 60534-3-3—1998)

3-53 我国阀门行业目前常用的 MSS 标准有哪些?

阀门行业目前常用的 MSS 标准见表 3-44。

表 3-44 阀门行业常用的 MSS 标准

序号	标 准 代 号	标 准 名 称
1	MSS SP-6—2013	管法兰及阀门管件连接端的接触面标准粗糙度
2	MSS SP-9—2013	青铜、铁和钢法兰锪平标准
3	MSS SP-25—2013	阀门、管件、法兰和管接头的标准标记方法
4	MSS SP-42—2013	Class 150 法兰和对焊连接耐腐蚀闸阀、截止阀、角阀和止回阀
5	MSS SP-44—2010(2011)	钢制管道法兰
6	MSS SP-45—2003(2008)	旁通和排放连接
7	MSS SP-51—2012	轻型 Class 150 Lw 耐腐蚀铸造法兰和法兰管件
8	MSS SP-53—2012	阀门、法兰、管件及其他管道附件用铸钢件和锻钢件质量标准 磁粉检验方法
9	MSS SP-54—2013	阀门、法兰、管件及其他管道附件用铸钢件质量标准 射线照像检验方法
10	MSS SP-55—2011	阀门、法兰、管件和其他管道附件用铸钢件质量标准 表面缺陷评定的目视检验方法
11	MSS SP-61—2013	钢制阀门的压力试验
12	MSS SP-65—2012	用透镜垫的高压化工法兰和螺纹短管
13	MSS SP-67—2011	蝶阀
14	MSS SP-68—2011	偏心结构的高压蝶阀

表 3-44(续)

序号	标准代号	标准名称
15	MSS SP-70—2011	法兰和螺纹连接的铸铁闸阀
16	MSS SP-71—2011(2013)	法兰和螺纹连接端铸铁旋启式止回阀
17	MSS SP-72—2010	法兰和对焊连接的一般用球阀
18	MSS SP-78—2011	法兰和螺纹端铸铁旋塞阀
19	MSS SP-79—2011	承插焊缩径接头
20	MSS SP-80—2013	青铜闸阀、截止阀、角阀和止回阀
21	MSS SP-81—2013	不锈钢无阀盖法兰刀形闸阀
22	MSS SP-82—1992	阀门压力试验方法
23	MSS SP-83—2006	3000 psi 承插焊和螺纹连接钢管活接头
24	MSS SP-85—2011	法兰和螺纹连接端的铸铁截止阀和角阀
25	MSS SP-88—2010	隔膜阀
26	MSS SP-91—2009	阀门手动操作指南
27	MSS SP-92—2012	MSS 阀门用户指南
28	MSS SP-93—2008	阀门、法兰、管件及其他管路附件用铸钢件和锻钢件质量标准 液体渗透检验方法
29	MSS SP-94—2008	阀门、法兰、管件及其他管路附件的铁素体、马氏体铸钢件质量标准 超声波检验方法
30	MSS SP-101—2001	部分回转阀门驱动装置的连接法兰和驱动件的尺寸和工作特性
31	MSS SP-102—2001	多回转阀门驱动装置的连接法兰和驱动件的尺寸和工作特性
32	MSS SP-108—2012	弹性阀座铸铁偏心塞阀
33	MSS SP-112—2010	评定铸造表面粗糙度的质量标准 目视和触觉方法
34	MSS SP-117—2011	波纹管密封截止阀和闸阀
35	MSS SP-118—2007(2012)	紧凑型法兰、无法兰、螺纹和焊接连接钢制截止阀和止回阀(化工和石油精炼用)
36	MSS SP-120—2011	用于升降阀杆钢制阀门的柔性石墨填料

3-54 我国阀门行业现行的国家标准是等同、修改或非等效哪些国外先进标准?

阀门行业现行的国家标准等同、修改或非等效的国外先进标准见表 3-45。

表 3-45　我国标准与国外标准的对应

我国现行国家标准		等同、修改或非修改的国外标准	
代　号	名　　称	代　号	名　　称
GB/T 12220—2015	工业阀门　标志	ISO 5209:1977	通用阀门　标志
GB/T 12221—2005	金属阀门　结构长度	ISO 5752:1988	法兰连接金属阀门的结构长度
GB/T 12222—2005	多回转阀门驱动装置的连接	ISO 5210:1996	多回转阀门驱动装置的连接
GB/T 12223—2005	部分回转阀门驱动装置的连接	ISO 5211:2001	部分回转阀门驱动装置的连接
GB/T 12224—2015	钢制阀门　一般要求	ASME B16.34:2013	法兰、螺纹和焊接连接的阀门
GB/T 12226—2005	通用阀门　灰铸铁件技术条件	ISO/DIS 185 BS 1452	灰铸铁分级 灰铸铁件技术条件
GB/T 12228—2006	通用阀门　碳素钢锻件技术条件	ASTM A105 ASTM A181	管路附件用碳钢锻件技术规范 常用管路碳钢锻件规范
GB/T 12229—2005	通用阀门　碳素钢铸件技术条件	ASTM A216 ASTM A703	高温用可溶焊碳钢铸件 受压铸钢件技术条件
GB/T 12230—2005	通用阀门　奥氏体钢铸件技术条件	ASTM A351 ASTM A703	高温用奥氏体钢铸件规范 受压铸钢件技术条件
GB/T 12232—2005	通用阀门　法兰连接铁制闸阀	BS 5150 ISO 5996	普通铸铁楔式闸阀及双闸板闸阀 铸铁闸阀
GB/T 12234—2007	通用阀门　法兰和对焊连接钢制闸阀	API 600	法兰或对焊连接钢制闸阀
GB/T 12235—2007	石油、石化及相关工业用钢制截止阀和升降止回阀	ASME B16.34	法兰、螺纹和对焊连接的钢制阀门
GB/T 12236—2008	通用阀门　钢制旋启式止回阀	ASME B16.34	法兰、螺纹和对焊连接的钢制阀门
GB/T 12237—2007	石油、石化及相关工业用的钢制球阀	ISO 7121 API 607	法兰或对焊连接钢制球阀 1/4 回转阀门软密封座的耐火试验
GB/T 12238—2008	通用阀门　法兰和对夹连接蝶阀	BS 5155	一般用途的铸铁和碳钢蝶阀

表 3-45（续）

我国现行国家标准		等同、修改或非修改的国外标准	
代　号	名　　　称	代　号	名　　　称
GB/T 12239—2008	通用阀门　隔膜阀	BS 5156	一般用途的隔膜阀
GB/T 12240—2008	通用阀门　铁制旋塞阀	API 593	球墨铸铁法兰旋塞阀
GB/T 12241—2015	安全阀　一般要求	ISO 4126-1:2004:1991	安全阀　一般要求
GB/T 12242—2005	压力释放装置　性能试验方法	ASME PTC25.3	安全阀和减压阀　性能试验规范
GB/T 12243—2005	弹簧直接载荷式安全阀	JIS B8210	蒸汽及气体用弹簧安全阀
GB/T 12244—2006	减压阀　一般要求	JIS 8372 JIS B8410 DSS 405	空气减压阀 水道用减压阀 蒸汽减压阀
GB/T 12245—2006	减压阀　性能试验方法	JIS 8372 JIS B8410 DSS 405	空气减压阀 水道用减压阀 蒸汽减压阀
GB/T 12246—2006	先导式减压阀	JIS 8372 JIS B8410 DSS 405	空气减压阀 水道用减压阀 蒸汽减压阀
GB/T 12247—2015	蒸汽疏水阀　分类	ISO 6704:1982	蒸汽疏水阀　分类
GB/T 12250—2005	蒸汽疏水阀　术语、标志结构长度	ISO 6552:1982 ISO 6553:1980 ISO 6554:1980	蒸汽疏水阀　术语 蒸汽疏水阀　标志 蒸汽疏水阀　结构长度
GB/T 12251—2005	蒸汽疏水阀　试验方法	ISO 6948:1981	蒸汽疏水阀出厂检验和工作特性试验
JB/T 7927—1999	阀门铸钢件　外观质量要求	MSS SP55	阀门、法兰、管件及其他管件的铸钢件质量标准

第四章

阀 门 材 料

4-1 对阀门材料有哪些要求？通常用于制造阀体、阀盖和闸板的材料有哪些？

阀门的安全可靠与其所选用的材料密切相关,阀体、阀盖和闸板(阀瓣)是阀门的主要零件之一,直接承受介质压力,所用材料必须具有能在规定介质温度和压力作用下达到的力学性能以及良好的冷、热加工工艺性。

在腐蚀介质中运行的阀门,其材料应能耐腐蚀;在高温高压下工作的阀门,材料应具有较高的热强性、高韧性以及低的回火脆性;煤气化和合成氨成套装置中的阀门以及乙烯成套装置中的阀门,材料应具有优良的低温冲击韧性,特别是温度较低又承受一定压力的阀门,还要有一定的抗断裂和抵抗裂纹扩展的能力。

通常用于制造阀体、阀盖和闸板的材料有以下几种:

① 灰铸铁,适用于公称压力≤PN10,温度为 -10 ℃ ~200 ℃ 的水、蒸汽、空气、煤气及油品等介质。灰铸铁材料,对于≤DN200 的截止阀、升降式止回阀,也可用于公称压力 PN1.6 MPa。灰铸铁的常用牌号有 HT200、HT250、HT300、HT350。

② 可锻铸铁,适用于公称压力≤PN25,温度为 -29 ℃ ~300 ℃ 的水、蒸汽、空气及油品等介质。常用牌号有 KTH300-06、KTH330-08、KTH350-10。

③ 球墨铸铁,适用于公称压力≤PN40,温度为 -29 ℃ ~350 ℃ 的水、蒸油、空气及油品等介质。常用牌号有 QT 400-18、QT 400-15、QT 450-10、QT 500-7。

④ 耐酸高硅球墨铸铁,适用于公称压力≤PN2.5,温度小于或等于 120 ℃ 的腐蚀性介质。

⑤ 碳素钢,适用于公称压力≤PN320,温度为 -29 ℃ ~425 ℃ 的水、蒸汽、空气、氢气、氨、氮及石油产品等介质。常用牌号有 WCA(ZG 205-415)、WCB(ZG 250-485)、WCC(ZG 275-485);优质碳素钢为 20、25、30、35;低合金结构钢为 16Mn。

⑥ 铜合金,适用于公称压力≤PN25 的水、海水、氧气、空气、油品等介质,以及温度为 -40 ℃ ~250 ℃ 的蒸汽介质。常用牌号有 ZCuSn10Zn2(锡青铜);H62、HPb59-1(黄铜);QA19-2、QA19-4(铝青铜)。

⑦ 高温钢,适用于公称压力≤PN160,温度小于或等于 550 ℃ 的蒸汽及石油产品。常用牌号有 ZG1Cr5Mo(铬钼铸钢)、1Cr5Mo(铬钼钢)、ZG20CrMoV、ZG15Cr1Mo1V(铬钼钒铸钢)、12Cr1Mo1V、12Cr1MoVA(铬钼钒钢)、WC1、WC6、WC9。

⑧ 低温钢,适用于公称压力≤PN63,温度大于或等于 -196 ℃ 的乙烯、丙烯、液态天然

气、液氮等介质。常用牌号有 ZG0Cr18Ni9、ZG1Cr18Ni9、ZG0Cr18Ni9Ti、ZG1Cr18Ni9Ti（奥氏体不锈铸钢）；06Cr19Ni10、12Cr18Ni9、06Cr19Ni10、12Cr18Ni9Ti（奥氏体不锈钢）。

⑨ 不锈耐酸钢，适用于公称压力≤PN63，温度小于或等于 200 ℃的硝酸、醋酸等介质。常用牌号有 ZG08Cr18Ni9Ti、ZG03Cr18Ni10（耐硝酸）；ZG08Cr18Ni12Mo2Ti、ZG12Cr18Ni12Mo2Ti（耐醋酸和尿素）；CF3、CF8、CF3M、CF8M、CF8C。

4-2 什么是铁素体类不锈钢？什么是奥氏体类不锈钢？其适用介质有什么区别？

不锈钢材质中碳在 α 铁中的固溶体呈体心立方晶格的为铁素体类不锈钢；碳在 γ 铁中的固溶体呈面心立方晶格的为奥氏体类不锈钢。

铁素体类不锈钢适用于一般乙酸、乳酸等腐蚀性介质；而奥氏体类不锈钢则适用于硝酸、硫酸、醋酸等腐蚀性介质。

4-3 铁和钢的区别是什么？

铁和钢的区别在于它们的含碳量，含碳量大于 2.06% 的为铁；含碳量在 0.02%～2.06% 之间的为钢。

4-4 何为碳素钢？它分为几类？

碳和铁的合金（当含碳量在 0.02%～2.06% 之间）称为碳素钢。根据含碳量的不同，将碳素钢分为三类：

① 低碳钢——C＜0.25%；

② 中碳钢——C＝0.25%～0.60%；

③ 高碳钢——C＞0.60%。

在碳素钢中，由于硫、磷含量不同，又可分为：

① 普通碳素钢——P≤0.045%，S≤0.050%；

② 优质碳素钢——P、S 均小于等于 0.040%；

③ 高级优质碳素钢——P≤0.035%，S≤0.030%。

4-5 美国牌号 304 和 316 钢相当于我国什么牌号的钢？

美国牌号 304 相当于我国 06Cr19Ni10 牌号的钢；316 相当于我国 06Cr17Ni12Mo2 牌号的钢。

4-6 选择阀门密封面材料时，应考虑哪些因素？

密封面是阀门最关键的工作面，密封面质量的好坏直接影响着阀门的使用寿命，而密封面的材料又是保证密封面质量的重要因素。因此，选择阀门密封面材料时应考虑如下因素：

① 耐腐蚀。"腐蚀"即密封面在介质作用下，表面受到破坏的过程。如果表面受到这种破坏，密封性就不能保证，因此，密封面材料必须耐腐蚀。材料的耐腐蚀性主要取决于材料的成分及其化学稳定性。

② 抗擦伤。"擦伤"即密封面相对运动过程中,材料因摩擦而引起的损坏。这种损坏必然引起密封面的破坏,因此,密封面材料必须具有良好的抗擦伤性能,尤其是闸阀。材料的抗擦伤性往往是由材料内部性质决定的。

③ 耐冲蚀。"冲蚀"即介质高速流经密封面时,使密封面遭到破坏的过程。这种破坏在高温、高压蒸汽介质中使用的节流阀、安全阀更为明显,对密封性的破坏影响很大,因此,耐冲蚀亦是密封面材料的重要要求之一。

④ 应有一定的硬度,并在规定工作温度下硬度不发生大的下降。

⑤ 密封面和本体材料的线膨胀系数应该近似,这对镶密封圈的结构更为重要,以免高温下容易产生额外的应力和引起松动。

⑥ 在高温条件下使用,要有足够的抗氧化、抗热疲劳性以及热循环等问题。

在目前情况下,要找到全面符合上述要求的密封面材料是很难做到的,只能根据不同的阀类和用途,重点满足某几个方面的要求。例如,在高速介质中使用的阀门应特别注意密封面的耐冲蚀性要求;而介质中含有固体杂质时则应选择硬度较高的密封面材料。

4-7 阀门的密封面材料分为几类?常用的密封面材料有哪些?

阀门的密封面材料分为软质材料和硬质材料两大类。

常用的密封面材料如下。

(1) 软密封材料

① 丁腈橡胶(NBR)。丁腈橡胶耐油性优异,耐热性优于天然橡胶、丁苯橡胶,气密性和耐水性较好。丁腈橡胶可分为丁腈-18、丁腈-26 及丁腈-40 等。丁腈橡胶适用于温度 $-60\ ℃\sim+120\ ℃$ 的石油产品、苯、甲苯、水、酸、碱介质。

② 氟橡胶(FKM)。氟橡胶耐热、耐酸碱、耐油、耐饱和水与蒸汽,压缩永久变形小,气密性较好。氟橡胶适用于温度 $-30\ ℃\sim+220\ ℃$ 的石油产品、水、酸、酒精。

③ 聚四氟乙烯(PTFE)。聚四氟乙烯耐高温、耐化学腐蚀,摩擦系数低,但强度低,易蠕变,弹性小。它适用于温度小于或等于 170 ℃ 的腐蚀性介质。

(2) 硬密封材料

① 铜合金。铜合金在水或蒸汽中的耐腐蚀性和耐磨性都较好,适用于公称压力 ≤PN16,温度不超过 200 ℃ 的介质,可以采用镶圈结构或堆焊和熔铸的方法固定在本体上。常用牌号为 ZCuAl10Fe3(铝青铜)、ZCuZn38Mn2Pb2(铸黄铜)。

② 铬不锈钢。铬不锈钢耐腐蚀性较好,通常用于水、蒸汽和油品、温度不超过 450 ℃ 的介质。常用牌号有 20Cr13、12Cr13。

③ 司太立合金。司太立硬质合金耐腐蚀性。耐冲蚀性和抗擦伤性等综合性能都很好,适用于各种不同用途的阀类和温度 $-268\ ℃\sim+650\ ℃$ 的各种不同的介质,特别是强腐蚀性介质,是一种比较理想的密封面材料之一。司太立合金由于价格高,多采用堆焊。

④ 镍基合金。镍基合金是耐腐蚀领域中的另一类重要材料,常用做密封面材料的有3种:蒙乃尔、哈氏合金 B 和哈氏合金 C。

蒙乃尔是抗氢氟酸腐蚀的主要材料,适用于温度-240 ℃~+482 ℃的碱、盐、食品,不含空气的酸溶剂介质。

哈氏合金 B、哈氏合金 C 是阀门密封面材料中最耐全面腐蚀的材料,适用于温度371 ℃(硬度14RC)的腐蚀性矿酸、硫酸、磷酸、湿 HCl 气、强氧化性介质;同时,适用于温度538 ℃(23RC)的无氯酸溶液、强氧化性介质。

⑤ 铁基合金。铁基合金是我国新发展的密封面材料,其耐磨、耐擦伤性能优于 2Cr13,又具有一定的耐腐蚀性,可以代替 20Cr13。适用于温度小于或等于 450 ℃的非腐蚀性介质。常用牌号有 WF311、WF312 铁基粉末。

4-8 管路中介质为盐酸时,阀体用什么材料为宜?

管路中介质为盐酸时,阀体材料应选哈斯特罗依 B、C,中国牌号为 NS321、NS322、NS333。

4-9 当介质温度超过 500 ℃时,阀体选用什么材料为宜?

当介质温度超过 500 ℃时,阀体可选用铬钼钢 1Cr5Mo、铬钼钒钢 12Cr1MoV 及奥氏体不锈钢 06Cr19Ni10 等耐高温材料。

4-10 材料的磨损可分为几种类型?

材料的磨损,一般来说可分为如下几种类型:黏着磨损,即金属对金属的磨损;磨粒磨损;冲蚀磨损;腐蚀磨损;表面疲劳磨损。

① 黏着磨损:黏着磨损通常是由于金属间发生滑动而引起的。当两块金属被压在一起时,凹凸不平的表面互相接触形成接合点,滑动时这些接合点破裂形成新的接合点,最终形成磨粒。人们之所以不希望发生黏着磨损是因为:a) 材料的磨损会使零件尺寸公差增大,进而使阀门关闭机构发生泄漏和损坏;b) 磨屑,尤其是由擦伤或黏着而形成的大颗粒磨屑将会卡住阀门的运动部件,使阀门失效。

② 磨粒磨损:磨粒磨损是坚硬粒子在载荷作用下切割材料而发生的。坚硬的颗粒如砂、氧化铝、碳化物等在正常载荷作用下压入软金属的表面,滑动时就划出沟槽,从而形成金属碎屑或疏松的磨屑。在这一点上,磨粒磨损和"微切削加工"是相似的。

③ 冲蚀磨损:冲蚀磨损是因悬浮在流体中的微粒在动能作用下产生切削作用而引起的一种特殊形式的磨粒磨损。用于输送含有固体的阀门将会发生这种磨损,如用于输送泥浆的阀门或常在高炉给料系统上使用的闭锁漏斗阀就是典型的例子。

④ 腐蚀磨损:如果磨损的表面受到化学腐蚀的作用,那就会发生腐蚀磨损。大多数耐蚀合金最初会因化学腐蚀作用而形成一层保护层,然而,当表面滑动时,这层保护层可能被磨掉。裸露的金属暴露在周围腐蚀性介质中,从而使磨损率增加(氧化磨损和腐蚀磨损是同义语)。

⑤ 表面疲劳磨损:在封闭的轨道上作重复滑动或滚动时,可以观察到表面疲劳磨损的

现象。由于零件表面或表层下的裂纹在重复循环应力作用下发生扩展,疲劳磨损通常会在表面形成凹坑。表面疲劳磨损一般发生在滚动元件如轴承、齿轮等零件上。

除上述几种磨损类型外,还有微动磨损或腐蚀、汽蚀等一些特殊磨损类型。

微动磨损或腐蚀:微动磨损是由产生氧化磨损碎片的微小切线振动而形成的。因此,氧化物就像磨粒一样引起进一步的磨损。

汽蚀:这种磨损是液体因压力突然变化在内部形成气泡时发生的。它出现在水翼、蒸汽阀和蒸汽透平等上。由于气泡崩溃时产生的机械冲击使金属表面形成孔穴,这种磨损通常通过对阀门进行适当的设计、使压力降减至最小就可避免。然而,如果设计上无法避免,那么就可以采用某些钴基合金作为零件的材料,因为这些合金的耐汽蚀性能远优于其他合金材料。

4-11 什么材料的耐擦伤性能优异?

耐擦伤性能的好坏取决于合金材料,而合金材料中是否含有多相化合物的复合组织是重要因素。通过试验发现,在众多材料中钴基硬质合金其耐擦伤性能最佳。例如,CoCrW(钴铬钨),在80.0 MPa和100.0 MPa高比压负荷下,仍能显出它的优越性。其次,铬锰粉末合金WF331,在60.0 MPa和80.0 MPa比压下,耐擦伤性能仍较好,常温下仅次于CoCrW;铁基粉末合金WF311,在60.0 MPa比压下,其耐擦伤性能也较好,但在80.0 MPa比压下,耐擦伤性能明显下降。

4-12 怎样提高材料的抗擦伤性能?

提高材料的抗擦伤性能,可采用热处理或表面喷焊工艺。

例如,采用氮化能显著提高20Cr13的抗擦伤性能。采用等离子喷焊,可用于多种粉末合金材料(WF331、WF311、WF312等),有利于堆焊形成多相化合物组织,提高耐擦伤能力。

4-13 什么是钢材的热处理? 热处理有哪几种类型?

钢材的性能不仅取决于化学成分,而且取决于金相组织。通过加热、保温和冷却得到不同的金属组织,从而获得所需的性能的工艺方法就是热处理。

常用的热处理有正火、淬火、回火和退火。

正火处理:将钢材加热到 A_{c3} 线以上 30 ℃~50 ℃,保温后,在空气中冷却。

淬火处理:将钢材加热到 A_{c3} 线以上 30 ℃~50 ℃,保温后,快速(水或油中)冷却,使其得到高的强度和硬度。

回火处理:将钢材加热到 A_{c1} 以下,保温后,冷却下来(在空气中冷却)。

淬火(Q)和正火(N)是为了提高钢材的强度,经淬火或正火后,通过回火(T)消除应力、改善组织,提高韧性。淬火加回火又称调质(QT)处理。

退火处理:将钢材加热到 A_{c3} 或 A_{c1} 线以上 30 ℃~50 ℃,保温后,缓慢(通常是随炉)冷却。通常采用退火来消除残余的应力或冷作硬化等。

4-14 常用阀门密封副材料的配对情况是怎样的?

常用阀门密封副材料的配对情况如下。

① 软质密封副的配对:软质密封面材料常与硬质材料相配、一般截止阀的阀瓣密封面为软质材料,阀座密封面为硬质材料;闸阀和球阀的阀座密封面为软质材料,闸板和球体为硬质密封面。

② 铜合金密封面的配对:GB/T 12232—2005 规定,闸阀阀体密封圈采用 ZCuZn38Mn2Pb2 或 ZCuAl10Fe3;闸板密封圈系采用 ZCuZn2SAl6Fe3Ni2 或 ZCuAl9Mn2。

③ 铬不锈钢密封副的配对:中压阀门一般采用 20Cr13-12Cr13 和 30Cr13-12Cr13(硬度差 HRc9~16);高压阀门 30Cr13-20Cr13(硬度差 HRC10~16)。改善 Cr13 系的配对方法是进行氮化。

④ 其他材料密封副的配对:根据有关阀门资料的试验结论以及阀门制造和使用经验,特推荐部分选用的阀门密封副材料的配对(见表 4-1)。

表 4-1 推荐选用的阀门密封副材料

密封副材料		适用介质	使用温度/℃ (≤)	许用比压/ MPa	备 注
关闭件	阀 座				
CoCrW	Fe 基粉	中压:非腐蚀	450	60	
CoCrW	20Cr13	同上	450	60	
20Cr13 氮化	20Cr13 氮化	同上	450	60	
20Cr13 氮化	20Cr13	同上	450	45	
WF311	WF311	同上	405	60	
WF311	WF312	同上	405	60	
WF311	20Cr13	同上	450	45	
30Cr13	20Cr13	同上	450	20	
30Cr13	12Cr13	同上	450	20	
20Cr13	12Cr18Ni9	同上	300	20	
CoCrW	12Cr18Ni9	低温、腐蚀	−268~+300	20	
CoCrW	Ni 基粉	同上	同上	20	
12Cr18Ni9	四氟	同上	−196~+150	20	无滑动摩擦
Ni 基粉	12Cr18Ni9	同上	−268~+300	20	
CoCrW	CoCrW	低温、高温、腐蚀	−268~+650	100	
铜合金	铜合金	低温、低压	−273~+200	20	

4-15 流体的密封是怎样实现的？何为静密封和动密封？

流体的密封通常都是靠密封面间相互紧密接触，以阻止流体通过来实现的。

静密封也称固定密封，它是指被密封的组件间无相对运动的情况。通常静密封是靠密封垫片来实现的。

动密封也称运动密封，它是指工作状态下被密封组件间存在着相对运动的情况。密封填料是实现动密封的主要手段之一。

密封垫片与填料在整个阀门密封系统里占有十分重要的地位，其作用是阻止被密封介质的泄漏。

4-16 影响垫片及填料密封的因素是什么？

影响垫片及填料密封的因素主要有如下七点。

① 密封面的表面状况：密封面的形状及表面粗糙度对密封性有一定影响，表面光滑有利于密封。软质垫片由于其易于变形因而对表面状况不敏感，而对硬质垫片来说，表面状况影响极大。

② 密封面的接触宽度：密封面与垫片或填料的接触宽度越大，则流体泄漏所需通过的路径越长，流阻损失也越大，因而有利于密封。但在相同的压紧力下，接触宽度越大，则密封比压将减小。所以，要根据密封件的材质情况寻求适宜的接触宽度。

③ 流体的性质：流体的黏度对填料及垫片的密封性有很大影响，黏度大的流体由于其流动性差而易于密封。液体的黏度远大于气体，因而液体较气体易于密封。

饱和蒸汽由于它会凝析出液滴而阻塞密封面间泄漏的通道，因而比过热蒸汽易于密封。

流体的分子体积越大，越易于被狭窄的密封间隙所阻塞，从而易于密封。

液体对密封件材料的浸润性对密封也有一定影响。易于浸润的液体，由于垫片和填料内部微孔的毛细作用而易于产生渗透泄漏。

④ 流体的温度：温度的高低影响流体的黏度，从而对密封性产生影响。温度升高，液体黏度下降，亦气体黏度增大。另一方面，温度的变化常使密封组件产生变形而易于引起泄漏。

⑤ 垫片及填料的材质：软质材料由于其在预紧力作用下易于产生弹性或塑性变形，从而堵塞流体泄漏的通道，因而有利于密封；但软质材料一般不能承受高压流体的作用。

密封材料的耐蚀性、耐热性、致密性、亲水性等都对密封有一定影响。

⑥ 密封面比压：密封面间单位接触面上的法向作用力称密封比压，密封面比压的大小是影响垫片或填料密封性的重要因素。通常，通过施加预紧力在密封面上产生一定比压，使密封件产生变形以减小或消除密封接触面间的缝隙，阻止流体通过，达到密封的目的。应当指出，流体压力的作用会使密封面比压产生变化。

密封面比压的增加虽有利于密封，但受到密封件材料的挤压强度的限制；对于动密封，密封面比压的增加还将引起摩擦阻力的相应增大。

⑦ 外部条件的影响：管道系统的振动、连接组件的变形、安装位置的偏移等原因都会对密封件产生附加作用力，从而对密封造成不利的影响。

尤其是振动,将使密封面间的压紧力产生周期性变化,使连接螺栓松弛,从而造成密封失效。引起振动的原因可能是外部的,也可能是由于系统内部流体流动而引起的。

要使密封可靠,必须认真考虑上述诸因素,而密封垫片和填料的制造及选用至关重要。

4-17 何为填料?对阀门填料的要求是什么?

填料是动密封的密封材料,用来填充阀门填料箱的空间,以防止介质经由阀杆和填料箱空间泄漏。

填料分为软质填料和硬质填料两种。

① 软质填料。由植物质,即大麻、亚麻、棉、黄麻;或由矿物质,即石棉纤维;或由无石棉纤维内夹金属丝和外涂石墨粉等编织的线绳,亦有用橡胶压制的成形填料构成。

植物质填料较便宜,常用于 100 ℃ 以下的低压阀门;矿物质填料可用于 450 ℃ 以下的阀门。高温高压阀门上的填料亦有采用无石棉绒加片状石墨粉压紧而成的。

② 硬质填料。即由金属或金属与无石棉、石墨混合而成的填料,以聚四氟乙烯压合烧结的成形填料构成。金属填料使用较少。

填料要根据介质、温度和压力来选择,常用的材料有以下几种:a) 油浸石棉绳,适用于蒸汽温度 450 ℃、公称压力 PN63 以下的阀门。b) 橡胶石棉绳,适用于蒸汽温度 450 ℃、公称压力 PN63 以下的阀门。c) 石墨石棉绳,石棉绳上渗有石墨粉,可用于 450 ℃ 以上的温度,公称压力可达 PN160,一般使用于高压蒸汽上。d) 聚四氟乙烯,这是一种目前使用较广的、特别是腐蚀性介质上的填料,温度不得超过 200 ℃,一般采用压制或棒料车制而成。e) 波型填料,是以多层同心圆金属波纹片组成正方型截面,在模具中压制成型,每个波谷中填充由石棉纤维纺成的石棉线,填料环的外表面涂鳞状石墨。波型填料的金属片可用不锈钢、铜、铅组成,分别适用于 600 ℃ 以下的各温度级,是目前推荐采用的新型填料。f) 柔性石墨,是由天然石墨经过特殊化学处理、热处理加工而成的。它保持了天然石墨良好的耐腐蚀性、耐高温、耐高压、耐辐射,优良的导热、导电性能。柔性石墨的使用温度范围为:在非氧化性介质中使用温度为 −200 ℃ ~ 1 600 ℃;在氧化性介质中(一般工况)−200 ℃ ~ 700 ℃;在强氧化性介质中为小于或等于 400 ℃。

柔性石墨有好的耐蚀性能,但在浓度大于 95% 的硝酸中、浓度大于 96% 的硫酸＋硝酸中以及浓度大于 95% 的硫酸中不可使用。

阀门对填料的要求,主要有四点:①耐腐蚀;②密封性好;③摩擦系数小;④腐蚀性小(石墨石棉绳填料一定要加缓蚀剂进行防腐)。

4-18 何为垫片?对阀门垫片材料的要求是什么?

在阀门上,垫片是为了阻止介质外漏的主要密封件,用来充填两个结合面(如阀体和阀盖之间的密封面)间所有凹凸不平处,以防止介质从结合面间泄漏。

垫片亦可分为软质和硬质两种。软质一般为非金属的,如硬纸板、橡胶、无石棉橡胶板、聚四氟乙烯等;硬质一般为金属或金属包石墨、金属与石墨缠绕而成的垫片。金属垫片的材料一般用 10 优质碳钢和 06Cr19Ni10 不锈钢,加工精度和表面粗糙度要求较高,紧固螺栓的力量亦较大,均用于高温高压阀门。

阀门对垫片材料的要求是耐腐蚀,同时在工作温度下具有一定的弹性和塑性以及足够的强度,以保证密封。

垫片材料和类型的合理选择应根据介质的工作条件,如温度、压力及腐蚀性来确定。

4-19 什么材料适宜做阀杆螺母? 为什么?

由于阀杆螺母在阀门开启和关闭过程中直接承受阀杆轴向力,因此需具备足够的强度。同时它与阀杆是螺纹传动,要求摩擦系数小、不生锈和避免咬死现象。故铜合金材料最适宜做阀杆螺母。

因为铜合金材料摩擦系数较小,不生锈,是目前普遍采用的阀杆螺母材料之一。对于公称压力≤PN16 的低压阀门,可采用 ZCuZn38Mn2Pb2 铸黄铜;公称压力为 PN25～PN63 的中压阀门,可采用 ZCuAl10Fe3 铝青铜;高压阀门可采用 ZCuZn25Al6Fe3Ni2 铸黄铜。

当工作条件不允许采用铜合金时,可选用 20Cr13、12Cr18Ni9、Cr17Ni2 等不锈钢或高镍铸铁,这通常是指下列情况:

① 用于电动阀门上,带有爪形离合器的阀杆螺母,需要进行热处理获得高的硬度或表面硬度时;

② 工作介质或周围环境不适合选用铜合金时(如对铜有腐蚀的氨介质)。

选用钢制造阀杆螺母时,要特别注意防止螺纹的咬死现象。

4-20 如何从阀体表面的涂漆识别阀体材料?

阀门涂漆有两种形式,一是随管道涂相同的颜色;二是涂阀门材料识别的颜色漆。

阀体的识别涂漆应刷(或喷)在阀体不加工的外表面上,并且应遵循表 4-2 的规定。

表 4-2 阀体的识别涂漆

阀体材料	阀体涂漆颜色
灰铸铁、可锻铸铁	黑色
球墨铸铁	黑色
碳素钢	灰色
LCB、LCC 系列等低温钢	银灰色
铬-钼合金钢	中蓝色
注:耐酸钢、不锈钢允许不涂漆;铜合金也可不涂漆。	

4-21 如何从手轮、手柄或扳手涂漆识别密封面材料?

刷在手轮、手柄或扳手上的密封面的识别涂漆应符合表 4-3 的规定。

4-22 对密封面材料的要求是什么?

选用密封面材料时,通常应符合以下要求。

① 具有良好的密封性能,即密封面有好的阻止介质渗漏的能力。

② 具有一定的强度,即密封面在较大的比压条件下不产生塑性变形。

表 4-3　密封面的识别涂漆

密封面材料	手轮、手柄或扳手涂漆颜色
铜合金	大红色
巴氏合金(锡基轴承合金)	淡黄色
蒙乃尔合金	深黄色
耐酸钢和不锈钢	天蓝色
渗氮钢和渗硼钢	天蓝色
硬质合金	天蓝色
铸　　铁	黑色
橡　　胶	中绿色
塑　　料	紫红色
注：阀座和关闭件密封面材料不同时，按低硬度材料涂色。	

③ 具有耐腐蚀性能，即密封面在腐蚀性介质作用下抵抗腐蚀的能力强。

④ 具有抗擦伤性能，即密封面在相互移动中摩擦系数小，抗磨损耐擦伤性能好。

⑤ 具有耐冲蚀性能，即密封面在高速介质的冲刷下、在浮流细粒的冲撞下、在介质中的气泡冲击下能够抵抗这种破坏的能力。

⑥ 具有良好的热稳定性，即密封面在高温下有足够的强度和抗氧化的能力；在低温下有良好的抗冷脆性能。膨胀系数与本体材料基本一致，连接处不产生松动。

⑦ 具有良好的加工性能，便于制作和维修。

在选择密封面材料时，一种材料都具备以上性能是不可能的，因此，应根据工况条件满足以下要求。

对腐蚀性强的介质，首先应满足耐腐蚀性能，然后再考虑其他性能的要求来选用材料。

对闸阀的密封面，应注意选用具有良好的抗擦伤性能的材料。

安全阀、节流阀和调节阀密封面最容易受到介质的冲蚀，应选用耐冲蚀性能好的材料。

密封圈与本体是镶嵌结构的，应考虑密封圈与本体材料的膨胀系数的一致性。

含固体介质的阀门，应选用密封性能好的橡胶和塑料作密封面。

注：选用材料时，阀座密封面材料应尽量比阀瓣密封面材料硬一些。

4-23　哪些材料适合做研具材料？

选择研具材料应由研磨件的材质及其性能而定。研具材料应具有：组织细密均匀，嵌沙性能好；有良好的耐磨性，足够的刚度，不变形；其硬度比研磨件要软的特性。

通常用于做研具的材料有如下几种。

① 铸铁。铸铁含有片状石墨，其耐磨性和润滑性好，强度也高；它还具有成本低、易加工等优点。因此，铸铁研具适于研磨像硬质合金、淬硬钢、有色金属等多种材料的工件，也适用于敷砂研磨、嵌砂研磨和夹砂布研磨。铸铁研具使用的材料有灰口铸铁和球墨铸铁，一般硬度为 HB 120～220。铸铁研具能保证质量，同时研磨的效率高，使用普遍。

② 低碳钢。低碳钢的韧性比铸铁大，能适应铸铁难得研磨的细长圆孔、圆锥孔、螺纹等工件，低碳钢一般作粗研材料。

③ 铜。铜韧性大，耐磨性好，适于加工余量大、粗糙度要求低的工作的粗研，能起低碳

钢研具的作用(但成本高,一般极少采用)。

④ 铝。铝质地比铜软,适用于铜等软金属的精细研磨。

⑤ 铅、巴氏合金。适用于抛光和研磨软钢或其他软质材料的工件。

⑥ 玻璃。玻璃质地硬脆,适用于工件的研磨和抛光,特别是淬硬钢的精研。

⑦ 沥青。沥青质地软,适用于玻璃、水晶等脆硬材料的研磨和抛光,也适用于淬硬钢的精抛光加工。沥青对工件形状适应性强。

⑧ 皮革、毛毡、涤纶织物。质地柔软,常用于抛光工件。涤纶织物平整均匀,衬垫在平整的研具上,精研和抛光的效果好。

为了节省材料、减少研具,研具常常制成两用的,既可敷涂研磨剂,又可衬托砂布或砂纸。专门衬托砂布或砂纸的研具,一般用碳钢、铸铁制成。

4-24 阀杆和阀杆螺母的材料及使用的条件是什么?

阀杆在阀门启闭过程中不但是运动件、受力件,而且是密封件。同时,它受到介质的冲击和腐蚀,还与填料产生摩擦。因此在选择阀杆材料时,应保证它在规定的温度下有足够的强度、良好的冲击韧性、抗擦伤性、耐腐蚀性。阀杆是易损件,在选用时还应注意材料的机械加工性能和热处理性能。

阀杆常用的材料如下。

① 铜合金。一般选用牌号有 QAl9-2、HPb59-1-1。适用于公称压力小于或等于 PN16 温度小于等于 200 ℃的低压阀门。

② 碳素钢。一般选用 Q275、35 钢,经过氮化处理,适用于公称压力小于等于 PN 25 的氨阀,水、蒸汽等介质的低、中压阀门。Q275 钢适用于温度不超过 300 ℃的阀门;35 钢适用于温度不超过 450 ℃的阀门。

注:实践证明,阀杆采用碳素钢氮化制造不能很好地解决耐蚀问题,应避免采用。

③ 合金钢。一般选用 40Cr、38CrMoAlA、20Cr1Mo1V1A 等材料。40Cr 经过镀铬处理后,适用于公称压力小于或等于 PN320、温度小于或等于 450 ℃的水、蒸汽、石油等介质。38CrMoAlA 经过氮化处理,能在工作温度 540 ℃的条件下承受 10 MPa 的压力,常用于电站阀门上。20Cr1Mo1V1A 经过氮化处理,能在工作温度 570 ℃的条件下承受 14 MPa 的压力,常用于电站阀门上。

④ 不锈钢。一般选用 20Cr13、30Cr13、12Cr17Ni2、12Cr17Ni12Mo2 等材料。20Cr13、Cr13 不锈钢适用于公称压力小于或等于 PN320、温度小于或等于 450 ℃的水、蒸汽和弱腐蚀性介质,可以通过镀铬、高频淬火等方法强化表面。12Cr17Ni2 不锈耐酸钢用于公称压力小于或等于 PN63、温度 −100 ℃~200 ℃的不锈钢阀、低温阀上,能耐腐蚀性介质。12Cr18Ni9、12Cr17Ni12Mo2 不锈耐酸钢用于公称压力小于或等于 PN 63、温度小于等于 600 ℃的高温阀中,也可以用于温度小于或等于 −100 ℃的不锈钢阀,低温阀中。12Cr18Ni9 能耐硝酸等腐蚀性介质;12Cr17Ni12Mo2 能耐醋酸等腐蚀性介质。12Cr18Ni9、12Cr17Ni12Mo2 用于高温阀时,可采用氮化处理,以提高抗擦伤性能。

⑤ 轴承铬钢。选用 GCr15,适用于公称压力小于或等于 PN3000、温度小于或等于 300 ℃的超高压阀门中。

用于制作阀杆的材料较多,还有 4Cr10Si2Mo 马氏体耐热钢、4Cr14Ni14W2Mo 奥氏体耐热钢等。

阀杆螺母与阀杆以螺纹相配合,直接承受阀杆轴向力,而且处于与支架等阀件的摩擦之中。因此,阀杆螺母除要有一定的强度外,还要求具有摩擦系数小、不锈蚀、不与阀杆咬死等性能。

阀杆螺母常选用如下材料。

① 塑料。制作阀杆螺母的塑料有尼龙 66 和尼龙 1010,它具有耐腐蚀性、摩擦系数小、良好的加工性和成本低等优点。但由于它的强度比金属低,故只用于低压、小口径阀门上。

② 铜合金。铜合金不生锈,摩擦系数小,有一定的强度及韧性,是目前阀杆螺母普遍采用的材料。公称压力小于等于 PN16 的低压阀门常采用 ZCuZn38Mn2Pb2 铸黄铜;公称压力小于等于 PN63 的阀门常采用 ZCuAl10Fe3 无锡青铜;公称压力大于 PN63 的高压阀门常采用 ZCuZn25Al6Fe3Mn3 铸黄铜。

③ 钢。电动阀门的阀杆螺母需要硬度高以及氨介质对铜有腐蚀时,就以钢代铜。在不导致阀杆咬死的条件下,常选用 35、40 优质碳素钢和 12Cr13、12Cr18Ni9、Cr17Ni2 等不锈钢制作阀杆螺母。在选用中应遵守阀杆螺母硬度低于阀杆硬度的通则,以免产生过早磨损和咬死的现象。

4-25 不同的阀体、阀盖材料适用的介质温度是多少?

不同的阀体、阀盖材料适用的介质最高使用温度如下:

① 灰铸铁阀体、阀盖适用的介质最高使用温度为 250 ℃。

② 可锻铸铁阀体、阀盖适用的介质最高使用温度为 300 ℃。

③ 球墨铸铁阀体、阀盖适用的介质最高使用温度为 350 ℃。

④ 高硅铸铁阀体、阀盖适用的介质最高使用温度为 120 ℃。

⑤ 碳素钢阀体、阀盖适用的介质最高使用温度为 425 ℃(锻件 16Mn、30Mn 可达 450 ℃)。

⑥ Cr5Mo 合金钢阀体、阀盖适用的介质最高使用温度为 550 ℃。

⑦ 12Cr18Ni9 和 12Cr17Ni12Mo2 不锈钢阀体、阀盖适用的介质最高使用温度为 600 ℃。

⑧ 铜合金阀体、阀盖适用的介质最高使用温度为 200 ℃。

⑨ 钛阀体、阀盖适用的介质最高使用温度为 300 ℃。

⑩ 塑料阀体、阀盖适用的介质最高使用温度:尼龙 100 ℃、氯化聚醚 100 ℃、聚氯乙烯 60 ℃、聚三氟氯乙烯 -60 ℃~120 ℃、聚四氟乙烯 -180 ℃~150 ℃。

橡胶隔膜阀视橡胶种类不同而定,天然橡胶 60 ℃;丁腈橡胶、氯丁橡胶 80 ℃;氟橡胶 150 ℃。

阀门衬里用橡胶、塑料时,以橡胶、塑料的耐温性能为准。

陶瓷和玻璃阀门,其耐温急变性差,一般用于 90 ℃以下。

搪瓷阀门耐温性能受到密封圈材料的限制,最高介质温度不超过 150 ℃。

4-26 阀门的阀体材料所适用的最大公称压力是多少?

阀门的阀体材料所适用的最大公称压力如下。

① 灰铸铁阀体适用的最大公称压力≤PN10(但对于 DN≤200 的截止阀、升降式止回阀,也可用于公称压力 PN16)。

② 可锻铸铁阀体适用的最大公称压力≤PN25。

③ 球墨铸铁阀体适用的最大公称压力≤PN40。

④ 高硅铸铁阀体适用的最大公称压力 PN25。

⑤ 铜合金阀体适用的最大公称压力≤PN25。

⑥ 铝合金阀体适用的最大公称压力 PN10。

⑦ 钛合金阀体适用的最大公称压力 PN25。

⑧ 碳素钢阀体适用的最大公称压力≤PN320。

⑨ Cr5Mo 合金钢阀体适用的最大公称压力 PN160。

⑩ 33CrNiMoA、40CrNiMoVA 合金钢阀体适用的最大公称压力 PN760。

⑪ 不锈钢阀体适用的最大公称压力 PN63～PN420。

⑫ 塑料阀体适用的最大公称压力 PN6。

⑬ 陶瓷、玻璃、搪瓷阀体适用的最大公称压力 PN6。

⑭ 玻璃钢阀体适用的最大公称压力 PN16。

对一些高参数、特殊的阀门,它们适用的最大公称压力(及温度)应按铭牌和产品说明书上的规定执行。

4-27 中法兰连接螺栓的材料有哪些? 各适宜什么温度范围和压力等级?

适宜作中法兰连接的材料有:35 号钢、40Cr、20Cr13、35CrMo、25Cr2MoVA、12Cr17Ni2、15Cr11MoV、12Cr18Ni9、4Cr14Ni14W2Mo 等。

各种材料适用的温度范围如下:

35:适用于介质工作温度小于或等于 425 ℃;

40Cr:适用于介质工作温度小于或等于 425 ℃;

Cr13:适用于介质工作温度小于或等于 425 ℃;

35CrMo:适用于介质工作温度小于或等于 450 ℃;

25Cr2MoVA:适用于介质工作温度小于或等于 500 ℃;

Cr17Ni2:适用于介质工作温度小于或等于 450 ℃;

15Cr11MoV:适用于介质工作温度小于或等于 500 ℃;

20Cr1Mo1V:适用于介质工作温度小于或等于 550 ℃;

12Cr18Ni9:适用于介质工作温度小于或等于 600 ℃;

4Cr14Ni14W2Mo:适用于介质工作温度小于或等于 600 ℃;

4-28　美国钢号 WCA、WCB、WCC 相当于我国的哪种铸钢件？其化学成分和力学性能各是什么？适用于哪些场合？

美国钢号 WCA、WCB、WCC 相当于我国铸钢钢号、化学成分、力学性能及适用场合见表 4-4。

表 4-4　美国钢号 WCA、WCB、WCC 的化学成分和力学性能

钢号	美国　ASTM		WCA	WCB	WCC
	中国　GB/T		ZG205-415	ZG250-485	ZG275-485
化学成分/%	C		≤0.25	≤0.30	≤0.25
	Mn		≤0.70	≤1.00	≤1.20
	Si		≤0.60	≤0.60	≤0.60
	P		≤0.04	≤0.04	≤0.04
	S		≤0.045	≤0.045	≤0.045
	残留元素	Cu	≤0.30	≤0.30	≤0.30
		Ni	≤0.50	≤0.50	≤0.50
		Cr	≤0.50	≤0.50	≤0.50
		Mo	≤0.20	≤0.20	≤0.20
		V	≤0.03	≤0.03	≤0.03
力学性能	R_m/MPa(ksi)　min		415～585(60～85)	485～655(70～95)	485～655(70～95)
	R_{eL}/MPa(ksi)　min		≥205(30)	≥250(36)	≥275(40)
	A/%　min		24	22	22
	Z/%　min		35	35	35
适用场合			适用于工作温度−29 ℃～+425 ℃的中高压阀门		

4-29　WC6、WC9 相当于我国的哪种铸钢件？其化学成分和力学性能各是什么？适用于哪些场合？

美国钢号 WC6、WC9 相当于我国铸钢钢号、化学成分、力学性能及适用场合见表 4-5。

表 4-5　美国钢号 WC6、WC9 的化学成分和力学性能

钢号		美国　　ASTM	WC6	WC9
		中国　　GB/T	ZG20CrMoV	ZG15Cr1Mo1V
化学成分/%		C	0.05~0.20	0.05~0.18
		Si	0.6	0.6
		Mn	0.50~0.80	0.40~0.70
		P	0.04	0.04
		S	0.045	0.045
		Cr	1.00~1.50	2.00~2.75
		Ni	0.50	0.50
		Mo	0.45~0.65	0.90~1.20
		W	0.10	0.10
		残余元素总量	1.00	1.00
力学性能		R_m/MPa	485~655	485~655
		R_{eL}/MPa	≥275	≥275
		A/%	≥20	≥20
		Z/%	≥35	≥35
适用场合			适用于工作温度－29 ℃～＋595 ℃的非腐蚀性介质的高温高压阀门	

4-30　我国常用的碳素结构钢牌号和美国、日本、法国、德国的哪些牌号相对应?

我国常用的碳素结构钢牌号和美国、日本、法国、德国相对应的牌号见表 4-6。

4-31　我国常用的合金结构钢牌号和美国、日本、法国、德国的哪些牌号相对应?

我国常用的合金结构钢牌号和美国、日本、法国、德国相对应的牌号见表 4-7。

4-32　我国常用的不锈钢牌号和美国、日本、法国、德国的哪些牌号相对应?

我国常用的不锈钢牌号和美国、日本、法国、德国相对应的牌号见表 4-8。

表 4-6　碳素结构钢牌号对照

美国(ASTM)	美　　国	日　　本	法　　国	德国(前联邦德国)	中　　国
	1010 （AISI SAE） G10100(UNS)	G4051-S10C （JIS）	CC10 （NF） XC10	C10 （DIN） 1.0301 （W-Nr） CK10 （DIN） 1.1121 （W-Nr）	10 （GB）
	1015 （AISI SAE） G10150 (UNS)	G4051-S15C （JIS）	XC12 （NF）	C15 （DIN） 1.0401 （W-Nr） CK15 （DIN） 1.1141 （W-Nr）	15 （GB）

表 4-6(续)

美国(ASTM)	美 国	日 本	法 国	德国(前联邦德国)	中 国
	1020 （AISI SAE）	G4051-S20C （JIS）	CC20 （NF）	C22 （DIN） 1.0402 （W-Nr） CK22 （DIN） 1.1151 （W-Nr）	20 （GB）
A105/A105M -2005(锻)	1025 （AISI SAE） G10250 （UNS）	G4051-S25C （JIS） G4051-S28C （JIS）	CC28 （NF） XC25		25 （GB）
	1030 （AISI SAE） G10300 （UNS）	G4051-S30C （JIS）	CC30 （NF）		30 （GB）
	1035 （AISI SAE） G10350(UNS）	G4051-S35C （JIS）	XC38 （NF）	C35 （DIN） 1.0501 （W-Nr） CK35 （DIN） 1.1181 （W-Nr）	35 （GB）
	1040 （AISI SAE） G10400 （UNS）	G4051-S40C （JIS）	XC42 （NF）		40 （GB）
A194/A194M -2005-2H	1045 （AISI SAE） G10450 （UNS）	G4051-S45C （JIS）	XC45 （NF）	C45 （DIN） 1.0503 （W-Nr） CK45 （DIN） 1.1191 （W-Nr）	45 （GB）
	1050 （AISI SAE） G10500 （UNS）	G4051-S50C （JIS）	CC50 （NF） XC50	CK53 （DIN） 1.1210 （W-Nr）	50 （GB）
	1055 （AISI SAE） G10550 （UNS）	G4051-S55C （JIS）	XC55 （NF） CC55	CK56(DIN） 1.1214 （W-Nr）	55 （GB）
	1060 （AISI SAE） G10600 （UNS）	$SWRH_1B$ （JIS）	C60 （NF） XC60	C60 （DIN） 1.0601 （W-Nr） CK60 （DIN） 1.1221 （W-Nr）	60 （GB）
	C1115 （AISI） 1115 （SAE）	G3101-SB46 （JIS）	12M5 （NF）	14Mn4(DIN） 1.0915 （W-Nr）	15Mn （GB）
	1022 （SAE）C1022 （AISI） G10220 （UNS）				20Mn （GB）
	1033 （SAE） C1033 （AISI）				30Mn （GB）
A194/A194M -2005-4	C1036 （AISI） 1036 （SAE）			40Mn4(DIN)1.5038(W-Nr）	40Mn （GB）
	1053 （AISI） G10530 （UNS）				50Mn （GB）
A216/A216M- WCA(铸) WCB(铸)		$G5151-SCPH_1$(铸)(JIS) $G5151-SCPH_2$(铸)(JIS)			

表 4-7 合金结构钢牌号对照

美国(ASTM)	美国	日本	法国	德国(前联邦德国)	中国
	5115(SAE) G51150（UNS）	G4104 SCr415(JIS) SCr21(JIS旧)	12C3 （NF）	15Cr3(DIN) 1.7015（W-Nr）（EC60）	15Cr （YB）
	5120(AISI SAE) G51200（UNS）	G4104 SCr420(JIS) SCr22(JIS旧)	18C3 （NF）	20Cr4(DIN) 1.7031（W-Nr）	20Cr （YB）
	5130(AISI SAE) G51300（UNS）	SC_2(JIS)	32C4 （NF）	34Cr4(DIN) 1.7033（W-Nr）（VC-135）	30Cr （YB）
	5135(AISI SAE) G51350（UNS）	SCr1(JIS)	38C4 （NF）	37Cr4(DIN) 1.7034（W-Nr）	35Cr （YB）
	5140(AISI SAE) G51400（UNS）	G4104 SCr440(JIS) SCr4 （JIS旧）	42C4 （NF）	41Cr4(DIN) 1.7035（W-Nr）（VC140）	40Cr （YB）
	5145,5147(AISI,SAE) G51450,G51470 （UNS）	G4104 SCr445 （JIS） SCr5 （JIS旧）	45C4 （NF）		45Cr （YB）
	5150,5152(AISI,SAE) G51500 （UNS）		50C4 （NF）		50Cr （YB）
A182/A182M-F1 （锻） A302Gr.A A356Gr.2 A204/A204M- A,B,C	4017 （AISI,SAE）	G3213 SFHV12B（锻）(JIS)		15Mo3(DIN) 1.5415(W-Nr)	16Mo （YB）
	—4119(SAE)		12CD4 （NF）	13CrMo44 （DIN） 1.7335 （W-Nr）	12CrMo （YB）
A387/A387MB A182/A182M-F11, F12（锻）		STT42,STB42,STC42(JIS) G3213-SFHV23B,SFHV22B(JIS)锻	12CD4 （NF）	16CrMo44 （DIN） 1.7337 （W-Nr）	15CrMo （YB）
	4119(SAE)4118(AISI,SAE) G41180 （UNS）	G4105-SCM420 （JIS） G4105-SCM22 （JIS旧）	18CD4 （NF）	20CrMo5 （DIN） 1.7264 （W-Nr）（ECM0100）	20CrMo （YB）

表 4-7(续)

美国(ASTM)	美国	日本	法国	德国(前联邦德国)	中国
	4130(AISI,SAE)	G4105-SCM430(JIS) G4105-SCM2(JIS旧)	25CD4（NF）	25CrMo4(DIN) 1.7218（W-Nr）（VCMo125）	25CrMo（YB旧）
					30CrMo（YB）
A193/A193M-B7	E4132(AISI)E4135(AISI) G41350（UNS）	G4105-SCM435(JIS) G4105-SCM3(JIS旧) G4107SNB7	35CD4（NF）	34CrMo4(DIN) 1.7220（W-Nr）（VCMo135）	35CrMo（YB）
	4140(AISI,SAE) G41400（UNS）	G4105-SCM4(JIS旧)	42CD4（NF）	42CrMo4(DIN) 1.7225（W-Nr）（VCMo140）	42CrMo（YB）
			20CDV6(NF)	24CrMoV55(DIN) 1.7733 （W-Nr）	24CrMoV（YB）
				13CrMoV42(DIN) 7709（W-Nr）	12Cr1MoV（YB）
A356/A356M-Gr9 A406/A406M-P24					15CrMo1V（YB旧）
A193/A193M-B16		G4107-SNB16			40Cr2MoV（YB旧）
A217/A217M- WC1（铸）		G5151-SCPH11（铸）(JIS)			
A217/A217M- WC6（铸）		G5151-SCPH21（铸）(JIS)			ZG20CrMoV
A217/A217M- WC9（铸）		G5151-SCPH32（铸）(JIS)			ZG15Cr1Mo1V
A217/A217M- C5（铸）		G5151-SCPH61（铸）(JIS)			ZG2Cr5Mo
A182/A182M- F5（锻）	501（AISI） 502（AISI） 51501（SAE） S50100(UNS)S50200(UNS)	G3213-SFHV25（锻）(JIS) G3203-SFVAF5A（锻）(JIS) G3203-SFVAF5B（锻）(JIS)	Z12CD5(NF)	12CrMo19 5(DIN) 1.7362 （W-Nr）	1Cr5Mo（GB）

第四章 阀门材料

表 4-8 不锈钢牌号对照

美国(ASTM)	美国	日本	法国	德国(前联邦德国)	中国
	410S(AISI) S41008 (UNS)		Z6CB (NF)	X7Cr13(DIN) 4000(W-Nr)	06Cr13(GB)
A276/A276M-430	430(AISI) 51430(SAE) CB-30(ACI) S43000(UNS)	JIS G4303-SUS430(JIS)	Z8C17, Z10C17, Z12C18 (NF)	X8Cr17(DIN) 1.4016(W-Nr)	12Cr17(GB)
A276/A276M-403,410 A182/A182M-F6a	403(AISI) S40300(UNS)	JIS G4303-SUS403(JIS) SUS410	Z12C13(NF)	X10Cr13(DIN) 1.4006 (W-Nr)	12Cr13(GB)
A276/A276M-420	420(AISI) 51210(SAE) CA-15 S42000(UNS)	JIS G4303-SUS420J1(JIS)	Z20C13(NF)	X20Cr13(DIN) 1.4021 (W-Nr)	20Cr13(GB)
	420(AISI) CA-40(ACI)	JIS G4303-SUS420J2(JIS)	Z30C13(NF)		30Cr13(GB)
			Z40C13(NF)	X40Cr13(DIN) 1.4034 (W-Nr)	40Cr13(GB)
A276/A276M-440C		JIS G4303-SUS 140C(JIS)			90Cr18(GB)
A182/A182M-F304 A276/A276M-304 A193/A193M-B8, A194/A194M-8, A320/A320M-B8,B8A	304(AISI) 30304(SAE) CF-8(ACI) S30400(UNS)	JIS G4303-SUS304(JIS)	Z6CN18-10 (NF)	X5CrNi18 9(DIN) 1.4301 (W-Nr)	06Cr19Ni10(GB)

表 4-8（续）

美国（ASTM）	美国	日本	法国	德国（前联邦德国）	中国
A351/A351M-CF8（铸） A296/A296M-CF8（铸）		JIS G5121-SCS13（铸）（JIS） SCS13A			ZG0Cr18Ni9
	302（AISI）30302（SAE） CF-20（ACI）S30200（UNS）	JIS G4303-SUS302(JIS)	Z12CN18-10 （NF）	X12CrNi18 8(DIN) 1.4300(W-Nr)	12Cr18Ni9(GB)
A182/A182M-F321 A193/A193M-B8T A276/A276M-321	321（AISI）30321（SAE） S32100（UNS）	JIS G4303-SUS321(JIS)	Z10CNT18-11 （NF）	X10CrNiTi18 9(DIN) 1.4541(W-Nr)	06Cr18Ni9(GB) 12
A182/A182M-F316 A276/A276M-316 A193/A193M-B8M A194/A194M-8M		JIS G4303-SUS316(JIS)	Z8CNDT17-12 （NF）	X10CrNiMoTi18 10 (DIN) 1.4571 （W-Nr） X10CrNiMoTi18 12(DIN) 1.4573 （W-Nr）	06Cr17Ni12Mo2 12 （GB）
A351/A351M-CF8M（铸） A296/A296M-CF8M（铸）		JIS G5121-SCS14（铸）(JIS) SCS14A			ZG0Cr18Ni12Mo2Ti
A182/A182M-F347 A193/A193M-B8C A276/A276M-347	347（AISI）30347（SAE） S34700（UNS）	JIS G4303-SUS347(JIS)	Z6CNNb 18-10 （NF）	X10CrNiNb18 9(DIN) 1.4550 （W-Nr）	12Cr18Ni11Nb(GB)

4-33 我国的超低碳不锈钢牌号和美国、日本、法国、德国的哪些牌号相对应？

我国的超低碳不锈钢牌号和美国、日本、法国、德国相对应的牌号见表 4-9。

表 4-9 超低碳不锈钢牌号对照

美国（ASTM）	美 国	日 本
A182/A182M-F304L A276/A276M-304L	304L（AISI）30304L（SAE） S30403（UNS）	G4303-SUS304L（JIS）
A351/A351M-CF3（铸） A296/A296M-CF3（铸）		G5121-SCS19（铸）（JIS） SCS19A
A182/A182M-F316L A276/A276M-316L	316L（AISI）30316L（SAE） S31603（UNS）	G4303-SUS316L（JIS）
A351/A351M-CF3M（铸） A296/A296M-CF3M（铸）		G5121-SCS16 SCS16A（铸）（JIS）

法 国	德国（前联邦德国）	中 国
Z2CN18-10（NF）	X3CrNi18.9（DIN） 1.4306 （W-Nr）	022Cr19Ni10
		ZG00Cr18Ni10
Z2CND17-12（NF）	X2CrNiMo18.10（DIN） 1.4404 （W-Nr）	022Cr17Ni14Mo2
		ZG00Cr17Ni14Mo2

4-34 我国的低温钢牌号和美国的 ASTM、日本的哪些牌号相对应？各适应于什么温度范围内？

我国的低温钢牌号和美国 ASTM、日本相对应的牌号，适应的温度范围见表 4-10。

表 4-10 低温钢牌号对照

美国（ASTM）	日 本	中 国	适应温度 ℃
A352/A352M-LCB（铸）	G5152-SCPL$_1$（铸）（JIS）		−46
A350/A350M-LF2（锻）			
A352/A352M-LC$_1$（铸）	G5152-SCPL$_{11}$（铸）（JIS）		−60
A352/A352M-LC$_2$（铸）	G5152-SCPL$_{21}$（铸）（JIS）		−73
A352/A352M-LC$_3$ 　　　　　　LC$_4$（铸）	C5152-SCPL$_{31}$（铸）（JIS）		−101
A350/A350M-LF3（锻）			
A351/A351M-CF8（铸） A296/A296M-CF8（铸）	C5121-SCS13 　　　　SCS13A（铸）（JIS）	ZG0Cr18Ni9	−196

表 4-10(续)

美国(ASTM)	日 本	中 国	适应温度 ℃
A351/A351M-CF8M(铸) A296/A296M-CF8M(铸)	C5121- $\begin{matrix} SCS14 \\ SCS14A \end{matrix}$ (铸)(JIS)	ZG0Cr18Ni12Mo2Ti	−196
A182/A182M-F304(锻)	G4303-SUS304(锻)(JIS)	06Cr19Ni10	−196
A182/A182M-F316(锻)	G4303-SUS316(锻)(JIS)	06Cr17Ni12Mo2 12	−196

4-35 我国的弹簧钢牌号和美国、日本、法国、德国的哪些牌号相对应?

我国的弹簧钢牌号和美国、日本、法国、德国相对应的牌号见表 4-11。

表 4-11 弹簧钢牌号对照

美 国	日 本
C1065(AISI) 1065(SAE) G10650 (UNS)	G4801-SUP$_2$ (JIS)
1084(AISI,SAE) G10840(UNS)	G4801-SUP$_3$ (JIS)
9260(AISI,SAE) G92600(UNS)	G4801-SUP$_6$ (JIS)
9260(AISI,SAE) G92600(UNS)	G4801-SUP$_7$ (JIS)
6150(AISI) G65100(UNS)	G4801-SUP$_{10}$ (JIS)

法 国	德 国(前联邦德国)		中 国
XC$_{65}$(NF)	CK67(DIN) 1.1231(W-Nr)		65(YB)
			85(YB)
	60SiMn$_6$(DIN)0908(W-Nr)		60Si2Mn(YB 旧)
	65Si7(DIN)1.0906(W-Nr)		63Si2Mn(YB 旧)
	50CrV$_4$(DIN)1.8159(W-Nr) (VCV150)		50CrV$_A$(YB)

4-36 我国的灰铸铁牌号和美国 ASTM、日本的哪些牌号相对应?

我国的灰铸铁牌号和美国 ASTM、日本相对应的牌号见表 4-12。

表 4-12 灰铸铁牌号对照

美 国	日 本	中 国
	JIS G5501-FC15	HT150(GB)
ASTM A126/A126M-ClassA	JIS G5501-FC20	HT200(GB)
ASTM A126/A126M-ClassB	JIS G5501-FC25	HT250(GB)
	JIS G5501-FC30	HT300(GB)
	JIS G5501-FC35	HT 350(GB)

4-37 我国的球墨铸铁牌号和日本的哪些牌号相对应?

我国的球墨铸铁牌号和日本对应的牌号见表 4-13。

表 4-13 球墨铸铁牌号对照

日 本	中 国
JIS G5502-FCD40	QT400-18(GB)
JIS G5502-FCD45	QT450-10(GB)

4-38 我国的可锻铸铁牌号和美国 ASTM、日本的哪些牌号相对应?

我国的可锻铸铁牌号和美国 ASTM、日本对应的牌号见表 4-14。

表 4-14 可锻铸铁牌号对照

美 国	日 本	中 国
ASTM A47/A47M-32510	JIS G5702-FCMB28	KT30-6(GB)
	JIS G5702-FCMB32	KT33-8(GB)
	JIS G5702-FCMB35	KT35-10(GB)
	JIS G5702-FCMB37	KT37-12(GB)

4-39 我国的黄青铜铸件牌号和美国 ASTM、日本的哪些牌号相对应?

我国的黄青铜铸件牌号和美国 ASTM、日本相应的牌号见表 4-15。

表 4-15 黄青铜铸件牌号对照

美 国	日 本	中 国
ASTM B147-A110y No.7A	JIS H5102-HBSC$_1$	
ASTMB147-A110y No.8A	JISH5102-HBSC$_2$	
ASTMB147-A110y No.8B	JISH5102-HBSC$_3$	
ASTMB145-A110y No.5A	JISH5111-BC$_1$	
ASTMB143-A110y No.1B	JISH5111-BC$_2$	ZQSn8-4
ASTMB143-A110y No.1A	JISH5111-BC$_3$	ZQSn10-2
ASTMB62-52	JISH5111-BC$_6$	ZQSn5-5.5
ASTMB61-52	JISH5111-BC$_7$	

4-40　美国 ASTM A105 的化学成分和力学性能是什么？相当于我国钢材的什么牌号？

美国 ASTM A105 的化学成分、力学性能及对应于我国的钢材牌号见表 4-16。

表 4-16　美国 ASTM A105 的化学成分及力学性能

钢号	化学成分/%					力学性能				相应中国牌号
	C	Si	Mn	P≤	S≤	R_m kis(MPa)	R_{eL} kis(MPa)	$A/\%$	$Z/\%$	
ASTM A105/ A105M	≤0.35	0.10～ 0.35	0.6～ 1.05	0.035	0.040	≥70(485)	≥36(205)	≥22.0	≥30	GB/T 25 25Mn

4-41　美国 ASTM A182/A182M 的化学成分和力学性能是什么？相当于我国钢材的什么牌号？

美国 ASTM A182/A182M 的化学成分、力学性能及对应于我国的钢材牌号见表 4-17。

4-42　美国 ASTM A276/A276M 的化学成分和力学性能是什么？相当于我国钢材的什么牌号？

美国 ASTM A276/A276M 的化学成分、力学性能及对应于我国的钢材牌号见表 4-18。

4-43　美国 ASTM A296/A296M 的化学成分和力学性能是什么？相当于我国钢材的什么牌号？

美国 ASTM A296/A296M 的化学成分、力学性能及相当于我国钢材的牌号见表 4-19。

4-44　美国 ASTM A351/A351M 的化学成分和力学性能是什么？相当于我国铸件的什么牌号？

美国 ASTM A351/A351M 的化学成分、力学性能及相当于我国铸件的牌号见表 4-20。

4-45　美国 ASTM A352/A352M 的化学成分和力学性能是什么？

美国 ASTM A352/A352M 的化学成分和力学性能见表 4-21。

表 4-17 美国 ASTM A182/A182M 的化学成分及力学性能

钢号 ASTM A182/A182M	名称	化学成分/%									力学性能（不小于）				硬度（不小于）			相应国内牌号
		C	Si	Mn	P	S	Cr	Ni	Mo	其他	R_m kis(MPa)	R_{eL} kis(MPa)	A/%	Z/%	HBW	HRC	HV	
A182MF1	高温用合金钢（铁素体钢）	≤0.28	0.15~0.35	0.60~0.90	0.045	0.045	—	—	0.44~0.65	—	70(485)	40(275)	20.0	30.0	143~192			16Mo(YB)
F2	高温用合金钢（铁素体钢）	0.05~0.21	0.10~0.60	0.30~0.80	0.040	0.040	0.50~0.81	—	0.44~0.65	—	70(485)	40(275)	20.0	30.0	143~192			
F5	高温用合金钢（铁素体钢）	≤0.15	≤0.50	0.30~0.60	0.030	0.030	4.0~6.0	≤0.50	0.44~0.65	—	70(485)	40(275)	20.0	35.0	143~217			1Cr5Mo(GB)
F5a	高温用合金钢（铁素体钢）	≤0.25	≤0.50	≤0.60	0.040	0.030	4.0~6.0	≤0.50	0.44~0.65	—	90(620)	65(450)	22.0	50.0	187~248			(2Cr5Mo)
F6a	高温用合金钢（铁素体钢）	≤0.15	≤1.00	≤1.00	0.040	0.030	11.5~13.50	≤0.50		—	70(485)	40(275)	18.0	35.0	143~207			12Cr13(GB)
F9	高温用合金钢（铁素体钢）	≤0.15	0.50~1.00	0.30~0.60	0.030	0.030	8.0~10.0	—	0.90~1.10	—	85(585)	55(380)	20.0	40.0	179~217			
F11	高温用合金钢（铁素体钢）	0.10~0.20	0.50~1.00	0.30~0.80	0.040	0.040	1.00~1.50	—	0.44~0.65	—	70(485)	40(275)	20.0	30.0	143~207			15CrMo(YB)
F12	高温用合金钢（铁素体钢）	0.10~0.20	0.10~0.60	0.30~0.80	0.040	0.040	0.80~1.25	—	0.44~0.65	—	70(485)	40(275)	20.0	30.0	143~207			15CrMo(YB)
F21	高温用合金钢（铁素体钢）	0.05~0.15	≤0.50	0.30~0.60	0.040	0.040	2.7~3.3	—	0.80~1.06	—	75(515)	45(310)	20.0	30.0	156~207			
F22	高温用合金钢（铁素体钢）	≤0.15	≤0.50	0.30~0.60	0.040	0.040	2.00~2.50	—	0.87~1.13	—	75(515)	45(310)	20.0	30.0	156~207			25Cr2Mo1VA(YB)
F304	高温用合金钢（奥氏体钢）	≤0.08	≤1.00	≤2.00	0.045	0.030	18.00~20.00	8.00~11.00	—	—	75(515)	30(205)	30	50	—			06Cr19Ni10(GB)

表4-17(续)

钢号	名称	化学成分/%									力学性能（不小于）				硬度			相应国内牌号
		C	Si	Mn	P	S	Cr	Ni	Mo	其他	R_m kis(MPa)	R_{eL} kis(MPa)	A/%	Z/%	HBW	HRC	HV	
F304H	高温用合金钢（奥氏体钢）	0.04~0.10	≤1.00	≤2.00	0.045	0.030	18.00~20.00	8.00~11.00	—	—	75(515)	30(205)	30	50	—			
F304L	高温用合金钢（奥氏体钢）	≤0.030	≤1.00	≤2.00	0.045	0.030	18.00~20.00	8.00~13.00	—	—	70(485)	25(170)	30	50	—			022Cr1Ni10（GB）
F310	高温用合金钢（奥氏体钢）	≤0.25	≤1.00	≤2.00	0.045	0.030	24.00~26.00	19.00~22.00	—	—	75(515)	30(205)	30	50	—			
F316	高温用合金钢（奥氏体钢）	≤0.08	≤1.00	≤2.00	0.045	0.030	16.00~18.00	10.00~14.00	2.00~3.00	—	75(515)	30(205)	30	50	—			06Cr19Ni12Mo2（GB）
F316H	高温用合金钢（奥氏体钢）	0.04~0.10	≤1.00	≤2.00	0.045	0.030	16.00~18.00	10.00~14.00	2.00~3.00	—	75(515)	30(205)	30	50	—			
F316L	高温用合金钢（奥氏体钢）	≤0.030	≤1.00	≤2.00	0.045	0.030	16.00~18.00	10.00~15.00	2.00~3.00	—	70(485)	25(170)	30	50	—			022Cr17Ni14Mo2（GB）
F321	高温用合金钢（奥氏体钢）	≤0.08	≤1.00	≤2.00	0.045	0.030	17.00~19.00	9.00~12.00	—	—	75(515)	30(205)	30	50	—			06Cr19Ni10（GB）
F321H	高温用合金钢（奥氏体钢）	0.04~0.10	≤1.00	≤2.00	0.045	0.030	17.00~19.00	9.00~12.00	—	—	75(515)	30(205)	30	50	—			
F347	高温用合金钢	≤0.08	≤1.00	≤2.00	0.045	0.030	17.00~20.00	9.00~13.00	—	—	75(515)	30(205)	30	50	—			12Cr18Ni11Nb（GB）
F347H	高温用合金钢	0.04~0.10	≤1.00	≤2.00	0.045	0.030	17.00~20.00	9.00~13.00	—	—	75(515)	30(205)	30	50	—			
F348	高温用合金钢	≤0.08	≤1.00	≤2.00	0.045	0.030	17.00~20.00	9.00~13.00	—	—	75(515)	30(205)	30	50	—			
F348H	高温用合金钢	0.04~0.10	≤1.00	≤2.00	0.045	0.030	17.00~20.00	9.00~13.00	—	—	75(515)	30(205)	30	50	—			

表 4-18 美国 ASTM A276/A276M 的化学成分及力学性能

钢号	名称	化学成分/%									力学性能（不小于）				相应国内牌号
		C	Si	Mn	P≤	S≤	Cr	Ni	Mo	其他	R_m kis(MPa)	R_{eL} kis(MPa)	A/%	Z/%	
ASTM A276/A276M 304	不锈、耐热钢棒、型材	≤0.08	≤1.00	≤2.00	0.045	0.030	18.00~20.00	8.00~11.00	—	—	75(515)	30(205)	40	50	06Cr19Ni10(GB)
304L	不锈、耐热钢棒、型材	≤0.03	≤1.00	≤2.00	0.045	0.030	18.00~20.00	8.00~12.00	—	—	75(515)	30(205)	40	50	022Cr19Ni10(GB)
310	不锈、耐热钢棒、型材	≤0.25	≤1.50	≤2.00	0.045	0.030	24.00~26.00	19.00~22.00	—	—	75(515)	30(205)	40	50	
316	不锈、耐热钢棒、型材	≤0.08	≤1.00	≤2.00	0.045	0.030	16.00~18.00	10.00~14.00	2.00~3.00	—	75(515)	30(205)	40	50	06Cr17Ni12Mo2(GB)
316L	不锈、耐热钢棒、型材	≤0.03	≤1.00	≤2.00	0.045	0.030	16.00~18.00	10.00~14.00	2.00~3.00	—	75(515)	30(205)	40	50	022Cr17Ni14Mo2(GB)
321	不锈、耐热钢棒、型材	≤0.08	≤1.00	≤2.00	0.045	0.030	17.00~19.00	9.00~12.00	—	Ti≥5×C	75(515)	30(205)	40	50	06Cr19Ni10Ti(GB)
347	不锈、耐热钢棒、型材	≤0.08	≤1.00	≤2.00	0.045	0.030	17.00~19.00	9.00~12.00	—	Nb-Ta≥10×C	75(515)	30(205)	40	50	06Cr18Ni11Nb(GB)
403	不锈、耐热钢棒、型材	≤0.15	≤0.50	≤1.00	0.040	0.030	11.50~13.00	—	—	—	100(690)	80(550)	15	45	12Cr13(GB)
410	不锈、耐热钢棒、型材	0.08~0.15	≤1.00	≤1.00	0.040	0.030	11.50~13.50	—	—	—	100(690)	80(550)	15	45	12Cr13(GB)
420	不锈、耐热钢棒、型材	0.15 最低	≤1.00	≤1.00	0.040	0.030	12.00~14.00	—	—	—					20Cr13(GB)
430	不锈、耐热钢棒、型材	≤0.12	≤1.00	≤1.00	0.040	0.030	16.00~18.00	—	—	—					12Cr17(GB)
440C	不锈、耐热钢棒、型材	0.95~1.20	≤1.00	≤1.00	0.040	0.030	16.00~18.00	—	0.75	—					9Cr18(GB)

表4-19 美国 ASTM A296/A296M 的化学成分及力学性能

钢号 ASTM A296/A296M	名称	化学成分/%									力学性能(不小于)				相应国内牌号
		C	Si	Mn	P≤	S≤	Cr	Ni	Mo	其他	R_m kis(MPa)	R_{eL} kis(MPa)	A/%	Z/%	
CF8	一般用铁-铬-镍、镍基耐蚀铸钢	≤0.08	≤2.00	≤1.50	0.04	0.04	18.0~21.0	8.00~11.0	—	—	65(450)	28(195)	35		ZG0Cr18Ni9
CF20	一般用铁-铬-镍、镍基耐蚀铸钢	≤0.20	≤2.00	≤1.50	0.04	0.04	18.0~21.0	8.00~11.0	—	—	70(485)	30(205)	30		
CF8M	一般用铁-铬-镍、镍基耐蚀铸钢	≤0.08	≤2.00	≤1.50	0.04	0.04	18.0~21.0	9.00~12.0	2.0~3.0	—	70(485)	30(205)	30		ZG0Cr18Ni12Mo2Ti
CF8C	一般用铁-铬-镍、镍基耐蚀铸钢	≤0.08	≤2.00	≤1.50	0.04	0.04	18.0~21.0	9.00~12.0	—	—	70(485)	30(205)	30		
CH20	一般用铁-铬-镍、镍基耐蚀铸钢	≤0.20	≤2.00	≤1.50	0.04	0.04	22.0~26.0	12.0~15.0	—	—	70(485)	30(205)	30		
CK20	一般用铁-铬-镍、镍基耐蚀铸钢	≤0.20	≤2.00	≤2.00	0.04	0.04	23.0~27.0	19.0~22.0	—	—	65(450)	28(195)	30		
CA15	一般用铁-铬-镍、镍基耐蚀铸钢	≤0.15	≤1.50	≤1.00	0.04	0.04	11.5~14.0	≤1.00	≤0.5	—	90(620)	65(450)	18	30	ZG1Cr13
CA40	一般用铁-铬-镍、镍基耐蚀铸钢	0.20~0.40	≤1.50	≤1.00	0.04	0.04	11.5~14.0	≤1.00	≤0.5	—	100(690)	70(485)	15	25	ZG2Cr13
CF3	一般用铁-铬-镍、镍基耐蚀铸钢	≤0.03	≤2.00	≤1.50	0.04	0.04	17.0~21.0	8.0~12.0	—	—	65(450)	28(195)	35		ZG00Cr18Ni10
CF3M	一般用铁-铬-镍、镍基耐蚀铸钢	≤0.03	≤1.50	≤1.50	0.04	0.04	17.0~21.0	9.0~13.0	2.0~3.0	—	70(485)	30(205)	35		ZG00Cr17Ni14Mo2
M35	一般用铁-铬-镍、镍基耐蚀铸钢(蒙乃尔)	≤0.35	≤2.00	≤1.50	0.03	0.03	—	余量	—	Cu26.0~33.0 Fe3.50	65(450)	30(205)	25		

表 4-20 美国 ASTM A351/A351M 的化学成分及力学性能

钢种	化学成分/%									力学性能				中国牌号
	C	Mn	Si	P	S	Ni	Cr	Mo	Nb	R_m.min MPa(lbf/in²)	R_{eL}.min MPa(lbf/in²)	A,min %	Z,min %	
CA15	0.15	1.00	1.50	0.04	0.04	1.00	11.5~14.0	0.50	—	620(90000)	450(65000)	18	30	
CF3, CF3A	0.03	1.50	2.00	0.04	0.04	8~12	17.0~21.0	0.50	—	CF3A:530(77000) CF3:485(70000)	CF3A:240(35000) CF3:205(30000)	35	—	ZG00Cr18Ni10
CF8, CF8A	0.08	1.50	2.00	0.04	0.04	8~11	18.0~21.0	0.50	—	CF8:485(70000) CF8A:530(77000)	CF8:205(30000) CF8A:240(35000)	35	—	ZG0Cr18Ni9
CF3M	0.03	1.50	1.50	0.04	0.04	9~13	17.0~21.0	2.0~3.0	—	485(70000)	205(30000)	30	—	ZG00Cr17Ni14Mo2
CF8M	0.08	1.50	1.50	0.04	0.04	9~12	18.0~21.0	2.0~3.0	—	485(70000)	205(30000)	30	—	ZG0Cr18Ni12Mo2Ti
CF8C	0.08	2.00	2.00	0.04	0.04	9~12	18.0~21.0	0.50	Nb8×C(%) 1以下	485(70000)	205(30000)	30	—	
CH8	0.08	1.50	1.50	0.04	0.04	12~15	22.0~26.0	0.50		450(65000)	190(28000)	30	—	
CH10	0.04~0.10	1.50	2.00	0.04	0.04	12~15	22.0~26.0	0.50		485(70000)	205(30000)	30	—	
CH20	0.04~0.20	1.50	2.00	0.04	0.04	12~15	22.0~26.0	0.50		485(70000)	205(30000)	30	—	
CK20	0.04~0.20	1.50	1.75	0.04	0.04	19~22	23.0~27.0	0.50		450(65000)	205(30000)	30	—	
HK30	0.25~0.35	1.50	1.75	0.04	0.04	19~22	23.0~27.0	0.50		450(65000)	240(35000)	10	—	
HK40	0.35~0.45	1.50	1.75	0.04	0.04	19~22	23.0~27.0	0.50		430(6200)	240(35000)	10	—	

表 4-20(续)

钢种	化学成分/%									力学性能				中国牌号
	C	Mn	Si	P	S	Ni	Cr	Mo	Nb	R_{m},min MPa(lbf/in²)	R_{eL},min MPa(lbf/in²)	A,min %	Z,min %	
HT30	0.25~0.35	2.00	2.50	0.04	0.04	33~37	13.0~17.0	0.50	—	450(65000)	195(28000)	15	—	
CF10MC	0.10	1.50	1.50	0.04	0.04	13~16	15.0~18.0	1.75~2.25	Nb10×C(%) 1.20以下	485(70000)	205(30000)	20	—	
CN7M	0.07	1.50	1.50	0.04	0.04	27.5~30.5	19.0~22.0	2.0~3.0	Cu3~4	425(6200)	170(25000)	35	—	

表 4-21　美国 ASTM A352/A352M 的化学成分及力学性能

钢种	代号	化学成分/%							力学性能				
		C max	Mn max	Si max	P max	S max	Ni	Mo	R_{m},min MPa(lbf/in²)	R_{eL},min MPa(lbf/in)	A %	Z %	−45℃(−50°F)下冲击 J(lbf·ft)
碳锰钢	LCC	0.25	1.20	0.60	0.04	0.045	0.50	0.20	485~655 (7000~95000)	275(40000)	22.0	35	20(15)
C-Mo	LC1	0.25	0.50~0.80	0.60	0.04	0.045	—	0.45~0.65	450~620 (65000~90000)	240(35000)	24.0	35	18(13)
2Ni	LC2	0.25	0.50~0.80	0.60	0.04	0.045	2.0~3.0	—	485~655 (70000~95000)	275(40000)	24.0	35	20(15)
3.5Ni	LC3	0.15	0.50~0.80	0.60	0.04	0.045	3.0~4.0	—	485~655 (70000~95000)	275(40000)	24.0	35	20(15)

4-46 阀门行业对阀门的手轮材料和阀杆材料有什么要求？

阀门行业对阀门的手轮材料和阀杆材料的要求见表4-22。

表 4-22 阀门手轮和阀杆材料

阀类	手轮材料		阀杆材料		适用介质
	名称	牌号	名称	牌号	
灰铸铁制阀门	可锻铸铁球墨铸铁	KTH 330-08 KTH 350-10 QT 400-15 QT 450-10	铬不锈钢铝青铜锰黄铜	12Cr13、20Cr13、30Cr13 QAl9-2 QAl9-4 HMn58-2	适用于公称压力≤PN10；温度为−10 ℃～200 ℃的水、蒸汽、空气、煤气及油类
可锻铸铁制阀门	可锻铸铁球墨铸铁	KTH 330-08 KTH 350-10 QT 400-15 QT 450-10	铬不锈钢铝青铜锰黄铜	12Cr13、20Cr13 30Cr13、 QAl9-2 QAl9-4 HMn58-2	适用于公称压力≤PN25，温度为−30 ℃～300 ℃的水、蒸汽、空气及油类
球墨铸铁制阀门	可锻铸铁球墨铸铁	KTH 330-08 KTH 350-10 QT 400-15 QT 450-10	铬不锈钢铝青铜锰黄铜	12Cr13、20Cr13 30Cr13 QAl9-2 QAl9-4 HMn58-2	适用于公称压力≤PN40，温度为−30℃～350℃的水、蒸汽、空气及油类
铜合金制阀门	可锻铸铁球墨铸铁	KTH330-08 KTH350-10 QT400-15 QT450-10	不锈钢铝青铜	12Cr13、20Cr13 30Cr13 12Cr18Ni9， 12Cr18Ni9Ti QAl9-2 QAl9-4	适用于公称压力≤PN25的水、海水、氧气、空气、油类以及温度为−40℃～250℃的蒸汽
碳素钢制阀门	可锻铸铁球墨铸铁碳钢	KTH330-08 KTH350-10 QT400-15 QT450-10 Q235、WCC	铬不锈钢	12Cr13 20Cr13 30Cr13	适用于公称压力≤PN320，温度为−30 ℃～450 ℃的水、蒸汽、空气、氢气、氨、氮及石油产品
高温钢制阀门	可锻铸铁球墨铸铁碳钢	KTH330-08 KTH350-10 QT400-15 QT450-10 Q235、WCC	铬硅钼钢铬硅矾钢	4Cr9Si2 4Cr10Si2Mo 25Cr2MoV 25Cr2Mo1V	适用于公称压力≤PN160、温度小于或等于550 ℃的蒸汽及石油产品

表 4-22（续）

阀 类	手轮材料		阀杆材料		适用介质
	名 称	牌 号	名 称	牌 号	
低温钢制阀门	可锻铸铁 球墨铸铁 碳钢	KTH330-08 KTH350-10 QT400-15 QT450-10 Q235、WCC	铬镍钢 铬镍钛钢	12Cr17Ni2 12Cr18Ni9 12Cr18Ni9Ti	适用于公称压力≤PN63,温度高于或等于-196 ℃的乙烯、丙烯、液态天然气及液氮
不锈耐酸钢制阀门	可锻铸铁 球墨铸铁 碳钢	KTH330-08 KTH350-10 QT400-15 QT450-10 Q235、WCC	铬镍和铬镍钛钢 铬镍钼钛钢 铬锰钼氮钢	12Cr18Ni9 12Cr18Ni9Ti 12Cr17Ni12Mo2 12Cr17Ni12Mo3 06Cr17Mn13Mo2N	适用于公称压力≤PN63,温度低于或等于200 ℃的硝酸、醋酸

此外,中高压阀门不允许采用碳素钢材料制作阀杆,其原因是碳素钢材料阀杆在运输途中易撞碰弯曲、损坏,导致阀门的密封受损,寿命减短,甚至在使用过程中关、闭不灵,发生故障。

4-47 国际上对密封填料的材料和垫片的材料有什么特殊规定?

密封填料与垫片在整个密封领域里占有十分重要的地位,其作用是阻止被密封介质的泄漏。

现代工业中,由于具有高温、深冷、高压、高真空、易燃、易爆、强腐蚀性、放射性等高参数流体工程,而这些系统中任何部位的泄漏都会造成严重的危害。因此,要求密封填料及垫片的材料耐热、耐腐蚀、密封性好,同时在工作温度下具有一定的弹性、塑性以及足够的强度。而以石棉纤维为主体材料的密封填料、垫片,由于使用在水、蒸汽、油品的介质中时其具有较好的耐热、耐腐蚀性能和化学稳定性,且价格低廉,如在流体装置中广泛应用。但随着科学技术的日益发达,人们发现石棉材料对人体健康具有危害性,是致癌物质之一,这是世界卫生组织所确认的。作为流体密封制品的原材料,尤其是用于与食品有直接关系的密封部位,如食品、饮料、酒类等更是不可取的。因此,国际上特别是一些发达国家已经用法律的形式规定不准生产和使用以石棉为材质的密封制品,同时还选择、推荐了替代石棉纤维的主体材料为柔性石墨和无石棉材质的密封填料、垫片。这类填料、垫片不仅具有较强的化学稳定性、较好的压缩回弹性、良好的热传导与自润滑性能,而且耐高、低温,抗压强度可达 20 MPa 以上。按其技术性能及实际应用效果来看,是一类具有广阔发展前景的新型密封材料。它无论从实际取代效果、保护人体健康,还是经济效益等方面,都具有深远的意义。

4-48 通用阀门的弹簧和安全阀的弹簧常用什么牌号的材料？奥氏体不锈钢可否做弹簧材料？需经怎样的处理？

通用阀门和安全阀的弹簧常用材料为 65、50CrV、50CrVN、60Si2Mn、60Si2MnA。

高温阀门上用的弹簧材料为 30W4Cr2VA。

奥氏体不锈钢如 12Cr18Ni9、12Cr18Ni9Ti 可以作为弹簧材料，但当弹簧制作完成后，整体需经淬火处理。

4-49 抗氢裂纹试验(HIC)的试验要求是什么？

试验标准：NACE TM0284—2011《管道和压力容器钢的耐氢诱发裂纹的评估》。

试验溶液：NACE A 溶液。

试验温度：25 ℃±3 ℃。

试验持续时间：96 h。

试验频次：头 3 炉，以后每 10 炉一批。

验收标准：

最大裂纹长度比率　CLR≤5%

最大裂纹厚度比率　CTR≤1.5%

最大裂纹敏感性比率　CSR≤0.2%。

试验报告：试验报告中应注明试验前后溶液的 PH 值和 HIC 裂纹的照片以及试样的氢鼓泡数量和尺寸。

4-50 硫化氢环境抗环境断裂(SSC)的试验要求是什么？

试验标准：NACE TM0177—2005《硫化氢工况下金属抗硫化应力裂纹及应力腐蚀裂的实验》。

试验类型：按照 ISO 7539-2 标准采用四点弯曲试样。

试验溶液：NACE TM0177 A 溶液。

试验加载应力：≥80%AYS(实测屈服强度)。

试验温度：24 ℃±3 ℃。

试验频次：仅在制造工艺验证时。

试验持续时间：720 h。

验收标准：试件的受拉伸面在低倍显微镜下放大 10 倍检查，试件受拉伸面无可见 SSC 裂纹。

试验报告：试验报告中应注明试验前后溶液的 PH 值以及试样表面的氢鼓泡数量和尺寸。

第五章

阀 门 工 艺

5-1 何为机械制造工艺?

各种机械的制造方法和过程的总称为机械制造工艺。

5-2 何为工艺过程? 它包括几个部分?

工艺过程是指用机械加工方法直接改变毛坯的形状、尺寸和相对位置等,使之变为成品或半成品的那一部分生产过程。

工艺过程包括工序、安装、工位、工步四个部分。

① 工序:一个(或一组)工人在一台机床(或固定的工作地点)对一个或几个工件所连续完成的工艺过程的一部分。

② 安装:工件在机床上每装夹一次所完成的那部分工序。一道工序可以包括一次或几次安装。

③ 工位:工件装夹在回转夹具或回转工作台上,使工件在一次安装中先后处于几个不同的位置进行加工。此时,在一个位置上所完成的那部分工序。

④ 工步:工序可细分为工步。当加工表面、切削刀具和切削用量中的转速和进给量都保持不变时,所完成的一部分工序。一道工序包括一个或几个工步。

5-3 何为生产过程? 它是由哪两部分组成的?

阀门的生产过程是指由原材料或半成品到成品之间的各种劳动过程的总和。它包括:原材料或半成品的运输和保存、生产的准备工作、毛坯制造、机械加工、焊接、热处理、装配、试验、涂漆和包装等。

生产过程是由主要过程和辅助过程两部分组成的。由原材料变为成品直接有关的过程为主要过程(或称工艺过程),如毛坯制造、机械加工、热处理及装配等。辅助过程是与原材料改变为成品间接有关的过程,如运输、刃磨、编制工艺、设计与制造工装、计划与统计等。

5-4 阀门零件工艺规程编制的原则是什么?

由于编制工艺规程是实现产品优质、高效、低耗辩证统一的关键性技术准备工作,因此,编制阀门工艺规程就成为阀门制造厂生产技术准备工作中的一个重要环节。

编制阀门零件工艺规程应遵循如下原则:即,在一定的生产条件下,以最少的生产费用及最高的劳动生产率可靠地加工出合乎图纸要求的零件。

编制工艺规程时,首先应选择能够可靠地保证零件的加工质量的工艺方案。要尽可能地依靠采用新工艺和新技术,依靠机床设备和工艺装备,而较少依靠工人的技术来保证零件的质量,以减少废品和提高加工质量的稳定性。

在保证加工质量的前提下,应选择最经济的加工方案。一般来讲,高效率的加工方法是比较经济的,但也不能盲目地追求高效率。当生产批量很小时,选用昂贵的高效率机床和采用复杂的高效夹具在经济上并不合理。在这种情况下,选用普通万能机床和简单的工装反而会降低产品的成本。通常是以几个工艺方案进行经济性分析、对比的办法来选择经济上最合理的工艺方案。

编制的工艺规程还应保证工人具有良好的、安全的劳动条件。

5-5 阀门零件工艺规程编制的方法是什么?

阀门零件工艺规程编制的方法有:
① 进行零件的工艺分析;
② 确定工序的具体内容;
③ 填写工艺文件。

在编制工艺规程时,首先必须对零件的结构和技术要求进行分析,并结合工厂具体的生产条件和零件的生产类型来选择零件的毛坯种类、拟订各加工表面的加工方法和加工顺序及确定零件的装夹方法等。这些过程的总和在阀门生产厂里习惯称为零件的工艺分析。

进行工艺分析时,不仅要选择毛坯和制定工艺路线,以便于确定工序具体内容和填写工艺文件,而且要提出工艺分析单和工装设计任务书,以作为编制零件铸、锻、热处理及焊接工艺和编制材料消耗定额的依据并作为设计工装的依据。工艺分析是制订机械加工工艺规程的重要阶段,也是零件整个工艺准备工作中的首要环节。

经工艺分析后,零件的机械加工工艺路线已确定下来,这时就必须具体确定零件在每道工序中使用的机床、夹具、刀具和量具,确定各工序的加工尺寸及公差,以便填写工艺文件。

工艺文件是指导生产和进行生产准备工作的依据。阀门厂常用的工艺文件有五种:零件周转路线单、过程卡片、工艺卡片、工序卡片和工装综合明细表。

5-6 完整的工艺文件包括哪些内容?

完整的工艺文件应包括指导工人操作和用于生产、工艺管理的两大部分。有关标准对常用工艺文件的完整性作了规定(共57种工艺文件)。但各企业可根据产品生产性质,生产类型和产品的复杂程度及各自的工艺条件自行确定。

一般应有机械加工工艺过程卡片、机械加工工序卡片、工艺装备综合明细表(包括工具卡片)、产品材料工艺定额明细表。

注:根据产品质量控制及产品上等级创优,应强化质量保障,增作检验卡片、质量分析表、质量控制点等管理用工艺文件。

5-7　什么是夹紧？夹紧力原则是什么？

工件定位后将其固定,使其在加工过程中保持定位位置不变的操作,称为夹紧。

夹紧力原则主要概括为如下几点：

① 夹紧力不能破坏工件的初始定位,应垂直于工件主要定位基准面。

② 夹紧力尽可能小,不应使工件产生变形,但确保在加工中工件不得松动。

③ 夹紧机构应操作简单、省力。

④ 夹紧力方向尽可能与切削力方向一致。

5-8　何为工件的自由度？在工装设计时怎样限制它的自由度？

任何工件在直角坐标系中(三维空间)都可以沿 X、Y、Z 三轴方向移动和绕三轴转动,这称为工件的自由度(工件有六个自由度)。

为使工件占有完全确定的理想位置,就必须利用各种定位元件进行适当布置来限制工件的六个自由度。在工装设计时,要保证完全限制工件的六个自由度,并使所有工件定位后得到一致的位置,则必须使定位元件所限定工件自由度总数目刚好等于六个,且应相当于按 3、2、1 的数目分布在 3 个相互垂直的坐标平面上。这种限制自由度的工装设计原则称为六点定则,也是人们常说的六点定位原理。

5-9　什么是定位？什么是过定位？过定位有什么弊病？

确定工件在机床上或夹具中有正确位置的过程称为定位。

定位元件的总数多于支承点所能限制的自由度数,即相当于多个支承点重复限制同一个自由度的定位情况属过定位。

由于过定位违反了六点定则的定位,故所设计的夹具就不能保证工件的加工精度,从而影响产品的质量。

5-10　在零件加工过程中是不是所有的自由度都要限制？是怎样规定的？举例说明。

零件在机械加工过程中不是所有的自由度都要限制的,只限制有尺寸精度和位置精度要求的移动或转动就可以了。例如铣平面或刨平面,用三个定位支承点,限制沿 Z 轴的移动和限制沿 X 轴、Y 轴、Z 轴的转动就可以了。又如加工外圆柱面,在 X 轴用一个支撑点,限制沿 X 轴的移动；在 Y 轴上用二个支撑点,限制沿 Y 轴和 Z 轴的移动；另外限制沿 Y 轴和 Z 轴的转动就可以了。至于沿 X 轴的转动就不必限制了,因为沿 X 轴的转动不影响其加工精度。在制定阀门加工工艺时或设计阀门夹具时,要很好地掌握和运用这一定位原则。工件在机床上进行机械加工时,由于零件各异,定位方法也有许多种。要根据不同的零件和不同的加工要求精度选择不同的定位方法,来保证零件的精度要求,保证在加工过程中即不过位也不缺位。

5-11　什么是定位基准？定位基准是如何选择的？

在加工中用作定位的基准称定位基准。

定位基准的选择：

选择粗基准时应注意使加工表面对不加工表面具有一定的位置精度，并使各加工表面具有合理的加工余量。粗基准只能用一次。

在选择精基准时，为了避免基准不重合误差，应选择加工表面的设计基准作为定位基准（基准重合原则）。当零件上有几个相互位置精度要求较高的表面，而这些表面又不能在一次安装中加工出来时，为了保证其精度要求，在加工过程的各次安装中应采用同一个定位基准（基准统一原则）。此外，所选择的定位基准应便于工件的装夹与加工，并使夹具的结构简单。

5-12 什么是粗基准？粗基准的选择是怎样的？

工件在机械加工中第一道工序用未加工的毛坯表面做定位基准，这种定位表面称为粗基准。

粗基准的选择如下：

① 如果必须首先保证工件上加工表面与不加工表面之间的位置要求，应以不加工表面作为粗基准。如果在工件上有很多不需加工的表面，则应以其中与加工面的位置精度要求较高的表面作粗基准。

② 如果必须首先保证工件某重要表面的余量均匀，应选择该表面作粗基准。

③ 选作粗基准的表面，应平整，没有浇、冒口或飞边等缺陷，以便定位可靠。

④ 粗基准一般只能使用一次，特别是主要定位基准，以免产生较大的位置误差。

5-13 什么是精基准？精基准的选择是怎样的？

用工件的已加工表面做定位基准称精基准。

精基准的选择如下：

① 用工序基准作为精基准，实现"基准重合"，以免产生基准不重合误差。

② 当工件以某一组精基准定位可以较方便的加工其他各表面时，应尽可能在多数工序中采用此组精基准定位，实现"基准统一"，以减少工装设计制造费用、提高生产率、避免基准转换误差。

③ 当精加工或光整加工工序要求余量尽量小而均匀时，应选择加工表面本身作为精基准，即遵循"自为基准"原则。该加工表面与其他表面间的位置精度要求由先行工序保证。

④ 为了获得均匀的加工余量或较高的位置精度，可遵循互为基准、反复加工的原则。

5-14 在加工阀门零件时机床的选择原则是什么？

在加工阀门零件时机床的选择原则如下：

① 机床的规格尺寸应与加工的阀门零件的轮廓尺寸相适应。小型零件选用小机床；大型零件选用大机床，要避免"大马拉小车"的现象，做到设备的合理使用。加工阀体、阀盖等回转直径大、长度短的零件，应优先选择立式车床。即使采用普通车床，也应安排在床身短的机床上加工。此外，夹具的回转直径往往比工件的回转直径大，选择机床时应予以注意，否则可能出现夹具与床身干涉的情况。

② 机床的精度应与工序要求的精度相适应。阀体、阀盖、阀瓣等零件大多为铸、锻件，加工余量较大，粗加工时要选用精度低的机床。精加工密封面时，要求的几何形状精度高，应选用精度高的机床。不要使用精度高的机床来进行粗加工，否则将破坏机床的精度。

③ 机床的生产率要与工件的生产类型相适应。单件小批生产时可选用普通万能机床；大、中批生产时选用高效率的自动或半自动机床。

5-15　镗床和车床的区别是什么？CA6140 表示什么机床？

镗床和车床同是加工圆柱表面的机床。但车床是工件旋转，刀具直线运动进给加工内外圆柱表面的机床。镗床则是刀具旋转，工件作直线运动进给加工圆柱表面（多是内孔）。

CA6140 表示普通卧式车床，其最大车削直径为 400 mm。

5-16　在加工阀门零件时，工装的选择原则是什么？

在加工阀门零件时，工装的选择原则如下：

① 单件小批生产时，在保证加工精度要求的前提下要尽量选用机床备有的通用夹具（如卡盘、虎钳、回转台等）或组合夹具。

② 要尽量采用标准刀具，只有在不能使用标准刀具和为了提高生产率时才使用专用刀具。

③ 量具的精度应与加工精度相适应。在单件小批生产时应采用游标卡尺、千分尺等通用量具；在大批大量生产中，可使用极限量规和一些高效率的专用量具。

5-17　切削用量三要素是什么？它们怎样选择？

切削用量三要素是指切削深度、进给量和切削速度。

① 切削深度的选择：切削深度 a_p 应根据加工余量确定。粗加工时，除留下精加工的余量外，应尽可能一次走刀切除全部粗加工余量。这样不仅能在保证一定耐用度的前提下使切削深度、进给量 f、切削速度 v 的乘积大，而且可以减少走刀次数。在中等功率的机床上，粗车时切削深度可达 8 mm～10 mm；半精车时，切削深度可取为 0.5 mm～2mm；精车时，切削深度可取为 0.1 mm～0.4 mm。

在加工余量过大或工艺系统刚度不足或刀片强度不足等情况下，应分成两次以上走刀。这时，应将第一次走刀的切削深度取大些，可占全部余量的 2/3～3/4；而使第二次走刀的切削深度小些，以使精加工工序获得较小的表面粗糙度参数值及较高的加工精度。

切削零件表层有硬皮的铸、锻件或不锈钢等冷硬较严重的材料时，应使切削深度超过硬皮或冷硬层，以避免使切削刃在硬皮或冷硬层上切削。

② 进给量的选择：切削深度选定之后，应进一步尽量选择较大的进给量。进给量其合理数值的选择应保证机床、刀具不致因切削力太大而损坏；切削力所造成的工件挠度不致超出工件精度允许的数值；表面粗糙度参数值不致太大。粗加工时，限制进给量的主要是切削力；半精加工和精加工时，限制进给量的主要是表面粗糙度。

③ 切削速度的选择：当切削深度 a_p 与进给量 f 选定后，在此基础上再选最大的切削速度 v，切削速度的计算式为：

$$v = \frac{C_{\text{r}}}{T^{\text{m}} \cdot f^{y_{\text{v}}} a_{\text{p}}^{x_{\text{v}}}} \, (\text{m/min})$$

式中：T 为耐用度，系数 C_{r} 及指数 m、y_{v}、x_{v} 随切削条件而变。

5-18 切削力是怎样产生的？影响切削力的因素是什么？

切削力产生的因素有两个方面：一是切屑形成过程中弹性变形及塑性变形产生的抗力；二是刀具与切屑及工件表面之间的摩擦阻力。克服这两方面的力就构成了切削合力，它作用于前刀面和后刀面上（对于锐利的刀具及正常磨损的刀具，作用在后刀面上的力所占的比例很小，作用在前刀面上的切削力是主要的）。

影响切削力的因素是材料的硬度、韧性、切削用量、刀具的几何角度和切削时的润滑冷却等条件。

5-19 什么刀具切削部分的材料适宜加工脆性材料？什么刀具切削部分的材料适宜加工塑性材料？

在硬质合金中，当碳化物含量较高、粘结剂含量较低时，其硬度较高，抗弯强度较低；反之，当碳化物含量较低、粘结剂含量较高时，其硬度较低，抗弯强度较高。

由碳化物（WC）和粘结剂钴（Co）组成的钨钴类硬质合金，由于其硬度约为 89HRA～91HRA，耐热性为 800 ℃～900 ℃，与钨钛钴类硬质合金比较，硬度和耐热性较低，但抗弯强度、冲击韧性和导热性较高，故适宜用来加工脆性材料。钨钴类硬质合金常用的牌号为 YG3、YG3X、YG8、YG6、YG8C（牌号中的 Y 字表示硬质合金，G 表示钴，G 后面的数字表示含钴量，X 表示细晶粒，C 表示粗晶粒）。

由碳化钨和粘结剂钴加入钛（TiC）组成的钨钛钴硬质合金，由于加入钛的作用，提高了合金的硬度、耐热性、粘结温度及抗氧化能力，降低了合金的抗弯强度及韧性，故而适宜用来加工塑性材料。钨钛钴硬质合金常用的牌号为 YT30、YT15（牌号中 T 后面的数字即代表 TiC 的含量）。

5-20 什么是对刀？什么是走刀？

调整刀具切削刃相对工件或夹具的正确位置的过程称为对刀。

刀具对工件加工表面每次切削为一次走刀（它区别于工步，指同一加工表面）由于余量大，多次切削。

5-21 阀门制造工艺的特点是什么？

与其他机械制造工艺相比，阀门制造工艺有以下特点：

① 阀门毛坯的制造工艺及检验工艺比较复杂。阀门的铸件毛坯是结构较复杂的薄壁壳体件。铸件要求表面光洁、铸字清晰，特别是要有致密的组织，并不允许出现气孔、缩孔、裂纹、夹砂等缺陷。为了满足上述要求，铸造时需采取一系列工艺措施，如选用高耐火度的造型材料并控制型砂水份、造型时应分层打实以保证砂型硬度、采用合理的浇冒口系统及严格控制浇注速度和温度等。由于技术要求较高，阀门毛坯的铸造工艺远较一般铸件复杂。

此外,阀门毛坯除检查尺寸、位置精度及外观外,有的还要作金相组织、力学性能、耐腐蚀性能及无损探伤等多种检验,故阀门的检验工艺也较复杂。

② 机械加工难度大。由于阀门材料的种类繁多,除各种铸铁、碳素钢外,其大部分高强、耐蚀和高硬材料的切削性能都很差,很难使零件达到规定的加工精度和表面粗糙度。而阀门密封面的几何形状精度和表面粗糙度的要求很高,因此更增加了阀门机械加工的难度。

同时,阀门材料的切削性能差,又给零件的加工方法、刀具角度和几何形状、刀具材料、切削用量、工艺装备等方面带来了很多新的问题。

③ 阀门零件在机床上安装比较困难。阀门主要零件的结构、形状比较复杂,有些零件属薄壁、细长件,刚性差。在机床上加工时,定位和装夹都比较困难,因此往往需要复杂的专用夹具。

有的阀门零件,定位基面的精度较低和表面粗糙度较高,有时甚至采用非加工表面定位。而被加工的密封面等部位的精度和表面粗糙度要求都很高,故很难保证加工质量。因此,为满足工艺上的需要,往往须提高定位基面的精度和降低表面粗糙度,或在非加工表面上加工出定位基面,这就增加了阀门制造工艺的复杂性。

5-22　阀门制造工艺对阀门设计提出的工艺性要求是什么?

由于阀门制造过程中的工艺性问题是产品设计工作的重要内容之一,故阀门制造工艺必须要对阀门设计提出一些工艺性的要求。主要的工艺性要求如下:

(1) 铸件

① 应根据不同材料的特性考虑合理的结构。例如,由于可锻铸铁件的体积收缩大和需要韧化热处理,因此铸件尺寸和厚度应尽量小;而不锈钢铸件的流动性差,设计选用的厚度应适当加大,形状要尽量简单。

② 壁厚应尽量均匀,节点处应有圆弧和必要的斜度保证圆滑过渡,并应尽量避免金属过多地积聚,免得产生缩孔、疏松、裂纹等缺陷。

③ 阀体底部的空刀不应过窄、过深,为了使砂芯有一定的强度,空刀圆弧半径尽量不小于 6 mm(按阀门通径决定),以免浇注时冲碎芯砂给加工造成困难。

④ 确定阀体最小壁厚时,不仅要根据强度和刚度计算,还要考虑制造厂的铸造条件和铸造方法,做到质量好、重量轻、省材料。

⑤ 必须考虑起模方便。

(2) 锻件

① 锻件形状应尽量简单,对于批量大的零件应该采用模锻件。

② 应有适当的拔模斜度,并尽量避免锐角、锐边。

(3) 热处理

① 对热处理的要求应根据材料的特性合理选择,如硬度和力学性能的高低等并规定一个合理的范围。

② 对热处理过程中容易产生变形的零件应适当增强零件的刚性。

(4) 堆焊、机械加工和装配

① 堆焊件应考虑基件与堆焊材料的可焊性，以免产生裂纹等缺陷；同时，还应选择适当的毛坯尺寸。

② 要有定位基准，便于装夹、加工。

③ 要便于测量，并尽可能使设计基准和加工的测量基准一致。

④ 设计时要为选用标准刀具、标准工夹具、标准量具创造条件，以减少自制的工艺装备。

⑤ 便于研磨和装配。

5-23　阀门企业常用的工艺文件的种类和用途是什么？

阀门企业常用的工艺文件有五种：零件周转路线单、过程卡片、工艺卡片、工序卡片和工装综合明细表。

① 零件周转路线单：零件周转路线单是编制生产作业计划和组织生产的依据。它反映一种产品的所有自制零件从毛坯到加工完成所经过的路线（包括毛坯制造、热处理、检验、机械加工、工序外协等），并反映产品的外协零件和外购零件。无论生产规模的大小，所有的阀门产品均需填写零件周转路线单。

② 过程卡片：过程卡片是制定工序卡片的基础，也是帮助车间管理人员掌握零件加工过程的主要文件。它列出了零件机械加工所经过的路线，并注明毛坯种类、机械加工各工序（包括中间热处理等工序）的工序内容、每一工序使用的设备及工装等。在单件或小批生产时，过程卡片则用来指导工人进行生产。

③ 工艺卡片：工艺卡片主要用来指导工人进行生产。工艺卡片中详细地说明了各道工序的具体内容和要求，并注明了零件的工艺特性（材料、重量、加工表面及其精度和粗糙度要求等）。为了便于说明工序的具体内容，在工艺卡片上附有零件草图，并将各加工表面编注加工表面号。成批生产时，对重要的零件需编制工艺卡片。

④ 工序卡片：工序卡片是用来具体指导工人进行生产的一种工艺文件，它是根据过程卡片对零件每个工序制定的。工序卡片中详细记载了该工序加工时所需的资料，如安装方法、工序尺寸及公差、切削用量、设备、夹具、量具、刀具、辅具等。工序卡片上一般均绘有加工草图，并标明零件的定位面和加工表面。在大批量生产中，零件除编制过程卡片外，尚需编制工序卡片。

⑤ 工装综合明细表：工装综合明细表是生产准备工作的重要依据之一。它列出了一种阀门产品所有自制零件加工时所需的全部工装，包括专用工具、通用及标准工具、外购工具等。工具准备人员根据工装综合明细表提出外购工具计划、专用工装制作计划以及查核库存通用及标准工装。每种阀门产品均需编制工装综合明细表。

5-24　阀门毛坯的选择原则是什么？

机械加工常用的毛坯有铸件、锻件、型材及焊接件。不同的毛坯种类以及毛坯的精度、粗糙度和硬度等对机械加工工艺过程有着直接的影响。

选择阀门毛坯时应考虑如下的一些因素：

① 零件的材料及对材料的组织和性能要求。设计图上规定的零件材料，大体上就决定

了毛坯的种类。例如,零件材料为铸铁就必须用铸造方法来制造毛坯。对于钢制零件,在选择毛坯时应考虑对材料的力学性能要求。例如,制造高压阀门的零件一般应尽量选用锻件或焊接件,以保证材料具有良好的力学性能。

② 零件的结构形状和外形尺寸。零件的结构形状是影响毛坯选择的重要因素,例如,结构形状复杂的阀体可选用铸件。尺寸大的阀体可选用砂型铸造;尺寸小的则采用熔模铸造。

③ 生产纲领的大小。零件的生产纲领愈大,采用高精度和高效率的毛坯制造方法经济效果愈好。

④ 毛坯制造的条件。应根据现场的设备状况和工艺水平来选择毛坯,并考虑到发展前景而逐步采用先进的毛坯制造方法。

5-25 阀门零件分为几大类? 它的结构特点是什么? 主要加工表面及工艺问题是什么?

"类"是由那些主要的工艺问题具有共同特性的零件的组合,零件的几何形状和其所决定的工艺的特征是零件分类的原则。阀门零件的分类,只是阀门零件粗略的组合。

根据零件分类的原则,阀门零件可以分为以下八类:阀体类、阀盖类、阀瓣类、盘类、轴类、套类、柄杆类和其他零件类。

阀门零件的结构特点、主要加工表面及工艺问题等见表 5-1。

表 5-1 阀门零件结构特点、主要加工表面及工艺问题

类　别	结　构　特　点	主要加工表面及工艺问题	几　何　形　状
阀体类	为薄壁壳体零件,结构形状比较复杂。一般呈管状,并多为三通。通道端部有法兰或螺纹,内腔有阀座孔或密封面,其加工表面大部为旋转表面	通道端部的法兰外圆、端面或外螺纹、内腔的圆柱孔、端面或锥面。三端法兰或螺纹的相互位置精度;阀座孔或密封面的位置精度	
阀盖类	多为旋转体零件。下端有法兰或螺纹与阀体连接,中部有通孔及填料孔。小尺寸的阀盖上部有框梁,并有与螺杆螺母相连接的螺纹孔	法兰外圆、端面或螺纹孔,圆柱孔。螺纹孔、填料孔与下端法兰(或内螺纹)的同轴度要求	
阀瓣类	旋转体零件。下端有密封面,上端有圆柱孔(盲孔)及螺纹孔与阀杆连接	外圆柱面、端面或圆锥面,圆柱孔及螺纹孔。密封面与圆柱孔、螺纹孔的位置精度	

表 5-1(续)

类　别	结　构　特　点	主要加工表面及工艺问题	几　　何　　形　　状
盘　类	旋转体零件,刚性较好,其厚度小于直径。有的端面为密封面,有的中部有圆柱孔或螺纹孔	端面、外圆柱面、圆柱孔或螺纹孔。 两端面的相互位置精度	
轴　类	旋转体零件,长度大于直径。有圆柱面或外螺纹。有的带有密封锥面	外圆柱面、外螺纹、圆锥面。 各旋转表面的同轴度	
套　类	具有内、外旋转表面的薄壁零件。零件长度通常大于其直径	外圆柱面或外螺纹,圆柱孔或螺纹孔。 内、外旋转表面的同轴度	
柄杆类	多为细长杆,刚性较差。杆上有 1～2 个圆柱孔或四方孔,与阀杆或阀瓣连接	圆柱孔或四方孔、端面。 两个圆柱孔的相互位置精度	
其他零件类	结构较复杂,形状比较特殊。除球体外,精度要求不高		

5-26　阀体的常用材料有哪几种? 如何进行热处理?

阀体的材料种类繁多,适用于各种不同的工况。

阀体的常用材料有如下九种。

① 灰铸铁,适用于工作温度在－15 ℃～200 ℃之间,公称压力≤PN16 的低压阀门。

② 黑心可锻铸铁,适用于工作温度在－15 ℃～250 ℃之间,公称压力≤PN25 的中低压阀门。

③ 球墨铸铁,适用于工作温度在－29 ℃～350 ℃之间,公称压力≤PN40 的中低压阀门。

④ 碳素钢(WCA,WCB,WCC),适用于工作温度在－29 ℃～425 ℃之间的中高压阀门,其中 16Mn、30Mn 工作温度为－29 ℃～450 ℃之间,常用来代替 ASTM A105。

⑤ 低温碳钢(LCB),适用于工作温度在－46 ℃～345 ℃之间的低温阀门。

⑥ 合金钢(WC6、WC9),适用于工作温度在－29 ℃～595 ℃之间的非腐蚀性介质的高温高压阀门;C5、C12 适用于工作温度在－29 ℃～650 ℃之间的腐蚀性介质的高温高压阀门。

⑦ 奥氏体不锈钢,适用于工作温度为－196 ℃～600 ℃的腐蚀性介质的阀门。

⑧ 蒙乃尔合金,主要适用于含氢氟介质的阀门中。

⑨ 铸铜合金,主要适用于工作温度在－273 ℃～200 ℃之间的氧气管路用阀门中。

以上例举的是阀体常用材料中的大类,具体每类材料中,又有很多不同牌号,各种不同牌号又适用于各种不同的压力等级。因此,在选择阀门的阀体材料时,可根据不同的用途和不同的压力等级,确定适合于工况需要的阀体材料。

此外,阀体材料还有钛合金(钛阀);铝合金(铝阀);塑料(塑料阀);陶瓷(陶瓷阀)等等。

阀体毛坯的热处理工艺主要根据选用的材料、采用的毛坯状态和热处理后的技术要求。此外,还要考虑阀门的使用条件、热处理设备和工艺状况等因素。

阀体毛坯的热处理工艺按不同的材料分别介绍如下:

① 灰口铸铁的热处理。为了达到不同的目的,灰口铸铁在铸造后可以进行不同的热处理。阀门生产中对灰口铸铁阀体等零件在铸造后常选用的热处理工艺有:消除铸造应力的热时效和消除自由渗碳体的高温退火。热时效是必经的一道工序。高温退火只有在铸造时由于化学成分和铸造冷却速度控制不当,造成铸造后组织中存在初生渗碳体时才用它来代替热时效。

② 碳素铸钢的热处理。铸钢件在铸造后具有较大的铸造残留应力,有时铸钢件的组织粗大,甚至出现过热组织。这些都影响铸钢件的尺寸稳定性,降低钢的力学性能和不利于切削加工的进行。为了消除铸造应力、细化组织、提高机械性能和改善切削加工性等目的,阀门生产中对碳素钢阀体等零件在铸造后常选用退火或正火＋回火工艺。

③ 奥氏体型不锈耐酸钢的热处理。奥氏体型不锈耐酸钢的主要缺陷是容易产生晶间腐蚀,克服晶间腐蚀一般可采取对钢施以一定的热处理的防止措施。阀门生产中对奥氏体型不锈耐酸钢阀体等零件常选用的热处理工艺有:固溶处理(又称淬火)、稳定处理和深冷处理。

④ 马氏体型耐热钢的热处理。马氏体型耐热钢在铸造后要及时退火,防止产生裂纹并且退火保温时间要充足(一般为 4 h～8 h)。马氏体型耐热钢退火的目的在于消除应力,进行重结晶,细化晶粒,降低硬度,改善切削加工性能并为最终热处理做好组织准备。

马氏体型耐热钢最终热处理采用正火(相当于淬火)＋回火工艺。

⑤ 优质碳素钢的热处理。优质碳素钢的热处理以 35 号锻钢阀体为例,35 号钢阀体锻

造后要进行正火,而其最终热处理要根据阀门制造技术文件的规定执行,一般要进行调质处理。

5-27　热处理工序的安排是怎样的?

热处理工序的安排如下。

① 退火与正火:属于毛坯预备性热处理,应安排在机械加工之前进行。

② 时效:为了消除残余应力,对于尺寸大、结构复杂的铸件需在粗加工前、后各安排一次时效处理;对于一般铸件在铸造后或粗加工后安排一次时效处理;对于精度要求高的铸件,在半精加工前、后各安排一次时效处理;对于精度高、刚度差的零件,在粗车、粗磨、半精磨后各需安排一次时效处理。

③ 淬火:淬火后工件硬度提高且易变形,应安排在精加工阶段的磨削加工前进行。

④ 渗碳:渗碳易产生变形,应安排在精加工前进行。为控制渗碳层厚度,渗碳前需要安排精加工。

⑤ 氮化:一般安排在工艺过程的后部、该表面的最终加工之前,氮化处理前应调质。

5-28　什么是固溶处理?其工艺特点是什么?

固溶处理(又称淬火)是奥氏体型不锈耐酸钢的基本热处理方法。固溶处理是将钢加热到一定的温度,使钢中已析出的碳化铬溶于奥氏体中并保温一段时间;然后急冷,从而避免已溶解的碳化铬在冷却过程中重新析出,使钢获得过饱和奥氏体组织的工艺方法。所以,固溶处理是克服奥氏体型不锈耐酸钢产生晶间腐蚀倾向的重要手段。

固溶处理其工艺特点是:将工件加热至 A_{c3} 或 $A_{c1}+20℃\sim30℃$,保温一定时间而后快速冷却,获得均匀细小的马氏体组织或均匀细小马氏体和粒状渗碳体混合组织。

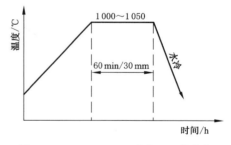

图 5-1　ZG1Cr18Ni9 固溶处理工艺曲线

在阀门生产中,ZG1Cr18Ni9 的固溶处理加热温度一般采用 1 000 ℃ ～ 1 050 ℃,图 5-1 是 ZG1Cr18Ni9 固溶处理工艺曲线。

5-29　什么是稳定处理?其工艺特点是什么?

为确保奥氏体型不锈耐酸钢无晶间腐蚀倾向,除了向钢中添加稳定元素(钛和铌等)外,还要向钢施以稳定处理。稳定处理是将钢加热到高于碳化铬的溶解温度,最好加热到稳定元素的碳化物(如碳化钛等)几乎全部析出的温度,并保温一段时间,然后空冷。稳定处理的目的是促进稳定元素的碳化物充分析出,从而发挥它们的稳定作用。

稳定处理其工艺特点是:将钢加热到高于碳化铬的溶解温度并保温一段时间,然后出炉空冷。

在阀门生产中，ZG1Cr18Ni9Ti 的稳定处理加热温度一般采用940 ℃～960 ℃，图 5-2 是 ZG1Cr18Ni9Ti稳定处理工艺曲线。

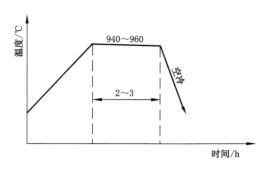

图 5-2　ZG1Cr18Ni9Ti 稳定处理工艺曲线

5-30　何为酸洗？何为钝化处理？其工艺配方是什么？

对于奥氏体类不锈钢，用 6%～8% 的 HCl 和 20%～30% HNO₃ 及 6%～7% 氰氟酸的混合液，在室温下浸泡 5 min～10 min，这一处理方法称作酸洗。对于奥氏体类不锈钢，用浓度为 60%～70% 的 HNO₃ 在室温下浸泡30 min～40 min，这一处理过程称钝化处理。但是经过酸洗和钝化处理过的奥氏体不锈钢铸件还必须经过清理工序。其方法为用 7%～10% 的酪酐加 2%～4% 的 H₂SO₄ 再加 2%～10% NaCl 的混合液，在室温下浸泡 7 min～10 min 后，再把零件取出用清水冲洗干净，这样酸洗和钝化处理工序才算完成。

5-31　加工铸铁件应选择何种牌号的刀具？加工奥氏体不锈钢应选择何种牌号的刀具。

加工铸铁件应选择 YG8、YG6、YG3 等钨钴（WC-Co）类硬质合金牌号的刀具。其中 YG8 有较高的抗弯强度（1.5 GPa），能承受较大的冲击负荷，适合于粗加工；而 YG3 则适用于精加工。

由于铸铁属脆性材料，切削时将产生崩碎切屑，对切削刃冲击较大。而钨钴类硬质合金的硬度约为 HRA89～91，耐性热为 800 ℃～900 ℃，其抗弯强度、冲击韧性和导热性都较高，故适用于加工铸铁件。

加工奥氏体不锈钢应选择 YW3、YW4、YG8W、YG532 等硬质合金牌号的刀具。其中，YW3 耐磨性及耐热性很高，抗冲击和抗振性能中等，韧性较好，适于精加工和半精加工，亦可在冲击小的情况下粗加工。YW4 则适于精加工。YG8W 耐磨性及容许的切削速度较 YG8 高，抗冲击和抗振性能良好，可粗车及断续切削。YG532 硬度高，韧性好，高温性能好，抗粘结，耐磨损，加工表面粗糙度参数值低，适于大件的粗、精加工。

5-32　简述铸钢楔式闸阀阀体的加工工艺过程和定位夹紧方法。

铸钢楔式闸阀阀体，其主要加工表面是旋转面，见图 5-3 所示。因此，除导向肋部位在插或刨床上加工外，其余表面均采用车削。

在批量生产中，铸钢楔式闸阀阀体可按下列两种工艺过程加工：

① 先加工端法兰，再以端法兰为精基准，依次加工中法兰、导向肋、密封面部位及法兰螺栓孔等。表 5-2 是铸钢楔式闸阀阀体典型工艺过程（1）。

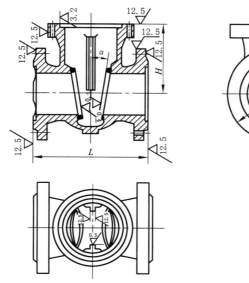
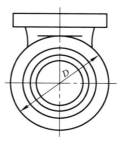

图 5-3 铸钢楔式闸阀阀体主要加工表面

表 5-2 铸钢楔式闸阀阀体典型工艺过程（1）

序号	工序名称	工 序 内 容	定 位 基 准	夹 紧 方 法
1	钳	以导轨中心为准，划出端法兰、中法兰的中心十字线及平面加工线		
2	车	车端法兰端面、外圆及倒角、子口	端法兰外圆	四爪夹盘找正夹紧
3	车	翻面，车另一端法兰端面、外圆及倒角、子口	端法兰子口端面及外圆	花盘、螺栓、压板
4	车	车中法兰端面、外圆、止口、背面及倒角	两端法兰外圆及一端法兰端面	压板压正，顶紧螺钉压牢
5	插或刨	插（刨）导向肋	两端法兰外圆和中法兰外圆（或端法兰端面和中法兰止口及端面）	压板压正，顶紧螺钉压牢
6	车	把工件安装在斜度盘上，对线压紧，车密封面	端法兰端面及外圆或止口	压板压正拧紧螺母
7	车	翻面，安装同上，车另一密封面	端法兰端面及外圆或止口	压板压正拧紧螺母
8	钻	钻中法兰螺栓孔	中法兰钻模对工件中心线	找正，压紧压板螺母

表 5-2(续)

序号	工序名称	工 序 内 容	定 位 基 准	夹 紧 方 法
9	钻	钻端法兰螺栓孔	端法兰钻模对工件中心线	找正,压紧压板螺母
10	钻	翻面,钻另一端法兰螺栓孔	端法兰钻模对工件中心线	找正,压紧压板螺母
11	钳	钳工去毛刺		
注 1:堆焊形成的密封面粗加工后堆焊,焊后进行精加工。 注 2:如为螺纹孔,则钻后机动攻螺纹。				

该工艺过程中,两密封面的角度主要由夹具来保证,此外,为保证密封面的对称性和档宽,需提高阀体全长的制造精度(一般提高到 IT7~IT8 级)以便控制半长尺寸。全档宽用专用档宽量具来控制。

这种工艺过程,其工艺装备比较简单,有利于夹具的标准化和通用化。但两密封面部位的加工需经过两次安装来完成。而两次安装所取的定位基准并不统一,因此易产生定位误差。而且,两端法兰平面不平行或磕碰划伤,也会影响两密封面角度的精度。所以,该种加工工艺应有相应的组织和工艺措施。

② 以阀体三颈部外锥面为粗基准,先加工中法兰,再以中法兰为精基准加工两端法兰、导向肋和密封面部位。法兰螺栓孔的加工,以端法兰为基准。表 5-3 是铸钢楔式闸阀阀体典型工艺过程(2)。

表 5-3　铸钢楔式闸阀阀体典型工艺过程(2)

序号	工序名称	工 序 内 容	定 位 基 准	夹 紧 方 法
1	车	中法兰端面、外圆、止口及倒角	三颈部外圆表面	专用工装
2	车	两端法兰端面、外圆及倒角	中法兰端面及止口	压板压正,拧紧螺母
3	刨或插	刨(插)导向肋	两端法兰外圆(或中法兰外圆端面)	压板压正,顶紧螺钉压牢
4	车	两密封面部位[1]	中法兰端面及止口	压板压正,拧紧螺母
5	钻	钻中法兰螺栓孔	中法兰钻模对工件中心线	找正,压紧压板螺母
6	钻	钻两端法兰螺栓孔	端法兰钻模对工件中心线	找正,压紧压板螺母
[1] 堆焊形成的密封面粗加工后堆焊,焊后进行精加工。				

该工艺两密封面的加工一般采用回转夹具在车床上进行。使用统一的定位基准,两密封面的加工在一次安装下完成,角度的精度由夹具保证。密封面的对称度和挡宽由机床挡铁配合半长卡板和专用挡宽量具来控制,但因回转夹具的结构比较复杂和笨重,这种工艺方案只适用于公称通径 DN100 以下阀体的加工。

5-33 简述铸钢楔式闸阀阀盖的典型工艺路线。

铸钢楔式闸阀阀盖,其主要加工表面是旋转面,见图 5-4 所示。因此,通常采用车削方法加工。

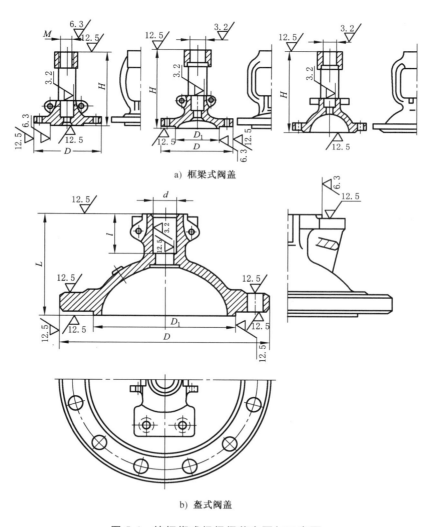

a) 框梁式阀盖

b) 盔式阀盖

图 5-4 铸钢楔式闸阀阀盖主要加工表面

在批量生产中,铸钢楔式闸阀阀盖可按下列两种结构型式的典型工艺过程加工。

① 框梁式铸钢阀盖,见图 5-4a)。先加工小端及内孔,然后以小端的内孔及法兰背面为定位基准,采用专用夹具安装来加工法兰等。表 5-4 是框梁式铸钢阀盖的典型工艺过程。

表 5-4　框梁式铸钢阀盖的典型工艺过程

序号	工序名称	工　序　内　容	定　位　基　准	夹　紧　方　法
1	粗车	粗车小端平面、内孔及法兰背面(内孔按 IT11 级精度加工)	法兰外圆表面	四爪夹持,找正夹紧
2	车	车法兰外圆、端面、钻孔、扩孔及车上密封锥面部位	小端内孔、法兰背面	压板压正,顶紧螺钉压牢
3	精车	精车小端各部	法兰端面及止口	花盘、螺栓、压板
4	钳	划法兰十字线,铰链螺钉槽及销轴孔线		
5	铣	铣铰链螺钉槽	法兰端面及止口	压板压正,顶紧螺钉压牢
6	钻	钻销轴孔		
7	钻	钻法兰螺栓孔	法兰螺栓钻模对工件中心线	找正,拧紧螺母

② 盔式铸钢阀盖,见图 5-4b)。先加工小法兰端面及内孔,然后以小法兰端面及内孔或外圆表面为定位基准,依次加工大法兰端面、小法兰各部位等。表 5-5 是盔式铸钢阀盖的典型工艺过程。

表 5-5　盔式铸钢阀盖典型工艺过程

序号	工序名称	工　序　内　容	定　位　基　准	夹　紧　方　法
1	粗车	粗车小法兰端面、钻孔、车内孔(或外圆)、大法兰背面	大法兰外圆表面	压板压正,拧紧螺母
2	车	车大法兰端面、外圆、倒角、钻孔、车内孔、倒角	小法兰端面及内孔或外圆表面	压板压正,拧紧螺母
3	车	精车小法兰各部至尺寸	大法兰端面及止口	压板压正,拧紧螺母
4	钳	划铰链螺钉槽,销轴孔及法兰十字线		
5	铣	铣铰链螺钉槽	大法兰端面及止口	压板压正,顶紧螺钉压牢
6	钻	钻销轴孔		
7	钻	钻小法兰螺栓孔	钻模	压板压正,拧紧螺母
8	钻	钻大法兰螺栓孔	钻模	压板压正,拧紧螺母

由于盔式阀盖的主要加工表面为旋转面,且大、小法兰的尺寸差较大,非加工的外表面呈球形或椭圆形,这对加工大法兰很不利,因此在加工时应采取相应措施。

5-34 加工不锈钢的"群钻"的特点是什么。

加工不锈钢的"群钻"见图 5-5 所示,其特点是:

① 磨出月牙槽,形成凹圆弧刃。由于加大了各点的主偏角而使前角增大,因此有利于对不锈钢进行切削。

② 月牙槽能起分屑作用,使不易卷曲的不锈钢切屑能较容易地切离和变形。

③ 月牙槽形成新的横刃,其高度有所降低并较锋利,而且槽刃尖部能起定心作用,使钻屑稳定。

④ 修磨横刃,形成内刃,缩短了横刃长度,从而减少了钻孔时的轴向力,使得钻削比较轻快。

加工不锈钢的"群钻"的有关尺寸见表 5-6 所示。

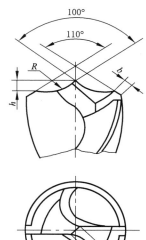

图 5-5 加工不锈钢的"群钻"

表 5-6 加工不锈钢的"群钻"的有关尺寸　　　　　　　　　　mm

钻头直径范围	圆弧半径 R	尖高 h	外刃宽度 b	横刃长度 l
3～5	0.5～0.75	0.4～0.5	0.8～1.0	0.4～0.6
>5～10	0.75～2.0	0.5～0.8	1.0～1.7	0.6～0.8
>10～15	2.0～3.0	0.8～1.0	1.7～2.5	0.8～1.0
>15～20	3.0～5.0	1.0	2.5～3.5	0.8～1.0
>20～25	5.0～6.0	1.0	3.5～4.5	1.0～1.2
>25～30	6.0～7.0	1.0～1.2	4.5～5.0	1.2～1.4
>30～35	7.0～8.0	1.2	5.0～6.0	1.2～1.4

5-35 简述铸钢楔式闸阀闸板的典型工艺路线。

铸钢楔式闸阀闸板是外缘带凸块的圆盘,两端面为对称于中心面的倾斜密封面,在其厚端凸出部位有与阀杆连接的 T 形槽或螺纹。为使闸板能在阀体中顺利的启、闭,在闸板外缘的两侧面上有导向槽或导向筋。楔式闸板分为弹性和非弹性的两大类,其主要加工表面见图 5-6 所示。

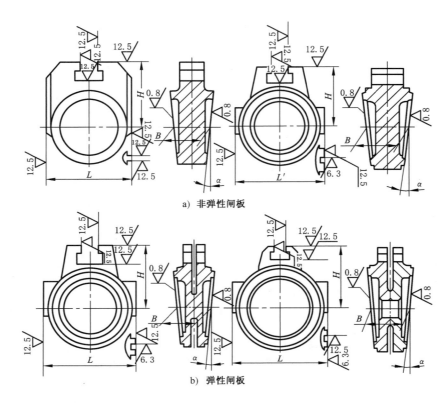

a) 非弹性闸板

b) 弹性闸板

图 5-6 铸钢楔式闸阀闸板主要加工表面

在批量生产中,铸钢楔式闸阀闸板可按如下典型工艺路线(见表 5-7)。先粗加工密封面部位,然后以它为定位基准加工 T 形槽、导向肋,最后精加工密封面。

表 5-7 铸钢楔式闸阀闸板的典型工艺过程

序号	工序名称	工 序 内 容	定 位 基 准
1	车	车一端堆焊基面及工艺止口	外缘面
2	车	车另一端堆焊基面	堆焊基面及工艺止口
3	钳	划导向槽及 T 形槽线	
4	铣	粗铣导向槽	堆焊基面及工艺止口
5	铣 (或插)	铣(插)T 形槽	堆焊基面及工艺止口
6		堆焊	
7		热处理	
8	车	车密封面(留磨量)	导向槽及 T 型槽端面
9	车	车另一密封面(留磨量)	密封面及内径

表 5-7(续)

序号	工序名称	工 序 内 容	定 位 基 准
10	铣	精铣导向槽	两密封面
11	磨（或车）	磨（精车）两密封面	密封面及内径

> 注 1：如用精铸毛坯，可省去划线、粗铣导向槽及铣 T 形槽工序，但在加工前需清除这些部位的毛刺。
>
> 注 2：此工艺一般适用于中等尺寸的闸板的加工。
>
> 注 3：大尺寸闸板堆焊后，车第一面密封面时一般按平面找平加工，导向槽无需分粗精两道工序。

该工艺过程中使用的夹具结构比较简单，适用性广。

5-36 简述旋启式止回阀摇杆的典型工艺路线。

摇杆是截面为长方形的细长杆，刚性较差。其主要加工表面为销轴孔、连接阀瓣孔及其垂直的几个端面，图 5-7 是旋启式止回阀摇杆的主要加工表面。

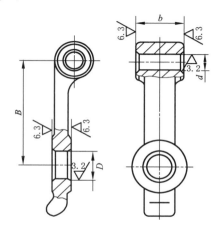

图 5-7 旋启式止回阀摇杆的主要加工表面

在批量生产中，旋启式止回阀摇杆可按下列典型工艺路线，见表 5-8。采用销轴孔端的圆柱凸台作为粗基准，先将销轴孔及一侧端面车好，然后的各道工序均以销轴孔及端面作为定位基准进行加工。

表 5-8 旋启式止回阀摇杆典型工艺过程

序号	工序名称	工 序 内 容	定 位 基 准
1	钳	划销轴孔、阀瓣孔中心线及端面线	
2	车	车端面及销轴孔至尺寸	销轴孔端部圆柱凸台
3	车	车另一端面、倒角	销轴孔及端面
4	车	车端面及阀瓣孔至尺寸	销轴孔及端面
5	车	车另一端面及倒角	销轴孔及端面

> 注：由于大尺寸的摇杆因回转直径较大，在车床上不便加工，一般在镗床上加工销轴孔及阀瓣孔，端面采用铣削或刨削。其装夹和定位方法与摇杆的典型工艺过程基本相同。

5-37 简述铸钢楔式闸阀支架的典型工艺路线。

支架是用来支承阀杆,电动、气动等阀门的驱动装置也用它来支承。支架上端的圆柱孔与阀杆螺母相接合,下端面与阀盖的上法兰连接。支架的主要加工表面是内止口和上端的螺纹孔。图 5-8 是铸钢楔式闸阀支架的主要加工表面。

在批量生产中,铸钢楔式闸阀支架可按下列典型工艺路线,见表 5-9。以上端外圆柱作粗基准,在车床上加工下端面及止口,然后以止口及端面作为定位基准车上端内孔。

该工艺过程由于在车削支架的下端面时,工件的刚性差而不能采用较大的切削用量,效率低,故大批量生产此支架时可采用组合机床来加工。

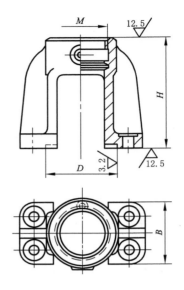

图 5-8 铸钢楔式闸阀支架
的主要加工表面

表 5-9 铸钢楔式闸阀支架的典型工艺过程

序号	工序名称	工 序 内 容	定 位 基 准
1	车	车下端面及止口至尺寸	上部外圆柱
2	车	车上端面、内孔及螺纹孔	止口、下端面
3	钳	钻下端螺栓孔	上端面
4	钳	锪鱼眼坑	上端面
5	钳	钻、锪油杯孔	
6	钳	配钻、攻螺纹孔	

5-38 简述球体加工的典型工艺路线。

球阀的关闭件是球体,从结构上看,有带支承轴和不带支承轴的两种。图 5-9a)是不带支承轴的球体的主要加工表面;图 5-9b)是带支承轴的球体的主要加工表面。

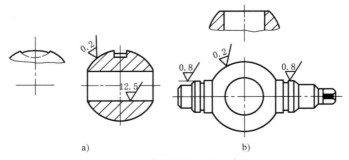

a)   b)

图 5-9 球体的主要加工表面

在批量生产中,球体可按下列两种工艺过程加工。

① 不带支承轴的球体,其球面是主要加工表面,加工顺序可按表 5-10 工艺要求先车出通孔,再以通孔为定位基准加工球面。

表 5-10 不带支承轴的球体的典型工艺过程

序号	工序名称	工 序 内 容	定 位 基 准
1	车	车球体的端面及内孔	外圆柱表面
2	车	车另一端端面	内圆柱表面
3	车	粗车球面	内圆柱表面
4	车	精车球面	内圆柱表面
5	车	倒通孔圆角	内圆柱表面
6	铣	铣圆弧槽	内圆柱表面

② 带支承轴的球体,除球面是加工表面外,其支承轴的外圆柱也是主要加工表面,这些加工表面可采用顶尖孔为定位基准进行加工。表 5-11 是带支承轴的球体的典型工艺过程。

表 5-11 带支承轴的球体的典型工艺过程

序号	工序名称	工 序 内 容	定位基准
1	钳	划两端中心孔线	
2	钳	钻两端中心孔	
3	车	粗车一端外圆	中心孔
4	车	粗车另一端外圆	中心孔
5	车	粗车球面	中心孔
6	车(或镗)	车(镗)通孔	两端外圆
7	车	精车一端外圆	中心孔
8	车	精车另一端外圆	中心孔
9		安装通孔堵盖	
10	车	精车球面	中心孔
11		珩磨球面	中心孔
12		拆掉堵盖	
注: 由于此种球体的通孔垂直于两端轴颈轴线,加工球面时有一定困难。所以,在加工过程中须采取必要的措施,以保证质量。			

5-39　阀座有几种型式？马蹄形阀座的典型工艺过程是什么？

阀座由内外圆柱面、端平面及螺纹面组成，属套类零件。阀座有四种型式，见图 5-10 所示。

根据阀门的用途，其阀座又分为金属阀座和非金属阀座。非金属阀座结构简单，属环形阀座。

马蹄形阀座，见图 5-10b) 所示，通常用于 DN150 mm 以下的楔式闸阀。在批量生产中，马蹄形阀座（堆焊形成的密封面）可按如下典型工艺过程，见表 5-12。

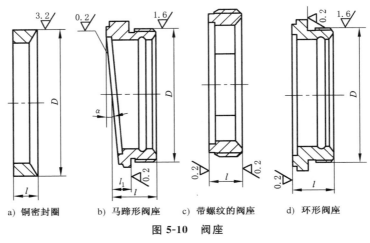

a) 铜密封圈　　b) 马蹄形阀座　　c) 带螺纹的阀座　　d) 环形阀座

图 5-10　阀座

表 5-12　马蹄形阀座的典型工艺过程

序号	工序名称	工　序　内　容	定位基准
1	车	粗车大端外圆	外圆表面
2	车	粗车小端外圆，车内孔	大端外圆
3	车	车堆焊基面	小端外圆及大外圆端面
4	焊	堆焊	
5	热处理	热处理	
6	车	粗车密封面（内外圆车好）	小端外圆及大外圆端面
7	车	精车大端外圆和内孔	小端外圆
8	车	精车小端外圆	
9	车（或）磨	精车（磨）密封面	

该工艺过程，其密封面部位堆焊前的粗车和堆焊后的加工均在车床上完成。

5-40 加工塑料用什么刀具材料? 绘图说明刀具的几何角度多大为宜?

由于塑料的特点是延伸率大、硬度低,强度、刚性很差,故加工中易于产生变形。为防止变形,保证加工质量,在进行塑料的加工中其刀具材料的选用和刀具几何角度的选择就显得尤为重要。

为了减少塑料工件的变形,加工塑料工件一般采用 W18Cr4V 高速钢车刀。刀刃必须锋利,前角、后角都要大,切削刃应平直,不得呈锯齿形。图 5-11 是加工塑料的外圆车刀。

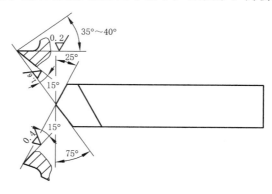

图 5-11 加工塑料的外圆车刀

5-41 铬 13 型堆焊焊条的堆焊金属化学成分和堆焊层硬度是什么? 简要说明堆焊的工艺方法。

铬 13 型堆焊焊条常用来堆焊使用温度在 450 ℃以下、公称压力为 PN16～PN160、基体材料为 WCB 及 ZG250-485 的电站、石油化工阀门密封面。铬 13 型堆焊焊条的堆焊金属化学成分及堆焊层硬度等见表 5-13。

表 5-13 铬 13 型堆焊焊条的堆焊金属化学成分及堆焊层硬度

焊条牌号	名 称	堆焊层金属化学成分/%	堆焊层硬度 HRC	主 要 用 途	符合国标
堆 502	12Cr13 型阀门堆焊电焊条	0.12C 13Cr	≥40	堆焊碳钢及合金钢的轴及中压阀门等	TDCr-1(40)
堆 507	12Cr13 型阀门堆焊电焊条	0.12C 13Cr	≥40	堆焊碳钢及合金钢的轴及中压阀门等	TDCr-1(40)
堆 512	20Cr13 型阀门堆焊电焊条	0.2C 13Cr	≥45	堆焊碳钢及合金钢的轴及过热蒸汽用阀门,搅拌机浆,螺旋输送机叶片等	TDCr-1(45)
堆 517	20Cr13 型阀门堆焊电焊条	0.2C 13Cr	≥45	堆焊碳钢及合金钢的轴及过热蒸汽用阀门,搅拌机浆,螺旋输送机叶片等	TDCr-1(45)
堆 527	30Cr13 型阀门堆焊电焊条	0.3C 13Cr	40～49	堆焊碳钢及合金钢的轴及过热蒸汽用阀门,搅拌机浆,螺旋输送机叶片等	

阀门中的阀体和闸板(阀瓣)最好采用硬度稍有差别的焊条。通常,阀体(阀座)宜采用

12Cr13 型堆焊焊条;闸板(阀瓣)采用硬度稍高的 20Cr13 型堆焊焊条。

铬 13 型焊条堆焊的工艺方法如下:

① 工件焊前必须进行粗车或喷砂清除氧化皮,工件表面不允许有裂纹、气孔、砂眼、疏松等缺陷及油污、铁锈等。焊条使用前应按焊条使用说明书进行烘干。

② 用12Cr13 和 20Cr13 焊条堆焊前,工件一般不需预热(除大件堆焊 20Cr13 外),而用 3 铬 13 焊条堆焊时,工件一般要经 350 ℃ 左右预热。

③ 堆焊表面应保持水平位置,整个密封面的堆焊过程不应中断。堆焊层数一般为 3～5 层以满足焊层高度、堆焊层化学成分和硬度的要求。

④ 为防止产生裂纹,除采取适当的焊前预热外,仍须注意焊后缓冷。

5-42 钴基硬质合金的堆焊工艺是什么?

在基体材料为低碳钢、中碳钢、低合金结构钢、铬 18 镍 9 型奥氏体不锈钢和铬 13 型不锈钢上堆焊钴基硬质合金,通常采用氧炔焰堆焊、手工电弧焊、氩弧堆焊和等离子弧堆焊。通常工件需按如下规定进行焊前准备、焊前预热和焊后缓冷措施。

焊前准备:工件表面粗糙度应在 $\frac{6.3}{}$ 以下,并应严格清除表面铁锈、油、水等污物,不得有裂纹、剥落、孔穴、凹坑等缺陷,棱角处应倒圆角。对于已磨损的阀件的修复,应将原堆焊层全部车掉,并用与母材相同的材料进行堆焊打底层。

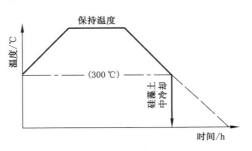

图 5-12 堆焊后热处理工艺曲线

焊前预热及焊后缓冷:为防止堆焊合金和基体金属产生裂纹和减少变形,零件在堆焊前需进行预热。堆焊过程中,工件温度不应低于预热温度,焊后应采取适当的热处理。

不同材料的焊前预热温度和焊后热处理规范见表 5-14、图 5-12 和表 5-15。

表 5-14 工件堆焊前预热温度

母材种类	预热温度/℃	
	氧炔焰堆焊	手工电弧堆焊
低碳钢	400～450	300～350
45 钢	400～450	300～350
低合金耐热结构钢	450～500	300～400
奥氏体不锈钢	300～350	250～300
马氏体不锈钢	450～500	300～350

表 5-15 堆焊后热处理加热温度

母材种类	加热温度/℃
低碳钢	620～650
45 钢	620～650
低合金耐热结构钢	680～720
奥氏体不锈钢	525～575
马氏体不锈钢	700～750
保温时间以工件有效厚度每 25 mm 加热 1 h计算。	

5-43 合金粉末等离子堆焊的工艺及规范是什么?

合金粉末等离子弧堆焊出现于 20 世纪 60 年代初,近几年来在我国阀门制造、交通和矿山机械等行业应用较广泛,是一项较重要的堆焊新工艺。它除了具有钨极氩弧堆焊的堆焊质量高、冲淡率低等优点外,还有堆焊过程易于实现机械化、堆焊层光滑、平整,厚度可准确控制和生产效率高等特点。在适当的条件下,冲淡率可控制在 5% 以内。堆焊层厚度可在 0.25 mm～6 mm 之间任意调整。生产率为 0.5 kg/h～6 kg/h。

（1）等离子弧燃烧方式

① 联合型等离子弧:非转移弧主要用于加热合金粉末;转移弧既可加热合金粉末,又可熔化母材表面。对于自熔性合金粉末堆焊,由于粉末熔点低,非转移弧的作用不明显;当堆焊熔点较高的粗粉时,非转移弧的作用就明显了。薄小零件的堆焊,多采用联合型等离子弧。

② 转移型等离子弧:鉴于非转移弧并不起重要作用,在很多场合只是使用转移弧进行堆焊,这样可省去一套电源。

③ 串联电弧的联合型等离子弧:它的主要优点是在喷嘴与工件间产生的离子弧不会增大气流对熔池的吹力,能有效地限制熔深。虽然这个离子弧加热比较分散,却仍能维持足够的方向性。使用这种方式的等离子弧应控制离子弧电流,若电流增大,则喷嘴烧损严重,但若进一步增强水冷,这个问题可以得到改善。国内使用这种等离子弧方式的不多。

（2）送粉方式

目前应用两种送粉方式:嘴内送粉和嘴外送粉。

在嘴内送粉等离子堆焊枪中,粉末受到较充分的加热,还可减少粉末的飞溅,可得到较高的熔敷率。嘴内送粉枪的主要缺点是容易发生熔化的合金粘附嘴壁的现象。熔化的合金粘附在嘴壁或出口处聚集到一定的数量后则落入熔池,形成淌熔滴现象,严重时则堵塞嘴孔。为防止出现上述现象,钨极与喷嘴内孔应具有较高的同心度,以保证合金粉末从喷嘴均匀送出。此外,送粉气体的流量应合适,不应引起气流骚动。

在嘴外送粉等离子堆焊枪中,合金粉末从喷嘴外送入等离子弧中,从根本上解决了淌熔滴及喷嘴堵塞问题。在相似的规范下熔深比嘴内送粉小,这是由于嘴内送粉时,送粉气流在喷嘴内受到了强烈加热,并直接吹向熔池,造成较大的附加吹力;而嘴外送粉时,送粉气造成的附加吹力大大降低。嘴外送粉枪的主要缺点是粉末飞散程度大,合金堆敷率较低。

（3）等离子堆焊气体及合金粉末

通常使用纯氩做工作气(亦称离子气、稳弧气)、送粉气及保护气。氩等离子弧电压低、燃烧稳定、钨极及喷嘴烧损小。

国外有的使用 70% 氩加 30% 氦做工作气或送粉气,它使等离子弧电压升高,从而具有较大的功率和生产率。用氦气做保护气效果也很好,但氦气很稀缺,成本甚高。

工作气及送粉气在保证等离子弧有足够的方向性及均匀送出合金粉末的前提下,应尽量限制其流量,以降低气流吹力。保护气则应有足够的流量才有效果。由于等离子弧堆焊的合金粉末多是自熔性的,不采用保护气并不会对堆焊质量发生明显的影响,但喷嘴很容易被熔池飞溅出来的金属细粒沾污。

堆焊用合金粉末的粒度愈细愈易于熔化,但过细的粉末增加送粉的困难。太粗的粉末既不易熔化,又容易飞出堆焊区,从而使粉末损失严重。比较合适的粒度范围是 0.06 mm～0.12 mm(120～230 目/英寸)。为防止粉末在喷嘴内熔化造成堵嘴现象,国内也有使用粗粉(40～120 目/英寸)堆焊。

某阀门制造厂使用 LU-150 等离子弧粉末堆焊机,采用联合型等离子弧、震动式送粉器、嘴内送粉,其堆焊工艺如下:

(1) 堆焊前的准备工作

堆焊前应严格清除工件表面的锈蚀和油污,使其具有金属光泽。较大的低、中碳钢和低合金钢阀件要进行预热。对于珠光体耐热钢和马氏体不锈钢,即使是较小零件也须预热,以防产生裂纹。若采用的合金粉末具有较高的硬度,堆焊面积又较大时,则在堆焊过程中也须使工件保持预热的温度,以防止焊接应力过大而产生裂纹。

(2) 主要工艺参数的调整

① 粉末送给系统的调整。欲使堆焊顺利进行,粉末送给装置的可靠而正常工作是十分重要的。粉末必须均匀、稳定和流畅地输出,因此合金粉末应进行干燥处理(一般在 100 ℃干燥箱内烘焙 1 h)。在开始使用送粉器时,为防止在管道中存有潮气而产生粉末堵塞等现象,必须用灼热的粉末和较大流量的送粉气流做清洗性的吹送,以便将潮气吸干。

此外,还需调节电磁阀的灵敏度及开启、关闭性能,以防止阀杆被卡死。然后,根据粉末粒度及送粉量选用适当的漏粒塞块。最后,由尼龙管把送粉装置与焊枪连接,通上送粉气,打开电磁阀。当观察到粉末在焊枪下均匀分布的小孔中(或圆环中)射出并交于一点并碰撞分散开时为最佳。粉末的交点距离枪口一般控制在 3 mm～5 mm;若采用自熔性好的粉末,该距离为 4 mm～6 mm 左右。

合金粉末(特别是自熔性较好、熔点较低的粉末)应进行过筛,以便按粒度分档使用。通常在等离子弧堆焊中使用的合金粉末,其粒度范围均在(50～150)目/英寸之间。

② 非转移弧的调节。在联合型等离子弧中,非转移弧在引弧、加热、熔化合金粉末以及电流均匀衰落等都起了稳定、调节作用。因此,非转移弧的正常与否直接影响到堆焊工作的顺利进行和堆焊的质量,故在焊前对非转移弧的调节和测定就显得非常重要了。

非转移弧应稳静,且有清晰的外形。使非转移弧尖端伸出喷嘴 5 mm～8 mm,观察其无明暗差别,此时非转移弧即属正常。

调整钨极与喷嘴孔的同心度,一般用高频电火花检视。钨极尖端与喷嘴压缩孔小端面的距离为 1.5 mm～2.2 mm 最佳。

非转移弧不正常(如跳动、偏向)即形成"双弧"。当叠加转移弧时,若电弧对粉末加热不均匀会出现淌熔滴现象,使送粉失去平衡,严重时必须中断堆焊工作。

③ 转移弧的调节。转移弧既能加热和熔化合金粉末,又能使工件表面受热形成熔池。因此,转移弧电流的大小是决定堆焊过程的稳定及堆焊层质量的主要因素,电流大则熔敷率高。但电流过大会对合金粉末吹入离子弧造成困难,飞溅严重,反而降低了合金粉末的熔敷率。另外,电流增大,离子弧的刚度大,熔深大,冲淡率也随之增大。为了有高的熔敷率,又要有低的冲淡率,必须适当选择转移弧电流。

在其他参数不变的情况下,离子气的流量对等离子弧的"刚"、"柔"弧性有着很大的影响。在堆焊中、小零件时,离子气流量一般控制在 5 L/min～7 L/min 之间;堆焊较大零件时(D_g300,焊道宽 25 mm 以上)离子气流量以 7 L/min～9 L/min 为佳。同时,送粉气也由原来的 3 L/min～3.5 L/min 增大到 4 L/min～4.5 L/min。

④ 送粉量。在堆焊正常进行的情况下,适当的调整送粉量可减少堆焊过程中粉末的飞

溅,使合金粉末熔化良好。送粉量过大,造成粉末的不完全熔化或堆焊层金属与工件熔合不良,对于熔点较高的合金粉末尤为严重。

⑤ 焊枪与工件的距离。焊枪与工件的距离会直接影响弧柱的稳定性。距离过大时,弧柱稳定性下降,电弧发生飘移,保护效果也显著下降;距离过小时,熔深大,冲淡率增加,飞溅严重,破坏等离子弧的完整性,易出现"虚弧"和淌熔滴现象。一般此距离取 10 mm～18 mm 为宜。

⑥ 工件移动速度和焊枪摆动频率的调整。工件移动速度快,堆焊高度降低,冲淡率低,堆焊层与工件结合强度下降。摆动频率过高,粉末严重失散,熔敷率下降。故工件移动速度与焊枪摆动频率要配合恰当。表 5-16 为几种典型产品的堆焊规范。

表 5-16 堆焊工艺规范

堆焊产品	规 格	DN50 安全阀	DN100 截止阀	DN80 止回阀
	材 料	低碳钢	12Cr18Ni9	20Cr13
合金粉末	种 类	铁 基	镍 基	钴 基
	化学成分/%	C0.5,Si2.5Cr13～16,Ni3～5,B1.5～2.5,其余 Fe	C0.9,B3.5,Si3.5,Cr8～11,其余 Ni	C0.5～1.0,Cr26,Si1.5,W6.0,B0.5～1.0,其余 Co
非转移弧	电压/V	23	21	24
	电流/A	100	78	130
转移弧	电压/V	43	45	43
	电流/A	100	100	90～100
氩气流量	离子气/(L/min)	6	5	7
	送粉气/(L/min)	3.2	3	3.5
摆动频率	频率/(次/min)	—	50	60
	摆幅/mm		12	8
送粉量/(g/min)		24	26	25
喷嘴与工件距离/mm		12	15	13
堆焊层	焊层高/mm	5	5	5.2
	焊层宽/mm	6	13	9

5-44 灰铸铁零件堆焊铜合金密封面的热处理工艺是什么?

由于灰铸铁零件的密封面一般堆焊铜合金,其堆焊后热处理的目的是消除焊接应力,故其热处理工艺及工艺因素应根据基体材料灰铸铁来选定,一般采用热时效处理。

热时效处理工艺为:热时效加热温度一般选择 550 ℃～620 ℃。保温时间根据零件有效厚度及装炉量确定,一般为 3 h～6 h。保温后炉冷,冷却速度最好控制在 30 ℃/h～60 ℃/h,当炉冷至 200 ℃～250 ℃时,即可出炉空冷。

采用该工艺可以基本上消除焊接应力。热时效工艺曲线如图 5-13 所示。

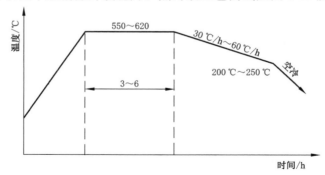

图 5-13　灰铸铁零件堆焊铜合金密封面的热时效工艺曲线

5-45　钴铬钨硬质合金密封面堆焊后的热处理工艺是什么？

堆焊钴铬钨硬质合金密封面的阀门（其基体为碳素钢），适用于酸性天然气介质。钴铬钨硬质合金密封面的硬度一般不能用热处理来改变，而只能由堆焊材料本身来保证。

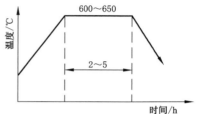

钴铬钨硬质合金密封面堆焊后的热处理工艺为：钴铬钨硬质合金密封面堆焊后要进行高温回火，其主要目的是消除焊接应力，改善机械加工性能。

高温回火加热温度根据基体材料选定，一般采用 600 ℃～650 ℃。保温时间取决于零件有效厚度及装炉量，一般为 2 h～5 h，保温后出炉空冷。高温回火工艺曲线如图 5-14 所示。

图 5-14　碳素钢零件堆焊钴铬钨硬质合金密封面的高温回火工艺曲线

5-46　铬 13 型不锈钢密封面堆焊后的热处理工艺是什么？

堆焊铬 13 型不锈钢密封面的阀门（其基体为碳素钢），适用于水、蒸汽、石油及其产品的介质。铬 13 型密封面的硬度可以用热处理来改变。堆焊铬 13 型密封面材料的牌号大部分选用 20Cr13，由于 20Cr13 属马氏体型不锈钢，堆焊后的冷却，尤其对较大的零件足以使堆焊层硬化。

铬 13 型密封面堆焊后的热处理工艺为：铬 13 型（2Cr13）密封面堆焊后要进行退火。退火的目的在于消除应力，软化堆焊层，改善机械加工性能。同时，堆焊层经退火处理进行重结晶，尚能使晶粒细化，组织均匀，为以后淬火做好组织准备。

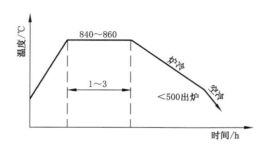

退火加热温度一般采用 840 ℃～860 ℃。保温时间根据零件的有效厚度及装炉量选定，一般为 1 h～3 h。保温后炉冷，当炉冷至小于或等于 500 ℃时可以出炉空冷。

图 5-15　20Cr13 密封面堆焊后退火工艺曲线

退火工艺曲线如图 5-15 所示。

由于铬 13 型（20Cr13）密封面的硬度一般要求 HRC38～44，故在加工后要进行局部淬火。局部淬火的目的是保证硬度要求，并获得良好的耐擦伤性及耐腐蚀性能。

局部淬火的加热设备最好选用高频感应加热炉。高频淬火加热温度比普通淬火加热温度要高些，通常采用 1 020 ℃～1 100 ℃。加热时要尽量使整个密封面烧透，冷却时可采用整个零件油冷或空冷。

高频淬火后要进行整体回火。回火温度根据要求的硬度选定，并要高于阀门最高使用温度。当 20Cr13 密封面硬度要求 HRC38～44 时，回火温度可以采用 500 ℃～550 ℃。保温时间取决于零件的有效厚度及装炉量，一般为 2 h～4 h。保温后出炉空冷。

5-47 奥氏体不锈钢密封面堆焊后的热处理工艺是什么？

奥氏体型不锈耐酸钢零件的密封面一般堆焊钴铬钨硬质合金，根据阀门使用条件及基体材料牌号的不同要选用不同的工艺进行热处理。

（1）ZG1Cr18Ni9（12Cr18Ni9）钢零件密封面堆焊后的热处理

采用这类密封面的阀门一般都使用在腐蚀介质中或超低温条件下。

基体材料为 ZG1Cr18Ni9 的阀件在堆焊密封面时，由于焊接热的影响，不可避免的有碳化铬（Cr23C6）析出在晶界上，同时使热影响区域奥氏体的马氏体点上升。为了消除焊接应力，改善耐腐蚀性能及低温韧性，堆焊后通常应重新进行固溶处理。但是在某些情况下，如当阀门适用弱腐蚀性介质或采用热影响区极小的喷焊法形成密封面时，并且进行固溶处理又有困难时，可只进行除应力热处理。此时的加热温度也应低些，一般选用380 ℃～400 ℃。

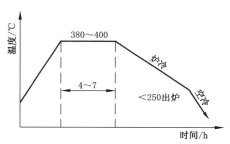

图 5-16 ZG1Cr18Ni9 钢零件密封面堆焊后的除应力热处理工艺曲线

除应力热处理工艺曲线如图 5-16 所示。

（2）ZG1Cr18Ni9Ti（12Cr18Ni9Ti）钢零件密封面堆焊后的热处理

采用这类密封面的阀门一般都使用在腐蚀介质中或高温条件下。

基体材料为 ZG1Cr18Ni9Ti 的阀件在堆焊密封面时，由于焊接热的影响，有时也有碳化铬析出在晶界上。为了消除焊接应力，改善耐腐蚀性能及高温性能，在堆焊后要进行适当的热处理。

如果阀门使用于腐蚀性介质，堆焊后最好重新进行稳定处理；如果阀门使用在高温条件下，堆焊后可进行除应力热处理。其加热温度要高些，一般选用 500 ℃～650 ℃。

除应力热处理工艺曲线如图 5-17 所示。

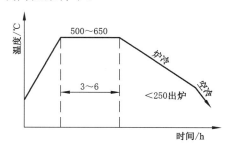

图 5-17 ZG1Cr18Ni9Ti 钢密封面堆焊后的除应力热处理工艺曲线

5-48 密封面研磨的基本原理是什么？

研磨,在阀门制造过程中是其密封面常用的一种光整加工方法。研磨可以使阀门密封面获得很高的尺寸精度、几何形状精度及表面粗糙度,但不能提高各密封表面间的相互位置精度。研磨后的阀门密封面通常可达到的尺寸精度为 0.001 mm～0.003 mm;几何形状精度（如不平度）为 0.001 mm;表面粗糙度为 $\overset{0.1}{\triangledown}\sim\overset{0.008}{\triangledown}$。

密封面研磨的基本原理包括研磨过程、研磨运动、研磨速度、研磨压力及研磨余量五个方面。

① 研磨过程:研具与密封圈表面很好地贴合在一起,研具沿贴合表面作复杂的研磨运动。研具与密封圈表面间放有研磨剂,当研具与密封圈表面相对运动时,研磨剂中的部分磨粒在研具与密封圈表面间滑动或滚动,切去密封圈表面上很薄的一层金属。密封圈表面上的凸峰部分首先被磨去,然后渐渐达到要求的几何形状。

研磨不仅是磨料对金属的机械加工过程,同时还有化学作用。研磨剂中的油脂能使被加工表面形成氧化膜,从而加速了研磨过程。

② 研磨运动:研具与密封圈表面相对运动时,密封圈表面上每一点对研具的相对滑动路程都应该相同。并且,相对运动的方向应不断变更。运动方向的不断变化使每一磨粒不会在密封圈表面上重复自己运动的轨迹,以免造成明显的磨痕而增高密封圈表面的粗糙度。此外,运动方向的不断变化还能使研磨剂分布得比较均匀,从而较均匀地切去密封圈表面的金属。

研磨运动尽管复杂,运动方向尽管在变化,但研磨运动始终是沿着研具与密封圈表面的贴合表面进行的。无论是手工研磨或机械研磨,密封圈表面的几何形状精度则主要受研具的几何形状精度及研磨运动的影响。

③ 研磨速度:研磨运动的速度越快,研磨的效率也越高。研磨速度快,在单位时间内工件表面上通过的磨粒比较多,切去的金属也多。

研磨速度通常为 10 m/min～240 m/min。研磨精度要求高的工件,研磨速度一般不超过 30 m/min。阀门密封面的研磨速度与密封面的材料有关,铜及铸铁密封面的研磨速度为 10 m/min～45 m/min;淬硬钢及硬质合金密封面为 25 m/min～80 m/min;奥氏体不锈钢密封面为 10 m/min～25 m/min。

④ 研磨压力:研磨效率随研磨压力的增大而提高,研磨压力不能过大,一般为 0.01 MPa～0.4 MPa。

研磨铸铁、铜及奥氏体不锈钢材料的密封面时,研磨压力为 0.1 MPa～0.3 MPa;淬硬钢和硬质合金密封面为 0.15 MPa～0.4 MPa。粗研时取较大值,精研时取较小值。

⑤ 研磨余量:由于研磨是光整加工工序,故切削量很小。研磨余量的大小取决于上道工序的加工精度和表面粗糙度。在保证去除上道工序加工痕迹和修正密封圈几何形状误

差的前提下,研磨余量愈小愈好。

密封面研磨前一般应经过精磨。经精磨后的密封面可直接精研,其最小研磨余量为:直径余量为 0.008 mm～0.020 mm;平面余量为 0.006 mm～0.015 mm。手工研磨或材料硬度较高时取小值,机械研磨或材料硬度较低时取大值。

阀体密封面不便磨削加工,可采用精车。精车后的密封面须粗研后才能进行精研,其平面余量为 0.012 mm～0.050 mm。

5-49 对研具材料的要求是什么?

在研磨加工中,对研具材料的要求有两条:一是研具材料要容易嵌入磨粒;二是研具材料要能较长久地保持研具的几何形状精度。

为使磨粒能容易嵌入,研具材料应比工件材料软。但也不可太软,否则磨粒会大部或全部嵌没而大大降低或失去切削作用;而且材料过软也会使研具的磨耗增快。为使研具不致因很快磨耗而丧失其几何形状精度,研具材料需具有较好的耐磨性,它的组织也应均匀。组织均匀的材料磨耗也较均匀,有利于保持研具的几何形状精度。

研磨阀门密封面时,研具的材料习惯采用灰铸铁。灰铸铁研具适合研磨各种金属材料的密封面,它能获得较好的研磨质量和较高的生产率。研磨铸铁、铜、奥氏体不锈钢密封面一般采用120HB～160HB 的灰铸铁做研具;研磨硬质合金、淬硬钢密封面通常使用150HB～190HB 的灰铸铁,常用的灰铸铁牌号为 HT150 及 HT200。

5-50 如何正确地选用研磨剂?

由于研磨剂是磨料和研磨液组成的一种混合剂,而研磨液又仅是一般的煤油和机油。因此,正确地选用研磨剂最关键的是选用磨料。

常用磨料有下列几种。

① 氧化铝(Al_2O_3)。氧化铝又称刚玉,其硬度较高,使用很普遍。一般用来研磨铸铁、铜、钢及不锈钢等材料的工件。

② 碳化硅(SiC)。碳化硅有绿色及黑色两种,其硬度比氧化铝高。绿色碳化硅适用于研磨硬质合金;黑色碳化硅用于研磨脆性材料及软材料的工件,如铸铁、黄铜等。

③ 碳化硼(B_4C)。硬度仅次于金刚石粉末而比碳化硅硬,主要用来代替金刚石粉末研磨硬质合金,研磨镀硬铬的表面。

④ 氧化铬(Cr_2O_3)。氧化铬是一种硬度高和极细的磨料,淬硬钢精研时常常使用氧化铬,一般也用它来抛光。

⑤ 氧化铁(Fe_2O_3)。氧化铁亦是一种极细的磨料,但硬度及研磨效果均较氧化铬差,用途与氧化铬相同。

⑥ 金刚石粉末。即结晶碳 C,它是最硬的磨料,切削性能较好,特别适用于研磨硬质合金。

常用磨料的分类及应用范围见表 5-17。

此外,磨料粒度(磨料的颗粒尺寸大小)的粗细对研磨效率及研后表面粗糙度有显著的影响。粗研时,工件表面粗糙度要求不高,为提高研磨效率宜选用粗粒度的磨料;精研时研磨余量小,工件表面粗糙度的要求高,可采用细粒度的磨料。

表 5-17 磨料的分类及应用范围

系列	磨料名称	代号	特　　点	应用范围
氧化铝系	棕刚玉	GZ	棕褐色,硬度较高,韧性好,价格低	适于粗研铸铁、青铜、钢及不锈钢等(要求不高时也可作精研用)
	白刚玉	GB	白色,硬度较棕刚玉高,韧性较差	
	单晶刚玉	GD	浅黄色或白色,颗粒呈球状,硬度和韧性均较白刚玉高	
	铬刚玉	GG	玫瑰红或紫红色,韧性比白刚玉好	
碳化物系	黑碳化硅	TH	黑色有光泽,硬度比白刚玉高,韧性较差	适于研磨铸铁、黄铜、青铜
	绿碳化硅	TL	绿色,硬度仅次于碳化硼和金刚石	适于研磨硬质合金
	碳化硼	TP	黑色,硬度仅次于金刚石,耐磨性好,价格贵,可部分代替金刚石	适于研磨硬质合金及镀硬铬表面
金刚石系	人造金刚石	JR	浅绿色、黑色或白色,硬度高,价格贵	适于研磨硬质合金及玻璃等高硬材料
	天然金刚石	JT	灰、浅黄色,硬度最高,价格昂贵	
	氧化铬		深绿色,硬度较高	适于钢、不锈钢的精研及抛光
	氧化铁		深红色,较氧化铬软	

密封面粗研时磨料的粒度一般为 120#~240#;精研为 W40~14。

调制研磨剂,通常是往磨料里直接加入煤油和机油。用 1/3 煤油加 2/3 机油与磨料调合成的研磨剂适用于粗研;用 2/3 的煤油加 1/3 机油与磨料调合成的研磨剂可用于精研。当研磨硬度较高的工件时,使用上述研磨剂的效果就不够理想。这时,可采用三份磨料加一份加热的猪油调合起来,冷却后形成糊状,使用时再适当加些煤油或汽油调匀。

5-51　阀门密封面的研磨方法是什么?

阀门密封面分平面和锥面两种密封面,是阀门制造中必须进行研磨的对象。

阀门密封面的研磨方法有手工研磨和机械研磨两种。

(1) 阀门密封面的手工研磨

阀门密封面的手工研磨只使用简单的研磨工具。手工研磨时一般均采用湿研磨,在湿研磨的过程中要经常添加稀薄的研磨剂,以便把磨钝了的磨粒从工作面上冲去,并不断地加入新的磨粒,从而得到较高的研磨效率。对于精度和表面粗糙度要求特别高的密封面,有时也使用压砂平板进行干研磨。

① 阀体密封平面的手工研磨。阀体密封平面位于阀体内腔,研磨比较困难。通常使用带方孔的圆盘状研具,放在内腔的密封面上,再用带方头的长柄手把来带动研磨盘作研磨运动。研磨盘上有圆柱凸台或引导垫片,以防止在研磨过程中研具局部离开环状密封面而造成研磨不匀的现象。图 5-18 为闸阀、截止阀的阀体手工研磨的示意图。

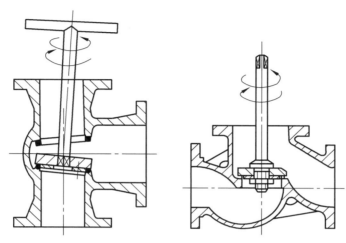

图 5-18　阀体平面的手工研磨

阀体密封平面手工研磨前,应将研具工作面用煤油或汽油擦净,并去除阀体密封面上的飞边、毛刺,再在密封面上涂敷一层研磨剂。研具放入阀体内腔时,要仔细地贴合在密封面上,然后采用长柄手把使研盘作正、反方向的回转运动。先顺时针回转 180°,再反时针回转 90°,如此反复地进行。一般,回转十余次后研磨剂中的磨粒便已磨钝,故应经常抬起研盘来加添新的研磨剂。

研磨的压力要均匀,且不宜过大。粗研时压力可大些;精研时应较小。应注意不要因施加压力而使研具局部脱开密封平面。

研磨一段时间后,要检查工件的不平度。此时可将研具取出,用煤油或汽油将密封面擦净,再将圆盘形的检验平盘轻放在密封面上并用手轻轻拖动,取出平盘后就可观察到密封面上出现的接触痕迹。当环状密封面上均匀地显出接触痕迹,而径向最小接触宽度与密封面宽度之比(即密封面与检验平盘的吻合度)达到工艺上规定的数值时,不平度就可认为合格。

② 闸板、阀瓣密封平面的手工研磨。闸板、阀瓣和阀座的密封平面可使用研磨平板来手工研磨。工作前,先在干净的平板上均匀地涂上一层研磨剂,将工件贴合在平板上后可用手一边旋转一边作直线运动,见图 5-19 所示,或作 8 字形运动。由于研磨运动方向的不断变更使磨粒不断地在新的方

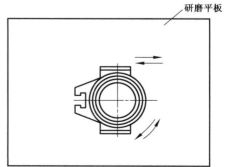

研磨平板

图 5-19　闸板密封面的手工研磨

向起磨削作用,故可提高研磨效率。

为了避免研磨平板的磨耗不均,不要总是在平板的中部研磨,而应在平板的全部表面上不断变换部位,否则研磨平板将很快失去平面精度。

闸板及有些阀座呈楔状,密封平面圆周上的重量不均,研磨时应在其薄端(又称"小头")加稍大的压力,使环状密封平面上的压力均匀,以免引起工件楔角的改变。

节流阀阀瓣研磨时可使用带孔的环状圆盘研具,其研磨方法与阀体密封面基本相同。

③ 锥形密封面的手工研磨。研磨锥形密封面需使用带有锥度的研杆或研套。研杆与研套的锥度应分别与阀体密封面或阀瓣密封面的锥度相一致。研磨旋塞体和塞子的研杆及研套的锥面上要开有螺旋状的浅槽,以积存多余的研磨剂。研磨截止阀阀体时,由于密封锥面太短,稳定性差,故通常在阀体中法兰内止口处增加一个导向盘,使研杆保持平稳。图 5-20 为锥形密封面的手工研磨示意图。

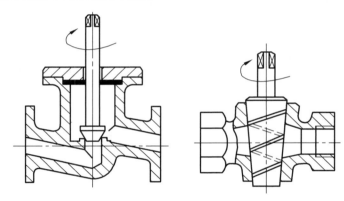

图 5-20　锥形密封面的手工研磨

研锥形密封面时,先在擦净了的研具上均匀地涂上一层研磨剂,轻放在工件表面上后用手加压并旋转研具;旋转 3～4 周后,可将研具拔出一些改变圆周位置后再进行研磨。在研磨过程中应经常加添研磨剂。

研旋塞体的研杆与研塞子的研套锥度应一致,否则研后锥形密封面间将容易发生渗漏。

(2) 阀门密封面的机械研磨

由于机械研磨的效率高、质量稳定,故阀门制造厂家主要使用机械来研磨密封面。在机械研磨密封面的过程中,首先要考虑的是研磨轨迹复杂、运动合理的问题,其次才是研磨效率。

常用的阀门密封面研磨机有如下五种。

① 轴摆式研磨机。轴摆式研磨机是专为研磨阀体密封平面而设计的,也可用来研磨闸板、阀座、阀瓣的密封面。该机的研磨轨迹较理想,特别适合小型阀门厂及阀门维修部门使用。日本、德国、法国等普遍采用该机来研磨阀门。图 5-21 为轴摆式研磨机的外观及轨迹。

如用轴摆式研磨机研磨大型阀门的阀体密封面时,可先在阀体相应端的法兰端面安一长方形钢板,而后将研磨机的主轴箱卸下直接安装在该钢板上,用"蚂蚁啃骨头"的办法来进行研磨。

② 行星式研磨机。行星式研磨机适用于研磨阀瓣、阀座和闸板等零件的密封平面。该机使用方便,可同时研磨几个工件,效率较高,研后工件的几何形状精度及表面质量较好。图 5-22 是行星式研磨机的工作原理图。

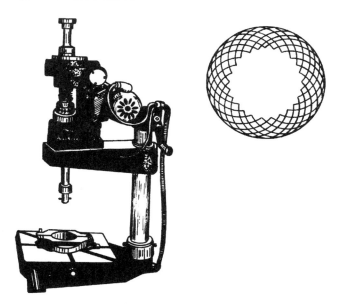

图 5-21　轴摆式研磨机的外观及轨迹

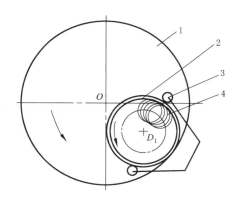

1—研盘;2—圆环;3—滚柱;4—工件

图 5-22　行星式研磨机的工作原理

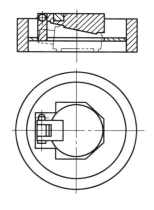

图 5-23　研磨楔式闸板的工具

行星式研磨机圆环内的工件在研盘及圆环的拖动下自转的同时并绕圆环中心 D_1 摆动,故这样得到的研磨轨迹就较复杂。如在圆环内同时置放几个圆形工件,由于工件间互相碰撞和干扰,得出的研磨轨迹将更为复杂。

行星式研磨机研磨压力一般是靠工件的自重获得的。由于楔式闸阀闸板的重量在密封面圆周上分布不均,为避免产生研磨不均的现象可使用图 5-23 所示的工具。

③ 振动研磨机。振动研磨机适合研磨中、小型截止阀、止回阀阀瓣的密封平面。该机可一次研磨几十个零件,具有较高的生产效率。此外,由于该机研盘振动的频率高,振幅

小,工件与研盘相对运动的方向在不断变更,因而不仅工件研后的几何形状精度及光洁度好,研盘的磨耗也比较均匀。图 5-24 为振动研磨机的示意图。

振动式研磨机,自由放置在研盘上的工件因其自身的惯性与振动的研盘间产生了短促的相对滑动。工件在研盘上的滑动是没有规律的,加之工件间常常发生碰撞而使研磨轨迹更加复杂,但工件的研磨和研盘的磨耗却比较均匀。

振动式研磨机不适于研磨重心高或在圆周上重量分布不匀的工件。

④ 多轴阀体研磨机。多轴阀体研磨机适于研磨小型截止阀的密封平面。

多轴阀体研磨机见图 5-25,其主轴的上部与端面凸轮相接合。主轴每正反向回转一次,端面凸轮就迫使主轴作一次轴向跳动,受主轴跳动的影响工件亦瞬时与研盘跳离。由于研盘仍在继续回转,当工件落在研盘上时已不是原来的位置了。

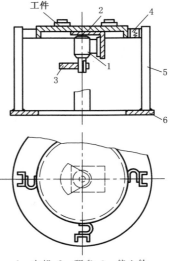

1—电机;2—研盘;3—偏心轮;
4—弹簧;5—支架;6—底座

图 5-24　振动研磨机示意图

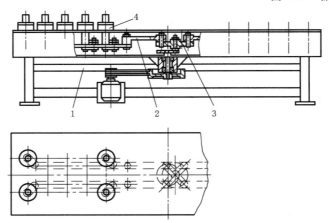

1—机座;2—曲柄连杆机构;3—传动盘;4—研磨主轴

图 5-25　多轴阀体研磨机

多轴阀体研磨机的研磨运动是模仿手工研磨的。由于研磨过程自动进行,并能同时研磨 20 个阀体,因此它具有较高的效率。

⑤ 旋塞研磨机。旋塞研磨机适用于研磨塞子和旋塞体的锥形密封面。旋塞研磨机利用塞子和旋塞体进行配研,结构简单,操作方便,其研磨运动与手工研磨相似。由于该研磨机效率高,研磨质量好,其应用比较普遍。

5-52　阀门密封面滚动珩磨的基本原理是什么?

近十多年来,经过反复实践和不断总结提高,滚动珩磨工艺有了较快的发展。滚动珩磨可以在普通万能机床上进行,珩磨的工具简单,操作方便,对工件预加工表面粗糙度要求不高(精车后的工件也可珩磨)。滚动珩磨不仅能加工内圆柱面,还可以加工外圆柱面、圆锥面、球面及平面。

图 5-26 为滚动珩磨的工作原理。工件装夹在卡盘或顶尖上,倾斜安装着的珩磨轮以一定的压力与工件表面接触。当工件以 $v_\text{工}$ 的线速度旋转时,由于摩擦力的作用珩磨轮以 $v_\text{轮}$ 的速度绕自身的轴线转动。同时珩磨轮还沿工件的轴线方向作往复进给运动。因珩磨轮轴线与工件轴线有交角 α,故在工件与珩磨轮旋转的同时,它们之间产生相对滑动,其滑动速度为 $v_\text{滑}$。珩磨轮与工件表面相对滑动时,磨粒就

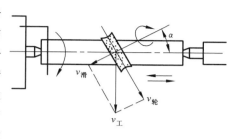

图 5-26 滚动珩磨的工作原理

在工件表面上切去极薄的一层金属。珩磨轮沿工件轴向往复运动使工件表面得到交叉重叠的网状痕迹,故滚动珩磨也能获得 $\overset{0.4}{\triangledown} \sim \overset{0.02}{\triangledown}$ 的表面粗糙度。

从图 5-26 可知:

$$v_\text{轮}=v_\text{工}\cos\alpha;v_\text{滑}=v_\text{工}\sin\alpha$$

珩磨轮倾角 α 愈大,相对滑动速度 $v_\text{滑}$ 愈大,效率也愈高。但 α 角过大将会产生自锁现象,故一般 α 取 $10°\sim35°$。

5-53 螺旋弹簧的成型温度和热处理规范是怎样规定的?

螺旋弹簧在安全阀、减压阀、止回阀等阀门上以及传动装置上运用最普遍。

螺旋弹簧有冷绕和热绕两种。热绕的弹簧钢丝通常用热轧棒料制造。对钢丝直径 $d>8$ mm、弹簧指数很小的以及一些合金弹簧钢丝,如 60Si2Mn、50CrVA、30W4Cr2VA 等材料,虽然材料直径不很粗,但钢丝太硬,应采用热绕工艺。热绕工艺为:下料—加热—卷绕—校正—淬火—回火—喷丸—磨端面—试验验收。在较高温度下工作的安全阀、减压阀、止回阀上的螺旋弹簧通常采用热绕工艺,其热成型温度和热处理规范见表 5-18。

表 5-18 螺旋弹簧的成型温度和热处理规范

钢 号	最高使用温度/℃	热成型温度 ℃	淬 火/℃	回 火/℃
60Si2MnA	250	830～900	860～880 油	350
50CrVA	300	830～900	850～870 油	370～420
60SiCrA	300	830～900	830～860 油	430～500
60Si2CrVA	350	830～920	850～870 油	430～480
60Si2MnWA	350	830～920	840～860 油	430～480
30W4Cr2VA	500	880～960	1050～1 100 油	600～670
30Cr13	400	850～1 050	980～1 050 油	540～560
40Cr13	400	850～1 050	980～1 050 空冷	540～560
冷拉 18-8 型不锈钢丝	400	冷 卷	—	冷卷后回火 400 ℃ 15 min～60 min
W18Cr4V	600	1 000～1 200	1 280～1 290 油或空冷	700

5-54　如何加注填料使密封面不受损伤？

阀门中使用最多的是压缩填料：它是一种按使用条件不同，把各种材料组合起来制成绳状、盘状及环状的密封件；其次是柔性石墨填料。

填料的正确安装是保证密封面不受损伤的唯一途径。填料的正确安装，应在填料装置各部件完好、填料预制成形、阀杆完好并处在开启位置（现场维修除外）的条件下进行。

① 安装前，无石墨的石棉填料应涂上一层片状石墨粉，填料应保持干净，石墨、密封胶不能混入杂物。

② 凡能在阀杆上端套入填料的阀门，都应尽量采用直接套入的方法。套入前，首先卸下支架、手轮、手柄及其他传动装置，用高于阀杆的管子作压具，压紧填料。对不能采用直接套入的，填料应切成搭接形式（这种形式对柔性石墨盘根可采用，但对人字形填料却要禁止，对 O 形圈则要避免。）并将搭口上下错开。斜着把盘根套在阀杆上，然后上下复原，使切口吻合，轻轻地嵌入填料函中。

③ 向填料函内装填料应一圈一圈的安放，并一圈一圈地用压具压紧、压均匀。填料各圈的切口搭接位置应相互错开 120°。

在安装第一圈填料时应仔细检查填料底部是否平整，填料垫是否装上。

填料在安装过程中，相隔 1～2 圈应旋转一下阀杆，以免阀杆与填料咬死，影响阀门的启、闭。

④ 填料函基本填满后，应用填料压盖压紧填料。使用压盖时用力要均匀，两边螺栓应对称的拧紧，不得把填料压盖压歪，以免填料受力不均与阀杆产生摩擦。填料压盖的压套压入填料函的深度为其高度的 1/4～1/3，也可用填料一圈高度作为填料压盖压入填料函的深度，一般留有不得小于 5 mm 预紧间隙，然后检查阀杆与填料压盖、填料压盖与填料函三者的间隙四点一致。还要旋转阀杆，阀杆应操作灵活，用力正常，无卡阻现象。如果用力过大，应适当放松一点填料压盖，减少填料对阀杆的抱紧力。

⑤ V 形填料和模压成形的填料圈应从阀杆上端慢慢地套入，套入时要防止内圈被阀杆的螺纹划伤。V 形填料的下填料垫凸角向上，安放在底面；中填料的凹角向下，凸角向上，安放在填料函的中部；上填料的凹角向下，平面向上，安放在填料函上层。

⑥ 有分流环的填料函应事先测量好填料函深度和分流环的位置；分流环要对准分流管口，允许稍微偏上，不允许偏下。

⑦ 用在阀杆上的 O 形圈为内 O 形圈槽；用在气动装置活塞上的为外 O 形圈槽，它们都属动密封形式。动密封 O 形圈的安装，对无安装倒角、有螺纹和沟槽的部位应用专用工具；对 O 形圈拉伸安装的，轴上滑行面应光滑并涂润滑剂，O 形圈应迅速滑至槽内。不得用滚动方法、手拉伸方法将 O 形圈套入槽内。O 形圈装入槽内应无扭曲、松弛、划痕等缺陷，一般装后停一段时间，让伸张的 O 形圈恢复原形后，方可上盖。有挡圈的 O 形圈结构，安装时不得去掉挡圈（O 形圈的压缩变形率为 16%～30%）。

在填料的安装中，严禁以小代大。在填料宽度不合适的情况下，允许用比填料函槽宽大 1 mm～2 mm 的填料代替；不允许用锤子打扁，应用平板或碾子均匀的压扁。

安装中，填料的压紧力应根据介质的压力和填料性能等因素来确定。一般情况下，同等条件的橡胶、聚四氟乙烯、柔性石墨填料用较小的压紧力就可密封,而石棉填料要用较大的压紧力(填料压紧力应在保证密封的前提下,尽量减小)。

5-55 大口径阀座的磨削,如何保证其形位公差、尺寸偏差?

大口径阀座磨削时,为了保证其形位公差及尺寸偏差首先要选择好磨床,提高磨床精度,选择好磨削时的定位基准,磨削过程中应反复磨削,不能大磨削一次就磨完,关键的还要翻面磨削。

5-56 在填料安装中,容易出现的问题是什么?

① 清洁工作不彻底,操作粗心,滥用工具,即阀杆、压盖、填料函不用油清洗,甚至函内有杂物;操作不按顺序、孔用填料不用专用工具、随便用錾子切制填料、用起子安装填料等。

② 填料选用不当,以低代高,以窄代宽;将一般低压填料用在高温和强腐蚀介质中。

③ 填料搭角不对,长短不一;安装在填料函中不平整、不严密。

④ 多层填放,多层缠绕填料,一次压紧,使填料函内填料不均匀,有空隙,压紧后是外紧内松,增加了填料的泄漏。

⑤ 填料安装太多,使填料压盖处在填料函上面,产生位移,擦伤阀杆。

⑥ 填料压盖和填料函的预紧间隙过小,如遇填料在使用中泄漏,便无法再拧紧填料压盖。

⑦ 填料压盖对填料压得太紧,增加了阀杆的磨损,使阀杆开闭力增大。

⑧ 填料压盖歪斜,松紧不匀。

⑨ 阀杆与填料压盖间隙过小,相互摩擦,磨损阀杆。

⑩ O形圈安装产生扭曲、划痕、拉变形等缺陷。

密封填料在安装中容易出现的上述问题,其主要原因是操作者对填料密封的重要性认识不足,求快、怕麻烦、违反操作规程所引起的。

5-57 如何安装普通热风阀?

热风阀门的安装应遵循如下原则:

① 热风阀门只能阀杆垂直地面安装使用,调试亦应在阀杆垂直地面的条件下进行。

② 热风阀通风方向和冷却水进出方向必须符合安装示意图标向。安装热风阀时风向箭头应指向热风主管道;热风阀用作燃烧阀、烟道阀时,风向箭头应指向热风炉;热风阀用作倒流休风阀时,风向箭头应指向热风主管道;热风阀用作混风切断阀时,风向箭头应背向热风主管道(热风阀用作上述其他阀门的安装方式仅指铭牌名称仍为"热风阀"时,铭牌名称已明确为上述阀门名称时,其风向箭头则为介质流向)。

③ 调试前,应用棉纱将阀体、阀板密封面擦拭干净,以免密封面被划伤。运行前,各给油点加润滑油,浮动密封部位散注石墨粉或润滑脂。

④ 安装后检查阀体、阀盖、阀杆密封等部位的螺栓紧固情况,以保证不漏风和阀板下落顺畅。手动低速启动阀门确认机构运转正常后再启动试运转。

⑤ 阀门的管道安装为整体安装(不含传动装置)。安装吊装点为阀体上的吊耳(位于圆

法兰处 4 只。阀盖吊耳严禁用于整体吊装),阀门整体安装后再将传动装置安装于阀门上。

⑥ 阀门管道阀门间应用陶瓷金属密封垫加涂高温密封胶进行密封,杜绝漏风。

⑦ 阀门开启时,阀板下部应高于阀门通道上沿 100 mm 以上(调试方法:将阀板提升到上极限然后下落 50 mm 定为阀板开启位置)。阀门冷却水要畅通,出水温度低于 40 ℃。

⑧ 阀门出厂安装前,传动架与阀本体分开包装存放,现场再整体安装。安装时,按安装接口位置将阀本体与传动装置连接紧固。阀门试运转时,应先手动后动力启动。(注意:液压阀门安装时,在阀门的启闭状态,使油缸活塞两侧均有空余行程,调试后再固定行程开关。齿轮齿条液压传动阀门则应根据阀门行程极限位置调整油缸活塞位置,再挂链条)。运转时应平稳,不得有碰撞和冲击卡滞现象。

5-58 如何选用非金属密封材料?

国内外使用的密封材料主要有橡胶、塑料、复合材料、纤维和金属等。

丁晴橡胶:NBR(代号),耐油、耐热、耐磨,工作温度－40 ℃～120 ℃,用于制造 O 形圈、油封。

氟橡胶:FKM(代号),耐热、耐酸碱、耐油,工作温度－30 ℃～120 ℃,耐高温、化学药品、耐燃液。

聚四氟乙烯:PYFE(代号),化学稳定性好,耐热、寒性好,机械强度高,耐高压、自润滑性好,工作温度:－55 ℃～260 ℃。主要用于耐磨环、异向环、挡圈等。

聚丙烯酸酯橡胶:ACM(代号),耐热强于 NBR,可在含极性添加剂的各种润滑油、石油系液压油中工作,耐水性较差。

聚甲醛:POM(代号),耐油、耐温、耐磨性好,抗压、抗冲击、有较好的自润滑性能,尺寸较稳定,但曲挠性差,工作温度－40 ℃～140 ℃。用于异向环、挡圈。

硅橡胶:MO&VMQ(代号),耐热、耐寒性好,压缩永久变形小,但机械强度低,工作温度－60 ℃～230 ℃。

5-59 正确选用阀门电动装置应注意的几个问题是什么?

阀门电动装置是实现阀门程控、自控和遥控不可缺少的设备,其运动过程可由行程、转矩或轴向推力的大小来控制。由于阀门电动装置的工作特性和利用率取决于阀门的种类、装置工作规范及阀门在管线或设备上的位置,因此,正确选用阀门电动装置,对防止出现超负荷现象(工作转矩高于控制转矩)至关重要。通常,正确选择阀门电动装置的依据如下:

① 操作力矩:操作力矩是选择阀门电动装置的最主要参数,电动装置输出力矩应为阀门操作最大力矩的 1.2～1.5 倍。

② 操作推力:阀门电动装置的主机结构有两种:一种是不配置推力盘,直接输出力矩;另一种是配置推力盘,输出力矩通过推力盘中的阀杆螺母转换为输出推力。

③ 输出轴转动圈数:阀门电动装置输出轴转动圈数的多少与阀门的公称通径、阀门螺距、螺纹头数有关,要按 $M = H/ZS$ 计算(M 为电动装置应满足的总转动圈数;H 为阀门开启高度;S 为阀杆传动螺纹螺距;Z 为阀杆螺纹头数)。

④ 阀杆直径:对多回转类明杆阀门,如果电动装置允许通过的最大阀杆直径不能通过

所配阀门的阀杆,便不能组装成电动阀门,因此,电动装置空心输出轴的内径应大于明杆阀门的阀杆外径。对部分回转阀门以及多回转阀门中的暗杆阀门,虽不用考虑阀杆直径的通过问题,但在选配时亦应充分考虑阀杆直径与键槽的尺寸,使组装后能正常工作。

⑤ 输出转矩:阀门的启闭速度若过快,易产生水击现象。因此,应根据不同使用条件,选择恰当的启闭速度。

阀门电动装置有其特殊要求,即应能够限定转矩或轴向力。通常阀门电动装置采用限制转矩的联轴器。当电动装置规格确定之后,其控制转矩也就确定了。一般在预先确定的时间内运行,电机不会超负荷。但如出现下列情况便可能导致超负荷:① 电源电压低,得不到所需的转矩,使电机停止转动;②错误地调定转矩限制机构,使其大于停止的转矩,造成连续产生过大转矩,使电机停止转动;③断续使用,产生的热量积蓄,超过了电机的允许温升值;④因某种原因转矩限制机构电路发生故障,使转矩过大;⑤使用环境温度过高,相对使电机热容量下降。过去对电机进行保护的办法是使用熔断器、过流继电器、热继电器、恒温器等,但这些办法各有利弊。对电动装置这种变负荷设备,绝对可靠的保护办法是没有的。因此,应采取各种组合方式,归纳起来有两种:一是对电机输入电流的增减进行判断;二是对电机本身发热情况进行判断。这两种方法,无论那种都要考虑电机热容量给定的时间余量。通常,过负荷的基本保护方法是:对电机连续运转或点动操作的过负荷保护,采用恒温器;对电机堵转的保护,采用热继电器;对短路事故,采用熔断器或过流继电器。

5-60 阀门的内漏通常是怎样引起的?

阀门的内漏通常是阀门密封副失效引起的。

众所周知,管内介质的隔断是靠阀芯和阀座表面密封来实现的。然而,由于两密封面的平面度引起的黏着磨损造成公差增大,坚硬粒子在荷载作用下产生的冲蚀,泡点状态液体压力变化形成汽泡产生汽蚀以及耐蚀材料保护膜的破坏,裸露金属在腐蚀环境的腐蚀等,均可能导致阀芯、阀座密封火效,使阀门出现内漏。

5-61 阀门的外漏通常是怎样引起的?

抛开阀体缺陷的因素,阀门的外漏多是中法兰或阀杆填料函密封损伤所造成的。

中法兰密封主要靠拧紧均布螺栓,如螺栓预紧力太小,达不到法兰和垫片所需初始密封比压,或是螺栓预紧力太大,使垫片发生过度变形,工作时垫片回弹不够等,密封副都会发生泄漏。确定阀门的温度压力等级之后,螺栓、垫片材料的选用就成了中法兰密封的关键。

阀杆处的外漏是靠填料函来实现的。阀门的使用条件、阀杆材料、填料性能和尺寸,填料预紧力都影响填料函的密封。异物的侵蚀和擦伤、填料失去弹性和松脱是填料函密封失效的主要原因。

5-62　球阀的安装步骤是怎样的？

（1）安装前的准备

① 球阀前后管线已准备好。前后管道应同轴，两法兰密封面应平行。管道应能承受球阀的重量，否则管道上必须配有适当的支撑。

② 把阀前后管线吹扫干净，清除掉管道内的油污、焊渣和一切其他杂质。

③ 核对球阀的标志，查明球阀完好无损。将阀全开全闭数次，证实其工作正常。

④ 拆去球阀两端连接法兰上的保护件。

⑤ 检查阀孔，清除可能有的污物，然后清洗阀孔。阀座与球之间即使仅有微小颗粒的异物也可能会损伤阀座密封面。

（2）安装

① 把阀装上管线。阀的任何一端都可装在上游端。用手柄驱动的阀可安装在管道上的任意位置。但带有齿轮箱或气动驱动器的球阀应直立安装，即安装在水平管道上，且驱动装置处于管道上方。

② 阀法兰与管线法兰间按管路设计要求装上密封垫。

③ 法兰上的螺栓需对称、逐次、均匀拧紧。

④ 连接气动管线（采用气动驱动器时）。

（3）安装后的检查

① 操作驱动器启、闭球阀数次，应灵活无滞涩，证实其工作正常。

② 按管路设计要求对管道与球阀间的法兰结合面进行密封性能检查。

5-63　阀门壳体无损检测的一般方法是什么？

采用无损探伤检验的方法，能有效发现壳体的内部缺陷。对于较薄的壳体，采用磁粉探伤；对于较厚的壳体，采用 γ 射线探伤；对于壁厚超过 60 mm 的壳体，采用 Co60 射线探伤；对焊接口采用着色探伤；锻件可采用超声波探伤；非铁磁材料（如奥氏体不锈钢、双相不锈钢）应采用射线探伤。

5-64　避免阀门泄漏应做好哪些工作？

阀门的泄漏有铸造质量问题，但更多的是密封副失效引起的。首先，阀门的内漏通常是阀门密封副失效引起的。其次，抛开阀体缺陷的因素，阀门的外漏又多是中法兰或阀杆填料函密封损伤所造成的。在实际工作中，如要避免阀门的泄漏，应尽量做好如下工作：

① 规范设计内容。设计选用时出具包括设计温度、压力、介质性质和状态，以及阀门类型、阀体及主要内件材料、接管要求等内容的阀门规格书，这样，不仅可以强化设计选用意识，而且还能为阀门采购提供科学的依据。

② 改变不当的操作方式。如用截断用的闸阀去调节物流，必然加速阀座、阀板的磨损；担心阀关不严，用"F"扳手强力关闭阀门，这样，不仅损伤阀门密封面，而且还会造成阀杆变形。

③ 改变不规范的安装方法。不规范的安装方法，如管道中焊渣、阀体内泥沙不清除就

安装阀门,必然会给密封面造成损伤;水平安装的电动阀、气动阀不设吊点;手轮朝下安装造成阀盖处杂物沉积等等,都会影响填料密封。

随着工艺技术和材料科学的发展,检查、检验手段的完善,现代阀门生产完全能够避免阀门的泄漏。设计好、选好、装好、用好、维护好并及时更换出现问题的阀门,对保障过程生产,控制危险料释放,降低泄漏事故频率是至关重要的。

5-65 超音速喷涂何种材料可抗硫化氢腐蚀?

抗硫化氢腐蚀的超音速喷涂的粉末配比如下:

a) 73%的 WC;

b) 20%的 CrC;

c) 7%的 Ni60。

第六章

阀门使用与维修

6-1 阀门的修理内容共分几大类？各类包括哪些修理项目？

阀门是设备和管道上的附件，它的维修应结合设备和管道的维修来进行。

中石化规定的炼油厂设备维修检修规程中规定，炼油厂公称压力低于 PN16 MPa、介质温度低于 550 ℃ 的油品、蒸汽、水及各类气体的高、中、低压阀门，其修理内容分为小修、中修、大修三大类。

各类包括的修理项目如下：

① 小修：清洗油嘴、油杯，更换填料，清洗阀杆及其螺纹，清除阀内杂物，紧固更换螺栓，配齐手轮等。

② 中修：包括小修的项目，解体清洗零部件，阀体修补，研磨密封件，矫直阀杆等。

③ 大修：包括中修项目，更换阀杆，修理支架，更换弹簧与密封件等。

注：在室内修理的阀门，一般中、小修较普遍，但也应解体检查和更换垫片。

6-2 螺母连接有哪几种防松方法？

阀门上常用螺母、弹簧垫圈、止动垫圈、开口销等连接件来防止螺母松动，图 6-1 为螺母连接常用的五种防松方法。

阀杆与关闭件连接结构常采用止动垫圈卡紧法和带翅垫圈卡紧法防松，效果较好。

此外，阀门用来防松的方法有骑缝螺钉（骑马螺钉）固定法和点铆法，这两种方法都用在不常拆卸的场合。点铆法是将螺母与螺栓啮合的螺纹处用洋冲点铆两点或两点以上的位置，使螺纹处相互挤压变形达到防松的目的。如果螺母松动用以上方法难以解决，可用粘接法。

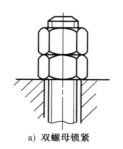
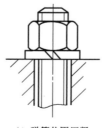
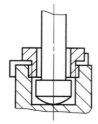

a) 双螺母锁紧　　　　b) 弹簧热圈压紧　　　　c) 止动垫圈卡紧

图 6-1　螺母防松的方法

d) 带翘垫圈卡紧　　　　　　　　e) 开口销防松

图 6-1（续）

6-3　怎样识别左旋螺纹和右旋螺纹?

正确识别螺纹是左旋还是右旋,是阀门装拆的最基本的知识。那么,怎样才能弄清螺纹是左旋还是右旋呢? 可以借助该阀件上的内螺纹或外螺纹来确定。一般情况下,它们成正反螺纹结构,以防止螺纹松动。如阀杆、阀杆螺母上的螺纹连接:阀杆螺母上的紧圈为左旋,手轮上的螺纹为右旋,阀杆螺母的梯形螺纹为左旋。此外,螺纹的升角是向左边升的螺纹叫左旋;反之为右旋,如图 6-2 所示。

6-4　拧紧螺栓的次序是什么?

阀门装配时,螺栓的拧紧程度和次序对其装配质量有着直接影响。对于一般螺栓的拧紧比较好办,连接件不松动就可以了。但对垫片、填料结构的螺栓拧紧,则应有先有后、对称均匀、轮流拧紧。当每根螺栓都拧紧得力后,应检查法兰是否歪斜,测量法兰之间的间隙是否一致,以便纠正。然后对称轮流拧紧螺栓,拧紧量要小,每次为 1/4～1/2 圈左右,一直拧到所需要的预紧力为止。要特别注意不要拧得过紧,以免压坏垫片,一般以拧到不漏为准。最后检查法兰间隙,其间隙应一致并保持在 2 mm 以上。螺栓拧紧的次序见图 6-3所示。

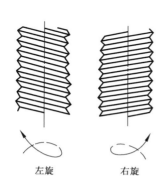 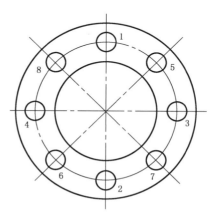

图 6-2　螺纹左、右旋的识别　　　　图 6-3　螺栓拧紧顺序

6-5　拆装螺栓的方法是什么?

螺栓的拆卸和装配方法通常与连接形式、损坏和锈死程度等因素有关。下面着重介绍

双头螺栓的拆装;锈死螺栓螺母的拆卸;断头螺栓的拆卸方法。

（1）双头螺栓的拆装方法

双螺母并紧一起的拆卸和装配双头螺栓的方法如图 6-4a)所示。

当要拆卸双头螺栓时，上扳手将上螺母拧紧在下螺母上，下扳手用力将螺母反时针方向转动，螺栓就会拧出。如果双头螺栓为反丝（左旋）的话，上扳手拧紧螺母，下扳手用力将螺母顺时针方向拧出螺栓；当要把双头螺栓装配到阀件上时，下扳手压紧下螺母，上扳手顺时针方向用力旋转上螺母，就可将双头螺栓拧紧在阀体上。如果双头螺栓为反丝的话，下扳手压紧下螺母，上扳手逆时针方向旋转上螺母，就可拧紧双头螺栓。

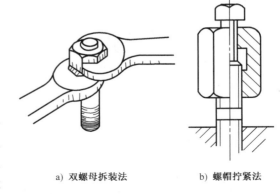

a) 双螺母拆装法　　　　b) 螺帽拧紧法

图 6-4　双头螺栓的拆装方法

另一种拧紧双头螺栓的方法见图 6-4b)。是用特制的螺帽，上面有一只螺钉，起并紧双头螺栓的作用，螺帽内螺纹与双头螺栓同一规格。用时将双头螺栓旋入螺母中并紧螺钉，然后拧转螺帽，就可拧转双头螺栓。

（2）锈死螺栓螺母的拆卸方法

锈死和腐蚀的螺栓和螺母拆卸前，应用煤油浸透，并弄清螺旋方向，然后慢慢地拧松 1/4 左右，退回原来位置；这样反复进退几次，就可逐渐拧出螺栓。也可用手锤敲击螺栓及螺母四周，将螺纹振松，然后再拧松螺栓螺母（但在敲击的过程中，不要敲坏螺纹）。用敲击法难以拆卸的螺母，可用喷灯或氧炔焰加热，使螺母受热膨胀，迅速将螺母拧出。对难以拆卸的双头螺栓，用煤油浸透后，可用管子钳卡在中间光杆位置上拧出。

（3）断头螺栓的拆卸方法

螺栓折断在螺孔中，是拆卸中感到麻烦的事。图 6-5 是几种断头螺栓的拧出方法。

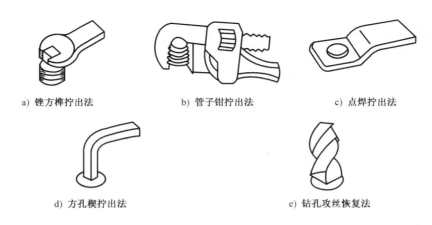

a) 锉方榫拧出法　　　　b) 管子钳拧出法　　　　c) 点焊拧出法

d) 方孔楔拧出法　　　　　　　e) 钻孔攻丝恢复法

图 6-5　断头螺栓的拧出方法

锉方榫拧出法和管子钳拧出法,适用于螺栓在螺孔外有 5 mm 以上高度的断头螺栓。

点焊拧出法适用于断头螺栓在螺孔外或断头螺栓与螺孔相平的条件下,它是由钻有比螺孔小的孔的扁钢制成,点焊填满孔后拧出。

方孔楔拧出法适用于断在螺孔内的螺栓,方法是先将螺栓中间钻一小孔,用方孔锥具敲入小孔中,然后拧出。

钻孔攻丝恢复法适用于无法取出螺栓的情况,它是先将螺栓断面整平,打样冲后,用比螺纹内径稍小的钻头钻孔,最后按原螺纹攻丝而成。

断头螺栓在采用以上拧出方法之前,应采取一些常规措施,如煤油浸透、清除表面油污锈迹(这点特别对点焊的拧出法更重要,否则焊不牢)。必要时,还可将螺栓周围加热,在热塑的条件下将螺栓拧出。对断头螺栓的拧出还可以采用化学腐蚀方法,适当清洗锈死和腐蚀的螺栓、螺孔,会加快断头螺栓的拧出(拧出螺栓后应用水冲洗螺孔,以免残存化学药剂腐蚀阀件)。

6-6　键联结的装配和拆卸方法是什么?

键联结的形式有平键、滑键(导键)、斜键(楔键)、半圆键(月牙键)和花键,图 6-6 为键联结的装配形式。

① 平键。平键在阀门上应用的较普遍,它的截面形状有正方形和长方形两种。平键装配前应清洗键槽,修整键的棱边,修配键的配合尺寸、精度,锉削键两端圆头。装配时键的两侧应略有过盈,键的顶面与轮毂间应有间隙,键的底面与轴键槽底相接触。装配可用手锤轻敲或用虎钳将平键慢慢夹紧,装入轴的键槽内。在装配时铜片作垫,以免损坏轴和键。

平键拆卸时应先卸下轮类,可用起子等工具在平键两端拨起,也可用薄铜皮包好平键两侧,用钢丝钳或虎钳夹持拉出。

② 滑键。滑键实际上是平键的一种特殊形式,它不仅能带动轮毂转动,而且能使轴和轮毂作相对运动,它用在传动装置和研磨机上的离合机构中。滑键可装配在轴上,也可装配在轮毂上。滑键与它装配的键槽应配合紧密,无松动,并用埋头螺钉固定。滑键与它相对滑动键槽的两侧和顶面应有一定间隙。

除埋头螺钉外,滑键的装配和拆卸方法与平键一样。埋头螺钉应紧固,不得松动,应低于滑键面。

③ 斜键。斜键与平键相似,但其顶面成斜面,斜度 1:100,并有键头,供拆卸用。斜键装配时应清除棱边,修配键与槽的配合精度;然后将轮毂和轴套对准键槽,用斜面涂色的斜键插入槽中,检查接触面,接触面应不小于 70%,如小于 70% 应刮研修正。最后用白铅油涂一层在斜键上,将斜键打入槽中。

斜键拆卸使用工具有斜键拉头和斜键拨头。

④ 半圆键。半圆键用在直径较小的轴和锥形轴上,能在键槽中自动调节斜度。

半圆键装配和拆卸方法与平键相似。

⑤ 花键。花键像一对内外啮合的齿轮,加工精度高,传递扭矩大,在阀门上用得很少。

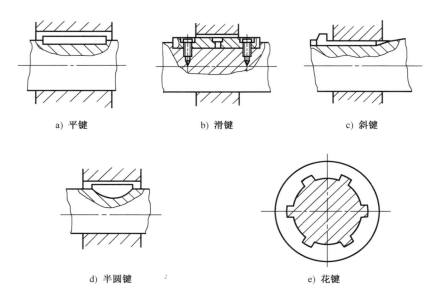

a) 平键　　　　　　　　b) 滑键　　　　　　　　c) 斜键

d) 半圆键　　　　　　　　　　　　e) 花键

图 6-6　键联结的装配

6-7　如何正确安装垫片？

垫片是解决"跑、冒、滴、漏"的静密封的零件。由于静密封的结构形式很多，按照这些静密封形式，相应地出现了平面垫、椭圆垫、透镜垫、锥面垫、液体密封垫、O 形圈以及各种自密封垫等。

垫片的正确安装，应在法兰连接结构或螺纹连接结构、静密封面和垫片经检查无疑，其他阀件完好无损的情况下进行。

① 装垫片前，密封面、垫片、螺纹及螺栓螺母旋转部位涂上一层石墨粉或石墨粉用机油（或水）调合的润滑剂，垫片、石墨应保持干净。

② 垫片安装在密封面上要逢中、正确，不能偏斜，不能伸入阀腔或搁置台肩上。垫片内径应比密封面内孔大，外径应比密封面外径稍小，这样才能保证垫片受压均匀。

③ 安装垫片只允许装一片，不允许在密封面间装两片或多片来消除两密封面间的间隙不足。

④ 椭圆垫片的安装应使垫片内外圈相接触，垫片两端面不得与槽底相接触。

⑤ O 形圈的安装，除圈和槽应符合设计要求外，压缩量要适当，金属空心 O 形圈一般压扁度为 $10\%\sim40\%$，橡胶 O 形圈的压缩变形率，圆柱面上的静密封取 $13\%\sim20\%$；平面静密封面取 $15\%\sim25\%$。对内压高的，真空上使用压缩变形应高一些。在保证密封的前提下，压缩变形率越小越好，可以延长 O 形圈的寿命。

⑥ 垫片在上盖前，阀门应处于开启的位置，以免影响安装和损坏阀件。盖时要对准位置，不得用推拉的办法与垫片接触，以免垫片发生位移和擦伤。调整盖的位置时，应将盖慢慢地提起，再对准轻轻地放下。

⑦ 螺栓连接或螺纹连接的垫片的安装，应使垫片处在水平位置上（螺纹连接的垫片盖，有扳手位置的不得用管子钳）。螺纹拧紧应采用对称、轮流、均匀的操作方法，螺栓应扣满、

齐整、无松动。

⑧ 垫片压紧前,应对压力、温度、介质的性质、垫片材料特性了解清楚,确定预紧力。预紧力应保证在试压不漏的情况下,尽量减小(过大的预紧力容易破坏垫片,使垫片失去回弹力)。

⑨ 垫片上紧后,应保证连接件有预紧的间隙,以备垫片泄漏时有预紧的余地。垫片安装的预留间隙见图 6-7 所示。

⑩ 在高温工作时,螺栓会产生高温蠕变,产生应力松弛,变形增大,导致垫片处泄漏,需要热紧。反之,在低温条件下,螺栓会产生收缩,需要冷松。高温或低温管道及阀门在开车试运时,其热紧冷松温度见表 6-1 所示。

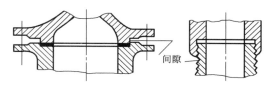

图 6-7 垫片安装的预留间隙

表 6-1 热紧和冷松温度

阀门工作温度/℃	一次热紧或冷松温度/℃	二次热紧或冷松温度/℃
250～350	工作温度	
＞350	350	工作温度
−20～−70	工作温度	
＜−70	−70	工作温度
注:热紧和冷松要适度,操作时要遵守安全技术规程。		

热紧为加压,冷松为泄压,热紧和冷松应在保持工作温度 24 h 后进行。

⑪ 密封面采用液体密封垫片时,其密封面应清理或进行表面处理。平面密封面应研磨后相吻合,涂布胶粘剂应均匀(胶粘剂应与工况条件相适应),要尽量排除空气,胶层一般为 0.1 mm～0.2 mm。螺纹处与平面密封面一样,接触两个面都要涂布,旋入时应立式姿态,以利空气的排出。胶液不宜过多,以免溢出粘污其他阀件。

⑫ 对螺纹密封采用聚四氟乙烯薄膜生胶带时,应先将薄膜起点用力拉薄,粘在螺纹面上;然后将起点处多余粘胶带除掉,使粘在螺纹上的薄膜成楔形。视螺纹间隙一般缠绕 1～3 圈,缠绕方向应顺着旋入方向,将终点重合在起点处;慢慢地拉断薄膜成楔形,这样薄膜缠绕的厚度均匀。旋入前,把螺纹端部的薄膜压合一下,以便薄膜随螺纹一起旋入内螺纹中;旋入时要慢,用力要匀;旋紧后不要再动,更要避免回转,否则容易泄漏。

6-8 垫片安装中容易出现的问题是什么?

在垫片的安装中,由于其本身的加工质量及操作者工作质量的诸多因素常常容易出现偏口、错口、张口、偏垫、咬垫等问题,见图 6-8。

① 偏口。偏口产生的原因除加工质量问题外,主要是拧紧螺栓时没有按对称均匀、轮流的方法操作,事后又没有四点检查法兰间隙而造成的。

② 错口。错口是由于加工质量不好,两法兰孔中心不对或螺孔错位造成的。也有因安装不正或螺栓直径选用过小,互相移位引起的。

③ 张口。张口产生的原因有二种,一是垫片太厚,使密封面露出在另一法兰的台肩上;二是凸凹面、榫槽面不合套,嵌不进去(后者缺陷是最危险的)。

④ 双垫。双垫的产生往往是为了消除连接处预留间隙不够而又新出现的缺陷。

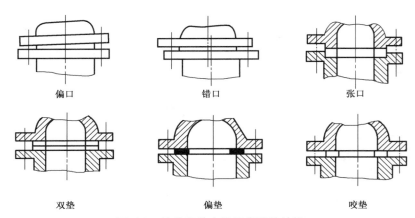

偏口　　　　　　　　　错口　　　　　　　　　张口

双垫　　　　　　　　　偏垫　　　　　　　　　咬垫

图 6-8　垫片安装中容易出现的缺陷

⑤ 偏垫。偏垫主要是安装不正引起的,垫片伸入阀腔内容易受到介质的冲蚀,并使介质产生涡流。这种缺陷,使垫片受力不均匀,产生泄漏。

⑥ 咬垫。咬垫产生的原因是由于垫片内径过小或外径过大引起的。垫片内径过小,伸入阀腔内,易受介质冲蚀并使介质产生涡流;垫片外径过大,容易使边缘夹持在两密封面的台肩上,使垫片压不严。

此外,垫片在安装中还容易出现划伤表面、垫落槽底等问题,溶剂型液体垫还容易出现溶剂未充分发挥就安装或胶层混入过多空气等问题。

6-9　如何正确地安装填料?

填料是安装在阀杆与阀盖填料函之间、防止介质向外渗漏的一种动密封结构。阀门中使用最多的是压缩填料——一种按使用条件不同,把各种材料组合起来制成绳状、盘状及环状的密封件;其次是柔性石墨填料。

填料的正确安装,应在填料装置各部件完好、填料预制成形、阀杆完好并处在开启位置(现场维修除外)的条件下进行。

① 安装前,无石墨的石棉填料应涂上一层片状石墨粉,填料应保持干净,石墨、密封胶不能混入杂物。

② 凡能在阀杆上端套入填料的阀门,都应尽量采用直接套入的方法。套入前,首先卸下支架、手轮、手柄及其他传动装置,用高于阀杆的管子作压具,压紧填料。对不能采用直接套入的,填料应切成搭接形式(这种形式对柔性石墨盘根可采用,但对人字形填料却要禁止,对 O 形圈则要避免。)并将搭口上下错开,见图 6-9。斜着把盘根套在阀杆上,然后上下复原,使切口吻合,轻轻地嵌入填料函中。

③ 向填料函内装填料应一圈一圈的安放,并一圈一圈地用压具压紧压均匀。填料各圈的切口搭接位置应相互错开 120°,如图 6-10 所示。

在安装第一圈填料时应仔细检查填料底部是否平整,填料垫是否装上。

填料在安装过程中,相隔 1～2 圈应旋转一下阀杆,以免阀杆与填料咬死,影响阀门的启、闭。

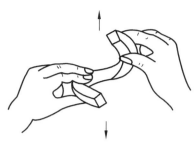

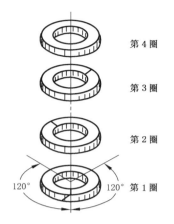

第4圈

第3圈

第2圈

120°　120°　第1圈

图 6-9　搭接盘根安装方法　　　图 6-10　填料函内填料的正确安装方法

④ 填料函基本上填满后,应用填料压盖压紧填料。使用压盖时用力要均匀,两边螺栓应对称地拧紧,不得把填料压盖压歪,以免填料受力不均与阀杆产生摩擦。填料压盖的压套压入填料函的深度为其高度的 1/4～1/3,也可用填料一圈高度作为填料压盖压入填料函的深度,一般留有不得小于 5 mm 预紧间隙,然后检查阀杆与填料压盖、填料压盖与填料函三者的间隙四点一致。还要旋转阀杆,阀杆应操作灵活,用力正常,无卡阻现象。如果用力过大,应适当放松一点填料压盖,减少填料对阀杆的抱紧力。

⑤ V 形填料和模压成形的填料圈应从阀杆上端慢慢地套入,套入时要防止内圈被阀杆的螺纹划伤。V 形填料的下填料垫凸角向上,安放在底面;中填料的凹角向下,凸角向上,安放在填料函中部;上填料的凹角向下,平面向上,安放在填料函上层。

⑥ 有分流环的填料函应事先测量好填料函深度和分流环的位置;分流环要对准分流管口,允许稍微偏上,不允许偏下。

⑦ 用在阀杆上的 O 形圈为内 O 形圈槽;用在气动装置活塞上的为外 O 形圈槽,它们都属动密封形式。动密封 O 形圈的安装,对无安装倒角、有螺纹和沟槽的部位应用专用工具;对 O 形圈拉伸安装的,轴上滑行面应光滑并涂润滑剂,O 形圈应迅速滑至槽内。不得用滚动方法、手拉伸方法将 O 形圈套入槽内。O 形圈装入槽内应无扭曲、松弛、划痕等缺陷,一般装后停一段时间,让伸张的 O 形圈恢复原形后,方可上盖。有挡圈的 O 形圈结构,安装时不得去掉挡圈。图 6-11 为 O 形圈装配的一种形式,O 形圈的压缩变形率为 16%～30%。

在填料的安装中,严禁以小代大。在填料宽度不合适的情况下,允许用比填料函槽宽大1 mm～2 mm 的填料代替;不允许用锤子打扁,应用平板或碾子均匀地压扁。

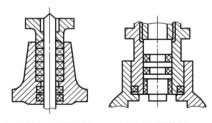

a) 填料与 O 形圈并用　　b) O 形圈单用

图 6-11　O 形圈装配的形式

安装中,填料的压紧力应根据介质的压力和填料性能等因素来确定。一般情况下,同等条件的橡胶、聚四氟乙烯、柔性石墨填料用较小的压紧力就可密封,而石棉填料要用较大的压紧力。填料压紧力应保证密封的前提下,尽管减少压紧力。

6-10 密封填料在安装中容易出现的问题是什么?

密封填料在安装中容易出现如下十类问题。

① 清洁工作不彻底,操作粗心,滥用工具,即阀杆、压盖、填料函不用油清洗,甚至函内有杂物;操作不按顺序,孔用填料,不用专用工具,随便用錾子切制填料,用起子安装填料等。

② 填料选用不当,以低代高,以窄代宽;将一般低压填料用在高温和强腐蚀介质中。

③ 填料搭角不对,长短不一;安装在填料函中不平整,不严密。

④ 多层填放,多层连绕填料,一次压紧,使填料函内填料不均匀,有空隙,压紧后是外紧内松,增加了填料的泄漏。

⑤ 填料安装太多,使填料压盖处在填料函上面,产生位移,擦伤阀杆。

⑥ 填料压盖与填料函的预紧间隙过小,如遇填料在使用中泄漏,便无法再拧紧填料压盖。

⑦ 填料压盖对填料压的太紧,增加了阀杆的磨损,使阀杆开闭力增大。

⑧ 填料压盖歪斜,松紧不匀。

⑨ 阀杆与填料压盖间隙过小,相互摩擦,磨损阀杆。

⑩ O形圈安装产生扭曲、划痕、拉变形等缺陷。

密封填料在安装中容易出现的上述问题,其主要原因是操作者对填料密封的重要性认识不足,求快怕麻烦,违反操作规程所引起的。

6-11 阀门维修后的组装要求是什么?

阀门经过清洗、修复后,用不同配合形式(间隙配合、过渡配合、过盈配合)将不同的阀件组合在一起,并以不同类别的连接形式(键联结、销连接、螺纹连接、齿连接、焊接、粘接等)将这些阀件连接在一起,组成一台具有密封、启闭灵活等性能的阀门,这一技术操作过程称为阀门的组装。

对阀门维修后的组装,一般有三点要求。

① 组装的条件。所有的阀件经清洗、检查、修复或更换后,其尺寸精度、相互位置精度、表面粗糙度以及材料性能和热处理等力学性能应符合技术要求方可组装。

② 组装的原则。组装时,先拆的后装、后拆的先装;弄清配合性质,切忌猛敲乱打;操作按先里后外、从左至右、自上而下的顺序;顺手插装,先易后难;先零件、部件、机构,后上盖试压。

③ 装配的效果。配合恰当,连接正确,阀件齐全,螺栓紧固,启闭灵活,指示准确,密封可靠,适应工况。

6-12 明杆楔式单闸板闸阀的组装程序是什么?

明杆楔式单闸板闸阀的组装工作程序一般遵循:准备——→清洗检查——→初次着色检查——→装阀杆——→装填料——→正式着色检查——→组装——→试压——→整理九个程序,其工作内容和技术要求按表 6-2 的规定,组装时主要配合精度及表面粗糙度要求如图 6-12 所示。

表 6-2 明杆楔式单闸板闸阀组装工作程序、工作内容及技术要求

工作程序	准　备	清洗检查	初次着色检查	装阀杆	装填料	正式着色检查	组　装	试　压	整　理
工作内容	配齐和修好阀件；制作或备齐垫片、填料；准备好需要的工具和物料	用煤油或汽油清洗紧固件、密封面、阀杆、阀杆螺母等，用布擦洗阀体、阀盖、支架。边清洗、擦拭、边检查阀件	用阀杆和闸板分别着色检查上密封和密封面。对于双闸板密封面着色检查，可按正式着色检查方法进行	装配好阀杆螺母、阀杆，并涂好润滑剂。明杆阀杆从填料函底孔穿出，套好压盖，旋入阀杆螺母中；暗杆阀杆的台肩夹持在填料函与阀盖间，阀杆下部，旋入阀杆螺母中；阀杆螺母在阀盖上的，一般阀杆穿过阀盖、压套螺母、压套后旋入	应装好开度指示器（对暗杆而言）和手轮。按规定逐圈装好填料，对称均匀把紧压盖、压套。可拆卸支架的，应装好填料后复原	根据闸板不同结构形式，按顺序装在阀杆上，装上假垫片，检查闸板标志，盖好阀盖。用正常关闭力对密封面进行着色检查	吹帚、擦拭阀体、阀盖、闸板、密封面洁净，闸板调到较高位置，上好符合工况条件的垫片，检查闸板标志，上好阀盖，对称均匀地拧紧螺栓	按规定进行强度试验和密封性试验	擦干阀门，涂漆，挂牌或打钢号。填写修理和试压记录，闸板关闭，封口以及包装
技术要求	阀件、工具、物料符合技术要求，按顺序摆放，不允许随便堆放在地上	清洗过的阀件应无油污、锈渍，阀件应符合技术要求	印影清晰、圆且连续	装配正确，间隙配合适当，阀杆螺母润滑系统完好	填料安装符合技术要求。阀杆、阀杆螺母、压盖、填料函应在同一轴线上，压盖并有一定预紧间隙。阀杆旋转灵活、无卡阻的现象	阀杆与闸板等连接处符合要求。着色检查印影清晰、圆且连续	清洁彻底，支架位置正确，螺栓材质一致，松紧一致，四点检查法兰间隙一致，且不小于2 mm。操作灵活，指示正确	关闭力适当，试压方法正确。在规定时间内不漏或有允许的微量渗漏为合格	阀内干燥，涂漆符合要求。认真填写记录，文字简洁，清楚。钢号、挂牌在显目处。包装牢固

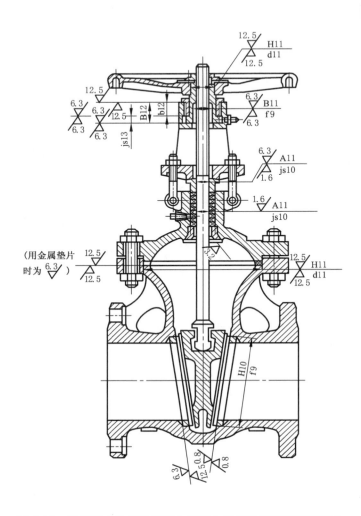

图 6-12 明杆楔式单阀板闸阀主要配合精度及表面粗糙度要求

6-13 截止阀的组装工作程序是什么？

截止阀的组装工作程序与闸阀基本相似,可分为准备——清洗检查——初次着色检查——装阀杆和压盖——装手轮或手柄——装填料——装阀瓣——正式着色检查——组装——试压——整理等项,其工作内容和技术要求可参照表 6-2 的规定,组装时主要配合精度及表面粗糙度要求参照图 6-13 所示。

截止阀在初次着色检查时,为了方便,一般可用阀瓣与阀座单独着色检查;安装阀杆一般从阀盖下面穿入,然后套入阀盖,角式截止阀如没有阀盖,阀杆可以从填料函上面装入;角式截止阀装填料与其他型式截止阀不同,应在装填料压盖、装手柄之前;截止阀组装时,直流式和直通式是阀体与阀盖组装,而有的角式是阀体与阀座体组装。组装时,应注意截止阀结构有别,留心装好定位器、活套法兰、卡套等件。

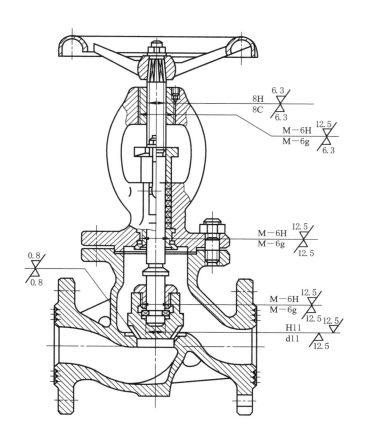

图 6-13 截止阀主要配合精度及表面粗糙度要求

6-14 活塞式减压阀的组装工作程序是什么?

活塞式减压阀的组装工作程序一般为:准备──→清洗检查──→着色检查──→装主阀瓣──→装活塞──→装脉冲阀──→装调节弹簧──→装膜片──→装阀盖──→质量验收──→整理等项(注:中间几项工作程序可根据装配者习惯作适当调整)。活塞式减压阀其工作内容和技术要求按表 6-3 的规定,组装时主要配合精度及表面粗糙度要求参照图 6-14 所示。

此外,弹簧薄膜式减压阀其动作原理和结构形式相似于活塞式减压阀。弹簧薄膜式减压阀中的薄膜是用橡胶制成的,用以代替活塞式减压阀中的膜片、脉冲阀和活塞,它的结构更简单。弹簧薄膜式减压阀组装程序可仿照活塞式减压阀组装程序。

表 6-3 活塞式减压阀组装工作程序、工作内容及技术要求

工作程序	工作内容	技术要求
准备	配齐和修好阀件和备件;制作齐全的垫片、膜片;准备好所需的工具和物料	阀件、工具、物料符合技术要求,按顺序摆放在清洁的位置上
清洗检查	用煤油或汽油清洗相配合的阀体、阀盖、帽盖、活塞、护罩,保护所需的工作	阀件应无油污、锈迹、毛边等,符合技术要求
着色检查	着色检查阀座与阀瓣、脉冲阀以及活塞与活塞缸的接触印影,其方法可按局部组装进行检查;边清洗、边检查阀件	印影符合技术要求
装主阀瓣	组装主阀瓣、主阀弹簧、端盖,使主阀瓣与阀座吻合;导向套任导向杆套里、端盖与阀体密封垫片密封,拧紧螺栓、上好端盖堵头	装配正确、主阀瓣上下灵活,无卡阻现象;垫片处应密封不漏
装活塞	用专用工具安装活塞环和活塞	活塞环、活塞、活塞缸三者配合正确,符合技术要求、上下运动灵活
装脉冲阀	脉冲阀瓣上好弹簧,将阀瓣导向杆套入阀座中,一起放入阀盖孔中,并拧紧阀座,使脉冲阀弹顶住阀瓣,装好过滤网	装配正确,密封面密合,不漏
装调节弹簧	按标志上好调节螺钉,调节弹簧装好上下座,使上座与调节螺钉相配合	装配正确,符合要求
装膜片	在阀盖凹法兰上根据工况条件,最好涂一层密封胶,装正膜片。手持弹簧下座,将帽盖凸直立,使嵌入阀盖凹法兰中、拧紧螺栓	调节螺钉,调节灵活,膜片处密封可靠并呈平衡状态
上阀盖	吹扫阀腔、上好中法兰垫片、对准通孔和定位销,装好阀盖,拧紧螺栓	定位正确,通孔畅通、螺栓拧紧,符合要求
质量验收	按规定进行强度、灵敏度,密封性试验,以及流量和压力特性试验	应符合所规定的技术要求
整理	擦干阀门,涂漆,挂牌或打钢号。填写修理和试验记录,封口和包装	阀门干燥,涂漆符合要求,认真填写记录,文字简洁、清楚,牌子应在醒目处,钢号、牌子应在包装牢固

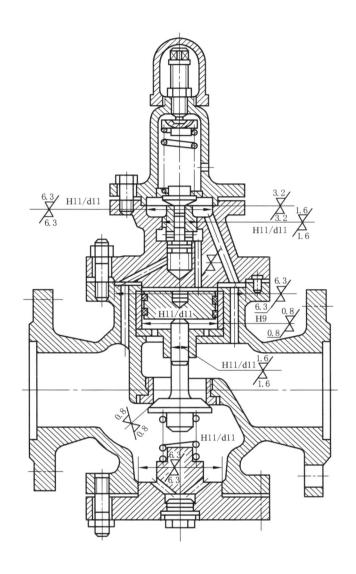

图 6-14 活塞减压阀主要配合精度及表面粗糙度要求

6-15 弹簧式安全阀的组装工作程序是什么?

弹簧式安全阀的组装工作程序一般为:准备——→清洗检查——→着色检查——→装阀座——→装阀瓣——→组装阀杆——→装阀盖——→质量验收——→装保护罩——→整理等项,其工作内容和技术要求可参照表 6-4 的规定,组装时主要配合精度及表面粗糙度要求参照图 6-15 所示。

表 6-4　弹簧式安全阀组装工作程序、工作内容及技术要求

工作程序	工作内容	技术要求
准备	配齐和修好阀件、制作和备齐垫片、准备好所需的工具、物料等，按顺序摆放在清洁处	
清洗检查	用煤油或汽油清洗相配合的阀件、用绸布擦净的密封面。其他阀件也应边清洗、边擦拭，边检查阀件	
着色检查	阀瓣套在导向套内，手压检查阀瓣与阀座着色配合密合情况。也可以事先作平晶检查，着色检查后，应擦净密封面	印影应清晰，圆周目连续
上阀座	按原标志把调节圈拧在阀座上。阀座上好在阀体上，上好定位螺杆，并插入调节圈齿间，上好堵头	装配正确，调节圈旋转灵活。密封处应密封不漏
装阀瓣	组装阀瓣、反冲盘（调节圈），导向套等分别装好弹簧、弹簧下座，将阀下端插入阀瓣或导向盘的凹槽中，阀杆下端应装好垫片。有定位螺钉的，应装好在阀体上	装配符合要求，阀瓣应有微调性能，上下运动灵活，无卡阻现象
组装阀杆	上好调节螺套，在阀杆上装好弹簧、弹簧上座，中安放在阀体上，上好定位螺杆，阀杆上端穿入调节中心孔中	组装应正确，符合技术要求
上阀盖	对正阀盖与阀体的位置，阀盖与阀体连接处有垫片的，应装上垫片，均匀对称地拧紧螺栓，按原标志调整调节螺套	阀杆上下应灵活，无卡阻现象。阀杆、阀座、阀瓣三者应在同一轴线上。阀杆对阀瓣压紧力符合要求，垫片在处应密封
质量验收	按弹簧式安全阀技术要求，进行水压强度、密封性试验，以及开启（定压）和回座压力试验等项目。试验时应有三方面人员在场	符合规定的技术要求
装保护罩	装好保护罩，有手动扳手的安全阀应组装好杠杆和扳手。打好铅封（以防安装手动扳手有损定值的话，可另作一次试验）	手动灵活，符合要求，保护罩安装牢固
整理	擦干阀门，涂漆，挂牌或打钢号。填写修理和试验记录。固定阀瓣，封口和包装	阀门干燥，涂漆符合要求，认真填写记录，文字简洁、清楚。钢号、牌子在显目处。包装牢固

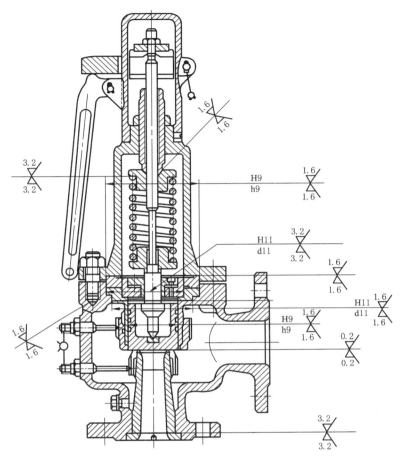

图 6-15 弹簧安全阀主要配合精度及表面粗糙度要求

6-16 静密封面损坏的原因有哪些?

密封副不产生相对运动而处在相对静止的状态称为静密封,该密封的表面称为静密封面。
静密封面损坏的原因概括如下:

① 静密封面的表面粗糙度较高,主要原因是使用时间过长,介质浸蚀,维修欠佳。

② 静密封面有明显的压痕,主要是选用垫片硬度过高或混入了砂粒、焊瘤等物所致。

③ 静密封面有划痕和铲伤,主要是拆卸、清洗过程中违反操作规程,用力不当引起的。

④ 静密封面严重锈蚀,主要是介质的腐蚀和选用阀门不当而引起的。

⑤ 静密封面有明显的沟槽,主要是静密封面产生泄漏后,没有及时修理,介质冲蚀的结果。

⑥ 静密封面产生变形,主要是刚度不够,连接力过大,高温下产生热蠕变的结果。

⑦ 静密封面有泄漏孔,主要是制造质量不好,引起的皱折、气孔、夹碴等缺陷所致。

⑧ 静密封面有裂纹,主要是设计不合理、制造质量差,安装或操作不当,长期处在交变载荷下而引起的。

静密封面的损坏是造成阀门泄漏的主要原因之一,应引起重视。

6-17　静密封面维修研磨的方法有哪些？

从静密封面的结构型式及其特点可将静密封面归纳为平面密封、锥面密封、梯形槽密封、透镜垫密封、O形圈密封、自紧密封等，这些静密封面维修研磨的方法如下：

（1）平面静密封面的研磨

平面静密封面的一般压痕、擦伤、腐蚀等损坏现象，均可以用研磨方法进行修复。

平面静密封面的研磨方法一般采用刮研。刮研是一项技术性强、劳动强度大的细致工作，刮研的效率较低，但密封面修复可靠性好。

平面静密封面的刮研很方便，特别是光滑面更容易实现。先将标准平板与清洗后的平面静密封面进行着色检查，如果所接触的印痕均匀分布，表面无明显缺陷，就说明该密封面基本上是合格的。若印痕不均说明不平整，或者密封面平整而有缺陷，都需要进行刮研。图6-16为铲刀刮研，其方法为：用红丹、蓝丹等显示剂涂密封面，使密封副密合；产生印影后根据印影分布情况用铲刀刮研密封面上的高点处，保留低点处，经多次反复刮研，使密封面得到应有的平整度和粗糙度。

图6-16　铲刀刮研

此外，平面静密封面的研磨还可采用不同形式的研磨工具。

（2）锥面静密封面的研磨

锥面静密封面是阀门静密封面的另一种形式，它比平面静密封面要求严格，不但对表面粗糙度有较高要求，而且对密封副的同轴度、圆度和锥度有较高要求。

锥面静密封面的锥度有30°、60°、76°、90°四种，旋塞阀的静密封面锥度为1：6和1：7两种。

见图6-17所示，锥面静密封面研磨时，锥面研具水平放置，均匀地涂上一层研磨剂或粘贴一层砂布（纸），研件垂直放入研具中。为了保证同轴度，最好使用导向工具。研件插入锥面研具后作径向来回旋转，动作一次转过一个角度，注意研件锥面静密封面研磨的机率均等。这样旋转4～5次后，将研件微提起一下，调换研件旋转的方向；然后，把研件放下，继续研磨，这样能保持研磨剂的均匀度，避免磨粒运动轨迹的重复，有利研磨的质量提高，加快研磨的速度。研磨一定时间后，取出研件，擦干研件和研具上的研磨剂，检查研件研磨的质量。如果密封面上的缺陷未完全消除，应重新涂布研磨或更换新的砂布，一直到密封面上的缺陷完全消除，研磨表面呈现银灰色或发亮为止。这时，便可用标准锥面工具或完好的研件锥面密封面进行着色检查，直至研件研磨质量合乎要求为止。在整个研磨过程中，注意粗研和精研的区别。随着缺陷的逐渐消失，应换用磨粒更细的研磨剂或砂布（纸）。精研时，还应换用精度较高的研具。

此外，由于某些条件的限制和修理工艺的需要，维修静密封面也可采用局部研磨的方法。锥面静密封面的局部研磨有三种形式：

① 把要研磨的工件与标准研具着色检查，局部研磨工件；

② 旋塞锥或旋塞体中，有一件是完好的，以此为标准，着色检查，局部研磨另一密封面；

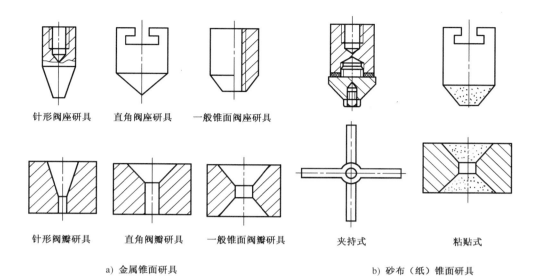

针形阀座研具　　直角阀座研具　　一般锥面阀座研具

针形阀瓣研具　　直角阀瓣研具　　一般锥面阀瓣研具　　夹持式　　　　粘贴式

a) 金属锥面研具　　　　　　　　　　　　　　　b) 砂布（纸）锥面研具

图 6-17　锥面研具

③ 旋塞锥和旋塞体两者都有一定的缺陷,互为基准,两者着色检查后,各自研磨各自的高点位。这种互为基准的研磨方法,情况复杂,靠丰富经验来判断和修复。

锥面静密封面的研磨与平面静密封面的研磨有根本的不同:平面密封面研磨时,平板(研具)与平面密封面相对位置在水平面上作一定距离的无规则地滑动,而达到预期的平整度和表面粗糙度;锥面密封面研磨时,锥面研具和锥面密封面的相对位置,不允许作水平面移动,而要求锥面研具与锥面密封面的锥度一致。两者的同轴度高,锥面研具与锥面密封面相对位置只沿公共轴线旋转、沿公共轴线上下移动,以达到理想的精度和粗糙度。

（3）梯形槽静密封面的研磨

梯形槽表面轻微的磨损和锈迹,用金刚砂布沾机油均匀在密封面上打磨就可以了。研磨量超过 0.03 mm 的,应用研具研磨。研具应制成梯形槽截面一样,其夹角为分角 23°的 2倍,即 46°。研具可分梯形研磨块、梯形整圆研具。研磨时将研具包砂纸或涂布研磨剂,在整个槽内均匀地、往复地研磨;也可以将梯形槽密封件夹持在低转速的机械上,用梯形研磨块进行研磨。研磨中要注意经常检查,更换研磨剂,直至缺陷研磨掉后其表面粗糙度不低于 $\overset{1.6}{\triangledown}$,着色检查合格为止。

（4）透镜垫静密封面的研磨

透镜垫静密封面与端面夹角为 20°,应制作夹角为 140°的锥面研具贴上砂纸或涂布研磨剂进行研磨。研磨时,研具上最好装上导向器,以免研具偏斜影响精度。将缺陷研磨掉后,其表面粗糙度不低于 $\overset{1.6}{\triangledown}$,着色检查合格为止。

（5）O 形圈槽静密封面的研磨

O 形圈槽静密封面比动密封面粗糙度低一些,一般为 $\overset{3.2}{\triangledown}$ ～ $\overset{1.6}{\triangledown}$ 。如果槽面磨损,可将金刚砂布粘一点油均布磨掉缺陷即可;也可夹持在车床上,用金刚砂布研磨。它的表面平整度比上述静密封面可低一点,因为橡胶 O 形圈伸缩性大,能弥补平整度的超差。但注意槽面角和槽面不能成锐棱，以免划伤橡胶 O 形圈。

（6）自紧密封面的研磨

自紧密封面有两个密封面，一是锥面，表面粗糙度要求为 $\overset{0.8}{\nabla}$ 以下，可参考锥面静密封面的研磨方法进行研磨；二是内圆柱面，表面粗糙度要求为 $\overset{1.6}{\nabla}$ 以下，该面与自紧密封环的圆柱表面间的间隙配合一般为 H8/f9。内圆柱密封面一般不用研磨，只要提高表面加工精度和降低表面粗糙度的值就可以达到密封要求。若内圆柱密封面的间隙过大，容易与自紧密封环密封不严，这时应相应增大自紧密封环的外径来补偿，或增大预紧力。

6-18　对静密封面如何进行修理？

静密封面的修理项目包括凸面外圆、预留间隙过小、螺丝堵头的修理等，具体方法如下：

① 凸面外圆的修整。在凸凹面和榫槽面中由于制造的配合间隙过小、凸凹表面碰撞变形等原因，难使凸面装入凹面中，除车削外，可用锉刀修整，如图 6-18 所示。

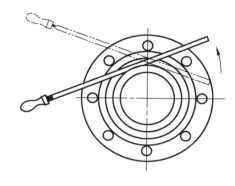

修整的方法是：选一平锉磨掉侧齿，成为光面。把加工件夹持在虎钳上，平锉平放在凸面外圆上，将光面靠着台肩；平锉在锉削中一边前后往复运动，一边上下作圆弧运动；这样锉削一会儿后，再调换一个方向。按上述方法锉削，直到一整圆锉完。锉前对加工量较大的应划线后加工；锉削的圆弧应连接自然，一直锉到要求的尺寸为止。凸凹两面配合一般为 H11/d11。

图 6-18　凸面外圆的修整

② 预留间隙过小的修理。首先检查预紧间隙过小的原因，如凸面高度正常而凹面深度过深，则应该车削或锉削凹面的台肩面；如果凸面高度不够，应加大凸面高度。螺纹预留间隙过小时，应适当减少内螺纹深度，或适当增加外螺纹高度，使垫片压紧后有几扣的预留间隙。

③ 螺丝堵头的修理。螺丝堵头是阀体和阀盖上常见的静密封点，它是用来注水试压和排放介质的。由于它小，不引人重视，而泄漏往往由它引起。如果螺丝堵头属一般性泄漏，应拆下清洗，研磨一下密封面，更换垫片即可修复；螺纹腐蚀严重和滑丝的堵头孔，可在原孔基础上扩大螺孔，重新配堵头；损坏严重的堵头孔，也可用塞焊的方法焊好，重新按原螺孔加工，这种方法只适于钢件；铸铁阀门上的堵头孔损坏严重，可先将堵头和堵头螺孔经过化学处理后用适当的胶粘牢，这种方法适于不常拆卸的螺丝堵头。

在螺丝连接的静密封面结构中，为了防止垫片损坏后泄漏，可在螺丝处涂布一层液体密封胶或包一层聚四氟乙烯薄膜，这样会更有效地减少静密封点的泄漏。

④ 梯形槽静密封面的修理。梯形槽静密封面在使用过程中容易被腐蚀，产生压痕。修理的方法是：把梯形槽夹持在车床上，用千分表校正，梯形槽的端面上车削掉 1 mm 左右的厚度；然后在原有的梯形槽上按标准尺寸套出新的梯形槽来，槽的内外侧面的表面粗糙度为 $\overset{1.6}{\nabla}$ 以上。

对有其他严重缺陷的梯形槽不能用上述方法修复的,可用堆焊、镶槽等方法来解决。

此外,静密封面腐蚀严重,有严重的铸造缺陷和表面裂纹等,在无法修复的情况下应进行更换。

6-19　密封面损坏的原因有哪些?

由于密封件在阀门通道上起着截断和接通、调节和分配、分离和混合介质等作用,所以密封表面经常受到介质的腐蚀、冲蚀、磨损,极易损坏。

密封面损坏的原因有人为损坏和自然损坏两种。人为损坏,是由于设计不周、制造不精、选材不当、安装不正、使用不好和维修不力等因素引起的。自然损坏,是阀门在正常工作情况下的磨损,是介质对密封面不可避免的腐蚀和冲蚀等造成的损坏。

造成密封面损坏的原因,可归纳为如下几种。

① 密封面加工质量不好。主要表现在密封面上有裂纹、气孔和夹碴等缺陷,是由于堆焊和热处理规范选用不当以及堆焊和热处理过程中操作不良引起的;密封面硬度过高或过低,是由于选材不对或热处理不当引起的;密封面硬度不匀、不耐腐蚀,主要是由于在堆焊过程中将底层金属吹到上面来了,冲淡了密封面合金成分所引起的。当然,这里面也存在设计的问题。

② 选型不当和操作不良所引起的损坏。主要表现在没有按工况条件选用阀门,把截断阀当节流阀使用,导致关闭比压过大以及关闭过快或关闭不严,使密封面受到冲蚀和磨损。

③ 安装不正和维修不力导致密封面工作不正常,阀门带病运转,过早地损坏了密封面。

④ 介质的化学腐蚀。密封面周围的介质在不产生电流的情况下,介质直接与密封面起化学作用,腐蚀密封面。

⑤ 电化学腐蚀。密封面互相接触、密封面与关闭体和阀体的接触以及介质的浓度差、氧浓差等原因,都会产生电位差,发生电化学腐蚀,致使阳极一方的密封面被腐蚀。

⑥ 介质的冲蚀。它是介质流动时对密封面磨损、冲刷、汽蚀的结果。介质在一定的速度下,介质中的浮游细粒冲撞密封面,使其造成局部损坏;高速流动的介质直接冲刷密封面,使其造成局部损坏;介质混流和局部汽化时,产生气泡爆破冲击密封面表面,造成局部损坏。介质的冲蚀加之化学腐蚀交替作用,会强烈的浸蚀密封面。

⑦ 机械损伤。密封面在开闭过程中会产生擦伤、碰伤、挤伤等损坏。两密封面之间,在高温高压的作用下发生原子相互渗透,产生粘连现象。当两密封面相互移动时,粘连处容易拉撕。密封面表面粗糙度越高,这种现象越容易发生。阀门在关闭过程中、阀瓣在回座过程中会碰伤和挤伤密封面,使密封表面局部磨损或产生压痕。

⑧ 疲劳损坏。密封面在长期使用中,在交变负荷的作用下致使密封表面产生疲劳,出现裂纹和脱剥层。橡胶和塑料经过长期的使用,容易产生老化现象,导致性能变差。

从以上密封面损坏原因的分析可以看出,要提高阀门密封面的质量和使用寿命,必须选用适当的密封面材料(见材料部分)、合理的密封结构和加工方法。

6-20　研磨中常见缺陷的产生原因和防止方法是什么?

研磨中常见缺陷产生原因和防止方法见表 6-5 所示。

表 6-5 研磨中常见缺陷产生原因和防止方法

缺陷形式	产生原因	防止方法
表面不光洁	① 磨料粒度过粗 ② 润滑剂使用不当 ③ 研磨剂涂得太薄	① 正确选用磨料的粗细 ② 正确选用润滑剂 ③ 研磨剂厚薄适当，涂布均匀
表面拉毛	① 研磨剂中混入杂质 ② 压力过大，压碎磨料或磨料嵌入工件中	① 搞好清洁工作，防止杂质落在工件和研磨剂中。精研前除净粗研的残液 ② 压力要适当
平面不平	① 平板不平 ② 研磨运动不平稳 ③ 压力不匀或没有调换研磨方向 ④ 研磨剂涂的太多	① 注意检查平板平整度 ② 研磨速度适当，防止研具与工件非研磨面接触 ③ 压力要均匀，经常调换研磨方向 ④ 研磨剂涂布适当
锥面不圆接不上线	① 内外圆锥研具与阀件锥体或锥孔轴线不重合 ② 内外圆锥研具表面不平，不对称 ③ 研磨剂涂的不匀或过多	① 研磨中经常检查它们互相间的同轴度，研磨要平稳 ② 研具经常用样板等工具检查 ③ 研磨剂涂的适量且均匀
孔成椭圆成喇叭口	① 研磨时没有调头和调换方向 ② 孔口或工件挤出的研磨剂未擦掉，继续研磨所致 ③ 研磨棒冲出孔口过长	① 研磨时注意经常变换方向和调头 ② 挤出的研磨剂擦掉后，再研磨 ③ 研磨棒伸出适当，用力平稳，不要摇晃
阀件变形	① 阀件发热仍继续研磨 ② 装夹不正确 ③ 压力不均匀	① 研磨速度不能太快，温度超过50 ℃应停下冷却后再研磨 ② 装夹要得法，要平稳，以不变形为佳 ③ 压力需均匀，特别是较薄件的研磨，其压力不能过大

6-21　阀杆与阀杆螺母的连接型式有哪些种？

　　阀杆与阀杆螺母的连接型式较多。从阀杆螺母来讲，它分为固定的阀杆螺母和旋转的阀杆螺母两大类。从固定的阀杆螺母的固定位置来讲，它分为固定在支架上的上阀杆螺母；固定在阀盖上的中阀杆螺母；固定在关闭件上的下阀杆螺母。由于阀杆螺母固定位置的变化，也引起了阀杆螺母外形结构的变化和阀杆其他部位的变化。

　　从阀杆与阀杆螺母的连接结构形式来看，阀杆运动形式又可分为旋转又往复、旋转不往复、往复不旋转三种，见表 6-6。

6-22　截止阀、节流阀的阀杆与阀瓣的连接结构型式有哪些种？

　　截止阀、节流阀的阀杆与阀瓣的连接结构形式常用的有：整体、T 形槽、螺纹、螺套、对开环、钢丝圈、辗接、滚珠、榫槽顶压等，加止退垫、螺钉、销、键等紧固件防松。

截止阀、节流阀的阀杆与阀瓣的连接结构型式见表 6-7 所示。

表 6-6 阀杆与阀杆螺母的连接结构型式

序号	阀杆运动形式	连 接 结 构	简 图	应 用 范 围
1	旋 转 又 往 复	阀杆螺母固定在支架上,与阀杆上部螺纹连接		各种尺寸和介质的截止阀和节流阀
2		阀杆螺母嵌入或直接加工在阀盖上,与阀杆中部螺纹连接		非腐蚀性介质、小口径阀门
3		阀杆螺母有两个,一个在阀盖上,另一个在闸板上,与阀杆中、下部螺纹连接,开闭速度快一倍		快速开闭的闸阀,如排污阀门
4	旋 转 不 往 复	阀杆螺母嵌在闸板的 T 形槽中,与阀杆下部螺纹连接,阀杆上面用凸肩或轴承,防止阀杆上下移动		非腐蚀性介质、暗杆楔式闸门
5		阀杆螺母嵌入平行式双闸板中,与阀杆下部螺纹连接,阀杆上面用凸肩或轴承固定,防止阀杆上下移动		非腐蚀性介质、平行式双闸板闸阀

表 6-6(续)

序号	阀杆运动形式	连 接 结 构	简　图	应 用 范 围
6		阀杆螺母活套在支架上,用油孔或油嘴注油润滑,与阀杆上部螺纹连接		小口径和中口径的闸阀
7		阀杆螺母活套在支架上,装有滚珠轴承,用油嘴润滑,与阀杆上部螺纹连接		中口径和大口径的闸阀
8	往 复 不 旋 转	阀杆螺母活套在支架上,装有两只滚珠轴承,用油嘴润滑,与阀杆上部螺纹连接		大口径的闸阀、阀杆轴向力比较大的重要阀门
9		阀杆螺母活套在支架上,用滚珠轴承支承,与阀杆上部螺纹连接。阀杆螺母呈爪形与电动装置连接		电动阀门,此图为电动闸阀
10		阀杆螺母活套在支架上,与阀杆上部螺纹连接,阀杆中部用防转杆固定,防止阀杆转动		截止阀
11		阀杆螺母活套在阀盖中,与阀杆上部螺纹连接,阀杆中部用键与套固定连接,防止阀杆转动、破坏波纹管		波纹管式的截止阀

表 6-7　截止阀、节流阀的阀杆与阀瓣的连接结构型式

序号	结　构	简　图	应用范围	序号	结　构	简　图	应用范围
1	阀杆和阀瓣成整体		小口径针形阀	9	螺套连接、螺钉防松		各种用途的截止阀
2	阀杆和阀瓣成整体		高压截止阀	10	对开环连接、止退垫防松		各种用途的截止阀
3	阀杆与阀瓣辗接		小口径截止阀	11	对开环连接、外套防松		高参数和耐腐蚀性介质的截止阀
4	螺套连接、止退垫防松		小口径高压截止阀	12	钢珠连接、螺钉防松		参数不高的截止阀
5	T型槽连接，外径导向		口径不大的各种用途的截止阀	13	钢丝圈连接		不太重要的截止阀
6	T型槽连接，立柱导向		口径不大的、重要的截止阀	14	内旁通阀瓣、有T形槽、对开环等连接		大口径截止阀
7	T型槽连接、爪形导向		波纹管截止阀				
8	螺套连接、止退垫防松		各种用途的截止阀				

6-23 闸阀阀杆与闸板的连接结构型式有哪些种？

闸阀阀杆与闸板的连接结构形式见表 6-8 所示。

表 6-8 闸阀阀杆与闸板的连接结构型式

序号	结构	简图	应用范围	序号	结构	简图	应用范围
1	圆头阀杆、T形槽连接		阀杆可旋转的小口径楔式闸阀	7	方头阀杆装入平行式闸板中		带顶锥的平行式闸阀
2	方头阀杆、T形槽连接		明杆楔式闸阀	8	方头与阀杆连接装入平行式闸板中		带顶锥的平行式闸阀
3	方头阀杆、T形槽连接		明杆楔式闸阀	9	方头与阀杆螺纹连接,装入楔式闸板中		楔式双闸板闸阀
4			明杆楔式闸阀	10	阀杆与闸板架螺纹连接		楔式双闸板闸阀
5	阀杆螺纹连接、T形块装入闸板中		明杆楔式闸阀	11	阀杆与闸板架螺纹连接,闸板带导流环		楔式双闸板闸阀
6			暗杆楔式闸阀				

6-24 波纹管是怎样分类的？

波纹管元件用于截止阀、节流阀、安全阀和疏水阀等阀门上,作为密封元件和敏感元件。截止阀、节流阀等阀门上的波纹管是作填料密封用的;疏水阀上的波纹管是作敏感元件用的(称为热膨胀式疏水阀)。

波纹管的分类如下。

① 按其用途,可分为密封性元件和敏感性元件两类;

② 按其结构层次,可分为单层、双层和多层波纹管;

③ 按其加工方法,可分为整体成型和焊接成型波纹管;

④ 按其外环,可分为环形和螺旋形波纹管,阀门通用的是环形波纹管;

⑤ 按其组合,可分为单联和串联两种,串联波纹管是为了加大其行程。

⑥ 按其使用材料,可分为铜合金、不锈钢及塑料等。铜合金常用牌号有 H80 黄铜、QSn6.5-0.1 锡磷青铜、QBe2 铍青铜等,一般用于 120 ℃以下的低压工况条件下,不锈钢常用的牌号有 12Cr18Ni9、12Cr17Ni12Mo2、022Cr19Ni10、022Cr17Ni14Mo2 等,用于介质温度小于等于 450 ℃的工况条件、单层波纹管耐压能力最高可达 0.2 MPa;塑料波纹管一般用于常温、很低的压力条件下,在阀门上用的很少。金属波纹管拉伸位移只有压缩位移的三分之一,在使用波纹管时应引起注意;

⑦ 按其两端连接方式,可分为 A 型、B 型和 C 型,见图 6-19 所示。

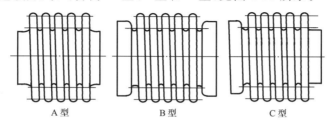

A 型　　　　　　　B 型　　　　　　　C 型

图 6-19　波纹管连接型式

波纹管与阀杆的连接采用短脉冲滚焊。

6-25　对阀门安装的要求是什么?

阀门安装的要求,应有利于阀门的稳妥、安全,有利于阀门的操作、维修和拆装。

阀门的安装,首先要求安装人员能识认管线安装图,按图施工并具有对一般阀门安装位置和走向的改进能自行处理的能力。同时,应对阀门图例符号有清楚的了解,阀门图例符号见表 6-9 所示。

阀门安装时,阀门的操作机构离操作地面最宜在 1.2 m 左右(与操作者胸口相齐)。当阀门的中心和手轮离操作地面 1.8 m 时,应对操作较多的阀门和安全阀设置操作平台。阀门较多的管道,阀门应尽量集中在平台上,以便操作。

对超过 1.8 m 并且不经常操作的单个阀门,可采用链轮、延伸杆、活动平台以及活动梯等设施。当阀门安装在操作面以下时,应设置伸长杆。地阀应设置地井,为安全起见,地井应加盖。

水平管道上阀门的阀杆最好垂直向上,不宜将阀杆向下安装。阀杆向下安装不便操作、不便维修,还容易腐蚀阀门、出事故。落地阀门不要歪斜安装,以免操作别扭。

并排管线上的阀门应有操作、维修、拆装的空位,其手轮间净距不小于 100 mm,如管距较窄,应将阀门错开摆列。

对开启力大、强度较低、脆性大和重量较大的阀门,安装时要设置阀架,支承阀门,减少启动应力。

表 6-9　阀门图例符号

阀类	图例符号	备注	阀类	图例符号	备注
闸阀	法兰连接　螺纹连接	注明型号	电动阀		注明型号
			直通调节阀	法兰连接　螺纹连接	注明型号手轮者注出
截止阀	法兰连接　螺纹连接	注明型号、介质流向	三通调节阀	法兰连接　螺纹连接	注明型号
止回阀	法兰连接　螺纹连接	注明型号箭头表示介质流向	密封式弹簧安全阀	法兰连接　螺纹连接	注明型号
旋塞阀		注明型号	开放式弹簧安全阀	法兰连接　螺纹连接	注明型号
减压阀	法兰连接	注明型号			
取样阀			密封式重锤安全阀	法兰连接　螺纹连接	注明型号
蝶阀		注明型号			
球阀		注明型号	开放式重锤安全阀	法兰连接　螺纹连接	注明型号
角式截止阀	法兰连接　螺纹连接	注明型号	疏水阀	法兰连接　螺纹连接	注明型号
液压阀（气动阀）	法兰连接	注明型号			

安装时,总管上引出的支管上的阀门应尽量靠近总管。

减压阀的安装不应靠近容易受冲击的地方,应设置在振动较小、周围宽敞之处,以便维修。同时,减压阀一般应安装在水平管道上,安装的方法和要求应按产品说明书规定。波纹管式减压阀用于蒸汽时,波纹管向下安装;用于空气时阀门反向安装。

闸阀是双闸板结构的,应直立安装,即阀杆处于铅垂位置,手轮、手柄在上面。对单闸板结构的,可在任意角度上安装,但不允许倒装。对带有传动装置的闸阀,如齿轮、蜗轮、电动、气动、液压闸阀应按说明书安装,一般阀杆铅垂安装为好。

截止阀、节流阀可安装在设备或管道的任意位置,带传动装置的应按产品说明书规定安装。截止阀阀杆应尽量铅垂安装为好。节流阀因需经常操作,调节流量,故应安装在较宽敞的位置。

升降式止回阀只能安装在水平管道上,阀瓣的轴线应铅垂安装;弹簧立式及旋启式止回阀可安装在水平管道上,也可安装在介质自下而上流动的竖管上。旋启式摆杆销轴安装时应保持水平位置。

球阀、蝶阀和隔膜阀可安装在设备和管道上的任意位置,但带有传动装置的应直立安装,即传动装置处于铅垂位置。安装时应考虑有利操作和检修。三通球阀宜垂直安装。

旋塞阀可在任意位置上安装,但应有利观看沟槽、方便操作。三通或四通旋塞阀适于垂直或小于 90°安装。

安全阀无论是杠杆或是弹簧式,都应垂直安装,阀杆与水平面应保持良好的垂直度。安全阀的出口应避免有背压现象,如出口有排泄管,应不小于该阀的出口通径。

蒸汽疏水阀一般安装在水平管道上,圆盘式还可安装在其他方向。蒸汽疏水阀具体安装方法应按使用说明书的规定。蒸汽疏水阀通常安装在饱和蒸汽管的末端或最低点,蒸汽伴热管的末端最低点;蒸汽不经常流动的死端,但又是最低点;蒸汽系统的减压阀前、调节阀前位置;汽水分离器及蒸汽加热等设备下部及需要经常疏水的地方。

6-26 哪些阀门安装时需增设防护设施?

阀门在安装时,有的为了保持其操作温度,需在阀门外部设置保温设施;有的阀门为了防止金属、砂粒等异物侵入阀内,损坏密封面,需要设置过滤器和冲洗阀;有的阀门为了保持压缩空气净化,在阀前需设置油水分离器或空气过滤器;有的阀门考虑到操作时能检查其工作状态,需要设置仪表和检查阀;有的阀门顾忌到阀后的安全,需要设置安全阀或止回阀;有的阀门考虑到阀门的连续工作,便于维修,设立了并联系统或旁路系统等等。所有这些防护设施,其目的都是为了延长阀门的使用寿命。

通常,根据阀门的结构、性能及使用工况,安全阀、止回阀、蒸汽疏水阀及减压阀在安装时需增设防护设施。

（1）安全阀的防护设施

一般情况下,安全阀前后不设置隔断阀,只有在个别情况下,安全阀前后才设置隔断阀。如介质中含有固体杂质,影响安全阀起跳后不能关严时,要在安全阀前面安装一只带铅封的闸阀。闸阀应在全开位置,闸阀与安全阀之间装设一只通径大气的 DN20 的检查阀。

对于安全阀泄放的蜡、酚等介质在常温下为固体状态时,或减压汽化而使轻质液态烃等介质温度低于 0 ℃时,安全阀需加蒸汽伴热。

对用于腐蚀性介质的安全阀,视阀门耐蚀性能考虑在阀进口处加耐腐蚀的防爆膜。

气体安全阀一般按其通径设置一个旁路阀,作为手动放空用。

（2）止回阀的防护设施

为了防止止回阀泄漏或失效后介质倒流,止回阀前后应设置一个或两个切断阀。如果设置两个切断阀,可便于止回阀拆卸下来维修。

（3）蒸汽疏水阀的防护设施

蒸汽疏水阀有带旁通管和不带旁通管之分;有凝结水回收和凝结水不回收之分。排水量大以及其他特殊要求的蒸汽疏水阀,可采用并联形式的安装设施。蒸汽疏水阀安装设施见图 6-20 所示。

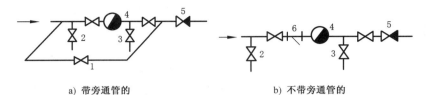

a) 带旁通管的   b) 不带旁通管的

1—旁通管;2—冲洗管;3—检查管;4—疏水阀;5—止回阀;6—过滤器

图 6-20 蒸汽疏水阀安装设施

带旁通管的蒸汽疏水阀,其主要作用是在管道开始运行时用来排放大量的凝结水。但在检修蒸汽疏水阀时,用旁通管排放凝结水是不适当的。这样会使蒸汽窜入回水系统,破坏其他用热设备和回水系统压力的平衡。一般情况下,蒸汽疏水阀可不装旁通管。但对加热温度有严格要求、连续生产的用热设备则应装旁通管。

凝结水回收的蒸汽疏水阀的安装设施,凝结水从较高处流入蒸汽疏水阀前,设置有切断阀(隔断阀)、过滤器、切断阀前的冲洗管;蒸汽疏水阀后设置有切断阀、止回阀、凝结水回收管,蒸汽疏水阀与切断阀之间有检查管。

凝结水不回收的蒸汽疏水阀安装设施,凝结水从蒸汽疏水阀排出后,直接流入明沟,没有其他设施。

冲洗管的作用是放气和冲洗管道,上有排污阀。检查管其作用是检查蒸汽疏水阀工作状态,上有切断阀。过滤器(又称排污器)设置在蒸汽疏水阀前面,圆盘式蒸汽疏水阀自身有过滤器的,可不设过滤器。止回阀是防止凝结水倒流入蒸汽疏水阀内而设置的,它用在凝结水回收系统中。

（4）减压阀的防护设施

减压阀的安装设施有三种形式,见图 6-21 所示。

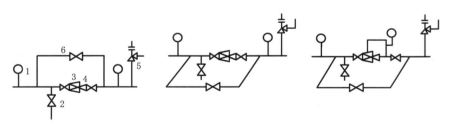

a) 活塞式立式安装   b) 活塞式水平安装   c) 薄膜式和波纹管式安装

1—压力表;2—泄水管;3—减压阀;4—大小头;5—安全阀;6—旁通管

图 6-21 减压阀安装设施

减压阀前后装有压力表,以便观察阀前后压力变化情况。阀后还装有封闭式安全阀,以防减压阀失效后阀后压力超过正常压力时起跳,保护阀后系统。泄水管装在阀前切断阀前面,主要起排水和冲洗作用,有的采用蒸汽疏水阀。旁通管主要作用是当减压阀出现故障后,关闭减压阀前后切断阀,打开旁通阀,用手工调节流量,起临时流通作用,以便检修减压阀或更换减压阀。对于阀前管线长、介质带杂物较多的,应在减压阀前设置过滤器。压缩空气要求净化速度较高的,可不安装泄水管,应在减压阀前安装油水分离器;必要时,装配空气过滤器。减压阀后的管道应比阀门公称通径大 1～2 规格。

6-27　如何正确地操作手动阀门？

手动阀门是设备和装置上使用很普遍的一种阀门，它是通过手柄、手轮来操作的。一般情况下手柄、手轮顺时针旋转规定为关闭方向，逆时针旋转规定为开启方向。但有的阀门启闭方向与上述相反，故操作前应注意检查启闭标志后再操作。

手动阀门，其手柄、手轮的大小是按正常人力设计的。因此，在阀门使用上规定：不允许操作者借助杠杆和长扳手启、闭阀门。同时，手柄长度、手轮直径小于320 mm的，只允许一个人操作；直径等于或超过320 mm的手轮，允许两人共同操作，或者允许一人借助适当的杠杆（一般长度不超过0.5 m）操作。但隔膜阀、非金属阀门是严禁使用杠杆或长扳手操作的，也不允许用过大、过猛的力关闭阀门。

有的操作者习惯使用杠杆和长扳手操作手动阀门，认为关闭力越大越好，其实不然。这样会造成阀门过早损坏，甚至酿成事故。实践证明：除撞击式手轮外，过大过猛地操作阀门容易损坏手轮、手柄，擦伤阀杆和密封面，甚至压坏密封面。其次，手轮、手柄损坏或丢失后，应及时配齐，不允许用活扳手代用。

闸阀和截止阀之类的阀门，关闭或开启到头（即下死点或上死点）时要回转 $\frac{1}{4} \sim \frac{1}{2}$ 圈，使螺纹更好密合，以有利操作时检查，以免拧得过紧损坏阀门。

较大口径的蝶阀、闸阀和截止阀，有的设有旁通阀。旁通阀的作用是平衡进出口压差，减少开启力矩。开启时，应先打开旁通阀，然后再开启大阀门。

开启蒸汽阀门前必须先将管道预热，排出凝结水。开启时要缓慢，以免产生水锤现象，损坏阀门和设备。

开闭球阀、蝶阀、旋塞阀时，当阀杆顶面的沟槽与通道平行时，表明阀门在全开启位置；当阀杆向左或向右旋转90°时，沟槽与通道垂直时，表明阀门在全关闭位置。有的球阀、蝶阀、旋塞阀以扳手与通道平行为开启，垂直为关闭。三通、四通阀门的操作应按开启、关闭、换向的标记进行，操作完毕后应取下活动手柄。

对有标尺的闸阀和节流阀，应检查调整好全开或全闭的指示位置。明杆闸阀、截止阀也应记住它们全开和全闭的位置，这样可以避免全开时顶撞死点。阀门全闭时，可借助标尺和记号发现关闭件脱落或顶住异物，以便排除故障。

新安装的管道和设备，内面脏物、焊碴等物较多。常开手动阀门密封面上容易粘有脏物，应采用微开方法，让高速介质冲走这些异物，再轻轻关闭。

有的手动阀门在关闭后，温度下降，阀件收缩，使密封面产生细小缝隙，出现泄漏。这样应在关闭后，在适当时间再关一次。

阀门操作正确与否，直接影响阀门的使用寿命。

6-28　操作阀门时的注意事项是什么？

操作阀门的过程，同时也是检查和处理阀门的过程。

但在操作阀门时应注意如下事项。

① 高温阀门。当温度升高到200 ℃以上时，螺栓受热伸长，容易使阀门密封不严。这

时需要对螺栓进行"热紧"，在热紧时不宜在阀门全关位置上进行，以免阀杆顶死、以后开启困难。

② 气温在 0 ℃以下的季节，对停汽和停水的阀门要注意打开阀座丝堵，排除凝结水和积水，以免冻裂阀门。对不能排除积水的阀门和间断工作的阀门应注意保温。

③ 填料压盖不宜压得过紧，应以阀杆操作灵活为准（认为填料压盖压得越紧越好是错误的，它会加快阀杆的磨损，增加操作扭力）。在没有保护措施的条件下，不能随便带压更换或添加填料。

④ 操作中，通过听、闻、看、摸等所发现的异常现象要认真分析原因，属于自己解决的应及时消除；需要修理工解决的，自己不要勉强凑合，以免延误修理时机。

⑤ 操作人员应有专门日志或记录本，注意记载各类阀门运行情况，特别是一些重要的阀门、高温高压阀门和特殊阀门，包括它的传动装置在内。应记明它们产生的故障、处理办法、更换的零件等，这些材料对操作人员本身、修理人员及制造厂都很重要。建立专门日志，责任明确，有利加强管理。

6-29 阀门运转过程中应如何进行维护？

阀门运转过程中维护的目的是要使阀门处于常年整洁、润滑良好、阀件齐全、正常运转的状态。

阀门运转过程中的维护原则如下：

① 保持阀门外部和活动部位的清洁，保护阀门油漆的完整。阀门的表面、阀杆和阀杆螺母上的梯形螺纹、阀杆螺母与支架滑动部位以及齿轮、蜗轮蜗杆等部件容易沉积许多灰尘、油污以及介质残渍等脏物，对阀门产生磨损和腐蚀。因此，应经常保持清洁阀门。阀门上一般灰尘适用毛刷拂扫和压缩空气吹扫；梯形螺纹和齿间的脏物适用抹布擦洗；阀门上的油污和介质残渍适用蒸汽吹扫，甚至可用铜丝刷刷洗，直至加工面、配合面显出金属光泽，油漆面显出油漆本色为止。蒸汽疏水阀应有专人负责，每班至少检查一次；定期打开冲洗阀和蒸汽疏水阀底丝堵冲洗，或定期拆卸下来冲洗，以免脏物堵塞阀门。

② 保持阀门的润滑。阀门梯形螺纹、阀杆螺母与支架滑动部位，轴承位、齿轮和蜗轮蜗杆的啮合部位以及其他配合活动部位都需要良好的润滑条件，减少相互间的摩擦，避免相互磨损。对于没有油杯或油嘴、在运行中容易损坏或丢失的部位，应修复配齐润滑系统，要保证油路的疏通。

润滑部位应按具体情况定期加油。经常开启的、温度高的阀门适于间隔一周至一个月加油一次；不经常开启、温度不高的阀门加油周期可长一些。润滑剂有机油、黄油、二硫化钼和石墨等。机油不适于高温阀门；黄油也不太适合，它们会因高温熔化而流失。高温阀门适于加入二硫化钼和抹擦石墨粉剂。露在外面的润滑部位，如梯形螺纹、齿间等部位若采用黄油等油脂，极易沾染灰尘，而采用二硫化钼和石墨粉润滑则不易沾染灰尘且润滑效果比黄油好。石墨粉不容易直接涂上，可用少许机油或水调合成膏状即可使用。

注油密封的旋塞阀应按规定时间注油，否则容易磨损和泄漏。

③ 保持阀件的齐全、完好。法兰和支架的螺栓应齐全、满扣，不允许有松动现象。手轮上的紧固螺母如松动应及时拧紧，以免磨损连接处或丢失手轮。手轮丢失后，不允许用活

扳手代替手轮,应及时配齐。填料压盖不允许歪斜或无预紧间隙。容易受到雨雪、灰尘等污物污染的环境,阀杆要安装保护罩。阀门上的标尺应保持完整、准确。阀门的铅封、盖帽、气动附件等应齐全完好。保温夹套应无凹陷、裂纹。

此外,阀门上不允许敲打、支承重物或站人,以免弄脏阀门、损坏阀门。特别是非金属阀门和铸铁阀门,则更要忌禁。

④ 保持电动装置的日常维护。电动装置的维护,一般情况下每月不少于一次。维护内容有:外表应清洁,无粉尘沾积,装置不受汽水、油污沾染;密封面、点应牢固、严密、无泄漏现象;润滑部位应按规定加油,阀杆螺母应加润滑脂;电气部分应完好,无缺相故障,自动开关和热继电器不应脱扣,指示灯显示正确。

6-30　阀门保温结构和保温层厚度是如何确定的?

阀门保温结构主要由阀门防锈层、阀门保温层、阀门防潮层及阀门外保护层组成。

阀门防锈层:防锈层油漆的选择应根据介质的温度和性能来确定。保温时,阀门外壁涂刷防锈油漆或红丹底漆两遍;高温阀门应选用有机硅漆、无机富锌底漆等。因选用一般油漆将会烧损,达不到防腐目的。保温时,可涂冷底子油(冷底子油是用沥青与汽油调合而成的,重量比为1∶2～1∶2.5)。

阀门保温层:根据介质温度选用隔热材料和厚度。

阀门防潮层:保温层外要有防潮层;保温阀门用玻璃布做外保护层时,也应有防潮层,一般采用沥青玻璃布缠绕。保温防潮层可涂两遍油漆防潮。

阀门外保护层:可用0.5 mm厚的镀锌铁皮或黑铁皮,也可用细格玻璃布。为了防止大气和介质的腐蚀,镀锌铁皮上和玻璃布上涂两遍醇酸磁漆。黑铁皮应事先在内外涂刷红丹漆两遍防锈,在表面再涂刷醇酸磁漆两遍。

阀门保温层的厚度,应按如下公式计算确定:

$$\delta = 2.75\, \frac{D^{1.2}\lambda^{1.35}t^{1.73}}{q^{1.5}}$$

式中:δ——保温层厚度,mm;

　　　D——管道外径,mm;

　　　λ——保温材料的导热系数,J/(m·h·℃);

　　　q——保温后管道允许散热量,一般$q=200～300$,J/(m·h);

　　　t——管道的表面温度,℃。

一般保温,应按施工图上规定的保温厚度进行。对施工图上没有标明保温层厚度的,应参照动力设施国家标准图集《热力管道保温结构》选择合理的厚度,厚度的选择应根据介质的温度、保温材料的种类等因素而定。

阀门通过保温,保温层表面温度应符合表6-10的要求。

表 6-10　保温层表面温度

介质温度/℃	常温-150	-151～250	251～350	351～450	451～550
表面温度/℃	35～40	40～45	45～50	50～55	55～60

6-31　带压维修阀门时应注意哪些事项？

带压维修阀门是一项复杂、危险、技术性强的工作。带压维修阀门除应胆大心细、慎重果断外，还应有严格的科学态度。特别是从事易爆、剧毒、高温、高压、放射性等介质堵漏工作，更应严格按事先确定的方案及有关安全规定进行。

带压维修阀门时，应注意如下事项：

① 维修过程中，要严格遵守防火、防毒、防爆等有关安全操作规程。

② 在处理带压阀门的缺陷前，应提出处理方案，取得安全技术人员的同意并得到操作工的配合。重要部位的处理要经过共同研究，按规定办理火票、毒票等手续，方能着手处理阀门的缺陷。

③ 处理缺陷的工作应由实践经验丰富的维修人员担任，现场人员不宜过多并有1至2名专门的监护人。

④ 应有周密的安全措施，以具备应付最坏情况发生的能力。维修人员及现场人员要按易燃易爆、高温高压、有毒、剧毒、强腐蚀等介质的防护措施规定，穿戴好防护工作服、鞋帽、手套以及防护眼镜。有毒、剧毒的阀门维修还应戴好防毒面具。

⑤ 在处理阀门缺陷过程中应设置安全挡板，同时应谨慎、细心，边干边观察，按规定方案进行。

⑥ 拧紧螺纹前，应对锈死螺纹加煤油清洗渗透，检查螺栓螺母是否完整；还应添加松锈液或一层石墨粉润滑螺纹。拧紧螺母时，不能用力死拧，以防螺栓螺钉断裂。

⑦ 焊接阀门时，要遵守焊接操作规程。应防止金属过热和变形，产生新的裂纹。对捻缝过的部位出现新的泄漏，不宜再次捻缝，以免扩大泄漏缺陷。

6-32　阀门通用件常见故障产生的原因及故障的预防和排除方法有哪些？

阀门通常由阀体、阀盖、填料、垫片、密封面、阀杆、传动装置等通用件组成，这些通用件常见故障产生的原因及故障的预防、排除方法见表6-11。

表 6-11　阀门通用件常见故障产生的原因及故障的预防和排除方法

常见故障	产　生　原　因	预　防　和　排　除　方　法
阀体和阀盖的泄漏	① 铸铁件铸造质量不高，阀体和阀盖本体上有砂眼、松散组织、夹碴等缺陷； ② 天冷冻裂； ③ 焊接不良，存在着夹碴、未焊透，应力裂纹等缺陷； ④ 铸铁阀门被重物撞击后损坏	① 提高铸造质量，安装前严格按规定进行强度试验； ② 对气温在0℃和0℃以下的阀门，应进行保温或拌热，停止使用的阀门应排除积水； ③ 由焊接组成的阀体和阀盖的焊缝，应按有关焊接操作规程进行，焊后还应进行探伤和强度试验； ④ 阀门上禁止堆放重物，不允许用手锤撞击铸铁和非金属阀门，大口径阀门的安装应有支架

表 6-11(续)

常见故障	产　生　原　因	预　防　和　排　除　方　法
填料处的泄漏(阀门的外漏,填料处占的比例为最大)	① 填料选用不对,不耐介质的腐蚀,不耐阀门高压或真空、高温或低温的使用; ② 填料安装不对,存在着以小代大、螺旋盘绕接头不良、上紧下松等缺陷; ③ 填料超过使用期,已老化,丧失弹性; ④ 阀杆精度不高,有弯曲、腐蚀、磨损等缺陷; ⑤ 填料圈数不足,压盖未压紧; ⑥ 压盖、螺栓和其他部件损坏,使压盖无法压紧; ⑦ 操作不当,用力过猛等; ⑧ 压盖歪斜,压盖与阀杆间隙过小或过大,致使阀杆磨损,填料损坏	① 应按工况条件选用填料的材料和型式; ② 按有关规定正确安装填料,盘根应逐圈安放压紧,接头应成 30°或 45°; ③ 使用期过长、老化、损坏的填料应及时更换; ④ 阀杆弯曲、磨损后应进行矫直、修复,对损坏严重的应予更换; ⑤ 填料应按规定的圈数安装,压盖应对称均匀地把紧,压套应有 5 mm 以上的预紧间隙; ⑥ 对损坏的压盖、螺栓及其他部件,应及时修复或更换; ⑦ 应遵守操作规程,除撞击式手轮外,以匀速正常力量操作; ⑧ 应均匀对称拧紧压盖螺栓,压盖与阀杆间隙过小,应适当增大其间隙;压盖与阀杆间隙过大,应予更换压盖
垫片处的泄漏	① 垫片选用不对,不耐介质的腐蚀,不耐高压或真空、高温或低温的使用; ② 操作不平稳,引起阀门压力、温度上下波动、特别是温度的波动; ③ 垫片的压紧力不够或连接处无预紧间隙; ④ 垫片装配不当,受力不匀; ⑤ 静密封面加工质量不高,表面粗糙不平、横向划痕、密封副互不平行等缺陷; ⑥ 静密封面和垫片不清洁,混入异物等	① 按工况条件正确选用垫片的材料和型式; ② 精心调节,平稳操作; ③ 应均匀对称地拧螺栓,必要时应使用扭力扳手,预紧力应符合要求,不可过大或过小。法兰和螺纹连接处应有一定的预紧间隙; ④ 垫片装配应逢中对正,受力均匀,垫片不允许搭接和使用双垫片; ⑤ 静密封面腐蚀、损坏、加工质量不高,应进行修理、研磨,进行着色检查,使静密封面符合有关要求; ⑥ 安装垫片时应注意清洁,密封面应用煤油清洗,垫片不应落地

表 6-11(续)

常见故障	产 生 原 因	预 防 和 排 除 方 法
密封面的泄漏	① 密封面研磨不平,不能形成密合线; ② 阀杆与关闭件的连接处顶心悬空、不正或磨损; ③ 阀杆弯曲或装配不正,使关闭件歪斜或不逢中; ④ 密封面材质选用不当或没有按工况条件选用阀门;密封面易产生腐蚀冲蚀、磨损; ⑤ 堆焊和热处理没有按规程操作,因硬度过低产生磨损,因合金元素烧损产生的腐蚀,因内应力过大产生的裂纹等缺陷; ⑥ 经过表面处理的密封面剥落或因研磨过大,失去原来的性能; ⑦ 密封面关闭不严或因关闭后冷缩出现的细缝,产生冲蚀现象; ⑧ 把切断阀当节流阀、减压阀使用,密封面被冲蚀而破坏; ⑨ 阀门已到全关闭位置,继续施加过大的关闭力,包括不正确地使用长杠杆操作,密封面被压坏、挤变形; ⑩ 密封面磨损过大而产生掉线现象,即密封副不能很好地密合	① 密封面研磨时,研具、研磨剂、砂布砂纸等物件应选用合理,研磨方法要正确,研磨后要进行着色检查,密封面应无压痕、裂纹、划痕等缺陷; ② 阀杆与关闭件连接处应符合设计要求,顶心处不符合要求的应进行修整,顶心应有一定活动间隙,特别是阀杆台肩与关闭件的轴向间隙应大于 2 mm; ③ 阀杆弯曲应进行矫直,阀杆、关闭件、阀杆螺母、阀座经调整后应在一条公共轴线上; ④ 选用阀门或更换密封面时,应符合工况条件,密封面加工后,其耐蚀、耐磨、耐擦伤等性能要好; ⑤ 堆焊和热处理工艺应符合规程和规范的技术要求,密封面加工后应进行验收,不允许有任何影响使用的缺陷存在; ⑥ 密封面表面淬火、渗氮、渗硼、镀铬等工艺必须严格按其规程和规范的技术要求进行。研磨密封面渗透层不宜超过本层的 1/3,对镀层和渗透层损坏严重的,应除掉镀层和渗透层后重新表面处理。对表面高频淬火的密封面可重复淬火修复; ⑦ 阀门的关闭和开启应有标记,对关闭不严的应及时修复。对高温阀门,关闭后冷缩出现的细缝,应在关闭后间隔一定时间再关闭一次; ⑧ 作切断阀用的阀门,不允许作节流阀、减压阀用,关闭件应处在全开或全闭位置,如果需要调节介质流量和压力时,应单独设置节流阀和减压阀; ⑨ 阀门的启、闭应符合阀门的操作规程; ⑩ 密封面产生掉线后应进行调节,对无法调整的密封面应进行更换
密封圈连接处的泄漏	① 密封圈辗压不严; ② 密封圈与本体焊接,堆焊质量差; ③ 密封圈连接螺纹、螺钉、压圈松动; ④ 密封圈连接面被腐蚀	① 密封圈辗压处泄漏应注入胶粘剂或再辗压固定; ② 密封圈应按施焊规范重新补焊,堆焊处无法补焊时应清除原堆焊层,重新堆焊和加工; ③ 卸下螺钉、压圈清洗,更换损坏的部件,研磨密封与连接座密合面,重新装配。对腐蚀损坏较大的部件,可用焊接、粘接等方法修复; ④ 密封圈连接面被腐蚀,可用研磨、粘接、焊接方法修复,无法修复时应更换密封圈

表 6-11（续）

常见故障	产 生 原 因	预 防 和 排 除 方 法
关闭件脱落产生泄漏	① 操作不良,使关闭件卡死或超过上死点,连接处损坏断裂; ② 关闭件连接不牢固,松劲而脱落; ③ 选用连接件材质不对,经不起介质的腐蚀和机械的磨损	① 正确操作,关闭阀门不能用力过大,开启阀门不能超过上死点,阀门全开后,手轮应倒转少许; ② 关闭件与阀杆连接应牢固,螺纹连接处应有止退件; ③ 关闭件与阀杆连接用的紧固件应经受住介质的腐蚀,并有一定的机械强度和耐磨性能
密封面间嵌入异物的泄漏	① 不常启、闭的密封面上易沾积一些脏物; ② 介质不干净,含有磨粒、铁锈、焊渣等异物; ③ 介质本身具有硬粒物质	① 不常启、闭的阀门,在条件允许的情况下应经常启、闭一下,关闭时留一细缝,反复几次,让密封面上的沉积物被高速流体冲洗掉,然后按原开闭状态还原; ② 阀门前应设置排污、过滤等装置,或定期打开阀底堵头。对密封面间混入铁碴等物,不要强行关闭,应用开细缝的方法把这些异物冲走,对难以用介质冲走的较大异物,应打开阀盖取出; ③ 对本身具有硬粒物质的介质,一般不宜选用闸阀,应尽量选用旋塞阀、球阀和密封面为软质材料制作的阀门
阀杆操作不灵活	① 阀杆与它相配合件加工精度低,配合间隙过大,表面粗糙度差; ② 阀杆、阀杆螺母、支架、压盖、填料等件装配不正,其轴线不在一直线上; ③ 填料压得过紧,抱死阀杆; ④ 阀杆弯曲; ⑤ 梯形螺纹处不清洁,积满了脏物和磨粒,润滑条件差; ⑥ 阀杆螺母松脱,梯形螺纹滑丝; ⑦ 转动的阀杆螺母与支架滑动部位磨损、咬死或锈死; ⑧ 操作不良,使阀杆和有关部件变形、磨损、损坏; ⑨ 阀杆与传动装置连接处松脱或损坏; ⑩ 阀杆被顶死或关闭件被卡死	① 提高阀杆与它相配合件的加工精度和修理质量,相互配合的间隙应适当,表面粗糙度符合要求; ② 装配阀杆及连接件时应装配正确,间隙一致,保持同心,旋转灵活,不允许支架、压盖等有歪斜现象; ③ 填料压得过紧后,应适当放松压盖,即可消除填料抱死阀杆的现象; ④ 阀杆弯曲应进行矫正,对难以矫正者应予更换; ⑤ 阀杆、阀杆螺母的螺纹应经常清洗和加润滑油,对高温阀门应涂敷二硫化钼或石墨粉作润滑; ⑥ 阀杆螺母松脱应修复或更换; ⑦ 应保持阀杆螺母处油路畅通,滑动面清洁,润滑良好,对不常操作的阀门应定期检查、活动阀杆; ⑧ 正确操作阀门,关闭力要适当; ⑨ 阀杆与手轮、手柄以及其他传动装置连接正确,牢固,发现有松脱或磨损现象应及时修复; ⑩ 正确操作阀门;对于因关闭后阀件易受热膨胀的场合,间隔一定时间应卸载一次,即将手轮反时针方向转动少许,以防止阀杆顶死

表 6-11（续）

常见故障	产 生 原 因	预 防 和 排 除 方 法
手轮、手柄、扳手的损坏	① 使用长杠杆、管钳或撞击工具启、闭阀门； ② 手轮、手柄、扳手的紧固件松脱； ③ 手轮、手柄、扳手与阀杆连接件，如方孔、键槽或螺纹磨损，不能传递扭矩	① 禁止使用长杠杆、管钳及撞击工具，正确使用手轮、手柄及扳手； ② 对振动较大的阀门及容易松动的紧固件，改用弹性垫圈等防松件；对丢失或损坏的紧固件应配齐； ③ 对磨损的连接处应进行修复，对修复较困难的应采用粘接固定或进行更换
齿轮、蜗轮、蜗杆传动不灵活	① 装配不正确； ② 传动机构组成的零件加工精度低，表面粗糙度差； ③ 轴承部位间隙小，润滑差，被磨损或咬死； ④ 齿轮不清洁，润滑差，齿部被异物卡住，齿部磨灭或断齿； ⑤ 轴弯曲； ⑥ 齿轮、蜗轮和蜗杆定位螺钉、紧圈松脱、键销损坏； ⑦ 操作不良	① 正确装配，间隙适当； ② 提高零件的加工精度及加工质量； ③ 轴承部位间隙适当，油路畅通，对磨损部位进行修复或更换； ④ 保持清洁，定期加油，对灰尘较多的环境里的齿轮应设置防尘罩，齿部磨损严重和断齿缺陷应进行修复或更换； ⑤ 轴弯曲应作矫直处理； ⑥ 齿轮、蜗轮和蜗杆上的紧固件和连接件应配齐和装紧，损坏应更换； ⑦ 正确的操作，发现有卡阻和吃力时应及时找出原因，不要硬性操作
气动和液动装置的动作不灵或失效	① 缸体和缸盖因破损和砂眼等缺陷产生的外漏，致使缸内压力过低； ② O形圈等密封件损坏或老化，引起内漏，使活塞产生爬行等故障； ③ 活塞杆弯曲或磨损，增加了气动或液动的开闭力或泄漏； ④ 活塞杆行程过长，闸板卡死在阀体内； ⑤ 垫片或填料处泄漏，使缸内操作压力下降； ⑥ 缸体内混入异物，阻止了活塞的上下运动； ⑦ 缸体内壁磨损，镀层脱落，增加了内漏和对活塞运动的阻力； ⑧ 活塞与活塞杆连接处磨损或松动，不但产生内漏，而且容易卡住活塞；	① 使用前应按规定进行试压，对使用中产生的破损和泄漏应进行修补或更换； ② 对O形圈等密封件定期检查和更换； ③ 活塞杆弯曲应及时矫正，活塞杆磨损应进行修复或更换； ④ 旋动缸底调节螺母，调整活塞杆工作行程； ⑤ 垫片和填料处出现的故障按前"填料处的泄漏"和"垫片处的泄漏"方法处理； ⑥ 介质未进入缸体前应有过滤机构，过滤机构应完好、运转正常，对缸内的异物及时排除、清洗； ⑦ 缸体内壁质量应符合设计要求，对内壁磨损和镀层脱落的缸体应修复或更换； ⑧ 活塞与活塞杆连接处应有防松件，对磨损处进行修复，对易松动的可采用粘接或其他机械固定方法；

表 6-11（续）

常见故障	产　生　原　因	预　防　和　排　除　方　法
气动和液动装置的动作不灵或失效	⑨ 装配不正,加工质量差; ⑩ 缸体胀大或活塞磨损破裂,影响正常传动; ⑪ 常开或常闭式缸内弹簧松弛和失效,引起活塞杆动作不灵或使关闭件无法复位; ⑫ 进入缸内气体或液体介质的压力波动或压力过低; ⑬ 装置遥控信号失灵,无法进行遥控; ⑭ 填料压得过紧	⑨ 装置装配应正确,缸体、活塞、活塞杆与阀门填料函应同心,活塞与活塞杆应垂直,活塞与缸体的间隙适当一致,零件加工质量应符合设计要求; ⑩ 缸体胀大、活塞损坏后应进行重新镶套和修复,无法修复的要更换; ⑪ 缸内复位弹簧松弛或失效后应及时更换; ⑫ 引入缸内介质压力稳定,符合要求; ⑬ 信号指示系统应完好,其信号指示应与实际动作状态相符; ⑭ 填料压紧适当,如压得太紧应适当放松
电动装置过转矩故障	阀门部件装配不正、缺油磨损,填料压得太紧,阀杆与阀杆螺母润滑不良,阀杆螺母与支架磨损或卡死,电动装置与阀门连接不当,阀内有异物抵住关闭件而使转矩急剧上升	装配应符合阀门技术要求;油箱定期按规定加油,零件磨损要及时修复;填料压紧适当;阀杆、阀杆螺母和支架连接活动部位应清洁、润滑,损坏应及时修理;电动装置与阀门连接牢固、正确,间隙要适当一致;阀前应设置过滤装置,阀内有异物应及时排除
电动机故障	连续工作太久,电源电压过低,电动装置的转矩限制机构整定不当或失灵,使电动机过载,接触不良或线头脱落而缺相;受潮、绝缘不良而短路等	电动机连续工作不宜超过 10 min～15 min,电源电压调整到正常值;转矩限制机构整定值要正确,对该机构动作不灵应修理调整,其开关坏应及时更换;电动机过载可采用温度继电器进行保护,电流增大的过载可采用热继电器保护;要经常检查电动机电路和开关,防止缺相运转,电机缺相可采用零序继电器或相序继电器进行保护;电动机应有防潮措施,定期检查电动机的绝缘性能,电动机短路可用熔断器或复式脱扣器的三相自动开关保护,复式脱扣器还可保护缺相故障
电磁传动失灵	线圈过载或绝缘不良而烧毁,电线脱落或接头不良,零件松动或异物卡住,介质浸入圈内	定期检、修电磁传动部位,电线接头应牢固;电磁传动内部构件应安装正确、牢固,发现异响应及时找出原因,进行修理;阀门内混入异物应排除干净;电磁传动部分与阀门部分的密封应良好

6-33　他动阀门常见故障产生的原因及故障的预防和排除方法有哪些?

　　闸阀、截止阀、节流阀、球阀、旋塞阀、蝶阀、隔膜阀等他动阀门,由于其结构型式和特点不同,发生故障各有所异,故预防、排除故障的方法也不同。这类他动阀门常见故障产生的原因及故障的预防、排除方法见表 6-12～表 6-17。

表 6-12　闸阀常见故障的产生原因及预防和排除方法

常见故障	产 生 原 因	预防和排除方法
开不起	T 型槽断裂	T 型槽应有圆弧过渡,提高铸造和热处理质量,开启时不要超过上死点
	单闸板卡死在阀体内	关闭力适当,不要使用长杠杆
	内阀杆螺母失效	内阀杆螺母不宜腐蚀性大的介质
	阀杆关闭后受热顶死	阀杆在关闭后应间隔一定时间,阀杆进行一次卸载,将手轮倒转少许
关不严	阀杆的顶心磨灭或悬空,使闸板密封时好时坏	阀杆顶丝磨灭后应修复,顶心应顶住关闭件并有一定的活动间隙
	密封面掉线	楔式双闸板间顶心调整垫更换厚垫、平行双闸板加厚或更换顶锥（楔块）、单闸板结构应更换或重新堆焊密封面
	楔式双闸板脱落	正确选用楔式双闸板闸阀,保持架注意定期检查和修理
	阀杆与闸板脱落	正确选用闸阀,操作用力适当
	导轨扭曲、偏斜	注意检查,进行修整
	闸板拆卸后装反	拆卸时应作好标记
	密封面擦伤	不宜在含磨粒介质中使用闸阀;关闭过程中,密封面间反复留有细缝,利用介质冲走磨粒和异物

表 6-13　截止阀和节流阀常见故障产生原因及预防和排除方法

常见故障	产 生 原 因	预防和排除方法
密封面泄漏	介质流向不对,冲蚀密封面	按流向箭头或按结构形式安装,即介质从阀座下引进（除个别设计介质从密封面上引进,阀座下流出外）
	平面密封面易沉积脏物	关闭时留细缝冲刷几次后再关闭
	锥面密封副不同心	装配要正确,阀杆、阀瓣或节流锥、阀座三者在同一轴线上,阀杆弯曲要矫直
	衬里密封面损坏、老化	定期检查和更换衬里,关闭力要适当以免压坏密封面
失效	针形阀堵死	选用不对,不适于黏度大的介质
	小口径阀门被异物堵住	拆卸或解体清除
	阀瓣、节流锥脱落	腐蚀性大的介质应避免选用辗压,钢丝连接关闭件的阀门,关闭件脱落后应修复,钢丝应改为不锈钢丝
	内阀杆螺母或阀杆梯形螺纹损坏	选用不当,被介质腐蚀,应正确选用阀门结构型式;操作力要小,特别是小口径的截止阀和节流阀;梯形螺纹损坏后应及时更换
节流不准	标尺不对零位,标尺丢失	标尺应调准对零,标尺松动或丢失后应修理和补齐
	节流锥冲蚀严重	要正确选材和热处理,流向要对,操作要正确

表 6-14　球阀常见故障的产生原因及预防和排除方法

常见故障	产 生 原 因	预防和排除方法
关 不 严	球体冲翻	装配应正确,操作要平稳,不允许作节流阀使用;球体冲翻后应及时修理,更换密封座
	用作节流,损坏了密封面	不允许作节流用
	密封面被压坏	拧紧阀座处螺栓应均匀,力要小,宁可多紧几次,不可一次紧得太多太紧,损坏的密封面可进行研刮修复
	密封面无预紧压力	阀座密封面应定期检查预紧压力,发现密封面有泄漏或接触过松时应少许压紧阀座密封面;预压弹簧失效应更换
	扳手、阀杆和球体三者连接处间隙大,扳手已到关闭位,而球体旋转角不足 90°而产生泄漏	有限位机构的扳手、阀杆和球体三者连接处松动和间隙过大时应修理,紧固要牢;调整好限位块,消除扳手提前角,使球体正确开闭
	阀座与本体接触面不光洁、磨损,O 形圈损坏使阀座泄漏	提高阀座与本体接触面光洁度,减少阀座拆卸次数,O 形圈定期更换

表 6-15　旋塞阀常见故障的产生原因及预防和排除方法

常见故障	产 生 原 因	预防和排除方法
密 封 面 泄 漏	阀体与塞子密封面加工精度和光洁度不符合要求	重新研磨阀体与塞锥密封面,直至着色检查和试压合格为止
	密封面中混入磨粒,擦伤密封面	操作时应利用介质冲洗阀内和密封面上的磨粒等脏物,阀门应处全开或全关位置,擦伤密封面应修复
	油封式油路堵塞或没按时加油	应定期检查和沟通油路,按时加油
	调整不当或调整部件松动损坏;紧定式的压紧螺母松动;填料式调节螺钉顶死了塞子;自封式弹簧顶紧力过小或弹簧损坏等	应正确调整旋塞阀调节零件,以旋转轻便和密封不漏为准;紧定式压紧螺母松动后适当拧紧,螺纹损坏应更换;填料式调节螺钉适当调下后并紧,自封式弹簧顶紧力应适当,损坏后应及时更换
	自封式排泄小孔被脏物堵死,失去自紧密封性能	定期检查和清洗,不宜用于含沉淀物多的介质中
阀 杆 旋 转 不 灵 活	密封面压的过紧;紧定式螺母拧的过紧,自封式预紧弹簧压的过紧	适当调整密封面的压紧力;适当放松紧定式螺母和自封式预紧弹簧
	密封面擦伤	定期修理,油封式应定时加油
	压盖压的过紧	适当放松些
	润滑条件变坏	填料装配时,适当涂些石墨,油封式旋塞阀定时加油
	扳手位磨灭	操作要正确,扳手位损坏后应进行修复

表 6-16 蝶阀常见故障的产生原因及预防和排除方法

常见故障	产 生 原 因	预防和排除方法
密封面泄漏（作切断用阀）	橡胶密封圈老化、磨损	橡胶密封面定期更换
	密封面压圈松动、破损	压圈松动时应重新拧紧,破损和腐蚀严重应更换
	介质流向不对	应按介质流向箭头安装蝶阀
	阀杆与蝶板连接处松脱使阀门关不严	拆卸蝶阀,修理阀杆与蝶板连接处
	传动装置和阀杆损坏,使密封面关不严	进行修理,损坏严重的应予更换

表 6-17 隔膜阀常见故障的产生原因及预防和排除方法

常见故障	产 生 原 因	预防和排除方法
隔膜破损	橡胶、氟塑料隔膜老化	定期更换
	操作压力过甚,压坏隔膜	操作力要小,注意关闭标记
	异物嵌入隔膜与阀座间,压破或磨损隔膜	操作时不要强制关闭,应上下反复开闭几次,冲走异物后,正式关严阀门;隔膜损坏后及时更换
	开启的高度过大,拉破隔膜	操作时不宜开启得太高
操作失效	隔膜与阀瓣脱落	开启时不要过高,脱落后应及时修理或更换隔膜
	阀杆与阀瓣连接销脱落或因磨损折断	开启时不允许超过上死点,脱落后应及时修理
	活动阀杆螺母与阀盖和阀杆连接处磨损和卡死	定期清洗,活动部位涂布润滑用的石墨、二硫化钼干粉;氟隔膜结构可在活动部位添加少量润滑脂

6-34 自动阀门常见故障产生的原因及故障的预防和排除方法有哪些？

止回阀、安全阀、减压阀和蒸汽疏水阀等自动阀门,由于其结构型式比他动阀门要复杂,所产生的故障也具有特殊性,故预防和排除故障的方法不同于他动阀门。这类自动阀门常见故障产生的原因及故障的预防和排除方法见表 6-18～表 6-21。

表 6-18 止回阀常见故障的产生原因及预防和排除方法

常见故障	产 生 原 因	预防和排除方法
升降式阀瓣升降不灵活	阀瓣轴和导向套上的排泄孔堵死,产生尼阻现象	不宜使用黏度大和含磨粒多的介质,定期修理清洗
	安装和装配不正,使阀瓣歪斜	阀门安装和装配要正确,阀盖螺栓应均匀拧紧,零件加工质量不高,应进行修理纠正
	阀瓣轴与导向套间隙过小	阀瓣轴与导向套间隙适当,应考虑温度变化和磨粒侵入的影响
	阀瓣轴与导向套磨损或卡死	装配要正,定期修理,损坏严重的应更换
	预紧弹簧失效,产生松弛、断裂	预紧弹簧失效应及时更换

表 6-18(续)

常见故障	产生原因	预防和排除方法
旋启式摇杆机构损坏	阀前阀后压力接近平衡或波动大,使阀瓣反复拍打而损坏阀瓣和其他件	操作压力不稳定的场合,适于选用铸钢阀瓣和钢摇杆
	摇杆机构装配不正,产生阀瓣掉上掉下缺陷	装配和调整要正确,阀瓣关闭后应密合良好
	摇杆与阀瓣和芯轴连接处松动或磨损	连接处松动、磨损后要及时修理,损坏严重的应更换
	摇杆变形或断裂	摇杆变形要校正,断裂应更换
介质倒流	除产生阀瓣升降不灵活和摇杆机构磨损的原因外,还有密封面磨损、橡胶密封面老化	正确选用密封面材料,定期更换橡胶密封面;密封面磨损后及时研磨
	密封面间夹有杂质	含杂质的介质应在阀前设置过滤器或排污管线

表 6-19 安全阀常见故障的产生原因及预防和排除方法

常见故障	产生原因	预防和排除方法
密封面泄漏	由于制造精度低、装配不当、管道载荷等原因,使零件不同心	修理或更换不合格的零件,重新装配,排除管道附加载荷,使阀门处于良好的状态
	安装倾斜,使阀瓣与阀座产生位移,以至接触不严	应直立安装,不可倾斜
	弹簧的两端面不平行或装配时歪斜;杠杆式的杠杆与支点发生偏斜或磨损,使阀瓣与阀座接触压力不均匀	修理或更换弹簧,重新装配;修理或更换支点磨损件,消除支点的偏移,使阀瓣与阀座接触压力均匀
	弹簧断裂	更换弹簧,更换的弹簧质量应符合要求
	由于制造质量,高温或腐蚀等因素使弹簧松弛	根据产生原因针对性的更换弹簧,如果是选型不当应调换安全阀
	阀瓣与阀座密封面损坏,密封面上夹有杂质,使密封面不能密合	研磨密封面,其表面粗糙度不低于 $\sqrt{}^{0.4}$;开启(带扳手)安全阀吹扫杂质或卸下安全阀清洗;对含杂质多的介质,适于选用橡胶、塑料类的密封面或带扳手的安全阀
	阀座连接螺纹损坏或密合不严	修理或更换阀座,保持螺纹连接处严密不漏
	阀门开启压力与设备正常工作压力太接近,以致密封比压降低,当阀门振动或压力波动时容易产生泄漏	根据设备强度,对开启压力作适当调整
	阀内运动零件有卡阻现象	查明阀内运动零件卡阻的原因后,对症修理

表 6-19(续)

常见故障	产生原因	预防和排除方法
阀门启闭不灵活不清脆	调节圈调整不当,使阀瓣开启时间过长或回座迟缓	应重新加以调整
	排放管口径小,排放时背压较大,使阀门开不足	应更换排放管,减小排放管阻力
未到规定开启压力时就开启	开启压力低于规定值;弹簧调节螺钉、螺套松动或重锤向支点串动	重新调整开启压力至规定值;固定紧调节螺钉、螺套和重锤
	弹簧弹力减小或产生永久变形	更换弹簧
	调整后的开启压力接近、等于或低于安全阀工作压力,使安全阀提前动作、频繁动作	重新调整安全阀开启压力至规定值
	常温下调整的开启压力而用于高温后,开启压力降低	适当拧紧弹簧调节螺钉、螺套,使开启压力至规定值;如果属于选型不当,可调换带散热器的安全阀
	弹簧腐蚀引起开启压力下降	强腐蚀性的介质,应选用包复氟塑料的弹簧或选用波纹管隔离的安全阀
到规定开启压力而不动作	开启压力高于规定值	重新调整开启压力
	阀瓣与阀座被脏物粘住或阀座被介质凝结物或结晶堵塞	开启安全阀吹扫或卸下清洗,对因温度变冷容易凝结和结晶的介质,应对安全阀伴热或在安全阀底部连接处加爆破膜隔断
	寒冷季节室外安全阀冻结	应进行保温或拌热
	阀门运动零件有卡阻现象增加了开启压力	应检查后,排除卡阻现象
	背压增大,使工作压力到规定值后,安全阀不起跳	消除背压,或选用背压平衡式波纹管安全阀
安全阀的振动	由于管道的振动而引起安全阀振动	查明原因后,消除振动
	阀门排放能力过大	选用阀门的额定排放量尽可能接近设备的必需排放量
	进口管口径太小或阻力太大	进口管内径不小于安全阀进口通径或减少进口管的阻力
	排放管阻力过大,造成排放时过大背压,使阀瓣落向阀座后又被介质冲起,以很大频率产生振动	应降低排放管的阻力
	弹簧刚度太大	应选用刚度较小的弹簧
	调整圈调整不当,使回座压力过高	重新调整调节圈位置

表 6-20　减压阀常见故障的产生原因及故障预防和排除方法

常见故障	产 生 原 因	预防和排除方法
阀门直通	活塞环破裂、气缸磨损、异物混入等原因使活塞卡住在最高位置以下处	定期清洗和修理,活塞机构损坏严重应更换
	阀瓣弹簧断裂或失去弹性	及时更换弹簧
	阀瓣杆或顶杆在导向套内某一位置处卡住,使阀瓣呈开启状态	及时卸下修理,排除卡住现象,对无法修复的零件应于更换
	脉冲阀泄漏或其阀瓣杆在阀座孔内某一位置卡住,使脉冲阀呈开启状态,活塞始终受压,阀瓣不能关闭,介质直通	定期清洗和检查,控制通道应有过滤器;过滤器应完好
	密封面和脉冲阀密封面损坏或密封面间夹有异物	研磨密封面,无法修复的应予更换
	膜片、薄膜破损或其周边密封处泄漏而失灵	定期更换膜片、薄膜;周边密封处泄漏时应重新装配;膜片、薄膜破损后应及时更换
	阀后腔至膜片小通道堵塞不通,致使阀门不能关闭	应解体清洗小通道,阀前应设置过滤装置和排污管
	气包式控制管线堵塞或损坏,或充气阀泄漏	疏通控制管线,修理损坏的管线和充气阀
阀门不通	活塞因异物、锈蚀等原因卡死在最高位置,不能向下移动,阀瓣不能开启	除定期清洗和检查外,活塞机构的故障应解体清洗和修理
	气包式的气包泄漏或气包内压过低	查出原因后进行修理
	阀前腔到脉冲阀、脉冲阀到活塞的小通道堵塞不通	通道应有过滤网,过滤网破损应更换;通道出现堵塞应疏通清洗干净
	调节弹簧松弛或失效,不能对膜片、薄膜产生位移,致使阀瓣不能打开	更换调节弹簧,按规定调整弹簧压紧力
阀门压力调节不准	活塞密封不严	应研磨或更换活塞环
	弹簧疲劳	应予更换
	阀内活动部件磨损,阀门正常动作受阻	解体修理,更换无法修理的部件,装配要正确
	调节弹簧的刚度过大,造成阀后压力不稳重	选用刚度适当的调节弹簧
	膜片、薄膜疲劳	更换膜片或薄膜

表 6-21　蒸汽疏水阀常见故障的产生原因及故障预防和排除方法

型式	常见故障	产 生 原 因	预防和排除方法
圆盘式	不排凝结水	阀前蒸汽管线上的阀门损坏或未打开	阀门损坏要修理,阀门未开应注意打开
		阀前蒸汽管线弯头处堵塞	清理管道内污物,管道弯曲应符合要求
		过滤器被污物堵塞	定期清理过滤器
		疏水阀内充满污物	修理过滤器,清扫阀内污物
		控制室内充满空气和非凝结性气体,使阀片不能开启	打开阀盖,排除非凝结性气体
	排出蒸汽	旁通管和阀前排污管上阀门泄漏	修理或更换阀门
		阀盖不严,不能建立控制室内压力,阀片无法关闭	拧紧阀盖或更换垫片
		阀座密封面与阀片磨损	重新研磨,修理不好者应更换
		阀座与阀片间夹有杂质	打开阀盖清除杂物
	排水不停	蒸汽管道中排水量剧烈增加	锅炉有时起泡而将大量水送出,应装汽水分离器解决
		选用的疏水阀排水量太小	应调换排水量大的疏水阀或用并联形式解决
脉冲式	脉冲机构开闭不灵活	阀座孔和控制盘上的排泄孔堵塞以及控制缸间隙中被水垢、污物堵塞	解除清除阀内污物和水垢,应制订定期修理制度
		控制缸安装位置过高或过低	应正确调整控制缸位置
		控制盘因杂质等原因卡死在控制缸某位置	应解体查出原因,排除杂质及其他故障,使控制盘在控制缸内自由活动
	密封面泄漏	控制缸、阀瓣与阀座不同心,致使密封面密合不严	应重新调整三者之间的同轴度
		阀瓣与阀座间夹有杂物	解体清除杂物
		阀瓣与阀座密封面磨损	应研磨密封面,对修复不好的应于更换
		阀座螺纹松动,产生蒸汽泄漏	重新拧紧阀座,对阀座螺纹损坏修复后固定牢;无法固定牢的,应予更换
浮桶式和钟形浮子式	不排凝结水	浮桶太轻	增加浮桶的重量
		进口与出口压差过大	调整阀前阀后的压力
		止回阀阀瓣太重,或与疏水孔锈死	减轻止回阀阀瓣重量,修理疏水孔
		阀杆与套管配合不当或受热膨胀后卡住	调整阀杆与套管之间的配合,过紧时应进行修理
		阀前过滤器充满污物,阻止蒸汽和凝结水进入阀内	定期清洗过滤器
		阀孔或通道堵塞	阀前应设置过滤器,过滤器损坏应修理或更换;阀孔或通道出现堵塞应清洗
		浮桶行程短,阀杆过长,阀尖顶住阀孔	调整浮桶的行程和阀杆的长度

表 6-21(续)

型式	常见故障	产生原因	预防和排除方法
浮桶式和钟形浮子式	排出蒸汽	阀盖与阀体密封不严	修理密封面,更换垫片
		旁通阀泄漏	修理旁通阀
		阀尖与阀孔密封面磨损或沾着杂质	研磨阀尖和阀孔密封面,损坏严重者更换;排除密封面上杂质
		套管不严密	拧紧套管或修理套管,使其严密
		浮桶、钟罩破损,连接处泄漏	修理破损,堵住连接处的泄漏,腐蚀和损坏严重的应更换
		疏水阀杆过短	适当调长阀杆
		浮桶行程过长	适当调小浮桶行程
		浮桶和钟罩过重	适当减轻浮桶和钟罩的重量
		浮桶在某一位置上卡住	找出原因后排除
		疏水阀疏水孔过大	适当缩小疏水孔
		阀前压力过大	调整疏水阀的工作压力
		浮桶和钟罩体积过小,浮力不足	更换浮桶和钟罩
	排出凝结水温度过高	浮桶浮起前,套管露出水封面,使汽水混合排出	适当减轻浮桶的重量,调整浮桶行程
		套管松动不严	螺纹处缠绕一、二层聚四氟乙稀生带,然后拧紧固定
	连续排水	排水量过大,疏水孔过小	应更换疏水孔或改选大规格的疏水阀

6-35　阀门试压的原则和注意事项是什么?

阀门试压的原则和注意事项如下。

① 一般情况下,阀门不作强度试验,但修补过的阀体和阀盖或腐蚀损伤的阀体和阀盖应作强度试验。对于安全阀,其定压和回座压力及其他试验应符合其说明书和有关规程的规定。

② 阀门安装之前应作强度和密封性试验。低压阀门抽查 20%,如不合格应 100% 的检查;中、高压阀门应 100% 的检查。

③ 试验时,阀门安装位置应在容易进行检查的方向。

④ 焊接连接形式的阀门,用盲板试压不行时可采用锥形密封或 O 形圈密封进行试压。

⑤ 液压试验时应将阀门空气尽量排除。

⑥ 试验时压力要逐渐增高,不允许急剧、突然地增压。

⑦ 强度试验和密封性试验持续时间一般为 2 min～3 min,重要的和特殊的阀门应持续 5 min。小口径阀门试验时间可相应短一些,大口径阀门试验时间可相应长一些。在试验过程中,如有疑问可延长试验时间。强度试验时,不允许阀体和阀盖出现冒汗或渗漏现象。密封性试验,一般阀门只进行一次,安全阀、高压阀等重要阀门需进行两次。试验时,对低压、大口径的不重要阀门以及有规定允许渗漏的阀门,允许有微量的渗漏现象;由于通用阀门、电站用阀、船用阀门以及其他阀门要求各异,对渗漏要求应按有关规定执行。

⑧ 节流阀不作关闭件密封性试验,但应作强度试验及填料和垫片处的密封性试验。

⑨ 试压中,阀门关闭力只允许一个人的正常体力来关闭;不得借助杠杆之类工具加力(除扭矩扳手外),当手轮的直径大于或等于 320 mm 时,允许两人共同关闭。

⑩ 具有上密封的阀门应取出填料作密封性试验,上密封密合后,检查是否渗漏。用气体作试验时,在填料函中盛水检查。作填料密封性试验时,不允许上密封处于密合位置。

⑪ 凡具有驱动装置的阀门,试验其密封性时应用驱动装置关闭阀门后进行密封性试验。对手动驱动装置,还应进行手动关闭阀门的密封试验。

⑫ 强度试验和密封性试验后装在主阀上的旁通阀,在主阀进行强度和密封性试验;主阀关闭件打开时,也应随之开启。

⑬ 铸铁阀门强度试验时,应用铜锤轻敲阀体和阀盖,检查有否渗漏。

⑭ 阀门进行试验时,除旋塞阀有规定允许密封面涂油外,其他阀门不允许在密封面上涂油试验。

⑮ 阀门试压时,盲板对阀门的压紧力不宜过大,以免阀门产生变形,影响试验效果(铸铁阀门如果压得过紧,还会破损)。

⑯ 阀门试压完毕后,应及时排除阀内积水并擦干净,还应作好试验记录。

6-36 各类阀门试压的方法是什么?

阀门试压常用的介质有水、油、空气、蒸汽、氮气等,各类阀门的试压方法如下:

(1)截止阀和节流阀

截止阀和节流阀的强度试验,通常将组装好的阀门放在试压架中,打开阀瓣,注入介质至规定值,检查阀体和阀盖是否冒汗和渗漏。也可单件进行强度试验。

密封性试验只做截止阀。试验时截止阀的阀杆成垂直状态,阀瓣开启,介质从阀瓣底下一端引入至规定值,检查填料和垫片处;待合格后关闭阀瓣,打开另一端检查是否有渗漏。

如果阀门强度和密封性试验都要做时,可先做强度试验,然后降压至密封性试验规定值,检查填料和垫片处;再关闭阀瓣,打开出口端检查密封面是否渗漏。

(2)闸阀

闸阀的强度试验与截止阀一样。闸阀的密封性试验有两种方法。

① 闸板开启,使阀内压力升至规定值;然后关闭闸板,立即取出闸阀,检查闸板两侧密封处有否渗漏或者直接往阀盖上的堵头内注入试验介质至规定值,检查闸板两侧密封处。以上方法叫做中间试压。这种方法不宜在公称尺寸 DN32 以下的闸阀做密封试验。

② 另一种方法是将闸板开启,使阀门试验压力升至规定值;然后关闸板,打开一端盲板,检查密封面是否渗漏。然后从另一端,作以上重复试验至合格为止。

闸阀填料和垫片处密封性试验应在闸板密封性试验之前进行。

（3）球阀

球阀的强度试验应在球体半开状态下进行。

① 浮动式球阀密封性试验:将阀处于半开状态,一端引入试验介质,另一端封闭;将球体转动几次,阀门处于关闭状态时打开封闭端检查,同时检查填料和垫片处密封性能,不得有渗漏现象。然后从另一端引入试验介质,重复上述试验。

② 固定式球阀密封性试验:在试验前将球体空载转动几次,阀处于关闭状态,从一端引入试验介质至规定值;用压力表检查引入端密封性能,使用压力表精度 0.5～1 级,量程为试验压力的 1.6 倍。在规定时间内,没有降压现象为合格;再从另一端引入试验介质,重复上述试验。

然后,将阀门处于半开状态,两端封闭,内腔充满介质,在试验压力下检查填料和垫片处,不得有渗漏。

③ 三通球阀应在各个位置上进行密封性试验。

（4）旋塞阀

① 旋塞阀进行强度试验时,介质从一端引入,封闭其余通路,将塞子依次旋转到全开的各工作位置进行试验,阀体未发现渗漏为合格。

② 密封性试验时,直通式旋塞阀应保持腔内与通路压力相等,将塞子旋转到关闭位置,从另一端进行检查,然后将塞子旋转 180°重复上述试验;三通式或四通式旋塞阀应保持腔内与通路一端压力相等,将塞子依次旋转到关闭位置,压力从直角端引入,从其他端同时进行检查。

旋塞阀试验前允许在密封面上涂一层非酸性稀润滑油,在规定时间内未发现渗漏和扩大的水滴为合格。旋塞阀试验时间可短一些,一般按公称通径规定为 1 min～3 min。

煤气用的旋塞阀应以 1.25 倍工作压力进行空气密封性试验。

（5）蝶阀

蝶阀的强度试验与截止阀一样。

蝶阀的密封性能试验应从介质流入端引入试验介质,蝶板应开启,另一端封闭,注入压力至规定值;检查填料和其他密封处无渗漏后,关闭蝶板,打开另一端,检查蝶板密封处无渗漏为合格。作为调节流量用的蝶阀可不做密封性能试验。

（6）隔膜阀

隔膜阀强度试验从任一端引入介质,开启阀瓣,另一端封闭,试验压力升至规定值后,看阀体和阀盖无渗漏为合格。然后降压至密封性试验压力,关闭阀瓣,打开另一端进行检查,无渗漏为合格。

（7）止回阀

止回阀试验状态:升降式止回阀阀瓣轴线处于与水平垂直的位置;旋启式止回阀通道轴线和阀瓣轴线处于与水平线近似平行的位置。

强度试验时,从进口端引入试验介质至规定值,另一端封闭,看阀体和阀盖无渗漏为合格。

密封性试验从出口端引入试验介质,在进口端检查密封面处,填料和垫片处无渗漏为合格。

(8) 安全阀

① 安全阀的强度试验与其他阀门一样,是用水作试验的。试验阀体下部时,压力从进口端引入,密封面封闭;试验阀体上部和阀盖时,压力从出口端引入,其他端封闭。在规定时间内阀体和阀盖无渗漏现象为合格。

② 密封性试验和定压试验,一般使用介质是:蒸汽用阀以饱和蒸汽为试验介质;氨或其他气体用阀以空气为试验介质;水和其他非腐蚀性液体用阀以水为试验介质。对于一些重要位置的安全阀常用氮气为试验介质。

密封试验以公称压力值为试验压力进行试验,其次数不少于两次,在规定时间内无渗漏为合格。验漏方法有两种:一是将安全阀各连接处密封,用黄油把薄纸封贴在出口法兰上,薄纸鼓起为漏,不鼓起为合格;二是用黄油把薄塑料板或其他板封贴在出口法兰下部,灌水封住阀瓣,检验水中不冒泡为合格。

安全阀定压和回座压力试验次数不少于 3 次,符合规定为合格。

安全阀的各项性能试验见 GB/T 12242—2005《压力释放装置 性能试验规范》。

(9) 减压阀

① 减压阀的强度试验一般以单件试验后组装,亦可组装后试验。强度试验持续时间:<DN50 的 1 min;DN65~DN150 的大于 2 min;>DN150 的大于 3 min。

波纹管与组件焊接后,应用阀后最高压力的 1.5 倍、用空气进行强度试验。

② 密封性试验时按实际工作介质进行。用空气或水试验时,以公称压力的 1.1 倍进行试验;用蒸汽试验时,以工作温度下允许的最高工作压力进行。进口压力与出口压力之差要求不小于 0.2 MPa。试验方法为:进口压力调定后,逐渐调节该阀的调节螺钉,使出口压力在最大与最小值范围内能灵敏地、连续地变化,不得有停滞、卡阻现象。对蒸汽减压阀,当进口压力调走后,关闭阀后截断阀,出口压力为最高和最低值,在 2 min 内,其出口压力的升值应符合表 6-22 中规定,同时,阀后管道容积符合表 6-23 中规定为合格;对水、空气减压阀,当进口压力调定后,出口压力为零时,关闭减压阀进行密封性试验,在 2 min 内无泄漏为合格。

表 6-22 蒸汽减压阀出口压力的升值

出口压力/MPa	进口压力/MPa	
	≤2.5	≤6.4
<1.0	<0.2	<0.4
1.0~1.6	<0.1	<0.3
>1.6~3.0	—	<0.2

表 6-23 蒸汽减压阀的管道容积

公称尺寸 DN	容积/m³
≤65	0.5
80~150	20
200~300	60

③ 压力和流量特性试验的方法是先调定进口和出口压力,在此压差下改变出口流量的 30%,或固定流量而改变进口压力的 30%,这时分别测量出口压力,其偏差值符合表 6-24 中规定为合格。

（10）蒸汽疏水阀

蒸汽疏水阀的型式很多,试验项目也较多,检验按 GB/T 12251—2005《蒸汽疏水阀　试验方法》和 GB/T 22654—2008《蒸汽疏水　技术条件》进行。一般只作水压强度试验、耐压试验和动作试验。

表 6-24　减压阀静态特性偏差值 MPa

出口压力	流量特性偏差	压力特性偏差
<1.0	±0.5	±0.3
1.0～1.6	±0.7	±0.5
>1.6～3.0	±1.0	±0.7

① 强度试验与其他类阀门一样。

② 耐压试验是对浮球等承受外压密闭件以 1.2 倍的公称压力进行水压耐压试验。

③ 动作试验是交替通入蒸汽和饱和水,试验次数不少于 3 次。试验压力以最高工作压力和最低工作压力分别进行,以动作灵敏和不漏汽为合格。蒸汽疏水阀的动作试验和密封性试验通常在试验室进行。蒸汽疏水阀的漏汽量测定试验方法和凝结水排量测定试验方法按 GB/T 12251—2005 中的附录 A 和附录 B 进行。

蒸汽疏水阀除水压强度试验、耐压试验和动作试验外,还有热凝结水排量试验、过冷度试验、最大允许背压率试验、漏汽率试验、排空气能力试验、最低工作压力试验、最高工作压力试验等项,视具情况而定。

6-37　主要阀类密封试验的加压方法是什么?

密封试验是检验启闭件和阀体密封副密封性能的试验,密封试验应在壳体试验后进行。

主要阀类密封试验的加压方法按表 6-25 的规定。但对于规定了介质流通方向的阀门,应按规定的流通方向加压(止回阀除外)。试验时应逐渐加压到规定的试验压力,然后检查密封副的密封性能。

表 6-25　主要阀类密封试验的加压方法

阀　类	加　压　方　法
闸　阀 球　阀 旋塞阀	封闭阀门两端,启闭件处于微开启状态,给体腔充满试验介质并逐渐加压到试验压力,关闭启闭件,释放阀门一端的压力。阀门另一端也按同样方法加压。 有两个独立密封副的阀门也可以向两个密封副之间的体腔列入介质并施加压力
截止阀 隔膜阀	应在对阀座密封最不利的方向上向启闭件加压。例如,对于截止阀和角式隔膜阀,应沿着使阀瓣打开的方向列入介质并施加压力
蝶　阀	应沿着对密封最不利的方向列入介质并施加压力,对称阀座的蝶阀可沿任一方向加压
止回阀	应沿着使阀瓣关闭的方向注入介质并施加压力

6-38　如何解决调节阀常见的小问题?

（1）为什么双阀座小开度工作时容易振荡?

对单芯而言,当介质是流开型时,阀稳定性好;当介质是流闭型时,阀的稳定性差。双阀座有两个阀芯,下阀芯处于流闭,上阀芯处于流开,这样,在小开度工作时,流闭型的阀芯就容易引起阀的振动,这就是上阀座不能用于小开度工作的原因所在。

（2）为什么双密封阀不能当作切断阀使用？

双阀座阀芯的优点是力平衡结构,允许压差大,而它突出的缺点是两个密封面不能同时良好接触,造成泄漏大。如果把它人为地、强制性的用于切断场合,显然效果不好,即便为它作了许多改进(如双密封套筒阀),也是不可取的。

（3）为什么直行程调节阀防堵性能差,角行程阀防堵性能好？

直行程阀阀芯是垂直节流,而介质是水平流进流出,阀腔内流道必然转弯倒拐,使阀的流路变得相当复杂(形状如倒 S 形)。这样,存在许多死区,为介质的沉淀提供了空间,长此以往,造成堵塞。角行程阀节流的方向就是水平方向,介质水平流进,水平流出,容易把不干净介质带走,同时流路简单,介质沉淀的空间也很少,所以角行程阀防堵性能好。

（4）为什么直行程调节阀阀杆较细？

它设计一个简单的机械原理:滑动摩擦力大、滚动摩擦力小。直行程阀的阀杆上下运动,填料稍压紧一点,它就会把阀杆包的很紧,产生较大的回差。为此,阀杆设计的非常细小,填料又常用摩擦系数小的四氟填料,以便减少回差,但由此产生的问题是阀杆细,则易弯,填料寿命也短。解决这个问题,最好的办法就是用旋转阀阀杆,即角行程类的调节阀,它的阀杆比直行程阀的阀杆粗 2 ~ 3 倍,且选用寿命长的石棉填料,阀杆刚度好,填料寿命长,其摩擦力矩反而小、回差小。

（5）为什么角行程类阀的切断压差较大？

角行程类阀的切断压差较大是因为介质在阀芯或阀板上产生的合力对转动轴产生的力矩非常小,因此,它能承受较大的压差。

（6）为什么脱盐水介质使用衬胶蝶阀、衬氟隔膜阀使用寿命短？

脱盐水介质中含有低浓度的酸或碱,它们对橡胶头有较大的腐蚀性。橡胶的被腐蚀表现为膨胀、老化、强度低,用衬胶蝶阀、隔膜阀使用效果都差,其实质就是橡胶不耐腐蚀所致。后衬胶隔膜阀改进为耐腐蚀性能好的衬氟隔膜阀,但衬氟隔膜阀的膜片又经不住上下折而被折破,阀的寿命变短。现在最好的办法是用水处理专用球阀,它可以使用 5 ~ 8 年。

（7）为什么套筒阀代替单、双座阀却没有如愿以偿？

20 世纪 60 年代问世的套筒阀,70 年代在国内外大量使用,80 年代引进的石化装置中套筒阀占的比例较大,那时,不少人认为套筒阀可以取代单、双座阀,成为第二代产品。到如今,并非如此。单座阀、双座阀、套筒阀都得到同等的使用。这是因为套筒阀只是改进了节流形式、稳定性和维护好于单座阀,但它重量、防堵和泄漏指标上与单、双座阀一致,它怎能取代单、双座阀呢？所以,就只能共同使用。

（8）为什么切断阀应尽量选用硬密封？

切断阀要求泄漏越低越好,软密封阀的泄漏是最低的,切断效果当然好,但不耐磨、可靠性差。从泄漏量又小、密封又可靠的双重标准来看,软密封切断就不如硬密封切断好。如全功能超轻型调节阀,密封面堆有耐磨合金保护,可靠性高,泄漏率低,能够满足切断阀的要求。

（9）为什么说选型比计算更重要？

计算和选型比较而言,选型要重要的多,复杂的多。因为计算只是一个简单的公式计算,它的本身不在于公式的精确度,而在于所给定的工艺参数是否准确。选型设计到的内容较多,稍不慎,便会导致选型不当,不仅造成人力、物力、财力的浪费,而且使用效果还不理想,带来若干使用问题,如可靠性、寿命、运行质量等。

（10）为什么在气动阀中活塞执行机构使用会越来越多？

对于气动阀而言,活塞执行机构可充分利用气源压力,使执行机构的尺寸比薄膜式更小巧,推力更大,活塞中的O形圈也比薄膜可靠,因此它的使用会越来越多。

6-39　球阀维修的原则是什么？

（1）通则

① 必须先查明球阀上、下游管道确已卸除压力后,才能进行拆卸分解操作。

② 分解及再装配时必须小心防止损伤零件的密封面,特别是非金属零件,取出O形圈时宜使用专用工具。

③ 装配时法兰上的螺栓必须对称、逐步、均匀地拧紧。

④ 清洗剂应与球阀中的橡胶件、塑料件、金属件及工作介质（例如燃气）等均相容。工作介质为燃气时,可用汽油清洗金属零件。非金属零件用纯净水或酒精清洗。

⑤ 分解下来的单个零件可以用浸洗方式清洗。尚留有未分解下来的非金属件的金属件可采用干净的细洁的浸渍有清洗剂的绸布（为避免纤维脱落粘附在零件上）擦洗。清洗时须去除一切粘附在壁面上的油脂、污垢、积胶、灰尘等。

⑥ 非金属零件清洗后应立即从清洗剂中取出,不得长时间浸泡。

⑦ 清洗后需待被洗壁面清洗剂挥发后（可用未浸清洗剂的绸布擦）进行装配,但不得长时间搁置,否则会生锈、被灰尘污染。

⑧ 新零件在装配前也需清洗干净。

⑨ 使用润滑脂润滑。润滑脂应与球阀金属材料、橡胶件、塑料件及工作介质均相容。工作介质为燃气时,可用例如特221润滑脂。在密封件安装槽的表面上涂一薄层润滑脂,在橡胶密封件上涂一薄层润滑脂,阀杆的密封面及摩擦面上涂一薄层润滑脂。

⑩ 装配时应不允许有金属碎屑、纤维、油脂（规定使用的除外）灰尘及其他杂质、异物等污染、粘附或停留在零件表面上或进入内腔。

（2）在线维修

阀杆填料、O形密封圈以及外部零件等的更换可在管线上进行而不需将阀从管线上拆下。分解顺序按不同驱动装置分述如下：

1）带手柄的球阀—填料的更换

① 关闭球阀上、下游的截断阀。放气卸除球阀前后管道中的压力。

② 使球阀处于全闭状态。

③ 拧掉螺母,拆下垫圈、扳手头及手柄。

④ 拧掉螺母,拆下弹簧垫圈、阀杆限位器和填料压盖。

⑤ 取出填料。

⑥ 检查拆下的零件,如有损伤予以修复或更换,将各零件清洗干净。

⑦ 擦洗并润滑填料函密封面。

⑧ 装入新填料。

⑨ 按分解的逆顺序依次装上填料压盖、阀杆限位器、弹簧垫圈,用螺母固紧上述零件。

⑩ 再装上扳手头及手柄,装上垫圈,用螺母固紧。

⑪ 操作手柄检查球阀的开启关闭灵活性。

⑫ 气密性试验。

2）带齿轮箱的球阀—填料的更换

① 关闭球阀上、下游的截断阀。放气卸除球阀前后管路中的压力。

② 使球阀处于全闭状态。

③ 拧掉螺钉,拆下齿轮箱。

④ 拧掉螺钉,拆下驱动器法兰。

⑤ 拧掉螺母,拆下弹簧垫圈及填料压盖,取出填料。

⑥ 检查拆下的零件,如有损伤,予以修复或更换,将各零件清洗干净。

⑦ 清洗并润滑填料函密封面。

⑧ 装入新填料。

⑨ 按分解的逆顺序依次装上填料压盖、弹簧垫圈,用螺母固紧上述零件。再装上驱动器法兰用螺钉固紧。

⑩ 装上齿轮箱,用螺钉固紧。

⑪ 操作齿轮箱检查球阀的启闭灵活性。

⑫ 气密性试验。

3）带气动驱动器的球阀—填料及 O 形圈的更换

① 关闭球阀上、下游的截断阀。放气卸除球阀前后管路中的压力。

② 使球阀处于全闭状态。拆除气动管线。

③ 拧掉螺钉将驱动器及驱动器法兰一起拆下。

④ 取下阀杆上的键,拧掉螺钉,拆下填料压盖,取出填料。

⑤ 从填料压盖中取出 O 形圈。

⑥ 检查拆下的零件,如有损伤予以修复或更换,将各零件清洗干净。

⑦ 清洗并润滑填料函密封面及 O 形圈安装槽。

⑧ 装入新填料,装入新 O 形圈。

⑨ 装上填料压盖,用螺钉固紧,装上键。

⑩ 将驱动器法兰及驱动器一起装上,用螺钉固紧。

⑪ 接上气动管线,操作驱动器检查阀的开启关闭灵活性。

⑫ 气密性试验。

（3）线下维修—阀座的更换,O 形圈、密封垫片的更换

阀座、球、阀杆、阀内部各密封件的更换及修理需预先将球阀从管线上拆下才能进行。

1）两件对分式球阀

① 关闭球阀上、下游的截断阀,放气卸除球阀前后管路中的压力。

② 关闭球阀,使处于全闭状态。如是气动装置驱动的,拆除气动管线。

③ 将阀从管线上拆下,翻转放置使阀体接体向上。

④ 拧掉螺母,拆下阀体接体。

⑤ 拆下阀座及 O 形圈。

⑥ 从阀体接体上拆下 O 形圈及密封垫片。

⑦ 取出球。

⑧ 拆下另一端的阀座及 O 形圈。

⑨ 检查阀体,球及阀体接体,如有损伤予以修复,将零件清洗干净。

⑩ 润滑阀座安装面及各密封安装槽。

⑪ 将新的 O 形圈,密封垫片装入阀体接体的安装槽中。

⑫ 预先将 O 形圈装入阀座中,将阀座装入阀体及阀体接体中。

⑬ 将球装入阀体中,必须使阀杆配入球上的槽中。

⑭ 将阀体接体装上阀体,用螺母固紧。

⑮ 装上气动管线(气动驱动器驱动的球阀),操作驱动装置检查阀的启闭灵活性。

⑯ 气密性试验。

⑰ 装上管线,按管线要求进行气密性试验。

2)三件式球阀

① 关闭球阀上、下游的截断阀,放气卸除球阀前后管路中的压力。

② 关闭球阀使处于全闭状态。

③ 将阀从管线上拆下,翻转放置使一端的阀体接体向上。

④ 拧掉螺母,拆下阀体接体。

⑤ 拆下阀座、弹簧、O 形圈。

⑥ 从阀体接体上拆下 O 形圈及密封垫片。

⑦ 取出球。

⑧ 翻转使另一端阀体接体向上,按④~⑥顺序将另一端的各零件拆下。

⑨ 检查阀体、球、阀体接体,如有损伤予以修复。将零件清洗干净。

⑩ 润滑阀座安装面及各密封安装槽,将新的 O 形圈、密封垫片装入阀体接体的安装槽中。

⑪ 将新 O 形圈装入新阀座中,将弹簧放在相关位置上。

⑫ 先将球装入阀体中,必须使阀杆配入球的槽中。将阀杆旋转 90°将阀开启。将阀座套在球上,然后将阀体接体套到螺柱上,并使阀体接体插入阀体,而阀座恰好插入阀体接体中。

⑬ 用⑫的方法装入另一端的阀座及阀体接体。

⑭ 拧紧螺母。

⑮ 操作驱动装置检查阀的启闭灵活性。

⑯ 气密性试验。

⑰ 装上管线,按管线要求进行气密性试验。

(4)气密性试验

1)对拆下的球阀进行的气密性试验

① 将阀处于半开状态。将球两端部用带管接头的法兰盖密封。

② 向一端引入试验介质,试验介质为清洁的氮气或空气。另一端管接头堵住。逐渐增压至 5.6 bar 后关闭进气阀停止进气。

③ 将球转动几次后将球阀关闭(操作驱动装置)。

④ 打开另一端(非引入试验气体端)的管接头堵头使该腔压力降为大气压。

⑤ 在试验压力(5.6 bar)下,大于 5 min 的时间内,进气腔的压力不得下降。所用压力表应为 0.4 级,量程 10 bar。

⑥ 同时用肥皂水检查各连接法兰部位及填料部位的对外泄漏,不得有不断增大的气泡出现。

⑦ 然后从另一端引入试验介质,重复上述试验。

⑧ 试验合格后用压缩空气吹净肥皂水残余。拆除两端法兰盖,清除球阀两端部密封面上密封残余,如有残余进入阀孔内,应予清除并擦洗干净。

2)在线密封试验

① 查明被试球阀上、下游的截断阀已关闭。

② 使被试球阀处于半开启状态。

③ 向被试球阀前管道引入试验介质,试验介质为清洁的氮气逐渐增压至 5.6 bar 后关闭进气阀停止进气。

④ 将球转动几次后将球阀关闭(操作驱动装置)。

⑤ 打开被试球阀下游管道上的放气阀使球阀出口腔压力为大气压。

⑥ 在试验压力下(5.6 bar),大于 15 min 的时间内进气腔压力不得下降,所用压力表应为 0.4 级,量程 10 bar。

⑦ 同时用肥皂水检查各连接法兰部位及填料部位的对外泄漏,不得有不断增大的气泡出现。

⑧ 然后向被试球阀后管道引入试验介质,重复上述试验。

⑨ 试验合格后用压缩空气吹净肥皂水残余。

6-40 建筑行业阀门的选购方法是什么?

在建筑物管道系统中,阀门起着控制流体的作用。由于结构和材质的不同,因此制造出的阀门也就各不相同。为了保证管道系统能够实现最高的效率,最低的成本和最长的使用寿命,阀门的正确选型至关重要。阀门具有四种主要功能:启动和阻止介质流动;调节介质流量;阻止倒流或回流和调节或泄放流体压力。建筑物管道系统的选择可以根据温度、介质类型等因素来考虑。例如,对于高层建筑物中的消防栓控制阀门就应该采用信号阀,这是关系到消火栓系统能否在火灾时被合理使用的关键,将消火栓系统的控制阀均设成信号阀,并且阀门开启状态能在消防控制中心显示,以便于管理人员检验,虽然造价有所提高,但是,它对于整个消火栓系统的投资之比还是微乎其微,并且它可以使整个消火栓系统的安全性大大提高,这点投资还是值得的。

建筑物管道系统中的阀门类型选择必须根据建筑物的特性来加以选择,如果使用的阀门不符合该建筑的设计特点,那么很多潜在的隐患将会不断出现。

6-41　调节阀应用中的技术问题探讨。

随着科技进步,在生产过程自动化中,用来控制流体流量的调节阀已遍及各个行业。对于热力、化工过程控制系统,作为最终控制过程介质各项质量及安全生产指标的调节阀,它在稳定生产、优化控制、维护及检修成本控制等方面都起着举足轻重的作用。由于调节阀是通过改变节流方式来控制流量的,所以它既是一种有效的调节手段,同时又是一个会产生节流能耗的部件。以化工厂为例,随着装置高负荷运行,调节阀的腐蚀、冲刷、磨损、振动、内漏等问题不断发生,从而导致调节阀的使用寿命缩短、工作可靠性下降、进而引起工艺系统和装置的生产效率大幅度下降,严重时可以导致全线停车。这在如今视质量和效益为生命的企业管理中尤为重要和紧迫。对此,如何选择和安装好调节阀,使调节阀在一个高水平状态下运行将是一个很关键的问题。选择调节阀时,首先要收集完整的工艺流体的物理特性参数与调节阀的工作条件,主要有流体的成分、温度、密度、黏度、正常流量、最大流量、最小流量、最大流量与最小流量下的进出口压力、最大切断压差等。在对调节阀具体选型确定前,还必须充分掌握和确定调节阀本身的结构、形式、材料等方面的特点,而技术方面主要考虑流量特性、压降、闪蒸、气蚀、噪声等问题。

6-42　如何选择调节阀的流量特性?

调节阀的流量特性是指介质流过阀的相对流量与相对位移间的关系,数学表达式如下:

$$Q/Q_{\max} = f(l/L)$$

式中 $Q/Q_{\max}$ 为相对流量,为调节阀在某一开度时流量 Q 与全开流量 $Q_{\max}$ 之比;l/L 为相对位移,为调节阀在某一开度时阀芯位移 l 与全开位移 L 之比。

选择的总体原则是调节阀的流量特性应与调节对象特性及调节器特性相反,这样可使调节系统的综合特性接近于线性。选择通常在工艺系统要求下进行,但是还要考虑很多实际情况,现分别加以说明。

（1）直线性流量调节阀

直线性流量特性是指调节阀的相对流量与相对位移成直线关系即单位位移变化所引起的流量变化是常数。选用直线性流量特性阀的场合一般为:①差压变化小,几乎恒定;②工艺系统主要参数的变化呈线性;③系统压力损失大部分分配在调节阀上(改变开度,阀上差压变化相对较小);④外部干扰小,给定值变化小,可调范围要求小的场合。

（2）等百分比特性调节阀

等百分比流量特性也称对数流量特性。它是指单位相对位移变化所引起的相对流量变化与此点的相对流量成正比关系。即调节阀的放大系数是变化的,它随相对流量的增大而增大。优先选用等百分比特性阀的场合为:①实际可调范围大;②开度变化,阀上差压变化相对较大;③管道系统压力损失大;④工艺系统负荷大幅度波动;⑤调节阀经常在小开度下运行。

除了以上两种常用的流量特性之外,还有抛物线特性和快开特性等其他流量特性的调节阀。

在密封结构上,若流量特性精度要求高,则可选用高精度流量特性的金属密封型,而软密封型精度较低。

6-43　怎样防止调节阀的闪蒸和气蚀?

在调节阀内流动的液体常常出现闪蒸和气蚀两种现象。它们的发生不但影响口径的选择和计算,而且将导致严重的噪声、振动、材质的破坏等。在这种情况下,调节阀的工作寿命会大大缩短。

正常情况下,作为液体状态的介质,流入、流经、流出调节阀时均保持液态。

闪蒸作为液体状态的介质,流入调节阀时是液态,在流经调节阀中的缩流处时流体的压力低于气化压力,液态介质变成气态介质,并且它的压力不会再回复到气化压力之上,流出调节阀时介质一直保持气态。闪蒸就像一种喷沙现象,它作用在阀体和管线的下游部分,给调节阀和管道的内表面造成严重的冲蚀,同时也降低了调节阀的流通能力。

气蚀作为液体状态的介质,流入调节阀时是液态,在流经调节阀中的缩流处时流体的压力低于气化压力,液态介质变成气态介质,随后它的压力又回复到气化压力之上,最后在流出调节阀前介质又变成液态。可以根据一些现象来初步判断气蚀的存在,当气蚀开始时它会发出一种嘶嘶声,当气蚀发展到完全稳定时,调节阀中会发出嘎嘎的声音,就像有碎石在流过调节阀时发出的声响。气蚀对调节阀及内件的损害也是很大的,同时它也降低了调节阀的流通效能,就像闪蒸一样。因此,应采取有效的措施来防止或者最大限度地减小闪蒸或气蚀的发生:

① 尽量将调节阀安装在系统的最低位置处,这样可以相对提高调节阀入口和出口的压力;

② 在调节阀的上游或下游安装一个截止阀或者节流孔板来改变调节阀原有的安装压降特性(这种方法一般对于小流量情况比较有效);

③ 选用专门的反气蚀内件也可以有效地防止闪蒸或气蚀,它可以改变流体在调节阀内的流速变化,从而增加了内部压力;

④ 尽量选用材质较硬的调节阀,因为在发生气蚀时,对于这样的调节阀,它有一定的抗冲蚀性和耐磨性,可以在一定的条件下让气蚀存在,并且不会损坏调节阀的内件。相反,对于软性材质的调节阀,由于它的抗冲蚀性和耐磨性较差,当发生气蚀时,调节阀的内部构件很快就会被磨损,因而无法在有气蚀的情况下正常工作。

总之,目前还没有什么工程材料能够适应严重条件下的气蚀情况,只能针对客观情况来综合分析,选择一种相对比较合理的解决办法。

6-44　怎样分析调节阀的噪声?

气蚀和噪声是调节阀在控制高压差流体中的两大公害。调节阀上的噪声更是石油化工生产中的主要污染源。在使用中除需选用低噪声结构的调节阀外,改变阀的操作条件更是消除或降低气蚀和噪声的根本方法。

调节阀在工作时,应注意其噪声情况,分析好噪声的产生机理可以更好地监视调节阀的工作状态和有效处理所发生的问题,下面通过举例说明。

① 机械类振动——如当阀芯在套筒内水平运动时，可以使阀芯与套筒的间隙尽量小或者使用硬质表面的套筒。

② 固有频率振动——如阀芯或者其他的组件，它们都有一个固有振动频率，对此，可以通过专门的铸造或锻造处理来改变阀芯的特性，如有必要也可以更换其他类型的阀芯。

③ 阀芯不稳定性——如由于阀芯振荡性位移引起流体的压力波动而产生的噪声，这种情况一般是由于调节回路执行器等的阻尼因素引起的，对此可以重新调节阻尼系数或者在阀芯位移方向上加上减振设施。

④ 介质的力学流动性——介质在管道或者调节阀中流动时，也会发出噪声，对于这种情况，这里不作具体阐述（气蚀也会产生噪声）。

当然，有些噪声是无法消除的，只能尽量采取防噪声保护措施，如戴耳塞等。

6-45 调节阀选型的注意事项是什么？

调节阀的选型和应用是一个专业性强、涉及的技术领域广的系统工作，要做好这个工作，不仅要在理论上充分了解它的各种特性，而且要结合实际使用经验来综合分析判断，做到理论和实践科学地结合起来。

（1）阀型的选择

① 确定公称压力，不是用 p_{max} 去套 PN，而是由温度、压力、材质三个条件从表中找出相应的 PN 并满足于所选阀之 PN 值。

② 确定的阀型，其泄漏量满足工艺要求。

③ 确定的阀型，其工作压差应小于阀的允许压差，如不行，则应从特殊角度考虑或另选它阀。

④ 介质的温度在阀的工作温度范围内，环境温度符合要求。

⑤ 根据介质的不干净情况考虑阀的防堵问题。

⑥ 根据介质的化学性能考虑阀的耐腐蚀问题。

⑦ 根据压差和含硬物介质，考虑阀的冲蚀及耐磨损问题。

⑧ 综合经济效果考虑的性能、价格比。需考虑三个问题：

a）结构简单（越简单可靠性越高）、维护方便、备件有来源；

b）使用寿命；

c）价格。

⑨ 优选秩序。

蝶阀—单座阀—双座阀—套筒阀—角形阀—三通阀—球阀—偏心旋转阀—隔膜阀。

（2）执行机构的选择

① 最简单的是气动薄膜式，其次是活塞式，最后是电动式。

② 电动执行机构主要优点是驱动源（电源）方便，但价格高，可靠性、防水防爆不如气动执行机构，所以应优先选用气动式。

③ 老电动执行机构笨重，已有电子式、精小型、高可靠性的电动执行机构提供（价格相应高）。

④ 老的 ZMA、ZMB 薄膜执行机构可以淘汰，由多弹簧轻型执行机构代之（性能提高，

重量、高度下降约 30％）。

⑤ 活塞执行机构品种规格较多，老的、又大又笨的建议不再选用，而选用轻的新的结构。

（3）材料的选择

① 阀体耐压等级、使用温度和耐腐蚀性能等方面应不低于工艺连接管道的要求，并应优先选用制造厂定型产品。

② 水蒸气或含水较多的湿气体和易燃易爆介质，不宜选用铸铁阀。

③ 环境温度低于 −20 ℃时（尤其是北方），不宜选用铸铁阀。

④ 对汽蚀、冲蚀较为严重的介质温度与压差构成的直角坐标中，其温度为 300 ℃，压差为 1.5 MPa 两点连线以外的区域时，对节流密封面应选用耐磨材料，如钴基合金或表面堆焊司特莱合金等。

⑤ 对强腐蚀性介质，选用耐蚀合金必须根据介质的种类、浓度、温度、压力的不同，选择合适的耐腐蚀材料。

⑥ 阀体与节流件分别对待，阀体内壁节流速度小并允许有一定的腐蚀，其腐蚀率可以在 1 mm/年左右；节流件受到高速冲刷、腐蚀会引起泄漏增大，其腐蚀率应小于 0.1 mm/年。

⑦ 对衬里材料（橡胶、塑料）的选择时该工作介质的温度、压力、浓度都必须满足该材料的使用范围，并考虑阀动作时对它物理、机械的破坏（如剪切破坏）。

⑧ 真空阀不宜选用阀体内衬橡胶、塑料结构。

⑨ 水处理系统的两位切断阀不宜选用衬橡胶材料。

⑩ 典型介质的典型耐蚀合金材料选择：

a）硫酸：316L，哈氏合金，20 号合金。

b）硝酸：铝，C4 钢，C6 钢。

c）盐酸：哈氏 B。

d）氢氟酸：蒙乃尔。

e）醋酸、甲酸：316L、哈氏合金。

f）磷酸：因可镍尔、哈氏合金。

g）尿素：316L。

h）烧碱：蒙乃尔。

i）氯气：哈氏 C。

j）海水：因可镍尔，316L。

⑪ 到目前为止，最万能的耐腐蚀材料是四氟，称为"耐蚀王"。因此，应首先选用全四氟耐腐蚀阀，不得已的情况下（如温度＞180 ℃，＞PN16）才选用合金。

（4）流量特性的选择

下面提供的是初步的选择，详细的选择见专门资料：

① S＞0.6 时选对数特性。

② 小开度工作、不平衡力变化大时选对数特性。

③ 要求的被调参数反映速度快时选直线，慢时选对数。

④ 压力调节系统可选直线特性。

⑤ 液位调节系统可选直线特性。

（5）作用方式的选择

① 国外常用故障开或关来表示，即故障开、故障关，与我国的气开、气闭表示正好相反，故障开对应气闭阀，故障关对应气开阀。

② 新的轻型阀、精小型阀已不强调执行机械的正作用、反作用了，因而必须在尾注上标明：B(气闭)K(气开)。

（6）弹簧范围的选择

① 首先是选择弹簧范围，还要确定工作弹簧范围。

② 确定工作弹簧范围涉及计算输出力去克服不平衡力。若有困难，应将条件（主要是阀关闭时的压差）告诉制造厂，协助计算并调好弹簧和工作范围出厂（目前，不少厂家根本不做计算）。

（7）流向的选择

① 在节流口，介质对着阀芯开方向流为流开，向关方向流为流闭。

② 流向的选择主要是单密封类调节阀，有单座阀类、角阀类、单密封套筒阀三个大类。其他为规定流向（如双座阀、V形球阀）和任意流动（如O形球阀）。

③ 当>DN15 时，通常选流开，当≤DN15 的小口径阀，尤其是高压阀可选流闭，以提高寿命。

④ 对两位开关阀可选流闭。

⑤ 若流闭型阀产生振荡，改过来，流开型即可消除。

（8）填料的选择

① 调节阀常用的是四氟"V"形填料和石墨"O"形填料。

② 四氟填料摩擦小，但耐温差，寿命短；石墨填料摩擦大，但耐温好，寿命长；高温下和带定位器的阀建议选石墨填料。

③ 若四氟填料常换，可以考虑用石墨填料。

（9）附件的选择

① 调节阀的附件主要有定位器、转换器、继动器、增压阀、保位阀、减压阀、过滤器、油雾器、行程开关、位置发讯器、电磁阀、手轮机构。

② 附件起补充功能和保证阀运行的作用。必要的就增加，不必要的不增加。不必要时增加附件会提高价格并降低可靠性。

③ 定位器的主要功能是提高输出力和动作速度，不需要这些功能时，可不带，不是带了定位器就好。

④ 对快速响应系统，不要阀动作快，可选转换器。

⑤ 严格的防爆场合，可选：电气转换器＋气动定位器。

⑥ 电磁阀应选择可靠的产品，防止要它动作时不动作。

⑦ 重要场合建议不用手轮机构，防止人为误动作。

⑧ 最好由生产厂家提供并总成在阀上供货，以保证系统和总成联接的可靠性。

⑨ 订货时，应提供附件的名称、型号、规格、输入信号。

6-46　电动调节阀怎样进行使用与维修？

随着我国工业的迅速发展，电动调节阀在冶金、石油化工等领域的应用越来越广泛，其稳定性、可靠性也显得越来越重要，它的工作状态的好坏将直接影响自动控制过程。

新设计、安装的控制系统，为了确保调节阀在开启时能正常工作，并使系统安全运行，新阀在安装之前，应首先检查阀上的铭牌标记是否与设计要求相符。同时还应对以下项目进行调试。

基本误差限：全行程偏差；回差；死区；泄漏量（在要求严格的场合时进行）。

如果是对原系统中调节阀进行了大修，除了对上述各项进行校验外，还应对旧阀的填料函和连接处等部位进行密封性检查。

调节阀在现场使用中，很多往往不是因为调节阀本身质量所引起，而是对调节阀的安装使用不当所造成，如安装环境、安装位置及方向不当或者是管路不清洁等原因所致。因此电动调节阀在安装使用时要注意以下几方面：

① 调节阀属于现场仪表，要求环境温度应在 $-29\ ℃\sim60\ ℃$ 范围，相对湿度≤95％。如果是安装在露天或高温场合，应采取防水、降温措施。在有震源的地方要远离震源或增加防震措施。

② 调节阀一般应垂直安装，特殊情况下可以倾斜，如倾斜角度很大或者阀本身自重太大时对阀应增加支承件保护。

③ 安装调节阀的管道一般不要离地面或地板太高，在管道高度大于 2 m 时应尽量设置平台，以利于操作手轮和便于进行维修。

④ 调节阀安装前应对管路进行清洗，排除污物和焊渣。安装后，为保证不使杂质残留在阀体内，还应再次对阀门进行清洗，即通入介质时应使所有阀门开启，以免杂质卡住。在使用手轮机构后，应恢复到原来的空档位置。

⑤ 为了使调节阀在发生故障或维修的情况下使生产过程能继续进行，调节阀应加旁通管路。同时还应特别注意，调节阀的安装位置是否符合工艺过程的要求。

⑥ 电动调节阀的电气部分安装应根据有关电气设备施工要求进行。如是隔爆型产品应按《爆炸危险场所电气设备安装规范》要求进行安装。如现场导线采用 SBH 型或其他六芯或八芯、外径为 $\phi11.3$ mm 左右的胶皮安装电缆线。在使用维修中，在易爆场所严禁通电开盖维修和对隔爆面进行撬打。同时在拆装中不要磕伤或划伤隔爆面，检修后要还原成原来的隔爆要求状态。

⑦ 执行机构的减速器拆修后应注意加油润滑，低速电机一般不要拆洗加油。装配后还应检查阀位与阀位开度指示是否相符。

调节阀工作性能的好坏会直接影响整个调节系统的工作质量。由于调节阀在现场是与被调介质直接接触的，工作环境十分恶劣，因此容易产生各种故障。在生产过程中，除了随时排除这些故障外，还必须进行经常性的维护和定期检修。尤其是对使用环境特别恶劣的调节阀，更应重视维护和定期检修。

电动调节阀的正确使用和维修，不仅能提高过程控制的可靠性，也能增加电动调节阀的使用寿命，对企业的节能降耗有着可观的经济效益。

第七章

阀门的正确选用

7-1 阀门的特性是什么?

阀门一般有两种特性:使用特性和结构特性。

① 使用特性。它确定了阀门的主要使用性能和使用范围。属于阀门使用特性的有:阀门的类别(闭路阀门、调节阀门、安全阀门等);产品类型(闸阀、截止阀、蝶阀、球阀等);阀门主要零件(阀体、阀盖、阀杆、阀瓣、密封面)的材料;阀门传动方式等。

② 结构特性。它确定了阀门的安装、维修、保养等方法的一些结构特征。属于结构特征的有:阀门的结构长度和总体高度、与管道的连接形式(法兰连接、螺纹连接、夹箍连接、外螺纹连接、焊接端连接等);密封面的形式(镶圈、螺纹圈、堆焊、喷焊、阀体本身加工出);阀杆结构形式(旋转杆、升降杆)等。

在某些情况下,使用特性和结构特性是相互联系的,是不能截然分开的。

7-2 选择阀门的步骤有哪些? 它的依据是什么?

选用阀门时的选择步骤和依据大体如下。

(1)选择步骤

① 明确阀门在设备或装置中的用途,确定阀门的工作条件:适用介质、工作压力、工作温度等。

② 确定与阀门连接管道的公称通径和连接方式:法兰、螺纹、焊接等。

③ 确定操纵阀门的方式:手动、电动、电磁、气动或液动、电气联动或电液联动等。

④ 根据管线输送的介质、工作压力、工作温度确定所选阀门的壳体和内件的材料:灰铸铁、可锻铸铁、球墨铸铁、碳素钢、合金钢、不锈耐酸钢、铜合金等。

⑤ 选择阀门的种类:闭路阀门、调节阀门、安全阀门等。

⑥ 确定阀门的型式:闸阀、截止阀、球阀、蝶阀、节流阀、安全阀、减压阀、蒸汽疏水阀等。

⑦ 确定阀门的参数:对于自动阀门,根据不同需要先确定允许流阻、排放能力、背压等,再确定管道的公称通径和阀座孔的直径。

⑧ 确定所选用阀门的几何参数:结构长度、法兰连接形式及尺寸、开启和关闭后阀门高

度方向的尺寸、连接的螺栓孔尺寸和数量、整个阀门外型尺寸等。

⑨ 利用现有的资料：阀门产品目录、阀门产品样本等选择适当的阀门产品。

此外，还应检查所选用的阀门的参数是否符合所给定的工作条件。

（2）选择阀门的依据

在了解掌握选择阀门步骤的同时，还应进一步了解选择阀门的依据。

① 所选用阀门的用途、使用工况条件和操纵控制方式。

② 工作介质的性质：工作压力，工作温度，腐蚀性能，是否含有固体颗粒，介质是否有毒，是否是易燃、易爆介质，介质的黏度等。

③ 对阀门流体特性的要求：流阻、排放能力、流量特性、密封等级等。

④ 安装尺寸和外形尺寸要求：公称通径，与管道的连接方式和连接尺寸，外形尺寸或重量限制等。

⑤ 对于阀门产品的可靠性、使用寿命和电动装置的防爆性能等的附加要求。

根据上述选择阀门的依据和步骤，合理、正确地选择阀门时还必须对各种类型阀门的内部结构进行详细了解，以便能对优先选用的阀门做出正确的诀择。

7-3 阀门启闭件有几种运动方式？各种运动方式有什么优缺点？

阀门启闭件有四种运动方式，即闭塞、旋动、滑动、夹紧。各种运动方式的优缺点见表 7-1。

表 7-1 各种运动方式的优缺点

类别	图 示	优 点	缺 点
闭塞	截止	切断和调节性能最佳	压头损失大
	闸板	直流	动作缓慢 体积大
旋转	旋塞 锥形	快速动作 直流	温度受聚四氟乙烯阀门衬套的限制，而且需要注意带润滑的阀门的"润滑"
	球	快速动作 直流 易于操作	温度受阀座材料所限制
	蝶板	快速动作 切断性能良好 结构紧凑	金属对金属密封型阀，切断时不能严密断流。弹性阀座的阀门，工作温度受阀座材料的限制
夹紧		无填料 对污液断流可靠	压力和温度受隔膜材料的限制

7-4 选择阀门的原则是什么？

阀门启闭件控制着介质在管道内的流束方式，阀门流道的形状使阀门具备一定的流量特性，在选择阀门时必须考虑到这一点。

（1）截止和开放介质用的阀门

流道为直通式的阀门，其流阻较小，通常选择作为截止和开放介质用的阀门。向下闭合式阀门（截止阀、柱塞阀）由于其流道曲折，流阻比其他阀门高，故较少选用。在允许有较高流阻的场合可选用闭合式阀门，如截止阀、柱塞阀。

（2）控制流量用的阀门

通常选择易于调节流量的阀门作为控制流量用。向下闭合式阀门（如截止阀）适于这一用途，因为它的阀座尺寸与关闭件的行程之间成正比关系。旋转式阀门（旋塞阀、球阀、蝶阀）和挠曲阀体式阀门（夹紧阀、隔膜阀）也可用于节流控制，但通常只能在有限的阀门口径范围内适用。闸阀是以圆盘形闸板对圆形阀座口作横切运动，它只有在接近关闭位置时才能较好地控制流量，故通常不用于流量控制。

（3）换向分流用的阀门

根据换向分流的需要，这种阀门可有三个或更多的通道。旋塞阀和球阀较适用于这一目的，因此大部分换向分流用的阀门都选取这类阀门中的一种。但是在有些情况下，其他类型的阀门，只要把两个或更多个阀门适当地相互连接起来，也可作换向分流用。

（4）带有悬浮颗粒的介质用阀门

当介质中带有悬浮颗粒时，最适于采用其关闭件沿密封面的滑动带有擦拭作用的阀门。如果关闭件对阀座的来回运动是竖直的，那么就可能夹持颗粒，因此这种阀门除非密封面材料可以允许嵌入颗粒，否则只适用于基本清洁的介质。球阀和旋塞阀在启闭过程中对密封均有擦拭作用，故适宜用在带有悬浮颗粒的介质中。

阀门的选择可参考表 7-2。

表 7-2 阀门的选择

阀门		流束调节形式				介 质				
类别	型 式		截止	节 流	换向分流	无颗粒	带悬浮颗粒		黏滞性	清洁
							带磨蚀性	无磨蚀性		
闭合式	截止形	直通式	可用	可用		可用				
		角式	可用	可用		可用	特用	特用		
		斜叉式	可用	可用		可用	特用			
		多通式			可用	可用				
		柱塞式	可用	可用		可用	可用	特用		

表 7-2（续）

阀门类别	型 式		流束调节形式			介 质				
			截止	节 流	换向分流	无颗粒	带悬浮颗粒		黏滞性	清洁
							带磨蚀性	无磨蚀性		
滑动式	平行闸板及楔式闸板形	普通式	可用			可用				
		带沟道闸门式				可用	可用	可用		
		楔型闸板式	可用	特用		可用	可用	可用		
		底部有凹槽	可用			可用				
		底部无凹槽（橡胶阀座）	可用	适当可用		可用				
旋转式	旋塞形	非润滑的	可用	适当可用	可用	可用				可用
		润滑的	可用		可用	可用	可用			
		偏心旋塞	可用	适当可用		可用			可用	
		提升旋塞	可用		可用	可用			可用	
	球 形		可用	适当可用	可用	可用				
	蝶 形		可用	可用	特用	可用				可用
挠曲式	夹紧形		可用	可用	特用	可用		可用	可用	
	隔膜形									
	堰 式		可用	可用		可用			可用	
	直通式		可用	适当可用		可用			可用	可用

7-5 截止阀属于哪一类阀门？怎样正确选用？

截止阀属闭塞类阀门，它在管道上主要起切断作用。

截止阀是所使用的阀门中最多的一种，也是作为节流用最适宜的形式。因为它有很好的调节性能，而且与其他结构型式的阀门相比，截止阀阀座四周由于受浸蚀造成的磨损分布较均匀。

截止阀是强制密封式阀门，所以，在关闭时必须向阀瓣施加压力，使两密封面间不产生泄漏。由于截止阀的密封力和介质压力是在同一轴线上，而且方向相反，密封力不但得不到放大，还要克服介质的压力，因此截止阀所需的密封力要比闸阀大得多。

在截止阀的选用中应特别注意，带有平板式密封圈的截止阀不能用于污秽介质或含有固体颗粒的介质。在这些介质中，采用锥形密封面密封更为恰当。

通常，在节流、调节、高压管路系统中推荐选用截止阀；在需要双位调节、结构要求轻小、结构长度无严格要求、低压截止（压差小）、高温介质中可以选用截止阀；在泥浆、含有固体颗粒的介质，耐磨损、通径缩口、要求快速动作（1/4 转即启闭）、操纵力小时尽量不选用截止阀;在要求密封性能好、高压截止(压差大)、低噪声、有气穴和汽化现象、可向大气少量泄漏、磨蚀性介质、低温深冷时可使用专用设计结构的截止阀。

截止阀还有一个重要的特征,就是阀杆的密封可用波纹管来代替填料密封,构成波纹管截止阀。波纹管截止阀适用于易燃、易爆、具有毒性、十分纯净的介质,同时也能满足真空系统的要求。

然而,截止阀也有其缺点,主要是由阀体内部形状造成的。在截止阀体腔中,介质从水平直线方向流动改变为向上或向下垂直流动,再转变为水平方向流动,因此产生压力损失,特别是在液压装置中。这种压力损失应引起足够重视。

截止阀的使用极为普遍,但由于开启和关闭力矩较大,结构长度较长,通常公称通径都限制在 DN250 以下。

7-6　旋塞阀、球阀、蝶阀属于哪一类阀门？怎样正确选用？

旋塞阀、球阀、蝶阀属旋转类型的阀门。

(1) 旋塞阀

旋塞阀在管道上主要用于切断、分配和改变介质流动方向。它被广泛地应用于油田开采、输送和精炼设备中;同时,也广泛地用于石油化工、大型的化学工业、煤气、加热和通风工业以及一般的工业中。

旋塞阀的优点是介质可以直流,因而压力损失小;而且操作速度快,锥形柱塞只需旋转 $90°$(即 1/4 圈),即可完成启闭动作。

但是,在通常装有衬套的旋塞阀的使用中,其使用温度受所采用的衬套材料——聚四氟乙烯的使用温度的限制,因此在选用中应注意所需旋塞阀的管道的介质温度。通常的使用条件或要求是:双位调节、密封性能良好、泥浆介质、缩口通道、启闭动作迅速(1/4 转)、高压截止(压差大)、低压截止(压差小)、低噪声、有气穴和汽化现象、向大气少量渗漏、操纵力矩小等的管道中推荐选用旋塞阀。在有磨损、压力高、有磨蚀性的介质中及高温介质中,可以使用旋塞阀。在节流、调节流量或压力、结构长度要求较短、低温(深冷)中尽量不选用旋塞阀。在低温(深冷)的工况下若必须采用旋塞阀,可以要求使用带防止填料冻结的专门结构的旋塞阀。

此外,选择中还应考虑旋塞阀的另一个重要特性,即它易于适应多通道结构,以致一个阀可以获得两个、三个甚至四个不同的流道。这样可以简化管道系统的设计,减少阀门用量以及设备中需要的一些连接配件。

(2) 球阀

球阀是由旋塞阀演变而来的,它在管道上主要用于切断、分配和改变介质流动方向。它的优缺点与装衬套的旋塞阀相似。球阀不仅适用于水、溶剂、酸和天然气等一般工作介质,而且还可适用于工作条件恶劣的介质,如氧气、过氧化氢、甲烷、乙烯等。

由于球阀通常用聚四氟乙烯作为阀座密封圈材料,因此它的使用温度同样受阀座密封圈材料的限制。球阀的截止作用是靠金属球体在介质的作用下,与塑料阀座之间相互贴紧来完成的(浮动球球阀),阀座密封圈在一定的接触压力作用下,局部地区发生弹塑变形。这一变形可以补偿球体的制造精度和表面粗糙度,保证球阀的密封性能。

因为球阀的阀座密封圈普遍采用塑料制成,故在选择球阀的结构和性能上要考虑球阀的耐火和防火。特别是在石油、化工等部门,可燃性介质的设备和管路系统中使用的球阀更应注意耐火和防火。

通常,在双位调节、密封性能严格、泥浆、磨损、缩口通道、启闭动作迅速(1/4 转)、高压截止(压差大)、低噪声、有气穴和汽化现象、向大气少量渗漏、操作力矩小的使用条件中推荐使用球阀。在轻型结构、高压、低压截止(压差小)、磨蚀性介质中可以使用球阀。在结构长度短、低温(深冷)中尽量不选用球阀。在要求具有调节性能时,需使用带 V 形缺口的专用结构球阀。

球阀(球形旋塞阀)比锥形旋塞阀具有更多的优点。它的流体阻力最小,其阻力系数与同长度的管段相等。并且,球阀在全开或全闭时,由于球体和阀座的密封面与介质隔离,故高速通过阀门的介质不会造成阀门密封面的浸蚀。球阀,特别是高参数金属密封球阀,在石油、化工、电力、城市建设中将逐渐会取代一部分闸阀和截止阀,市场前景是很可观的。

(3)蝶阀

蝶阀是旋塞阀更进一步的发展,它在管道上主要作切断和节流用。蝶阀在石油、化工、城市煤气、城市供热、水处理等一般工业上应用很广,也适用于热电站的冷凝器及冷却水系统。

蝶阀的密封副通常采用橡胶、塑料等弹性密封材料,以及金属对金属密封副形式。对于弹性密封,密封圈可以镶嵌在阀体通道内,也可以镶嵌在蝶板周边。当作为切断用时,其密封性能大大优于金属密封副,但弹性密封受材料的温度限制。金属密封副,虽然能适应较高的工作温度,寿命也比一般弹性密封蝶阀长,但很难做到完全密封,因此一般多用于节流。用作切断的金属硬密封蝶阀,由于密封副的结构形式不同,其密封性能也各不相同。

此外,由于蝶阀在管路中的压力损失比较大,大约是闸阀的三倍,则在选择蝶阀时应充分考虑管路系统受压力损失的影响,还应考虑关闭时蝶阀承受管道介质压力的坚固性。

蝶阀的结构长度和总体高度最小,开启和关闭速度快,并且具有良好的流体控制特性,蝶阀的结构原理最适合于制作大口径阀门。当要求蝶阀作为流量控制使用时,最重要的是正确选择蝶阀的尺寸和类型,使之能恰当地、有效地工作。通常,在节流、调节控制、泥浆介质、要求结构长度短、启闭速度快(1/4 转)、低压截止(压差小)的使用条件中,推荐选用蝶阀。在双位调节、缩口的通道、低噪声、有气穴和汽化现象、向大气少量渗漏、具有磨蚀性的介质可以选用蝶阀。在高温、高压、高截止(压差大)中尽量不选用蝶阀。在特殊的工况条件下的节流调节,要求密封严格、磨损严重、低温(深冷)等的工况条件下,使用蝶阀时需使用特殊设计金属密封带调节装置的专用结构的蝶阀。

目前,我国已能生产的最大口径蝶阀为公称通径 DN5350,用于海水和海洋热能转换系统的更大尺寸的蝶阀正在研制过程中。

7-7 闸阀属于哪一类阀门?怎样正确选用?

闸阀属滑动类阀门。它在管道上主要作为切断介质用,即全开或全闭使用。一般不可作为节流。闸阀可以用于高温和高压,并可以用于各种不同的介质,但一般不用于输送泥浆、黏稠性流体的管道中。

闸阀一般用在对阀门的外形尺寸没有严格要求，而且使用条件又比较苛刻的场合，如高温高压的工作介质，要求关闭件要保证长期密封等。

闸阀的主要优点是当阀门完全开启时，管道中介质能直线通过，因而通过阀门的流体阻力较小。

通常，使用条件或要求密封性能好、高压、高压截止（压差大）、低压截止（压差小）、低噪声、有气穴和汽化现象、高温介质、低温（深冷）时推荐使用闸阀。在泥浆介质、向大气渗漏量少的场合可以选用闸阀。在节流、调节、磨损擦伤、启闭动作迅速、操纵力短小、磨蚀性的介质中尽量不选用闸阀。在开启和关闭频率较高的场合不能选用闸阀。

此外，在安装空间较小，适用于大口径阀门和安装空间受限制的管路上，如地下管线，适于选用启闭时不改变高度的暗杆闸阀。但该类阀门必须安装开闭指示器，以显示阀门的开度。这种暗杆式闸阀的缺点是阀杆螺纹直接与介质接触，易被介质腐蚀；同时又无法润滑，易损坏。

在闸阀中还有一种结构，即阀体内的通道直径不同；阀座密封面处的直径较小，法兰连接处的直径较大，称为缩口闸阀。这种闸阀结构体积小、重量轻，但流阻较大，适用于对流阻要求不严的管路上，一般蒸汽和水的管道上选用较多。该阀由于其通径收缩，使零件尺寸减少，启、闭所需的力矩也相应减小。但通径收缩后，流体阻力损失增大。为了尽量减少介质流经缩口时的流体阻力损失，可采用导流环装置。在石油系统的管路上不允许采用缩口闸阀。

在石油、化工系统，特别是在石油、天然气的长输管线上，适于选用带浮动阀座的平板式闸阀。这种类型的平板闸阀有带导流孔和不带导流孔之分。带导流孔的平板闸阀主要用于要对管线进行清洗的石油、天然气管路，特别是大型、高参数和有自动化要求的管路上；不带导流孔的平板闸阀适用于各种管路上作启闭装置。

在所有的阀门中，启闭动作最慢的属闸阀。在启闭过程中，闸板的移动距离要大于阀门的通道直径，而且，闸阀总高较高，占据空间位置大，也较笨重。然而，从机械的角度来看，它相对自由度大，因而适于选用在水利设施上。

7-8　隔膜阀属于哪一类阀门？怎样正确选用？

隔膜阀属夹紧类阀门，它在管道上主要作启闭用。

隔膜阀有两个主要的优点：其一是该阀不需要单独的阀杆填料密封结构，隔膜在切断介质的同时起到阀杆的密封作用。其二是柔韧性很强的隔膜关闭时可靠，甚至对污液都能做到良好的切断。因此，操纵机构和介质通道完全隔开，使隔膜阀不仅能适用于食品工业和医药卫生工业，而且还适用于一些难以输送的介质和危险性较大的介质。

但是，由于隔膜阀的隔膜必须由弹性好的非金属材料制成，隔膜阀的使用温度通常受隔膜材料和阀体衬里材料许用温度的限制。此外，由于隔膜阀在工作时介质对隔膜产生应力，隔膜阀的工作寿命要比其他阀门的寿命短。

通常，使用条件或在要求密封性能严格、泥浆介质、磨损、轻型结构、低压截止（压差小）、向大气少量渗漏、磨蚀性的介质时推荐选用隔膜阀。在双位调节、节流、调节、通道缩口、低噪声、有气穴和汽化现象、操纵扭矩小的场合可以选用隔膜阀。在高温介质、高压介质、高压截止（压差大）、启闭动作快、结构长度短的条件下尽量不选用隔膜阀。但金属隔膜阀除外。

金属隔膜阀的特点是将一组薄的半球形的金属薄膜夹固在阀体内,作为阀杆和流体之间的屏障。阀门的关闭是通过阀杆头和金属薄膜将阀盘压在阀座上来达到的。阀门的开启是通过一个内部的弹簧,当阀杆升起并脱离和薄膜接触的时候,阀盘就升起。由于阀门的行程等于薄膜的行程,因而这种阀门的特点是升程比一般阀门要小得多。为了克服因升程低而引起的阻力损失,阀座和流通面积要比一般阀门大,目的是为了得到更大的流量。由于这种阀门的阀座较大,其作用力就比通常的阀门要大得多,以便在阀盘上得到足够的密封力。因为阀杆与阀盘之间没有直接接触,阀盘就不会通过阀杆而使其离开阀座,因而这种阀门适合选用在有压差的单向流动中,而且通常介质是来自"阀座下面"。但在使用中应避免大量的回流,以免影响阀门的关闭。一般来说,在高温、高压下选用金属隔膜阀是经济、有效的。该阀还可以选用在不希望使用合成橡胶隔膜阀的低温、低压场合。

7-9　怎样正确选用止回阀?

止回阀又称为逆流阀、逆止阀、背压阀和单向阀。这类阀门是靠管路中介质本身的流动产生的力而自动开启和关闭的,属于一种自动阀门。止回阀的作用是防止介质倒流,防止泵及其驱动电机反转以及容器内介质的泄放。止回阀根据材质的不同,可以适用各种介质的管路上。

尽管止回阀有各种不同的结构,但大多数止回阀是根据对最小的冲击压力或无撞击关闭所需要的关闭速度及其关闭速度特性作定性的估价来进行选择的。这种选择方法不一定精确,但根据经验适用于大多数使用场合。

(1)不可压缩性流体用止回阀

用于不可压缩性流体的止回阀,主要根据其在关闭时不会因为介质倒流引起突然关闭而导致产生不可接受的高冲击压力的性能来进行选择。选择这种止回阀,第一步是对所需要的关闭速度作出评估;第二步是选择可能满足所需要的关闭速度的止回阀型式。

(2)压缩性流体用止回阀

对于可压缩性流体,所选用的止回阀应使阀瓣的撞击减少到最小程度,可以根据上述不可压缩性流体用止回阀的类似选择方法来进行选择。但是,对通径非常大的输送管道,其压缩性介质的冲击力也可能变得十分可观。如果介质流量波动很大,用于压缩性流体的止回阀可使用一减速装置。此装置在关闭件的整个位移过程中都起作用,以防止对其端部产生快速连续的锤击。如果介质流连续不断地快速停止和启动,像压缩机的出口那样,则选用升降式止回阀,此止回阀采用一个弹簧载荷的轻量阀瓣,阀瓣的升程不高。

(3)止回阀的尺寸确定

止回阀应确定通径尺寸,这样正常的流体就可使关闭件稳定地保持开启。为了获得最快的关闭时间,止回阀应尽可能在顺流介质的速度开始减缓之后,立即开始关闭。为了使得在这种情况下能确定阀门通径尺寸,阀门制造商必须提供适当的可供选择确定尺寸用的资料数据。这些数据包括:针对不同流体给出压力降;阀门的全开位置,标记在流体坐标曲线上。同时,还应显示出某一特定阀门通径尺寸的通孔面积。这样,就能找到给定流速下,阀门全开时的阀门通径尺寸大小。普通的旋启式或升降式止回阀应尽量避免选择公称尺寸过大;为了以最低的流速使止回阀阀瓣全开或适当的开度,在某些使用情况下选择安装止回阀的通径必须比相应的管道的公称尺寸小一些。

此外,还有一种特殊用途的空排止回阀,该阀主要选用于锅炉给水泵的出口,以防止介质倒流及起空排作用。

7-10　怎样正确选用调节阀?

调节阀用于调节介质的流量、压力和液位。根据调节部位信号,自动控制阀门的开度,从而达到对介质流量、压力和液位的调节。

调节阀具有严格的流量特性和控制条件,它要求作详尽的参数计算和严格按所计算参数、运行条件、环境条件和控制联锁保护要求进行选择。因此,在选择时应详细了解调节阀所在系统对调节阀的要求、运行工况及其在系统中的作用等。

调节阀的流量特性是在阀两端压差保持恒定的条件下,介质流经调节阀的相对流量与它的开度之间的关系。调节阀的流量特性有线性特性、等百分比特性及抛物线特性三种。就其调节性能上讲,以等百分比特性为最优,其调节稳定,调节性能最好。而抛物线特性又比线性特性的调节性能好,可根据使用场合的要求不同,挑选其中任何一种流量特性。

此外,流通能力 C 也是选择调节阀的主要参数之一。调节阀的流通能力的定义为:当调节阀全开时,阀两端压差为 0.098 MPa(1kgf/cm²),流体重度为 1 g/cm³ 时,每小时流经调节阀的流量数,称为流通能力,以 C 表示,单位为 t/h。液体的 C 值按下式计算:

$$C = G\sqrt{\Delta p\gamma}$$

式中:G——质量流量,t/h;

　　　γ——介质重度,kg/m³。

根据流通能力 C 值大小,可以查表确定出调节阀的公称尺寸 DN。

通常,根据不同的工作条件和使用要求,调节阀可分为单座调节阀、双座调节阀、笼式(套筒式)调节阀、双导向双座调节阀、角式调节阀、蝶式调节阀、三通式调节阀、偏心旋转式蝶阀、小流量调节阀、多级高压调节阀、二位式(ON/OFF)三通、直通阀等。各种调节阀的特点及适用场合如下。

(1)单座调节阀

① 该阀泄漏量小,可达二级,泄漏量小于或等于 $5×0.001$ 额定 K_v 值;当金属阀座研磨精度高时,泄漏量可达二级($\leqslant 5×0.001$ 的额定 K_v 值)。当有气密封性的镶嵌聚四氟乙烯阀座阀芯时,泄漏量可达 0.00001% 额定 K_v 值。

② 结构简单,适用于两位式控制(ON/OFF)和要求高密封性的场合,如常闭调节阀。

③ 不平衡力大,适用于压差小、口径小的场合。

④ 压差大、口径大的阀不需配备阀门定位器或输出功率较大的执行机构。

(2)双座调节阀

① 不平衡力小,适用于大压差、大口径的场合。

② 泄漏量大(为单座阀的 10 倍),适用于密封性要求不太严格的场合,如正常运行经常调节的场合。

③ 流通能力大,较单阀座大 20%。

④ 阀体流径复杂,不适用于高黏度和合成纤维介质,适用于蒸汽、水、空气等介质。

（3）笼式（套筒式）双座调节阀

① 流通能力较大，比同口径直通双座阀平均大 20％。

② 允许压差大，稳定性好，结构刚度大，阀杆在工作时不易振动。

③ 具有耐气蚀性能，具有低噪声的优点。

④ 泄漏量比较大，泄漏量小于或等于 0.5％额定 K_V 值。

⑤ 适应性强，在同一口径的阀体中只要调换套筒就可以改变流通能力和流量特性。拆装方便，目前这种调节阀已取代双座调节阀。

（4）双导向双座调节阀

双导向双座调节阀的用途基本上与笼式双座调节阀相同。

（5）角式调节阀

① 泄漏量小，泄漏量小于或等于 0.01％额定 K_V 值。

② 流路光滑简单，阻力小，流体流动畅通，适用于高压差、高黏度及含有悬浮物、颗粒状流体。

③ 具有耐气蚀性能，适用于饱和水介质且压差较大的场合，如加热器正常疏水阀和锅炉排污控制阀等应采用该种型式的阀门。

④ 大口径、高压差时，应配备输出功率较大的执行机构。

⑤ 选用时需根据配管的布置决定进入和输出方向（侧进底出或底进侧出）。但对高压差的场合最好采用侧进底出，这种方式在小开度时配阀门定位器，以免发生振荡现象。

（6）蝶式调节阀

① 该阀结构简单、重量轻、体积小、成本低，流通能力大，适用于低压差、大流量的场合。

② 普通蝶阀泄漏量较大，但采用台阶式密封和聚四氟乙烯阀座或橡胶阀座面可提高阀的密封性能。目前国外高性能蝶阀均采用双向密封，其密封性能很强。

③ 力矩小，配备执行机构小，填料和密封装置耐用。适用于公称压力比较低的场合。

（7）三通式调节阀

① 泄漏量小，合流和分流结构均为流开式，可作热交换器旁路阀。

② 流量特性为线性。

③ 大口径和高压差时，需配备输出功率大的执行机构。

（8）偏心旋转式调节阀

① 流通能力大，可调范围大（与球阀相同）；泄漏量小；阀芯尾部设有导流翼，稳定性好。

② 结构简单、体积小、重量轻、价格便宜。

③ 阀芯和阀座磨损小，只有在全员位置时阀芯与阀座才接触。

（9）小流量调节阀

该阀结构紧凑、体积小、重量轻。控制流量小，密封性好，适用于微小流量进行精密调节的场合。

（10）多级高压调节阀

① 适用于高压差流体，但需配阀门定位器。

② 阀体内多级降压，使之不发生气蚀现象。

③ 阀芯阀座为套筒结构，不平衡力小。

④ 给水泵最小流量再循环阀一般采用这种形式的调节阀。

（11）二位式（ON/OFF）三通、直通阀

① 结构简单、体积小、重量轻、配气动薄膜执行机构动作快。适用于只作快速开关动作，不要求调节和严密性好的场合。

② 国内这种阀门只适用于公称压力小于 0.981 MPa（10 kgf/cm²）、压差低于 0.588 MPa（6 kgf/cm²）的场合；而国外可生产高压力、高压差、小流量，适用于各种流体的二位式（ON/OFF）阀门。

③ 在引进型机组的热力系统中，主汽、抽汽、再热、旁路、辅汽管道疏水及汽机本体疏水等疏水阀均采用国外进口的二位式（ON/OFF）三通、直通阀。

④ 国内生产的二位式三通阀将接管改用下阀盖，能方便地由三通改为直通。

此外，根据气蚀原理，当调节阀内的压降（临界压降）小于实际压降，而调节阀出口压力又大于流体的汽化压力时，则会发生气蚀。为了避免气蚀现象，在选择管道调节阀时应选择压力恢复能力低的调节阀。若调节阀压差极大时，可采用多级降压阀芯的调节阀，或采用两个调节阀串联的方法，即尽量使调节阀压降（$p_1 - p_2$）小。如可选用角式调节阀的场合，如饱和水（汽）介质的调节阀应尽量选用角式。

选择调节阀时，调节阀的噪声也是不可忽视的因素，特别是空气和蒸汽介质的调节阀。在选择时必须做详细的计算，以确定噪声是否满足要求。一般要求调节阀的综合噪声不大于 90 dB（A），若经计算噪声水平不满足要求，则需选用低噪声调节阀（流开式）。

7-11　怎样正确选用安全阀？

安全阀是设备、装置和管道上作为安全保护的装置，以防止设备、装置和管道内介质的压力超过规定的数值。当设备压力升高超过允许值时，阀门开启，继而全量排放，以防止设备压力继续升高；当压力降低到规定值时，阀门应及时关闭，从而保护设备安全运行。

正确选用安全阀涉及到两个方面的问题。一方面是被保护设备或系统的工作条件，例如工作压力、允许超压限度、防止超压所必需的排放量、工作介质的特性、工作温度等等；另一方面则是安全阀本身的动作特性和参数指标。下面主要从安全阀的角度来说明选用的要点。

（1）安全阀名词术语

由于安全阀是一种自动阀门，在结构和性能参数方面与通用阀门有许多不同之处，特别是有些专用名词术语易于混淆。为了使选用者更清楚地了解安全阀，并能正确选用，以下将主要名词术语予以说明。

① 安全阀：一种自动阀门，它不借助任何外力，而是利用本身的力来排出一额定数量的流体，以防止系统内压力超过预定的安全值。当压力恢复正常后，阀门再行关闭并阻止介质继续流出。

② 直接载荷式安全阀：一种直接用机械载荷如重锤、杠杆加重锤或弹簧来克服由阀瓣下介质压力所产生作用力的安全阀。

③ 带动力辅助装置的安全阀：该安全阀借助一个动力辅助装置，可以在低于正常开启压力下开启。即使该辅助装置失灵，此类阀门应仍能满足标准要求。

④ 带补充载荷的安全阀：这种安全阀在其进口处压力达到开启压力前始终保持有一增

强密封的附加力,该附加力(补充载荷)可由外来能源提供,而在安全阀达到开启压力时应可靠地释放。其大小应这样设定:该附加力未释放时,安全阀仍能在进口压力不超过国家法规规定的开启压力百分数的前提下达到额定排量。

⑤ 先导式安全阀:一种依靠从导阀排出介质来驱动或控制的安全阀。该导阀本身应是符合标准要求的直接载荷式安全阀。

⑥ 开启压力(整定压力):安全阀阀瓣在运行条件下开始升起时的进口压力,在该压力下开始有可测量的开启高度,介质是可由视觉或听觉感知的连续排出状态。

⑦ 排放压力:阀瓣达到规定开启高度时的进口压力,排放压力的上限需服从国家有关标准或规范的要求。

⑧ 超过压力:排放压力与开启压力之差,通常用开启压力的百分数来表示。

⑨ 回座压力:排放后阀瓣重新与阀座接触,即开启高度变为零时的进口压力。

⑩ 启闭压差:开启压力与回座压力之差,通常用开启压力的百分数来表示,只有当开启压力很低时才用"MPa"表示。

⑪ 背压力:安全阀出口处压力。

⑫ 额定排放压力:标准规定排放压力的上限值。

⑬ 密封试验压力:进行密封试验的进口压力,在该压力下测量通过关闭件密封面的泄漏率。

⑭ 开启高度:阀瓣离开关闭位置的实际升程。

⑮ 流道面积:指阀进口端到关闭件密封面间流道的最小截面积,用来计算无任何阻力影响时的理论排量。

⑯ 流道直径:对应于流道面积的直径。

⑰ 帘面积:当阀瓣在阀座上方升起时,在其密封面之间形成的圆柱面形或圆锥面形的通道面积。

⑱ 排放面积:阀门排放时流体通道的最小截面积,对于全启式安全阀,排放面积等于流道面积;对于微启式安全阀,排放面积等于帘面积。

⑲ 理论排量:是流道截面积及安全阀流道面积相等的理想喷管的计算排量。

⑳ 排量系数:实际排量与理论排量的比值。

㉑ 额定排量系数:排量系数与减低系数(取 0.9)的乘积。

㉒ 额定排量:实际排量中允许作为安全阀使用基准的那一部分。

㉓ 当量计算排量:指压力、温度、介质性质等条件与额定排量的适用条件相同时,安全阀的计算排量。

㉔ 频跳:安全阀阀瓣迅速异常地来回运动,在运动中阀瓣接触阀座。

㉕ 颤振:安全阀阀瓣迅速异常地来回运动,在运动中阀瓣不接触阀座。

(2)安全阀型号编制方法

标准阀门的型号通常按照 JB/T 308—2004《阀门 型号编制方法》来编制,系由下列六个部分组成:

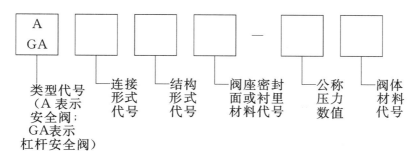

类型代号
（A表示
安全阀；
GA表示
杠杆安全阀）　连接形式代号　结构形式代号　阀座密封面或衬里材料代号　公称压力数值　阀体材料代号

对于低温（低于−40℃）、保温（带加热套）、带波纹管的和抗硫（抗硫化氢腐蚀）安全阀，分别在类型代号"A"前加"D"、"B"、"W"和"K"来表示。

除按上述方法编制型号外，国内有的生产厂还对于按用户特定要求设计、制造的非标准安全阀，在类型代号"A"前加"S"以资区别。同时，用在结构形式代号右下角加一小"s"表示带散热器安全阀，如 SA48$_s$Y 型表示带扳手、带散热器全启式安全阀、法兰连接。

（3）公称压力的确定

在 JB/T 74—2015《管路法兰　技术条件》附录 B 管路法兰压力—温度等级中规定了阀门的公称压力和各级工作温度下的最大允许工作压力。在同一公称压力下，当工作温度提高时，其最大允许工作压力即相应降低。在选用安全阀时，应根据阀门材料、工作温度和最大允许工作压力按标准中升温降压表确定阀门的公称压力。

（4）工作压力级的确定

安全阀的开启压力（即整定压力）可以通过改变弹簧预紧压缩量来进行调节。但每一根弹簧都只能在一定的开启压力范围内工作，超出了该范围就要另换弹簧。这样，同一公称压力的阀门就按弹簧设计的开启压力调整范围划分为不同的工作压力级，见表 7-3。

表 7-3　阀门工作压力级

公称压力	工　作　压　力　级									
PN16	>0.6~1	>1~1.6	>1.6~2.5	>2.5~4	>4~5	>5~6	>6~8	>8~10	>10~13	>13~16
PN25	>13~16	>16~20	>20~25							
PN40	>16~20	>20~25	>25~32	>32~40	1)					
	>13~16	>16~20	>20~25	>25~32	>32~40	2)				
PN63	>25~32	>32~40	>40~50	>50~64						
PN100	>40~50	>50~64	>64~80	>80~100						
PN160	>100~130	>130~160								
PN320	>160~190	>190~220	>220~250	>250~290	>290~320					
1) 有 PN25 系列时，采用本行。										
2) 无 PN25 系列时，采用本行。										

选用安全阀时，应根据所需开启压力值确定阀门工作压力级。

（5）通径的选取

安全阀通径应根据必需排放量来确定，即所选用安全阀的额定排量大于并尽可能接近必需排量。当发生异常超压时，防止过分超压的必需排放量，由系统或设备的工作条件以及引起超压的原因等因素决定。安全阀的额定排量按下式计算。

当介质为液体：

$$W_g = 3600 K_g A \sqrt{2g\Delta p r}$$

式中：W_g——额定排量，kg/h；

K_g——额定排量系数；

A——阀座喉部截面积，m^2；

Δp——阀前后压差，MPa；

r——介质密度，kg/m^3；

g——重力加速度，m/s^2。

当介质为气体：

$$W_g = \eta K_g A(p_p + p_a)\sqrt{\frac{M}{T}}$$

式中：p_p——安全阀额定排放压力，MPa；

p_a——大气压，MPa；

M——气体分子量；

T——排放时阀进口绝对温度，°K。

系数 η 按下式计算或从表 7-4 中查得：

$$\eta = 387\sqrt{K\left(\frac{2}{K+1}\right)^{\frac{K+1}{K-1}}}$$

式中：K——绝热指数。

表 7-4 系数 η 的值

K	1.00	1.02	1.04	1.06	1.08	1.10	1.12	1.14	1.16	1.18	1.20	1.22	1.24
η	234	237	238	240	242	243	245	246	248	249	251	252	254
K	1.26	1.28	1.30	1.32	1.34	1.36	1.38	1.40	1.42	1.44	1.46	1.48	1.50
η	255	257	258	260	261	262	264	265	266	267	269	270	271
K	1.52	1.54	1.56	1.58	1.60	1.62	1.64	1.66	1.68	1.70	2.00	2.20	
η	272	274	275	276	277	278	280	281	282	283	298	307	

当介质为水蒸气：

$$W_g = 51.4 K_g A(p_p + p_a)C$$

式中：C——蒸汽性质修正系数，见表 7-5。

上述关于气体或蒸汽的排量计算公式仅当排放时阀出口与进口绝对压力之比小于或等于临界压力比，即在临界流动状况时才适用（安全阀的排放在绝大多数场合属于这种情况）。如果处于亚临界流动状况，则需对排量进行修正。

阀座喉部截面积 A 按喉部直径 d_0 计算，见表 7-6。

表 7-5 蒸汽性质修正系数 C

绝对压力/ MPa	饱和温度	温度/℃																			
		300	320	340	360	380	400	420	440	460	480	500	520	540	560	580	600	620	640	660	680	700
0.5	1.005	0.896	0.879	0.864	0.849	0.835	0.822															
1.0	0.987	0.901	0.884	0.868	0.853	0.838	0.825															
1.5	0.977	0.906	0.888	0.872	0.856	0.841	0.828															
2.0	0.972	0.912	0.893	0.876	0.860	0.845	0.830	0.817	0.804	0.792	0.780	0.768										
2.5	0.969	0.918	0.898	0.880	0.863	0.848	0.833	0.819	0.806	0.793	0.782	0.770										
3.0	0.967	0.924	0.903	0.885	0.867	0.851	0.836	0.822	0.808	0.795	0.783	0.774	0.763	0.748	0.742	0.730	0.721	0.712	0.703	0.695	0.687	0.679
4.0	0.965	0.934	0.915	0.894	0.875	0.857	0.841	0.826	0.813	0.799	0.787	0.775	0.763	0.755	0.744	0.735	0.725	0.715	0.705	0.696	0.688	0.680
5.0	0.966	0.953	0.927	0.904	0.884	0.865	0.848	0.832	0.817	0.803	0.790	0.778	0.766	0.755	0.747	0.737	0.723	0.717	0.708	0.697	0.689	0.681
6.0	0.968	0.953	0.941	0.911	0.891	0.872	0.854	0.838	0.822	0.808	0.794	0.781	0.769	0.758	0.747	0.739	0.729	0.719	0.710	0.698	0.690	0.682
7.0	0.971	0.958	0.954	0.924	0.901	0.881	0.861	0.844	0.827	0.812	0.798	0.785	0.772	0.761	0.749	0.739	0.731	0.721	0.708	0.702	0.691	0.683
8.0	0.975	0.967	0.956	0.937	0.912	0.888	0.868	0.850	0.833	0.817	0.802	0.789	0.776	0.763	0.752	0.741	0.731	0.719	0.710	0.701	0.692	0.684
9.0	0.980		0.962	0.957	0.926	0.897	0.876	0.856	0.838	0.822	0.807	0.792	0.779	0.766	0.754	0.743	0.733	0.722	0.711	0.702	0.693	0.685
10.0	0.986		0.971	0.961	0.936	0.909	0.883	0.863	0.844	0.827	0.811	0.796	0.782	0.769	0.757	0.745	0.735	0.724	0.712	0.703	0.695	0.686
12.0	0.999			0.975	0.964	0.926	0.903	0.876	0.857	0.838	0.818	0.805	0.789	0.775	0.762	0.750	0.739	0.728	0.718	0.706	0.697	0.688
14.0	1.016			1.002	0.980	0.938	0.920	0.893	0.868	0.846	0.828	0.811	0.797	0.782	0.768	0.755	0.743	0.732	0.722	0.711	0.699	0.691
16.0	1.036				1.000	0.956	0.942	0.907	0.883	0.858	0.838	0.819	0.803	0.787	0.774	0.760	0.748	0.736	0.725	0.714	0.704	0.693
18.0	1.063				1.038	1.004	0.972	0.929	0.895	0.873	0.848	0.828	0.810	0.794	0.779	0.766	0.752	0.740	0.728	0.717	0.707	0.697
20.0	1.094					1.028	1.006	0.953	0.914	0.885	0.861	0.835	0.818	0.801	0.786	0.770	0.757	0.744	0.732	0.720	0.710	0.700
22.0	1.129					1.072	1.033	0.982	0.932	0.900	0.872	0.849	0.827	0.808	0.793	0.777	0.761	0.749	0.736	0.724	0.713	0.702
24.0							1.059	1.016	0.953	0.915	0.885	0.861	0.837	0.815	0.797	0.783	0.766	0.752	0.740	0.727	0.716	0.705
26.0							1.099	1.055	0.982	0.935	0.899	0.871	0.848	0.825	0.804	0.786	0.772	0.756	0.741	0.731	0.719	0.708
28.0							1.167	1.096	1.013	0.956	0.913	0.883	0.853	0.834	0.811	0.793	0.776	0.762	0.747	0.735	0.720	0.710
30.0								1.132	1.047	0.977	0.931	0.895	0.867	0.838	0.821	0.799	0.781	0.763	0.753	0.735	0.724	0.715
32.0								1.169	1.089	1.009	0.952	0.908	0.877	0.849	0.824	0.805	0.787	0.770	0.753	0.742	0.729	0.714
34.0									1.136	1.032	0.968	0.923	0.888	0.859	0.835	0.812	0.792	0.775	0.757	0.746	0.729	0.718
36.0									1.191	1.063	0.989	0.941	0.899	0.869	0.842	0.818	0.798	0.780	0.761	0.750	0.734	0.723
38.0										1.098	1.016	0.956	0.913	0.878	0.850	0.823	0.804	0.785	0.765	0.750	0.739	0.726
40.0										1.137	1.037	0.972	0.927	0.888	0.858	0.832	0.807	0.790	0.769	0.754	0.742	0.725
42.0											1.064	0.995	0.944	0.901	0.868	0.839	0.815	0.792	0.774	0.758	0.745	0.729
44.0											1.092	1.012	0.954	0.914	0.876	0.846	0.821	0.800	0.778	0.762	0.748	0.731
46.0											1.122	1.035	0.971	0.924	0.888	0.854	0.828	0.805	0.785	0.766	0.753	0.738

表 7-6　阀座喉部截面积 A

		公称尺寸 DN	15	20	25	32	40	50	80	100	150	200
全启式	PN 16 40 63	阀座喉径 d_0/mm				20	25	32	50	65	100	125
		喉部截面积 A/mm²				3.14	4.91	8.04	19.63	33.18	78.54	122.7
		开启高度 h/mm				$\geqslant\frac{1}{4}d_0$						
	PN 100	阀座喉径 d_0/mm				20	25	32	40	50	80	
		喉部截面积 A/mm²				3.14	4.91	8.04	12.57	19.63	50.27	
		开启高度 h/mm				$\geqslant\frac{1}{4}d_0$						
	PN 160 320	阀座喉径 d_0/mm				15	20					
		喉部截面积 A/mm²				1.77	3.14					
		开启高度 h/mm				$\geqslant\frac{1}{4}d_0$						
微启式	PN 16 25 40 63	阀座喉径 d_0/mm	12	16	20	25	32	40	65	80		
		喉部截面积 A/mm²	1.13	2.01	3.14	4.91	8.04	12.57	33.18	50.27		
		开启高度 h/mm	$\geqslant\frac{1}{40}d_0$					$\geqslant\frac{1}{20}d_0$				
	PN 160 320	阀座喉径 d_0/mm	8			12	14					
		喉部截面积 A/mm²	0.50			1.13	1.54					
		开启高度 h/mm	$\geqslant\frac{1}{20}d_0$									

　　安全阀的额定排量系数 K_g 对于全启式安全阀(见图 7-1)为 0.75,对于微启式安全阀(见图 7-2)为 0.08(当开启高度为 $h\geqslant\frac{1}{40}d_0$)或 0.16(当开启高度为 $h\geqslant\frac{1}{20}d_0$)。

　　安全阀的额定排放压力 p_p 按 GB/T 12243—2005《弹簧直接载荷式安全阀》的规定,对用于蒸汽锅炉的安全阀为开启压力(即整定压力)的 1.03 倍(即超过压力为 3%);对用于其他工业设备和管道的安全阀为开启压力的 1.10 倍(即超过压力为 10%)。

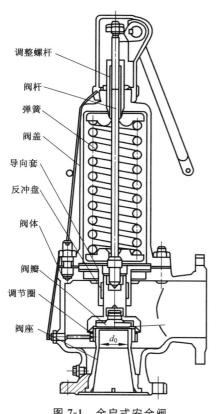

图 7-1 全启式安全阀

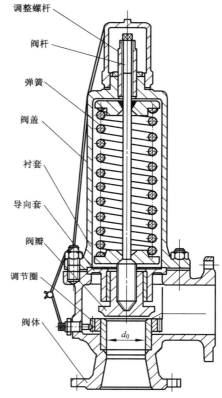

图 7-2 微启式安全阀

安全阀的额定排量也可以从表 7-7~表 7-11 中查得。对于空气和蒸汽,表中所列数值仅当排放时阀出口与进口绝对压力之比小于等于临界压力比时才适用。

工作介质:空气

温　　度:$T=300°$ K

超过压力:10%

额定排量系数:$K_g=0.75$

表 7-7　全启式安全阀额定排量　　　　　　　　　　　　　　kg/h

整定压力 $p_K/$ MPa	额定排放压力(绝) $p_p+1/$ MPa	阀　座　喉　径　d_0/mm									
		15	20	25	32	40	50	65	80	100	125
0.06	0.166		322	503	824	1 289	2 012	3 400	5 150	8 050	12 580
0.08	0.188		365	570	933	1 459	2 280	3 850	5 840	9 120	14 240
0.10	0.210		407	637	1 043	1 630	2 550	4 300	6 520	10 190	15 910
0.13	0.243		471	737	1 206	1 886	2 950	4 980	7 540	11 790	18 410
0.16	0.276		535	837	1 370	2 140	3 350	5 660	8 570	13 390	20 900

表 7-7（续）

整定压力 p_K/MPa	额定排放压力（绝）p_p+1/MPa	阀 座 喉 径 d_0/mm									
		15	20	25	32	40	50	65	80	100	125
0.20	0.320		620	970	1 590	2 480	3 880	6 560	9 930	15 520	24 300
0.25	0.375		727	1 137	1 862	2 910	4 550	7 680	11 640	18 190	28 400
0.3	0.43		834	1 304	2 135	3 340	5 210	8 810	13 350	20 900	32 600
0.4	0.54		1 047	1 637	2 680	4 190	6 540	11 060	16 760	26 200	40 900
0.5	0.65		1 260	1 971	3 230	5 050	7 880	13 320	20 180	31 500	49 300
0.6	0.76		1 474	2 304	3 770	5 900	9 210	15 570	23 600	36 900	57 600
0.7	0.87		1 687	2 640	4 320	6 750	10 540	17 830	27 000	42 200	65 900
0.8	0.98		1 900	2 970	4 870	7 610	11 880	20 100	30 400	47 500	74 300
0.9	1.09		2 114	3 300	5 410	8 460	13 210	22 300	33 800	52 900	82 600
1.0	1.20		2 330	3 640	5 960	9 320	14 540	24 600	37 200	58 200	90 900
1.1	1.31		2 540	3 970	6 500	10 170	15 880	26 800	40 700	63 500	99 300
1.2	1.42		2 750	4 310	7 050	11 020	17 210	29 100	44 100	68 900	107 600
1.3	1.53		2 970	4 640	7 600	11 880	18 540	31 300	47 500	74 200	115 900
1.4	1.64		3 180	4 970	8 140	12 730	19 880	33 600	50 900	79 500	124 300
1.5	1.75		3 390	5 310	8 690	13 590	21 200	35 900	54 300	84 900	132 600
1.6	1.86		3 610	5 640	9 230	14 440	22 500	38 100	57 700	90 200	140 900
1.8	2.08		4 030	6 310	10 330	16 150	25 200	42 600	64 600	100 900	
2.0	2.30		4 460	6 970	11 420	17 850	27 900	47 100	71 400	111 600	
2.2	2.52		4 890	7 640	12 510	19 560	30 500	51 600	78 200	122 200	
2.5	2.85		5 530	8 640	14 150	22 120	34 500	58 400	88 500	138 200	
2.8	3.18		6 170	9 640	15 790	24 700	38 500	65 200	98 700	154 200	
3.2	3.62		7 020	10 980	17 970	28 100	43 900	74 200	112 400	175 600	
3.6	4.06		7 870	12 310	20 200	31 500	49 200	83 200	126 000	196 900	
4.0	4.50		8 730	13 640	22 340	34 900	54 500	92 200	139 700	218 000	
4.5	5.05		9 790	15 310	25 100	39 200	61 200	103 500	156 800		
5.0	5.60		10 860	16 980	27 800	43 500	67 900	114 700	173 800		
5.5	6.15		11 920	18 650	30 500	47 700	74 500	126 000	190 900		
6.0	6.70		12 990	20 300	33 300	52 000	81 200	137 300	208 000		
6.4	7.14		13 840	21 600	35 500	55 400	86 500	146 300	222 000		
7.0	7.80		15 120	23 600	38 700	60 600	94 500	159 800	242 000		
8.0	8.9		17 260	27 000	44 200	69 100	107 900	182 400	276 000		
9.0	10.0		19 390	30 300	49 700	77 600	12 1200	205 000	310 000		
10.0	11.1	12 130	21 500	33 700	55 100	86 200	134 500	227 000	3450 00		
11.0	12.2	13 330	23 660								
13.0	14.4	15 740	27 900								

表 7-7（续）

整定压力 p_K/MPa	额定排放压力（绝）p_p+1/MPa	阀座喉径 d_0/mm									
		15	20	25	32	40	50	65	80	100	125
16.0	17.7	19 350	34 300								
19.0	21.0	22 950	40 700								
22.0	24.3	26 600	47 100								
25.0	27.6	30 200	53 500								
29.0	32.0	35 000	62 000								
32.0	35.3	38 600	68 400								

工　作　介　质：饱和水蒸气

超　过　压　力：3%

额定排量系数：$K_g=0.75$

表 7-8　全启式安全阀额定排量　　　　　　　　　　　　　　　　　　　　kg/h

整定压力 p_k/MPa	额定排放压力（绝）p_p+1/MPa	阀座喉径 d_0/mm								
		20	25	32	40	50	65	80	100	125
0.06	0.162	196	307	503	786	1 227	2 070	3 140	4 910	7 670
0.08	0.182	221	345	565	883	1 380	2 330	3 530	5 520	8 620
0.10	0.203	246	385	630	985	1 540	2 600	3 940	6 150	9 610
0.13	0.234	284	443	726	1 135	1 770	2 995	4 540	7 090	11 080
0.16	0.265	321	502	822	1 286	2 010	3 390	5 140	8 030	12 550
0.20	0.306	371	580	950	1 484	2 320	3 920	5 940	9 270	14 490
0.25	0.358	434	678	1 110	1 737	2 710	4 580	6 950	10 850	16 950
0.3	0.409	496	775	1 270	1 984	3 100	5 240	7 930	12 400	19 370
0.4	0.512	620	970	1 589	2 480	3 880	6 550	9 930	15 520	24 200
0.5	0.615	745	1 165	1 908	2 980	4 660	7 870	11 930	18 640	29 100
0.6	0.718	867	1 355	2 220	3 470	5 420	9 150	13 870	21 700	33 900
0.7	0.821	991	1 550	2 540	3 970	6 200	10 470	15 870	24 800	38 700
0.8	0.924	1 105	1 728	2 830	4 420	6 910	11 670	17 690	27 600	43 200
0.9	1.027	1 229	1 921	3 150	4 920	7 680	12 980	19 670	30 700	48 000
1.0	1.13	1 349	2 110	3 450	5 400	8 430	14 250	21 600	33 700	52 700
1.1	1.23	1 464	2 290	3 750	5 860	9 150	15 460	23 400	36 600	57 200
1.2	1.34	1 595	2 490	4 080	6 380	9 970	16 840	25 500	39 900	62 300
1.3	1.44	1 705	2 670	4 370	6 830	10 660	18 010	27 300	42 600	66 600
1.4	1.54	1 824	2 850	4 670	7 300	11 400	19 260	29 200	45 600	71 300
1.5	1.65	1 949	3 050	4 990	7 800	12 180	20 600	31 200	48 700	76 100

表 7-8（续）

整定压力 p_k/MPa	额定排放压力（绝）p_p+1/MPa	阀座喉径 d_0/mm								
		20	25	32	40	50	65	80	100	125
1.6	1.75	2 070	3 230	5 290	8 270	12 920	21 800	33 100	51 700	80 700
1.8	1.95	2 300	3 590	5 880	9 190	14 350	24 300	36 800	57 400	
2.0	2.16	2 540	3 970	6 500	1 0170	15 880	26 800	40 700	63 500	
2.2	2.37	2 790	4 360	7 140	1 1160	17 420	29 400	44 600	69 700	
2.5	2.67	3 130	4 900	8 020	1 2540	19 580	33 100	50 100	78 400	
2.8	2.98	3 490	5 460	8 940	13 980	21 800	36 900	55 900	87 400	
3.2	3.40	3 980	6 220	10 190	15 930	24 900	42 000	63 700	99 500	
3.6	3.81	4 460	6 970	11 410	17 840	27 900	47 100	71 300	111 400	
4.0	4.22	4 940	7 720	12 640	19 750	30 800	52 100	79 000	123 400	
4.5	4.74	5 550	8 670	14 200	22 200	34 700	58 600	88 800		
5.0	5.25	6 150	9 620	15 740	24 600	38 400	64 900	98 400		
5.5	5.76	6 750	10 560	17 290	27 000	42 200	71 300	108 100		
6.0	6.28	7 380	11 530	18 880	29 500	46 100	77 900	118 000		
6.4	6.69	7 870	12 310	20 200	31 500	49 200	83 100	126 000		
7.0	7.31	8 610	13 460	22 000	34 500	53 800	90 900	137 800		
8.0	8.34	9 880	15 450	25 300	39 500	61 800	104 300	158 100		
9.0	9.37	11 160	17 450	28 600	44 700	69 800	117 900	178 700		
10.0	10.4	12 460	19 480	31 900	49 900	77 900	131 600	199 400		

工作介质:空气

温　　度:$T=300°K$

超过压力:10%

表 7-9　微启式安全阀额定排量　　　　　　　　　　　kg/h

整定压力 p_k/MPa	额定排放压力（绝）p_p+1/MPa	阀座喉径 d_0/mm								
		12	16	20	25	32	40	50	65	80
0.06	0.166	12.3	22.0	34.3	53.7	88	275	430	726	1 099
0.08	0.188	14.0	24.9	38.9	60.8	99	312	486	824	1 248
0.10	0.210	15.6	27.8	43.4	68.0	111	348	543	920	1 392
0.13	0.243	18.1	32.2	50.2	78.6	129	402	628	1 064	1 608
0.16	0.276	20.6	36.6	57.0	89.6	146	457	714	1 208	1 824
0.20	0.320	23.8	42.4	66.2	103	170	530	824	1 400	2 120
0.25	0.375	27.9	49.7	77.5	122	198	621	968	1 640	2 480
0.3	0.43	32.0	57.0	88.8	139	228	712	1 112	1 880	2 850
0.4	0.54	40.2	71.5	112	174	286	894	1 396	2 360	3 580
0.5	0.65	48.4	86.4	134	210	344	1 077	1 680	2 840	4 300

表 7-9（续）

整定压力 p_k/MPa	额定排放压力（绝）p_p+1/MPa	阀 座 喉 径 d_0/mm								
		12	16	20	25	32	40	50	65	80
0.6	0.76	56.6	101	157	246	402	1 258	1 968	3 320	5 030
0.7	0.87	64.7	115	180	282	461	1 440	2 250	3 800	5 760
0.8	0.98	73.0	130	202	317	519	1 624	2 540	4 280	6 490
0.9	1.09	81.1	144	226	353	578	1 808	2 820	4 770	7 220
1.0	1.20	89.3	159	248	388	625	1 984	3 100	5 250	7 940
1.1	1.31	97.6	174	271	424	694	2 170	3 380	5 730	8 670
1.2	1.42	106	188	294	459	752	2 350	3 670	6 210	9 400
1.3	1.53	114	202	317	495	810	2 540	3 950	6 690	10 140
1.4	1.64	122	217	339	530	869	2 710	4 240	7 170	10 860
1.5	1.75	130	232	362	566	928	2 900	4 530	7 650	11 600
1.6	1.86	138	246	385	602	984	3 080	4 810	8 130	12 320
1.8	2.08	155	275	430	673	1 102	3 450	5 380	9 100	13 760
2.0	2.30	171	305	476	744	1 218	3 810	5 940	10 060	15 200
2.2	2.52	187	334	521	816	1 336	4 180	6 510	11 020	16 720
2.5	2.85	212	378	590	922	1 512	4 720	7 370	12 460	18 880
2.8	3.18	237	421	658	1 029	1 688	5 260	8 220	13 900	21 000
3.2	3.62	270	479	749	1 171	1 920	5 990	9 360	15 820	24 000
3.6	4.06	302	538	840	1 312	2 150	6 720	10 500	17 760	26 900
4.0	4.50	335	596	930	1 456	2 380	7 460	11 630	19 680	29 800
4.5	5.05			1 044						
5.0	5.60			1 160						
5.5	6.15			1 272						
6.0	6.70			1 384						
6.4	7.14			1 480						

工作介质:饱和水蒸气

超过压力:3%

表 7-10　微启式安全阀额定排量　　　　　　　　　　　　kg/h

整定压力 p_k/MPa	额定排放压力（绝）p_p+1/MPa	阀 座 喉 径 d_0/mm				
		40	50	65	80	100
0.06	0.162	167	262	442	670	1 048
0.08	0.182	188	294	497	753	1 176
0.10	0.203	210	328	554	840	1 312
0.13	0.234	242	378	639	968	1 512
0.16	0.265	274	428	724	1 096	1 712

表 7-10(续)

整定压力 p_k/MPa	额定排放压力(绝) p_p+1/MPa	阀 座 喉 径 d_0/mm				
		40	50	65	80	100
0.20	0.306	317	494	836	1 264	1 976
0.25	0.358	370	578	976	1 480	2 310
0.3	0.409	423	661	1 120	1 688	2 650
0.4	0.512	530	827	1 400	2 120	3 310
0.5	0.615	636	992	1 680	2 540	3 980
0.6	0.718	739	1 152	1 952	2 960	4 620
0.7	0.821	846	1 320	2 230	3 380	5 290
0.8	0.924	944	1 472	2 490	3 780	5 900
0.9	1.027	1 048	1 640	2 770	4 200	6 560
1.0	1.13	1 152	1 800	3 040	4 610	7 200
1.1	1.23	1 248	1 952	3 300	5 000	7 810
1.2	1.34	1 360	2 130	3 590	5 450	8 510
1.3	1.44	1 456	2 270	3 840	5 820	9 100
1.4	1.54	1 560	2 430	4 110	6 230	9 730
1.5	1.65	1 664	2 600	4 390	6 660	10 400
1.6	1.75	1 760	2 750	4 660	7 060	11 020
1.8	1.95	1 960	3 060	5 180	7 840	12 260
2.0	2.16	2 170	3 380	5 730	8 670	13 550
2.2	2.37	2 380	3 720	6 280	9 520	14 880
2.5	2.67	2 670	4 180	7 060	10 700	16 720
2.8	2.98	2 980	4 660	7 870	11 920	18 640
3.2	3.40	3 400	5 300	8 960	13 600	21 200
3.6	3.81	3 800	5 940	10 040	15 200	23 800
4.0	4.22	4 220	6 580	11 120	16 880	26 300

工作介质:水

超过压力:10%

出口压力:大气压

表 7-11 微启式安全阀额定排量

kg/h

整定压力 p_k/MPa	额定排放压力 p_p/MPa	阀 座 喉 径 d_0/mm							
		12	16	20	25	32	40	65	80
0.06	0.066	370	659	1 030	1 608	2 630	8 240	21 800	33 000
0.08	0.088	428	761	1 189	1 856	3 040	9 510	25 100	38 100
0.10	0.110	478	850	1 329	2 080	3 400	10 640	28 100	42 600
0.13	0.143	546	970	1 515	2 370	3 880	12 130	32 000	48 500
0.16	0.176	605	1 076	1 680	2 620	4 300	13 460	35 500	53 800

表 7-11（续）

整定压力 p_k/MPa	额定排放压力 p_p/MPa	阀 座 喉 径 d_0/mm							
		12	16	20	25	32	40	65	80
0.20	0.220	676	1 203	1 880	2 940	4 810	15 050	39 800	60 200
0.25	0.275	756	1 346	2 100	3 290	5 380	16 800	44 400	67 300
0.3	0.33	828	1 474	2 300	3 600	5 900	18 400	48 600	73 700
0.4	0.44	957	1 704	2 660	4 150	6 810	21 300	56 200	85 000
0.5	0.55	1 070	1 904	2 970	4 650	7 610	23 800	62 800	95 100
0.6	0.66	1 171	2 090	3 260	5 090	8 340	26 100	68 800	104 200
0.7	0.77	1 264	2 250	3 520	5 500	9 000	28 200	74 300	112 600
0.8	0.88	1 352	2 410	3 760	5 880	9 620	30 100	79 400	120 300
0.9	0.99	1 430	2 550	3 980	6 230	10 210	31 900	84 200	127 600
1.0	1.10	1 512	2 690	4 200	6 570	10 760	33 700	88 800	134 600
1.1	1.21	1 584	2 820	4 410	6 890	11 290	35 300	93 100	141 100
1.2	1.32	1 656	2 940	4 600	7 200	11 780	36 900	97 300	147 400
1.3	1.43	1 728	3 060	4 790	7 490	12 260	38 300	101 200	153 400
1.4	1.54	1 790	3 180	4 980	7 780	12 730	39 800	105 000	159 200
1.5	1.65	1 856	3 300	5 140	8 050	13 180	41 200	108 700	164 800
1.6	1.76	1 912	3 390	5 320	8 310	13 610	42 600	112 300	170 200
1.8	1.98	2 030	3 600	5 640	8 820	14 430	45 100	119 100	180 500
2.0	2.20	2 140	3 800	5 940	9 290	15 220	47 600	125 600	190 400
2.2	2.42	2 240	3 980	6 230	9 740	15 960	49 900	131 700	199 200
2.5	2.75	2 390	4 240	6 650	10 380	17 010	53 200	140 400	213 000
2.8	3.08	2 530	4 500	7 030	10 990	18 000	56 300	148 600	225 000
3.2	3.52	2 700	4 800	7 520	11 750	19 280	60 200	158 800	241 000
3.6	3.96	2 870	5 090	7 980	12 460	20 400	63 800	168 800	255 000
4.0	4.40	3 020	5 370	8 410	13 140	21 500	67 000	177 600	269 000
4.5	4.95			8 910					
5.0	5.50			9 400					
5.5	6.05			9 860					
6.0	6.60			10 300					
6.4	7.04			10 630					

（6）材质的确定

在选用安全阀的材质时,应考虑阀门的工作温度、工作压力、介质性质和经济性等多种因素。

（7）其他事项

选用安全阀时,还应确定下列事项:

① 封闭式或开放式。封闭式安全阀的阀盖和阀罩等是封闭的,具有两重作用:一种仅

仅为了保护内部零件,防止灰尘等外界杂物侵入,而不要求气密性;另一种是为了防止有毒、易燃等类介质溢出或为了回收介质而采用的,故要求做气密性试验。当选用封闭式并要求做出口侧气密性试验时,应在订货时说明。气密试验压力为 0.6 MPa。

开放式安全阀由于阀盖是敞开的,因而有利于降低弹簧腔室温度,该结构主要用于蒸汽等介质的场合。

② 是否带提升扳手。若要求对安全阀作定期开启试验时,应选用带提升扳手的安全阀。当介质压力达到开启压力的 75% 以上时,可利用提升扳手将阀瓣从阀座上略为提起,以检查阀门开启的灵活性。

(8) 特殊结构安全阀的选用

① 带散热器安全阀。用于介质温度较高的场合,以便降低弹簧腔室的温度。一般当封闭式安全阀使用温度超过 300 ℃时,以及开放式安全阀使用温度超过 350 ℃时,应选用带散热器的安全阀。

② 波纹管安全阀。主要用于下列两种情形:a) 用于平衡背压,背压平衡式波纹管安全阀的波纹管有效直径等于阀门密封面平均直径。因而在阀门开启前背压对阀瓣的作用力处于平衡状况,背压变化不会影响开启压力。当背压是变动的,其变化量超过整定压力的 10% 时,应选用这种安全阀。b) 用于腐蚀性介质的场合,利用波纹管把弹簧及导向机构等与介质隔离,从而防止这些重要部位因受介质腐蚀而失效。

此外,在选择安全阀时要确定它的类型:重锤(单杠杆或双杠杆)微启式,弹簧微启式,全启式或者专用全启式。对于高参数的蒸汽,有时还采用脉冲控制的全启式安全阀。在某些情况下安全阀用在排放有背压的系统内,也就是在排放阀的工作条件下使用。在这种情况下整个阀的上部空间都处于介质压力之下,因而安全阀结构必须使其内腔对外界环境密封。阀杆沿着阀盖上的导向孔自由运动的重锤式安全阀不适用于此种条件。所以,重锤式安全阀不应该在有背压之处工作。在这种情况下使用重锤式安全阀会导致严重的后果,尤其是在可燃性气体的管道上,介质将从阀盖和阀杆间的间隙外漏,从而在阀的周围造成危险区域。如有背压,则应选用弹簧式安全阀。弹簧式安全阀比重锤式安全阀先进,因为它的滞后性较小、结构尺寸和重量也较小,而且结构可以是全通道式的。同时,弹簧式安全阀还可以不设用于强制开启的装置。但无强制开启装置的安全阀只能在介质无冻结、粘结和堵塞的情况下使用。

7-12 怎样正确选用蒸汽疏水阀?

蒸汽疏水阀是一种自动阀门,用于蒸汽供热设备、蒸汽输送管线和蒸汽使用装置上。把蒸汽做功后产生的凝结水从装置中迅速排出,并阻止新鲜蒸汽泄漏,并使装置的效率保持在最佳状态。

任何形式和种类的蒸汽疏水阀都不是万能的。为了选择和安装理想的蒸汽疏水阀,应考虑蒸汽使用设备的构造和种类、使用条件和使用目的,以及设备的配套安装情况。下面主要从蒸汽疏水阀的角度来说明选用的要点。

(1) 蒸汽疏水阀的名词术语

由于蒸汽疏水阀在结构和性能参数上与通用阀门有许多不同之处,特别是有些专用名词术语易于混淆,为了使选用者更清楚地了解蒸汽疏水阀并能正确地选用,以下将主要名词术语予以说明。

① 机械型蒸汽疏水阀:由凝结水液位变化驱动的蒸汽疏水阀。

② 热静力型蒸汽疏水阀:由凝结水温度变化驱动的蒸汽疏水阀。

③ 热动力型蒸汽疏水阀:由蒸汽和凝结水动态特性驱动的蒸汽疏水阀。

④ 最高允许压力:在给定温度下,蒸汽疏水阀壳体能够持久承受的最高压力。

⑤ 最高工作压力:在正确动作条件下,蒸汽疏水阀进口端的最高压力,由制造厂给定。

⑥ 工作背压:在工作条件下,蒸汽疏水阀出口端的压力。

⑦ 背压率:工作背压与工作压力的百分比。

⑧ 最高允许温度:在给定压力下,蒸汽疏水阀壳体能够持久承受的最高温度。

⑨ 过冷度:凝结水温度与相应压力下饱和温度之差的绝对值。

⑩ 冷凝结水排量:在给定压差和20 ℃条件下,蒸汽疏水阀1 h内能排出凝结水的最大重量。

⑪ 热凝结水排量:在给定压差和温度下,蒸汽疏水阀1 h内能排出热凝结水的最大重量。

⑫ 漏汽量:单位时间内蒸汽疏水阀漏出新鲜蒸汽的量。

⑬ 无负荷漏汽量:蒸汽疏水阀处于完全饱和蒸汽条件下的漏汽量。

⑭ 有负荷漏汽量:给定负荷率下,蒸汽疏水阀的漏汽量。

⑮ 无负荷漏汽率:无负荷漏汽量与相应压力下最大热凝结水排量的百分比。

⑯ 有负荷漏汽率:有负荷漏汽量与试验时间内实际热凝结水排量的百分比。

⑰ 负荷率:试验时间内的实际热凝结水排量与试验压力下最大热凝结水排量的百分比。

(2)蒸汽疏水阀的容量及安全率

在选择蒸汽疏水阀时,要充分了解作为使用对象的蒸汽输送管和各种热交换器等蒸汽使用设备的型式和使用目的以及特性等,准确地掌握设备本身的容量,这是先决条件。如果知道了蒸汽使用设备的容量,它所使用的蒸汽疏水阀的容量也就可以确定了。确定蒸汽疏水阀的容量,必须按以下原则求出:

蒸汽使用设备的容量(凝结水产生量)×安全率=蒸汽疏水阀的容量

安全率,即是在确定蒸汽疏水阀容量时,蒸汽使用设备实际的凝结水产生量与所标出容量有误差时也能确保蒸汽疏水阀能正常工作而估计的安全系数。这种安全率既不是单纯从理论上加以规定,无法通过计算求得;也不完全来自经验数据。一般说来,考虑安全率最好的办法是直接询问疏水阀生产厂家。如果在选用蒸汽疏水阀时,其选用的安全率不当,使蒸汽疏水阀的容量过大或不足,都会产生极不良的后果。

若安全率过大,即安装使用了容量过大的蒸汽疏水阀时,会产生下列弊端:

① 蒸汽疏水阀的容量大会增高成本。

② 若为间歇动作的蒸汽疏水阀时,容量过大会使疏水阀动作周期加长,凝结水的平均滞留量增加,用汽设备的能力降低。

③ 对于像浮球式疏水阀那样连续(按比例)动作的蒸汽疏水阀,由于阀瓣开度小,过大的容量会使阀座产生拉毛现象(高速流体通过狭窄的缝隙时,对接触面产生腐蚀作用,而形

成沟槽),使阀座损伤而引起泄漏。

④ 使蒸汽疏水阀的寿命缩短。

相反,如果安全率太小,会使所用疏水阀的容量过小,则会产生以下故障:

① 不能适应蒸汽使用设备的负荷变化,使运转效率显著降低。

② 通过疏水阀的凝结水经常达到最高限量,使阀瓣和阀座容易产生腐蚀性损伤。

③ 使蒸汽疏水阀的寿命缩短。

因此,在选用蒸汽疏水阀时,不但要对疏水阀的型式、容量等作多方面的充分研究,同时要接受疏水阀厂家的指导。

(3) 蒸汽疏水阀的选择

选用蒸汽疏水阀时,必须按照蒸汽使用装置的种类和使用条件选择最适用的形式。为此,必须正确掌握蒸汽使用装置的特性和使用条件。在确定蒸汽疏水阀的型式时,必须详细了解下列项目,才能选择出符合使用要求的蒸汽疏水阀。

① 蒸汽使用装置的凝结水负荷以及凝结水的负荷特性。

② 蒸汽条件:压力、温度、饱和蒸汽或过热蒸汽。

③ 背压条件:向大气排放或回收凝结水(背压是多少)。

④ 阀体材料。

⑤ 连接形式。

⑥ 安全率。

⑦ 其他:凝结水的腐蚀性;产生水击的可能性;是否会产生冻结;对噪声及环境污染有无明确要求;维修、检查的难易程度等。

此外,在选择蒸汽疏水阀时要注意蒸汽疏水阀的选择条件,即:

① 选择符合使用条件的型式。

② 选择与使用条件相适应的容量。

③ 选择具备使用条件要求的良好的耐用性。

④ 选择便于维修的产品。

同时,为了符合使用条件,蒸汽疏水阀的安装和配管方法要正确,还应定期进行维修。

蒸汽疏水阀的选择(按使用设备和用途分类)见表 7-12。

表 7-12　蒸汽疏水阀的选择

用　　途	适用形式	备　　注
蒸汽输送管	圆盘式、自由浮球式、倒吊桶式	凝结水量少时,用双金属式温调疏水阀
热交换器	浮球式、倒吊桶式	加热温度在 100 ℃以下,凝结水量少时用双金属式温调疏水阀
加热釜	浮球式、倒吊桶式、圆盘式	用圆盘式时,希望与自动空气排放阀并列安装
暖气(散热器和对流加热器)	散热器疏水阀、温调疏水阀	对流散热器,使用 0.1 MPa～0.3 MPa 的蒸汽时,用浮球式、倒吊桶式比较恰当

表 7-12（续）

用　　途	适用形式	备　　注
空气加热器（组合加热器、电加热器）	浮球式、倒吊桶式、圆盘式	
筒式干燥器	浮球式、倒吊桶式	
干燥器（管道干燥器）	浮球式、圆盘式、倒吊桶式	
直接加热装置（蒸馏甑，硫化器）	浮球式、倒吊桶式	
热板压力机	浮球式、倒吊桶式	
件线	双金属式温调疏水阀、圆盘式	加热温度在 100 ℃ 以下时，用温调疏水阀最合适

7-13　怎样按照阀门的使用因素和结构因素正确地选择阀门？

在很多使用条件下，如果有几种功能很相同的阀门，可根据成本、使用价值等方面来进行选择。但对于另外一些可能是不常用的阀门，只要很好地考虑它的使用因素和结构因素，就可以正确地选择。表 7-13 是各类阀门的使用因素对比。

表 7-13　各类阀门的使用因素对比

使用因素	阀　类							
	球阀	蝶阀[1]	闸阀	截止阀	夹管阀	旋塞阀	升降式止回阀	旋启式止回阀
用作止回阀	P	P	P	P	P	P	G	G
无污染	G	F	G	G	G	G	F	P
腐蚀流体	G	P	F-G	F	F-G	P-F	G	G
低温流体	G	P	P	G	P	P	G	P
气体	G	G	G	G	G	G	G	G
高压降 Δp	P	P	F	G	G	F	F	P
高流量	G	G	G	G	G	G	G	G
高压	G	P	P	G	P	P	G	P
高温	G	G	G	G	P	P-G	G	G
密封	G	P	G	G	G	G	G	P
低重量	G	G	F	P	F	G	G	G
液体	G	G	G	G	G	G	G	G
小驱动力	P	P	P	P	P	P	G	G

表 7-13(续)

使用因素	阀 类							
	球阀	蝶阀[1]	闸阀	截止阀	夹管阀	旋塞阀	升降式止回阀	旋启式止回阀
低损耗	G	F-G	G	F-G	G	G	G	G
低压降 Δp	G	G	G	P	G	G	G	G
小流量调节	G	G	P	G	F	G	G	G
快开性	G	G	P	F-P	P	G	G	G
用作溢流阀	P	P	P	P	P	P	G	P
用作安全阀	P	P	P	P	P	P	G	P
阀座抗冲蚀性	F	P	P	G	P	F	F-G	P
泥浆	F-G	P	P	G	G	P	P	P
小的外形尺寸	G	G	P	P	P	G	G	G
蒸汽	G	P	P-F	G	G	P	G	P
节流[2]	P	P	P	G	F-P	P	G	G
无振动	F	P	P	G	G	G	P	P

注：P—差，不推荐；F—满意，选择比较合理；G—好，在正常情况下推荐使用。
1) 指一般蝶阀，不是高性能蝶阀。
2) 此处的节流意指在低于阀门正常流量范围时的小流量控制。

（1）使用因素

在设计给定用途的阀门时，在很多情况下只有一两种基本型式的阀门是适用的。在其他条件下，可以有几种合适的阀门型式，而某种因素，如高温就可以成为最重要的使用因素。

① 污物。为了控制可能产生污物沉积的流体，要求阀门通道尽量流畅，适合这种用途的阀门有球阀、闸阀、截止阀和夹管阀等。

② 方向控制。为了控制流体的流动方向，就需要安装止回阀，只允许流体在一个方向流动；或安装限流阀，只允许流体在一个或几个方向流动。满足这种功能的阀门是广泛使用的升降式止回阀和旋启式止回阀。

③ 高压。控制高压流体，尽管有时也会使用球阀和升降式止回阀，但一般是用闸阀和截止阀。选择高压阀门应当非常慎重，特别是高压气体阀门。

④ 高温。在大多数情况下，选择高压阀要考虑的因素也适用于高温阀，此外应注意：在选择高温阀时，应保证管道热膨胀时不引起阀门的弯曲或变形。

⑤ 低渗漏。各种阀门都可能做成不渗漏的，但往往成本很高，而且较复杂。一般来说，密封较好的是球阀、闸阀、截止阀和旋塞阀。

⑥ 保险和安全。为了迅速升启阀门，以排出超压力或过大的流量，人们几乎总是考虑选择弹簧式安全阀，通常不选用其他阀门。

⑦ 切断。通常,流体的开-关控制,最好选择球阀、闸阀、截止阀和旋塞阀。但球阀、旋塞阀的启闭比闸阀和截止阀快。

⑧ 蒸汽阀。通常控制蒸汽要求选择闸阀或截止阀。

⑨ 节流。通常选择改变截止阀开启程度来控制流量的大小,这是因为,与大部分球阀、闸阀相比,截止阀在流动中不会引起振动。

(2)结构因素

① 驱动机构。阀门的操作方式取决于阀的型式、大小以及在系统中的位置、功能、操作频率和要求的控制程度。常用的驱动方式有手动驱动和齿轮、链轮、杠杆、弹簧、电动机、电磁、伺服机构、重力驱动以及流体的压力和流速的驱动。一般来说,一种驱动机构,只限定用于一种特定的阀门,例如保险阀和安全阀,是靠弹簧作用的;止回阀是靠弹簧或重力作用的;高压截止阀通常是靠链轮、电动机等来操作的;自动过程的控制需要伺服阀、电磁阀和弹簧驱动机构。

② 关闭件。对关闭件型式的要求,通常取决于使用阀门的类型;相反,阀门类型的选择通常也确定关闭件的型式。一般,关闭件为球体、圆盘、闸门、塞子和阀瓣。

③ 连接型式。对一种阀门来说,其两端的连接形式通常是根据它所在的管路系统的性能来确定的,一般的连接型式有钎焊、对焊、压接、扩口、法兰、软管、连接衬套、管螺纹、快速连接、承插焊接。对高压或高温应考虑选择法兰连接或对焊连接。

④ 材料。阀门内件材料的选择取决于输送流体的性能、操作压力和温度、关闭件和阀座的型式以及成本,重量等因素。用于腐蚀性液体和气体时,需要使用不锈钢、镍合金钢、各种塑料和陶瓷材料。用于高温或高温高压时,要考虑使用各种钢、镍合金、钛合金和类似的高强度材料。用于蒸汽时,要考虑使用铸钢、锻钢、青铜和类似的金属;核动力装置用阀需使用特殊钢、钛及专门为该条件所研制的其他特殊合金。在各种苛刻的使用条件下,应根据材料生产厂提供的资料确定是否适合这种特殊阀门。

⑤ 填料及密封,在大部分阀门中,阀杆或传动装置周围可能产生泄漏。在普通阀门中用填料密封阀杆,然而填料的使用会导致磨损。如果在不希望更换或不可能更换填料的场合,就应该考虑选择波纹管或隔膜等密封的阀门。

⑥ 阀座。阀座的型式有很多种,它们的区别在于几何形状、材料、刚性等方面。锥面阀座的密封面很宽,可以减轻冲刷或表面"擦伤"。锥面阀座也可以设计成很窄的密封面,以便在低压下提高密封性能。球面阀座也有锥面阀座的特性,但生产成本比较高。在密封要求不高的阀门中也可使用平面阀座,因为平面阀座通常在低压下能够完全密封。

正确选择阀门,最关键的是要了解阀门的用途。在选择阀门时,应考虑用途第一。例如:闸阀,适用于输汽、输水、输油及石化部门作为输送管道上的闭路阀,因此,在这类管道中,应优先选用闸阀。

7-14 限制选用的阀门是什么?

在工程中选择阀门的时候,应注意:

灰铸铁阀和可锻铸铁制阀门,不论介质、工作压力和温度如何,在下列情况下都不允许使用:

① 除液态和气态氨之外的巨毒气体以及液化气体的管路上。

② 在承受震动的管道上。

③ 在介质的温度规范不断剧烈变化的管道上。

④ 如果由于气体通过狭窄通道后压力随之降低而产生节流效应会使阀门明显降温,可锻铸铁阀门冷到－30 ℃以下,灰铸铁阀门冷到－10 ℃以下。

⑤ 在输送的气体含有水分和其他易凝流体,管壁温度低于 0 ℃的情况下。

⑥ 在涨紧的气体管道上。

⑦ 作为切断阀,如果气体管道内的压力有可能因温度在运行中突然升高而超过阀门操作应有的工作压力时。

此外,在工作压力超过 35.0 MPa 的气体管道上不允许使用铸造的壳体零件。

第八章

阀门的试验与检验

8-1　GB/T 13927—2008《工业阀门　压力试验》对工业阀门的试验是怎样规定的？

GB/T 13927 对通用阀门的试验规定如下：

（1）压力试验要求

1）试验地点

每台阀门出厂前均应进行压力试验，压力试验应在阀门制造厂内进行。

2）试验设备

进行压力试验的设备，不应有施加影响阀门的外力。使用端部对夹紧试验装置时，阀门制造厂应能保证该试验装置不影响被试阀门的密封性。对夹式止回阀和对夹式蝶阀等装配在配合法兰间的阀门，可用端部对夹紧装置。

3）压力测量装置

用于测量试验介质压力的测量仪表的精度应不低于 1.6 级，并检验合格。

4）阀门壳体表面

在壳体压力试验前，不允许对阀门表面涂漆和使用其他可以防止渗漏的涂层，允许无密封作用的化学防腐处理或衬里阀门的衬里存在。

5）试验介质

① 液体介质可用含防锈剂的水、煤油或黏度不高于水的非腐蚀性液体；气体介质可用氮气、空气或其他惰性气体；奥氏体不锈钢材料的阀门进行试验时，所使用的水含氯化物量不应超过 100 mg/L；

② 上密封试验和高压密封试验用液体介质；

③ 试验介质的温度应在 5 ℃～40 ℃之间。

6）试验压力

① 壳体试验压力

a）试验介质是液体时，试验压力至少是阀门在 20 ℃时允许最大工作压力的 1.5 倍（1.5×CWP）。

b）试验介质是气体时，试验压力至少是阀门在 20 ℃时允许最大工作压力的 1.1 倍（1.1×CWP）。

② 上密封试验压力

试验压力至少是阀门在 20 ℃时的允许最大工作压力的 1.1 倍(1.1×CWP)。

③ 密封试验压力

a) 试验介质是液体时,试验压力至少是阀门在 20 ℃时允许最大工作压力的 1.1 倍(1.1×CWP);如果阀门标牌标示的最大工作压差或阀门配带的操作机构不适宜进行高压密封试验时,试验压力按阀门铭牌标示的最大工作压差的 1.1 倍。

b) 试验介质是气体时,试验压力为 0.6 MPa±0.1 MPa;当阀门的公称压力小于 PN10 时,试验压力按阀门在 20 ℃时允许最大工作压力的 1.1 倍(1.1×CWP)。

c) 试验压力应在试验持续时间内得到保持。

7) 压力试验项目

① 压力试验项目按表 8-1 的要求;制造厂应有试验操作的程序和方法文件。

② 表 8-1 中,某些试验项目是可"选择"的,合格的阀门应能通过这些试验。当订货合同有要求时,制造厂应按表 8-1 的规定对"选择"项目进行试验。

表 8-1　压力试验项目要求

试验项目	阀门范围	闸阀	截止阀	旋塞阀[1)	止回阀	浮动球球阀	蝶阀、固定球球阀
液体壳体试验	所有	必须	必须	必须	必须	必须	必须
气体壳体试验	所有	选择	选择	选择	选择	选择	选择
上密封试验[2)	所有	选择	选择	不适用	不适用	不适用	不适用
气体低压密封试验	≤DN100、≤PN250	必须	选择	必须	选择	必须	必须
	>DN100、≤PN100						
	≤DN100、>PN250	选择	选择	选择	选择	必须	选择
	>DN100、>PN100						
液体高压密封试验	≤DN100、≤PN250	选择	必须	选择	必须	选择[3)	选择
	>DN100、≤PN100						
	≤DN100、>PN250	必须	必须	必须	必须	选择[3)	必须
	>DN100、>PN100						

1) 油封式的旋塞阀,应进行高压密封试验,低压密封试验为"选择";试验时应保留密封油脂。

2) 除波纹管阀杆密封结构的阀门外,所有具有上密封结构的阀门都应进行上密封试验。

3) 弹性密封阀门经高压密封试验后,可能会降低其在低压工况的密封性能。

8) 试验持续时间

① 对于各项试验,保持试验压力的持续时间按表 8-2 的规定。

表 8-2　保持试验压力的持续时间　　　　　　　　　　　　　　　　　s

阀门公称尺寸	保持试验压力最短持续时间[1)			
	壳体试验	上密封试验	密封试验	
			其他类型阀	止回阀
≤DN50	15	15	60	15
DN65～DN150	60	60	60	60
DN200～DN300	120	60	60	120
≥DN350	300	60	120	120

1) 保持试验压力最短持续时间是指阀门内试验介质压力升至规定值后,保持该试验压力的最少时间。

② 试验持续时间除符合表 8-2 的规定外，还应满足具体的检漏方法对试验压力持续时间的要求。

（2）试验方法和步骤

1）壳体试验

① 封闭阀门的进出各端口，阀门部分开启，向阀门壳体内充入试验介质，排净阀门体腔内的空气，逐渐加压到 1.5 倍的 CWP，按表 8-2 的时间要求保持试验压力，然后检查阀门壳体各处的情况（包括阀体、阀盖连接法兰、填料箱等各连接处）。

② 壳体试验时，对可调阀杆密封结构的阀门，试验期间阀杆密封应能保持阀门的试验压力；对于不可调阀杆密封（如"O"形密封圈、固定的单圈等），试验期间不允许有可见的泄漏。

③ 如订货合同有气体介质的壳体试验要求时，应先进行液体介质的试验，试验结果合格后，排净体腔内的液体，封闭阀门的进出各端口，阀门部分开启，将阀门浸入水中，并采取相应的安全保护措施。向阀门壳体内充入气体，逐渐加压到 1.1 倍的 CWP，按表 8-2 的时间要求保持试验压力，观察水中有无气泡漏出。

2）上密封试验

对具有上密封结构的阀门，封闭阀门的进出各端口，向阀门壳体内充入液体的试验介质，排净阀门体腔内的空气，用阀门设计给定的操作机构开启阀门到全开位置，逐渐加压到 1.1 倍的 CWP，按表 8-2 的时间要求保持试验压力。观察阀杆填料处的情况。

3）密封试验方法

① 一般要求

a）试验期间，除油封结构旋塞阀外，其他结构阀门的密封面应是清洁的。为防止密封面被划伤，可以涂一层黏度不超过煤油的润滑油。

b）有两个密封副、在阀体和阀盖有中腔结构的阀门（如：闸阀、球阀、旋塞阀等），试验时，应将该中腔内充满试验压力的介质。

c）除止回阀外，对规定了介质流向的阀门，应按规定的流向施加试验压力。

d）试验压力按（1）-6）的规定。

② 密封试验检查

主要类型阀门的试验方法和检查按表 8-3 的规定。

表 8-3　密封试验

阀门种类	试 验 方 法
闸阀 球阀 旋塞阀	封闭阀门两端，阀门的启闭件处于部分开启状态，给阀门内腔充满试验介质，逐渐加压到规定的试验压力，关闭阀门的启闭件；按规定的时间保持一端的试验压力，释放另一端的压力，检查该端的泄漏情况。 重复上述步骤和动作，将阀门换方向进行试验和检查
截止阀 隔膜阀	封闭阀门对阀座密封不利的一端，关闭阀门的启闭件，给阀门内腔充满试验介质，逐渐加压到规定的试验压力，检查另一端的泄漏情况
蝶阀	封闭阀门的一端，关闭阀门的启闭件，给阀门内腔充满试验介质，逐渐加压到规定的试验压力，在规定的时间内保持试验压力不变。检查另一端的泄漏情况。 重复上述步骤和动作，将阀门换方向试验。

表 8-3(续)

阀门种类	试 验 方 法
止回阀	止回阀在阀瓣关闭状态,封闭止回阀出口端,给阀门内充满试验介质,逐渐加压到规定的试验压力,检查进口端的泄漏情况
双截断与排放结构	关闭阀门的启闭件,在阀门的一端充满试验介质,逐渐加压到规定的试验压力,在规定的时间内保持试验压力不变。检查两个阀座中腔的螺塞孔处泄漏情况。 重复上述步骤和动作,将阀门换方向试验另一端的泄漏情况
单向密封结构	关闭阀门的启闭件,按阀门标记显示的流向方向封闭该端,充满试验介质,逐渐加压到规定的试验压力,在规定的时间内保持试验压力不变。检查另一端的泄漏情况

(3)试验结果要求

1)壳体试验

壳体试验时,不应有结构损伤,不允许有可见渗漏通过阀门壳壁和任何固定的阀体连接处(如中口法兰);如果试验介质为液体,则不得有明显可见的液滴或表面潮湿。如果试验介质是空气或其他气体,应无气泡漏出。

2)上密封试验

不允许有可见的泄漏。

3)密封试验

① 不允许有可见泄漏通过阀瓣、阀座背面与阀体接触面等处,并应无结构损伤(弹性阀座密封面的塑性变形不作为结构上的损坏考虑)。在试验持续时间内,试验介质通过密封副的最大允许泄漏率按表 8-4 的规定。

表 8-4　密封试验的最大允许泄漏率

试验介质	泄漏率单位	允许泄漏率									
		A 级	AA 级	B 级	C 级	CC 级	D 级	E 级	EE 级	F 级	G 级
液体	mm³/s	在试验压力持续时间内无可见泄漏	0.006×DN	0.01×DN	0.03×DN	0.08×DN	0.1×DN	0.3×DN	0.39×DN	1×DN	2×DN
	滴/min		0.006×DN	0.01×DN	0.03×DN	0.08×DN	0.1×DN	0.29×DN	0.37×DN	0.96×DN	1.92×DN
气体	mm³/s	在试验压力持续时间内无可见泄漏	0.18×DN	0.3×DN	3×DN	22.3×DN	30×DN	300×DN	470×DN	3000×DN	6000×DN
	气泡/min		0.18×DN	0.28×DN	2.75×DN	20.4×DN	27.5×DN	275×DN	428×DN	2750×DN	5500×DN

注 1:泄漏率是指 1 个大气压力状态。

注 2:DN 为阀门的公称尺寸。

② 泄漏率等级的选择应是相关阀门产品标准规定或订货合同要求中要求更严格的一个。若产品标准或订货合同中没有特别规定时，非金属弹性密封副阀门按表 8-4 的 A 级要求，金属密封副阀门按表 8-4 的 D 级要求。

8-2 GB/T 26480—2011《阀门的检验和试验》对阀门的试验与检验是怎样规定的?

（1）压力试验

1）试验地点

压力试验应由阀门制造厂在阀门制造厂内进行。

2）试验设备

用进行压力试验的设备，试验对不应有施加影响阀座密封的外力。如使用端部夹紧试验装置，阀门制造厂应能证实该试验装置不影响被试阀门的密封性。对夹式的试验装置适用于对夹式的阀门，如对夹式止回阀和对夹式蝶阀。

3）试验要求

① 每台阀门应根据 GB/T 26480 的要求按表 8-5 或表 8-6 进行压力试验。对于表 8-5 或表 8-6 中"选择"的试验项目，买方可以选择做试验。

② 除订货合同另有规定外，对具有上密封结构的阀门，其上密封试验可由制造厂选择用高压试验或用低压试验。

③ 公称尺寸不大于 DN100、且公称压力不大于 PN250（ANSI Class 1500）的阀门，公称尺寸大于 DN100、且公称压力不大于 PN100（ANSI Class 600）的阀门应按表 8-5 进行试验。

表 8-5 公称尺寸不大于 DN100、且公称压力不大于 PN250 的阀门，

公称尺寸大于 DN100、且公称压力不大于 PN100 的阀门

试验项目	阀 门 类 型					
	闸阀	截止阀	旋塞阀	止回阀	浮动式球阀	蝶阀和固定式球阀
壳体试验	应做	应做	应做	应做	应做	应做
上密封试验[1]	应做	应做	不适用	不适用	不适用	不适用
低压密封试验	应做	选择[3]	应做[2]	选择[3]	应做	应做
高压密封试验[4]	选择[3][6]	应做[5]	选择[2][3][6]	应做	选择[3][6]	选择[3][6]

1）除波纹管密封阀门外，其他具有上密封性能的阀门都应进行上密封试验。

2）对于油封式旋塞阀，高压密封试验是应做的，低压密封试验是任选的；其他旋塞阀，高压密封试验是任选的，低压密封试验是应做的。

3）如订货合同有要求时，任选的试验应增加为试验项目。

4）弹性密封阀门经高压密封试验后，可能降低其在低压工况的密封性能。

5）对于带驱动装置或手动装置操作的截止阀、包括截止止回阀，高压密封试验压力按制造厂规定的设计压差的 1.1 倍。

6）双截断和排放阀需要进行高压密封试验。

④ 公称尺寸不大于 DN100、且公称压力大于 PN250（ANSI Class 1500）的阀门，公称尺寸大于 DN100、且公称压力大于 PN100（ANSI Class 600）的阀门应按表 8-6 进行试验。

表 8-6 公称尺寸不大于 DN100、且公称压力大于 PN250 的阀门，

公称尺寸大于 DN100、且公称压力大于 PN100 的阀门

试验项目	阀门类型					
	闸阀	截止阀	旋塞阀	止回阀	浮动式球阀	蝶阀和固定式球阀
壳体试验	应做	应做	应做	应做	应做	应做
上密封试验[1]	应做	应做	不适用	不适用	不适用	不适用
低压密封试验	选择[2]	选择[2]	选择[2]	选择[2]	应做	选择[2]
高压密封试验[3]	应做	应做[4]	应做	应做	选择[2)5]	应做

1) 除波纹管密封阀门外，其他具有上密封性能的阀门都应进行上密封试验。
2) 如订货合同有要求时，任选的试验应增加为试验项目。
3) 弹性密封阀门经高压密封试验后，可能降低其在低压工况的密封性能。
4) 对于带驱动装置或手动装置操作的截止阀、包括截止止回阀，高压密封试验压力按制造厂规定的设计压差的 1.1 倍。
5) 双截断和排放阀需要进行高压密封试验。

⑤ 高压密封试验

按表 8-5 和表 8-6 的试验项目，某些类型阀门的高压密封试验是"任选"的，但这些阀门应能通过高压密封试验（作为阀门密封结构设计的验证试验）。

⑥ 高压气体壳体试验

当订货合同有要求进行高压气体壳体试验时，高压气体壳体试验应在液压壳体试验之后进行，并要有相应的安全防护措施。试验压力应是阀门 38 ℃时最大允许工作压力的 1.1 倍。试验结果应无可见泄漏。

⑦ 试验介质

a）壳体试验、高压上密封试验和高压密封试验的试验介质应是水、煤油、黏度不高于水的非腐蚀性液体、氮气或空气。试验介质的温度应在 5 ℃～50 ℃之间。低温阀门的试验介质温度在订单中规定。

b）低压密封和低压上密封试验，其试验介质可以是空气、氮气或惰性气体。

c）各项试验用的水可以含有水溶性油或防锈剂；当需方另有要求时，水中可含有润滑剂。奥氏体不锈钢阀门试验时，所使用的水含氯化物量不应超过 100 mg/L。

4）试验压力

① 壳体试验压力

a）铁制阀门的壳体试验压力按表 8-7 的规定。

表 8-7 铁制阀门壳体试验压力

阀门材料	公称尺寸	常温下最高工作压力 MPa	壳体试验压力 MPa
灰铸铁	DN50～DN300	1.37(Class125)	2.5
	DN350～DN1200	1.03(Class125)	1.9
球墨铸铁	—	1.72(Class150)	2.6

b）钢制阀门壳体试验压力为 38 ℃时最大允许工作压力的 1.5 倍，试验压力值应加大圆整到邻近 0.1 MPa。

② 高压密封试验压力

a）除蝶阀和止回阀外，其他结构阀门的高压密封和上密封试验压力为 38 ℃时最大允许工作压力的 1.1 倍。

b）蝶阀的高压密封试验压力为 38 ℃时最大允许工作压差的 1.1 倍。

c）铁制止回阀的高压密封试验压力按表 8-8 的规定。

表 8-8　铁制止回阀高压密封试验压力

阀门材料	公称尺寸	常温下最高工作压力 MPa	高压密封试验压力 MPa
灰铸铁	DN50～DN300	1.4(Class125)	1.4
	DN350～DN1200	1.0(Class125)	1.0
球墨铸铁	—	1.7(Class150)	1.7

d）钢制止回阀的高压密封试验压力按 38 ℃时最大允许工作压力。

③ 低压密封试验压力

低压密封和低压上密封试验压力为 0.4 MPa～0.7 MPa。

5）试验压力持续时间

对于各项试验，试验压力的最短时间按表 8-9 的规定。

表 8-9　持续试验压力的最短持续时间

公称尺寸 DN	试验压力最短持续时间/s				
	壳体试验		上密封试验	密封试验	
	止回阀	其他阀门		止回阀	其他阀门
≤50	60	15	15	60	15
65～150	60	60	60	60	60
200～300	60	120		60	120
≥350	120	300		120	120

注：试验压力最短持续时间是指阀门内试验介质压力升至规定值后，保持该试验压力的最短时间。

（2）试验结果

1）壳体试验、阀杆密封和上密封试验

① 在阀门壳体和任何固定的阀体连接处（如中口法兰），均不允许有可见渗漏，并应无结构损伤；如果试验介质为液体，则不得有可见的液滴或表面湿潮；如果试验介质是空气或其他气体，应无气泡漏出。

② 壳体试验时，对于可调阀杆密封阀门，试验期间阀杆密封应能保持阀门的试验压力；对于不可调阀杆密封（如 O 形圈、固定的单圈等），试验期间不允许有可见的泄漏。

③ 对上密封试验，不允许有可见的泄漏。

2）密封试验

① 对于低压密封试验和高压密封试验,不允许有可见的泄漏通过密封副、阀瓣、阀座背面与阀体接触面等处,并应无结构损伤(弹性阀座和密封面的塑性变形不作为结构上的损坏考虑)。在试验持续时间内,试验介质通过密封面的允许泄漏量见表8-10。

表 8-10　密封试验的最大允许泄漏率

公称尺寸	所有弹性密封副阀门 滴/min	除止回阀外的所有金属密封副阀门		金属密封副止回阀	
		液体试验[1] 滴/min	气体试验 气泡/min	液体试验 mL/min	气体试验 m³/h
≤50	0	0[2]	0[2]	$\dfrac{DN}{25}\times3$	$\dfrac{DN}{25}\times0.042$
65～150		12	24		
200～300		20	40		
≥350[3]		2×DN/25	4×DN/25		

1) 对于液体试验介质,1 mL(cm³)相当于16滴(用6 mm内径的管子)。
2) 在规定的试验压力最短持续时间内,对于液体试验,"0"滴表示在每个规定的试验压力最短时间内无可见泄漏,对于气体试验,"0"气泡表示在每个规定的试验压力最短时间内泄漏量小于1个气泡。
3) 对于公称尺寸大于DN600的止回阀,允许的泄漏量由供需双方商定。

② 陶瓷等非金属密封副的阀门,其密封试验的允许泄漏率应按表8-10的同类型、同公称尺寸的金属阀门的规定。

(3) 压力试验方法

1) 总要求

① 用液体试验时,应将腔内的空气排净。

② 壳体试验前,阀门不得涂漆或涂其他可以掩盖表面缺陷的涂层(用于保护阀门表面的磷化处理或相似的化学处理是允许的,但不应掩盖孔隙、气孔、砂眼等缺陷)。

③ 进行密封试验时,在阀门两端不应施加对密封面泄漏有影响的外力;关闭阀门的操作扭矩不应超过阀门设计的关闭力矩。

④ 对于具有允许向密封面或填料部位注入应急密封油脂的特殊结构阀门(油封旋塞阀除外),试验时,注入系统应是空的和不起作用的。

2) 壳体试验

① 阀门的两端封闭,阀门部分开启,已安装好的阀门体腔内加压到规定的试验压力。

② 除波纹管密封阀门外,填料压盖压紧到足以保持试验压力,使填料箱部位也受到试验。

3) 上密封试验

① 除波纹管密封阀门外,具有上密封性能的阀门都应进行上密封试验。

② 上密封试验时,封闭阀门两端,向阀门体腔内加压,阀门应完全开启,松开填料压盖或不安装填料。

③ 上密封试验后应压紧填料压盖或安装填料。阀门制造厂不应把上密封试验合格的阀门,作为推荐阀门在带压时添加或更换填料的依据。

4）低压密封试验

① 除以润滑油起主要密封作用的阀门（如油封式旋塞阀）外，其他阀门的密封面应保持干净、无油迹。为防止密封面擦伤，可以涂一层不厚于煤油的油膜。

② 密封副处，阀座背后或通过阀瓣的任何泄漏都应在阀门的出口端进行检查，检查时，用水封住阀门的出口端流道，或用肥皂水或类似溶液涂抹密封处（阀瓣、阀座和密封圈），观察从此处冒出的气泡。如订货合同有要求，大于 DN50 的阀门可以采用排水集气检测装置作为另一种检漏方法，泄漏率应符合表 8-10 的规定。也可按订货合同规定的测试装置来检查，但应换算成表 8-10 规定的泄漏量单位。

③ 当使用测量容积装置（排水集气器）检测泄漏时，试验持续时间应从介质稳定地通过试验管道时开始计算。该装置测定的泄漏管结果应与表 8-10 中规定的每分钟气泡数相当。测量容积装置应在相同试验介质和相同温度的情况下作为产品试验的测定装置。

④ 当进行闸阀、旋塞阀和球阀的密封试验时，阀盖与密封面间的体腔内应充满介质并施加试验压力，在试验过程中由于逐步向上述部位充注介质和压力而使密封面的泄漏未被查觉。

⑤ 低压密封应按下列方法中的一种进行：

a) 对单向密封并标有介质流动方向的阀门，应在进口端加压，对于止回阀，应在出口端加压。

b) 对双向密封阀门（双截断和排放阀门、截止阀除外），应先后在关闭闸门的每一端加压，另一端敞开通向大气，以检查出口端密封的泄漏。

c) 对多通道密封的阀门，试验介质应依次被密封的通道口引入加压，从填料箱处（此时，应未装填料）或其他敞开的通道口来检查进口端密封面的泄漏率。试验时，其每一密封面的泄漏率应不超过表 8-10 规定的泄漏率。

d) 对工作压力小于 2.0 MPa 的中线衬里对称蝶阀，可只在一个方向上进行密封试验；对于其他连接形式的弹性密封座蝶阀，应进行双向密封试验。对于有流向标志的阀门，反向试验时，应按其最大允许工作压差进行密封试验。

⑥ 对楔式单闸板（刚性或弹性的闸板）的闸阀，不允许采用将试压空气或气体封闭在阀座间的体腔内，然后用水封住或用肥皂水或类似溶液涂抹密封处进行检漏的方法。

5）高压密封试验

高压密封试验与低压密封试验方法相同。试验介质为液体时，泄漏的检测应是液滴。

6）双截断和排放阀的高压试验

① 关闭阀门，将阀门的每一端都充满试验介质，逐渐加压到规定的试验压力，按规定的时间保持试验压力。在阀体的两个阀座中间的中腔的螺塞孔处检查泄漏情况。试验结果应不超过表 8-10 规定值的 2 倍。

② 如果不允许在两个阀座中间的中腔的螺塞孔检查，可以订货要求，在试验期间，可改在其他部位（如填料函处）进行泄漏量的检查。

8-3　ISO 5208:2008《工业阀门　金属阀门的压力试验》对工业阀门的试验是如何规定的?

ISO 5208:2008 对工业阀门的试验规定如下：

（1）试验介质温度：5 ℃～40 ℃。

（2）试验介质：液体：水（可以含有防锈剂）、煤油或黏度不大于水的其他适宜液体。

气体：氮气、空气或其他惰性气体。

奥氏体不锈钢材料的阀门进行试验时，所使用的水含氯化物量不应超过100 mg/L。

（3）试验压力

1）壳体试验压力

液体：20 ℃时最大允许工作压力的1.5倍（1.5×CWP）。

气体：20 ℃时最大允许工作压力的1.1倍（1.1×CWP）。

2）上密封试验压力

至少是阀门在20 ℃时的允许最大工作压力的1.1倍（1.1×CWP）。

3）密封试验压力

① 液体：至少是阀门在20 ℃时允许最大工作压力的1.1倍（1.1×CWP）。

② 气体：0.6 MPa±0.1 MPa。

③ 当阀门的公称压力小于PN10时，试验压力按阀门在20 ℃时允许最大工作压力的1.1倍（1.1×CWP）。

（4）试验最短持续时间

对于各项试验，试验压力最短持续时间按表8-11的规定。

表8-11 试验压力最短持续时间

公称尺寸	试验压力最短持续时间[1]/s			
	壳体试验	上密封试验	密封试验	
			其他类型阀	止回阀
≤DN50	15	15	60	15
DN65～DN150	60	60	60	60
DN200～DN300	120	60	60	120
≥DN350	300	60	120	120
1）试验压力最短持续时间是指阀门内试验介质压力升至规定值后，保持该试验压力的最少时间。				

（5）试验方法和步骤

1）壳体试验

① 封闭阀门的进出各端口，阀门部分开启，向阀门壳体内充入试验介质，排净阀门体腔内的空气，逐渐加压到1.5倍的CWP，按表8-11的时间要求保持试验压力，然后检查阀门壳体各处的情况（包括阀体、阀盖连接法兰、填料箱等各连接处）。

② 壳体试验时，对可调阀杆密封结构的阀门，试验期间阀杆密封应能保持阀门的试验压力；对于不可调阀杆密封（如O形密封圈、固定的单圈等），试验期间不允许有可见的泄漏。

③ 如订货合同有气体介质的壳体试验要求时，应先进行液体介质的试验，试验结果合格后，排净体腔内的液体，封闭阀门的进出各端口，阀门部分开启，将阀门浸入水中，并采取相应的安全保护措施。向阀门壳体内充入气体，逐渐加压到1.1倍的CWP，按表8-11的时间要求保持试验压力，观察水中有无气泡漏出。

2）上密封试验

对具有上密封结构的阀门,封闭阀门的进出各端口,向阀门壳体内充入液体的试验介质,排净阀门体腔内的空气,用阀门设计给定的操作机构开启阀门到全开位置,逐渐加压到1.1倍的 CWP,按表 8-11 的时间要求保持试验压力。观察阀杆填料处的情况。

3）密封试验方法

① 一般要求

a）试验期间,除油封结构旋塞阀外,其他结构阀门的密封面应是清洁的。为防止密封面被划伤,可以涂一层黏度不超过煤油的润滑油。

b）有两个密封副、在阀体和阀盖有中腔结构的阀门（如:闸阀、球阀、旋塞阀等）,试验时,应将该中腔内充满试验压力的介质。

c）除止回阀外,对规定了介质流向的阀门,应按规定的流向施加试验压力。

d）试验压力按（3）的规定。

② 密封试验和检查

主要类型阀门的试验和检查按表 8-12 的规定。

表 8-12　密封试验和检查

阀门种类	试 验 方 法
闸阀 球阀 旋塞阀	封闭阀门两端,阀门的启闭件处于部分开启状态,给阀门内腔充满试验介质,逐渐加压到规定的试验压力,关闭阀门的启闭件;按规定的时间保持一端的试验压力,释放另一端的压力,检查该端的泄漏情况。 重复上述步骤和动作,将阀门换方向进行试验和检查
截止阀 隔膜阀	封闭阀门对阀座密封不利的一端,关闭阀门的启闭件,给阀门内腔充满试验介质,逐渐加压到规定的试验压力,检查另一端的泄漏情况
蝶阀	封闭阀门的一端,关闭阀门的启闭件,给阀门内腔充满试验介质,逐渐加压到规定的试验压力,在规定的时间内保持试验压力不变。检查另一端的泄漏情况。 重复上述步骤和动作,将阀门换方向试验
止回阀	止回阀在阀瓣关闭状态,封闭止回阀出口端,给阀门内充满试验介质,逐渐加压到规定的试验压力,检查进口端的泄漏情况
双截断与 排放结构	关闭阀门的启闭件,在阀门的一端充满试验介质,逐渐加压到规定的试验压力,在规定的时间内保持试验压力不变。检查两个阀座中腔的螺塞孔处泄漏情况。 重复上述步骤和动作,将阀门换方向试验另一端的泄漏情况
单向密 封结构	关闭阀门的启闭件,按阀门标记显示的流向方向封闭该端,充满试验介质,逐渐加压到规定的试验压力,在规定的时间内保持试验压力不变。检查另一端的泄漏情况

（6）试验结果要求

1）壳体试验

壳体试验时,不应有结构损伤,不允许有可见渗漏通过阀门壳壁和任何固定的阀体连接处（如中口法兰）;如果试验介质为液体,则不得有明显可见的液滴或表面潮湿。如果试验介质是空气或其他气体，应无气泡漏出。

2）上密封试验

不允许有可见的泄漏。

3）密封试验

① 不允许有可见泄漏通过阀瓣、阀座背面与阀体接触面等处，并应无结构损伤（弹性阀座密封面的塑性变形不作为结构上的损坏考虑）。在试验持续时间内，试验介质通过密封副的最大允许泄漏率按表 8-13 的规定。

表 8-13 密封试验的最大允许泄漏率

试验介质	泄漏率单位	条件	允许泄漏率									
			A级	AA级	B级	C级	CC级	D级	E级	EE级	F级	G级
液体	mm³/s	在试验压力持续时间内无可见泄漏	0.006×DN	0.01×DN	0.03×DN	0.08×DN	0.1×DN	0.3×DN	0.39×DN		1×DN	2×DN
	滴/s		0.0001×DN	0.00016×DN	0.0005×DN	0.0013×DN	0.0016×DN	0.0048×DN	0.0062×DN		0.016×DN	0.032×DN
气体	mm³/s	在试验压力持续时间内无可见泄漏	0.18×DN	0.3×DN	3×DN	22.3×DN	30×DN	300×DN	470×DN		3000×DN	6000×DN
	气泡/s		0.003×DN	0.0046×DN	0.0458×DN	0.3407×DN	0.4584×DN	4.5837×DN	7.1293×DN		45.837×DN	91.673×DN

注1：泄漏率是指 1 个大气压力状态。

注2：阀门的 DN 为公称尺寸数值。

② 泄漏率等级的选择应是相关阀门产品标准规定或订货合同要求中要求更严格的一个。若产品标准或订货合同中没有特别规定时，非金属弹性密封副阀门按表 8-13 的 A 级要求，金属密封副阀门按表 8-13 的 D 级要求。

8-4 美国石油学会标准 API 598—2009《阀门的试验与检验》对阀门的试验是怎样规定的？

API 598—2009 仅对 API 594—2010《对夹式、凸耳对夹式和双法兰式止回阀》、API 599—2013《钢制和球墨铸铁制旋塞阀》、API 602—2009《法兰、螺纹和焊接连接的及加长阀体连接的紧凑型钢制阀门》、API 603—2013《耐腐蚀、螺栓连接阀盖闸阀 法兰连接和对焊连接端》、API 608—2012《法兰、螺纹和焊接连接的金属球阀》、API 609—2009《双法兰、凸耳和对夹式蝶阀》和 API 600—2013《法兰、螺纹和对焊端螺栓连接阀盖钢制闸阀》7 个标准进行检验和试验。

（1）所需的试验

① 每台阀门应根据 API 598—2009 的书面程序进行表 8-14 或表 8-15 所列的压力试验。

公称尺寸≤NPS 4、公称压力级≤Class 1500 的阀门和公称尺寸＞NPS 4、公称压力级≤Class 600 的阀门应按表 8-14 进行试验。

公称尺寸≤NPS 4、公称压力级＞Class 1500 的阀门和公称尺寸＞NPS 4、公称压力级＞Class 600 的阀门应按表 8-15 进行试验。

表 8-14 阀门压力试验（公称通径≤NPS4、公称压力级≤Class 1500 和公称通径＞NPS4、公称压力级≤Class 600）

试验项目	阀 门 类 型					
	闸 阀	截止阀	旋塞阀	止回阀	浮动球阀	蝶阀和固定式球阀
壳 体	需要	需要	需要	需要	需要	需要
上密封[1]	需要	需要	不适用	不适用	不适用	不适用
低压密封	需要	任选[3]	需要[2]	任选[3]	需要	需要
高压密封[4]	任选[3][6]	需要[5]	任选[2][3][6]	需要	任选[3][6]	任选[3][6]

1) 所有具有上密封性能的阀门都应进行上密封试验，波纹管密封阀门除外。

2) 对于油密封式旋塞阀，高压密封试验是需要的，低压密封试验任选。

3) 当买方规定一个"任选"的试验时，除要求的试验外，还应进行该"任选"的试验。

4) 弹性密封阀门的高压密封试验可能降低其在低压工况的密封性能。

5) 对于动力驱动和手动截止阀，包括不回转式截止阀，高压密封试验的试验压力应选定动力驱动装置所使用的设计压差的 110％。

6) 规定为双关断的所有阀门和排放阀均需要进行高压密封试验。

表 8-15 阀门压力试验（公称通径≤NPS4、公称压力级＞class 1500 和公称通径＞NPS4、公称压力级＞class 600）

试验项目	阀 门 类 型					
	闸 阀	截止阀	旋塞阀	止回阀	浮动球阀	蝶阀和固定式球阀
壳 体	需要	需要	需要	需要	需要	需要
上密封[1]	需要	需要	不适用	不适用	不适用	不适用
低压密封	任选[2]	任选[2]	任选[2]	任选[2]	需要	任选[2]
高压密封[3]	需要	需要[4]	需要	需要	任选[2][5]	需要

1) 所有具有上密封性能的阀门都应进行上密封试验，波纹管密封阀门除外。

2) 当买方规定一个"任选"的试验时，除要求的试验外，还应进行该"任选"的试验。

3) 弹性密封阀门的高压密封试验可能降低其在低压工况的密封性能。

4) 对于动力驱动和手动截止阀，包括不回转式截止阀，高压密封试验的试验压力应选定动力驱动装置所使用的设计压差的 110％。

5) 规定为双关断的所有阀门和排放阀均需要进行高压密封试验。

② 对于具有上密封性能的阀门其上密封试验可为高压试验和低压试验,具体由制造厂选择,订单中另有规定除外。

(2)试验介质温度:5 ℃(41 ℉)～50 ℃(122 ℉)。

(3)试验介质

① 壳体试验、高压上密封试验和高压密封试验的试验介质应是空气、惰性气体、煤油、水或黏度不高于水的非腐蚀性液体。

② 对于低压密封试验和低压上密封试验,试验介质应是空气或惰性气体。

③ 奥氏体不锈钢阀门试验时,所使用的水的氯含量不得超过 100×10^{-6}。

(4)试验压力

① 壳体试验压力按表 8-16 的规定。

表 8-16　壳体试验压力

阀 门 类 型		class	壳体试验压力(最小)	
			lbf/in²(表压)	bar
球墨铸铁		150	400	26
		300	975	66
铸铁	NPS 2～12	125	350	25
	NPS 14～48		265	19
	NPS 2～12	250	875	61
	NPS 14～48		525	37
钢	法兰连接	150～2500	2)	2)
	对焊连接	150～4500	2)	2)
	螺纹[1] 和承插焊连接	800	3)	2)
		150～4500	2)	2)

1)ASME B16.34 螺纹连接阀门限制在 class 2500 以下。

2)按 ASME B16.34。

3)对于 class 800 阀门,壳体试验压力应是 38 ℃(100 ℉)时压力额定值的 1.5 倍。并加大圆整到邻近的 25 lbf/in²(表压)(或 1 bar)。

② 高压密封和高压上密封、低压密封和低压上密封试验压力按表 8-17 的规定。

表 8-17　密封试验压力

试验项目	密封试验压力[4]	
	lbf/in²(表压)	bar
阀门(蝶阀和止回阀除外)		
高压密封和上密封[1]	2)	2)
低压密封和上密封[1]	60～100	4～7

表 8-17(续)

试验项目	密封试验压力[4]	
	lbf/in²（表压）	bar
蝶阀		
高压密封	[3]	[3]
低压密封	60～100	4～7
止回阀		
高压密封		
class 125（铸铁）		
NPS 2～12	200	14
NPS 14～48	150	11
class 250（铸铁）		
NPS 2～12	500	35
NPS 14～24	300	21
class 150（球墨铸铁）	250	17
class 300（球墨铸铁）	640	44
碳钢、合金钢、不锈钢和特殊合金	[2]	[2]
低压密封	60～100	4～7

1) 所有具有上密封性能的阀门都要进行上密封试验。

2) 按适用的采购规范为 38 ℃(100 ℉)时最大许用压力的 110%。

3) 按适用的采购规范为 38 ℃(110 ℉)时设计压差的 110%。

4) 单值表示最小的试验压力,范围值表示既最小又最大的试验压力。

（5）试验最短持续时间按表 8-18 的规定。

表 8-18 试验持续时间

公称尺寸		试验最短持续时间[1]/s			
			上密封	密封	
DN	NPS	壳体	具有上密封性能的所有阀门	止回阀 API 594	其他阀门
≤50	≤2	15	15	60	15
65～150	2½～6	60	60	60	60
200～300	8～12	120	60	60	120
≥350	≥14	300	60	120	120

1) 试验持续时间是指阀门完全准备好压力升至规定值后的检查时间。

（6）压力试验方法

① 上密封试验

a）阀门两端封闭，阀门全开，填料压盖松开或不安装填料。向已组装好的阀门内加压。

b）对于≤DN150 的阀门，当使用容积仪检测壳体和上密封的泄漏时，上密封试验和壳体试验可合并进行。

② 壳体试验

壳体试验是向已装好的阀门内加压，此时，阀门两端封闭，阀门部分开启，填料压盖压紧到足以保持试验压力。波纹管密封阀门除外。

③ 低压密封试验

a）当进行闸阀、旋塞阀和球阀密封试验时，在阀座和阀盖间的阀体腔内注满试验介质并加压。对于设计为双向密封的阀门，应轮流在启闭件的每一端加压，另一端敞开通向大气。以在敞开端检查密封面的泄漏。对于截止阀，应在阀瓣下部向受压方向加压。对于设计仅为单向密封的并有单向标记的阀门，应仅在进口端加压。对于止回阀应在出口端加压。

b）对于双截断排放阀，应通过阀门通道依次向阀门的每一端加压，通过阀座间的排放孔检查，进行试验时，阀杆应处于垂直的位置。

c）对于带有密封或弹性内衬，设计为 class 125 或 class 150 的法兰蝶阀（API 609A 类蝶阀），只要求在一个方向上进行密封试验。对于其他弹性密封蝶阀（API 609 B 类蝶阀）及有优先流向的蝶阀，非优选方向的密封试验应按降低的压差额定值在此方向进行。

d）对于楔式单闸板（刚性或弹性的）闸阀，将试验气体封闭在阀座间的体腔内，然后用水封或肥皂水或类似溶液涂抹密封处进行检漏，这种低压密封试验是不被认可的。

④ 高压密封试验

高压密封试验方法与低压密封试验方法相同，但当试验介质为液体时，泄漏的检测应是液滴。

（7）试验判定

① 壳体、阀杆密封和上密封

a）对于壳体试验，不允许有可见的泄漏通过壳体壁和任何固定的阀体连接处。

b）对于上密封试验，不允许有可见的泄漏。

② 对于低压密封试验和高压密封试验，不允许有明显可见的泄漏通过阀瓣。阀座背面和轴密封，并不允许有结构损坏。在试验持续时间内，试验介质通过密封面的允许泄漏量见表 8-19。

表 8-19　密封试验的最大允许泄漏率

阀门规格		所有弹性密封阀门	除止回阀外的所有金属密封阀门		金属密封止回阀		
DN	NPS		液体试验[1]（滴/min）	气体试验（气泡/min）	液体试验（cc/min）	气体试验（m³/h）	气体试验（ft³/h）
≤50	≤2	0	0[2]	0[2]	6	0.08	3
65	1½	0	5	10	7.5	0.11	3.75

表 8-19(续)

阀门规格		所有弹性密封阀门	除止回阀外的所有金属密封阀门		金属密封止回阀		
DN	NPS		液体试验[1]（滴/min）	气体试验（气泡/min）	液体试验（cc/min）	气体试验（m³/h）	气体试验（ft³/h）
80	3	0	6	12	9	0.13	4.5
100	4	0	8	16	12	0.17	6
125	5	0	10	20	15	0.21	7.5
150	6	0	12	24	18	0.25	9
200	8	0	16	32	24	0.34	12
250	10	0	20	40	30	0.42	15
300	12	0	24	48	36	0.50	18
350	14	0	28	56	42	0.59	21
400	16	0	32	64	48	0.67	24
450	18	0	36	72	54	0.76	27
500	20	0	40	80	60	0.84	30
600	24	0	48	96	72	1.01	36
650	26	0	52	104	78	1.09	39
700	28	0	56	112	84	1.18	42
750	30	0	60	120	90	1.26	45
800	32	0	64	128	96	1.34	48
900	36	0	72	144	108	1.51	54
1000	40	0	80	160	120	1.68	60
1050	42	0	84	168	126	1.76	63
1200	48	0	96	192	144	2.02	72

1）对于液体试验，1 ml(cm³)相当于 16 滴。

2）在规定的试验最短持续时间内无泄漏。对于液体试验，"0"滴表示在每个规定的试验最短持续时间内无可见泄漏。对于气体试验，"0"气泡表示在每个规定的试验最短持续时间内泄漏量小于 1 个气泡。

8-5 欧盟标准 EN 12266-1:2012《工业阀门 阀门试验 第 1 篇:压力试验、试验程序及验收准则 强制要求》对工业阀门的试验是怎样规定的?

欧盟标准 EN 12266-1:2012 对工业阀门压力试验用测试程序和验收标准的强制性要求规定如下:

（1）壳体试验

① 试验介质温度:5 ℃ ~ 40 ℃。

② 试验介质:液体:水(可以含有防锈剂)或黏度不大于水的其他适宜液体。

气体:空气或其他适宜气体。

③ 试验压力:常温下最大额定压力的 1.5 倍,其值向大圆整到下一个 25 psi(1 bar)。

④ 试验最短持续时间:试验最短持续时间按表 8-20 的规定。

表 8-20　试验最短持续时间

公称尺寸 DN	最短持续时间/s	
	生产或验收	型式试验
≤50	15	600
65～200	60	600
≥250	180	600

⑤ 判定

a) 如试验介质是液体,不允许壳体外表面能目测到任何渗漏。

b) 如果试验介质是气体,当阀门浸没在水中 50 mm 以下,不允许水平面有任何气泡冒出。

c) 如果试验介质是气体,当阀门涂有防泄漏介质,不允许有连串气泡出现。

(2) 上密封试验

① 试验介质温度:5 ℃～40 ℃。

② 试验介质:液体:水(可以含有防锈剂)或黏度不大于水的其他适宜液体。

　　　　　　气体:空气或其他适宜气体。

③ 试验压力:上密封试验压力按表 8-21 的规定。

表 8-21　上密封试验压力

公称尺寸　DN	公称压力　PN	试验压力
≤80	所有压力	液体:室温下最小为允许压差的 1.1 倍
100～200	≤4.0	气体:0.6 MPa±0.1 MPa
	≤class 300	

④ 最短持续时间:上密封试验最短持续时间按表 8-22 的规定。

表 8-22　上密封试验最短持续时间

公称尺寸 DN	最短持续时间/s			型式试验
	生产或验收			所有
	金属座		软座	
	液体	气体	液体	液体
≤50	15	15	15	600
65～200	30	15	15	600
250～400	60	30	30	600
≥500	120	30	60	600

⑤ 判定

在规定的试验持续时间内无可见渗漏。

（3）高压密封试验

① 试验介质温度：5 ℃～40 ℃。

② 试验介质：液体：水（可以含有防腐剂）或黏度不大于水的其他适宜液体。

　　　　　　气体：空气或其他适宜气体。

③ 高压密封试验压力按表 8-23 的规定。

表 8-23　高压密封试验压力

公称尺寸　DN	公称压力　PN	试验压力
≤80	所有压力	液体：室温下最小为许用压差的 1.1 倍
100～200	≤40	气体：0.6 MPa±0.1 MPa
	≤class 300	

④ 高压密封试验最短持续时间按表 8-24 的规定。

表 8-24　高压密封试验最短持续时间

公称尺寸 DN	最短持续时间/s			
	生产或验收			型式试验
	金属阀座		非金属阀座	所有
	液体	气体	液体、气体	液体、气体
≤50	15	15	15	600
65～200	30	15	15	600
250～450	60	30	30	600
≥500	120	30	60	600

⑤ 判定标准

在规定的测试持续时间内渗漏量不应当超过相应的产品标准所规定的泄漏量，泄漏量见表 8-25。

表 8-25　高压密封试验最大允许泄漏量

泄漏等级	最大允许泄漏量/（mm³/s）	
	液体	气体
A 级	在试验持续时间内无可见泄漏	
B 级	0.01×DN	0.3×DN
C 级	0.03×DN	3.0×DN
D 级	0.1×DN	30×DN
E 级	0.3×DN	300×DN
F 级	1.0×DN	3000×DN
G 级	2.0×DN	6000×DN

（4）低压密封试验

① 试验介质温度：5 ℃～40 ℃。

② 试验介质：空气或其他适宜气体。

③ 试验压力：0.6 MPa±0.1 MPa。

④ 试验最短持续时间按表 8-26 的规定。

表 8-26　低压密封试验最短持续时间

公称尺寸 DN	最短持续时间/s		
	生产或验收		型式试验
	金属阀座	非金属阀座	所有
	气体	气体	气体
≤50	15	15	600
65～200	15	15	600
250～450	30	30	600
≥500	30	—	—

⑤ 验收准则：最大允许泄漏量按表 8-27 的规定。

表 8-27　最大允许泄漏量

泄漏等级	最大允许泄漏量/(mm³/s)
	气体
A 级	在试验持续时间内无可见泄漏
B 级	0.3×DN
C 级	3×DN
D 级	30×DN
E 级	300×DN
F 级	3000×DN
G 级	6000×DN

8-6　美国阀门和管件工业制造商标准化协会标准 MSS SP-61—2013《阀门的压力试验》对钢制阀门的试验是怎样规定的？

MSS SP-61—2013 对钢制阀门的试验规定如下：

（1）试验介质温度：试验介质的温度不超过 52 ℃（125 ℉）。

（2）试验介质：空气、惰性气体或液体。如水（可以加入防腐剂）、煤油或黏度不大于水的其他液体。

（3）试验压力

① 壳体试验压力：38 ℃时最大额定压力的 1.5 倍，其值向大圆整到下一个 25 psi（1 bar）。

② 上密封试验压力

a）高压上密封试验压力为 38 ℃时材料额定压力的 1.1 倍。

b）低压上密封试验压力按表 8-28 的规定。

表 8-28 低压上密封试验压力

公称尺寸 DN	公称压力 PN	试验压力/MPa
≤300	≤70	0.56
≤100	全部	

c）高压密封试验压力不小于 38 ℃时额定压力的 1.1 倍。对于 DN≤300、PN≤70 或 DN≤100、全部压力级，高压密封试验可用气体。试验压力为 0.56 MPa。

d）对于 DN≤300、PN≤70 或 DN≤100、全部压力级，低压密封的试验压力为 0.56 MPa。

（4）试验最短持续时间

① 壳体试验最短持续时间按表 8-29 的规定。

表 8-29 壳体试验最短持续时间

公称尺寸 DN	最短持续时间/s
≤50	15
65～200	60
≥250	180

② 高压密封试验、低压密封试验和高压上密封试验及低压上密封试验的最短持续时间按表 8-30 的规定。

表 8-30 密封试验最短持续时间

公称尺寸 DN	试验最短持续时间/s	公称尺寸 DN	试验最短持续时间/s
≤50	15	250～450	60
65～200	30	≥500	120

（5）试验方法

① 壳体试验：阀门应在部分开启和端部封闭状态进行壳体试验。当阀门有内件如隔膜阀的隔膜时，则阀门的这些承压零件可单独进行试验，设计这些零件不必承受所要求的壳体试验压力。

② 密封试验

a）对于双密封副的阀门，如闸阀、旋塞阀、球阀，试验压力应依次施加于启闭件的每一端，从另一端检查泄漏。

b）对于具有独立的双密封副的阀门（如平行式双闸板闸阀、楔式双闸板闸阀），按制造选择：试验压力施加于关闭阀门后的体腔内，从阀门的两端检查泄漏；或试验压力从阀门的两端施加,从阀盖(或阀体)排气孔处检查总的泄漏。

　　c)对于其他类型的阀门,试验压力应从最不利于密封的方向施加于启闭件的一侧。

　　d)能在两个方向密封的单阀座或对称阀座设计的阀门,如蝶阀或堰式隔膜阀,要求密封试验仅在一个方向上进行。

　　e)轴—座偏心设计的蝶阀,密封试验可在一个方向上进行,制造厂应能说明,所选择的试验方向是密封性最差的一边。

　　(6)验收准则

　　① 壳体试验:通过承压壁有可见的泄漏为不合格。

　　② 上密封试验:应保持试验压力而无可见泄漏。

　　③ 高压密封试验:关闭时每一侧密封的最大允许泄漏量为:

　　　　液体:0.4 mL/(mm·h)[10 mL/(in·h)]

　　　　气体:120 mL/(mm·h)[0.1 呎³/(in·h)]

　　④ 低压密封试验:关闭时每一侧密封的最大允许泄漏量为:

　　　　气体:120 mL/(mm·h)[0.1 呎³/(in·h)]

8-7　美国石油学会标准 API 6A—2014、国际标准 ISO 10423:2008　对石油、天然气工业井口装置和采油树设备的检验与试验是怎样规定的?

　　API 6A—2013、ISO 10423:2008 对石油、天然气工业井口装置和采油树设备的检验与试验规定如下:

　　(1)壳体试验

　　① 试验介质温度:常温。

　　② 试验介质:液体:水或含有防锈剂的水。

　　　　　　　　　气体:氮气。

　　③ 壳体试验压力按表 8-31 的规定。

表 8-31　壳体试验压力

额定工作压力/MPa(psi)	壳体试验压力/MPa(psi)	
	法兰公称尺寸	
	≤346 mm	≥425 mm
13.8(2000)	27.6(4000)	20.7(3000)
20.7(3000)	41.5(6000)	31.0(4500)
34.5(5000)	51.7(7500)	51.7(7500)
69.0(10000)	103.5(15000)	103.5(15000)
103.5(15000)	155.0(22500)	155.0(22500)
138.0(20000)	207.0(30000)	
注:PSL3G、PSL4 气体试验压力为额定工作压力。		

　　④ 壳体试验最短持续时间按表 8-32 的规定。

表 8-32 壳体试验最短持续时间

产品规范等级	次 数	最短持续时间/min	产品规范等级	次 数	最短持续时间/min
PSL1	第 1 次	3	PSL3G	第 1 次	3
	第 2 次	3		第 2 次	15
PSL2	第 1 次	3		气 压	15
	第 2 次	3	PSL4	第 1 次	3
PSL3	第 1 次	3		第 2 次	15
	第 2 次	15		气 压	15

⑤ 验收标准

PSL1:在试验压力下,不应有可见的泄漏。

PSL2:用 PSL1。

PSL3:所有静水压试验中应采用图形记录仪,记录应标明记录装置、日期、签名。不应有可见泄漏。

PSL3G:在保压期间水槽中不应有可见气泡,最大 2.0 MPa 的气体压力降低是可以接受的,只要在保压周期内水槽内无可见气泡。

PSL4:同 PSL3G。

(2) 上密封试验

① 试验介质温度为常温。

② 试验介质为氮气。

③ 试验压力

PSL3:额定工作压力。

PSL3G:第 1 次:额定工作压力;第 2 次:额定工作压力的 5%~10%。

PSL4:第 1 次:额定工作压力;第 2 次:额定工作压力的 5%~10%。

④ 试验最短持续时间

PSL3:保压时间 15 min。

PSL3G:第 1 次:保压时间 60 min;第 2 次:保压时间 60 min。

PSL4:第 1 次:保压时间 60 min;第 2 次:保压时间 60 min。

⑤ 验收标准:保压期间在水池中无可见气泡。

(3) 高压密封试验

① 试验介质温度:常温。

② 试验介质:液体:水或含有防锈剂的水。

　　　　　　　气体:氮气。

③ 试验压力

PSL1:额定压力。

PSL2:额定压力。

PSL3:额定压力。

PSL3G:静水压:额定压力;

气　体:第 1 次:额定压力;
　　　　　　　第 2 次:2.0 MPa±0.2 MPa。
　　PSL4:静水压:额定压力;
　　　　　气　体:第 1 次:额定压力;
　　　　　　　　　第 2 次:2.0 MPa±0.2 MPa。
④ 试验最短持续时间
　　PSL1:每一侧 2 次,每次 3 min。
　　PSL2:每一侧 3 次,每次 3 min。
　　PSL3:每一侧 3 次,第 1 次:3 min;
　　　　　　　　　　　　第 2 次:15 min;
　　　　　　　　　　　　第 3 次:15 min。
　　PSL3G:液体试验同 PSL3。
　　　　　气体试验:第 1 次:15 min;
　　　　　　　　　　　第 2 次:15 min。
　　PSL4:液体试验同 PSL3。
　　　　　气体试验:第 1 次:60 min;
　　　　　　　　　　　第 2 次:60 min。
⑤ 验收标准
　　PSL1:在每一保压期间,无任何可见的泄漏。
　　PSL2:在每一保压期间,无任何可见的泄漏。
　　PSL3:在所有的静水压试验中应采用图形记录仪。
　　　　　在每一保压期内,无任何可见的泄漏。
　　PSL3G:液体试验同 PSL3。
　　　　　气体试验:保压期间水槽中无可见气泡,最大 2.0 MPa 的气体试验压力降
　　　　　　　　　　　低是可以接受的,只要在保压周期内水槽中无可见气泡。
　　PSL4:同 PSL3G。
(4) 低压密封试验
① 试验介质温度为常温。
② 试验介质为氮气。
③ 试验压力
　　PSL3G:第 1 次:额定压力;
　　　　　　第 2 次:2.0 MPa±0.2 MPa。
　　PSL4:第 1 次:额定压力;
　　　　　　第 2 次:2.0 MPa±0.2MPa。
④ 试验最短持续时间
　　PSL3G:第 1 次:15 min;
　　　　　　第 2 次:15 min。
　　PSL4:初始:60 min;

第 2 次:60 min。

⑤ 验收标准:保压期间水槽中无可见气泡,最大 2.0 MPa 的气体试验压力降低是可以接受的,只要在保压周期内水槽中无可见气泡。

8-8 美国石油学会标准 API 6D—2014(QSL-1)、国际标准 ISO 14313:2007 对石油和天然气工业管线输送系统管线阀门的检验与试验是如何规定的?

API 6D—2014(QSL-1)、ISO 14313:2007 对石油和天然气工业管线输送系统管线阀门的检验与试验规定如下:

(1)壳体试验

① 试验介质温度:38 ℃(100 °F)。

② 试验介质:含有缓蚀剂和经同意含有防冻剂的清洁水;对于奥氏体钢和铁素体-奥氏体(双相)不锈钢阀门的阀体及阀盖的试验用水其氯离子含量不应超过 30 μg/g(30×10^{-6})。

③ 试验压力:大于或等于材料在 38 ℃时规定的额定压力值的 1.5 倍。

④ 试验最短持续时间,按表 8-33 的规定。

表 8-33 壳体试验最短持续时间

公称尺寸 DN	试验保压时间/min	公称尺寸 DN	试验保压时间/min
15~100	2	300~450	15
150~250	5	≥500	30

⑤ 验收准则

静压壳体试验中不允许有任何可见泄漏,试验之后应将泄压阀回装到阀门上,公称尺寸≤DN100 的阀体连接处应在泄压阀整定压力的 95%试验 2 min,公称尺寸≥DN150 的阀体连接处,应在泄压阀整定压力的 95%时试验 5 min,试验期间,泄压阀连接处应无任何可见泄漏。当设置泄压阀时,泄压阀整定至规定压力并进行试验,泄压阀整定压力应按材料在 38 ℃时规定的额定压力值的 1.1~1.33 倍。

(2)上密封试验

① 试验介质温度:38 ℃(100 °F)。

② 试验介质:应为含有缓蚀剂和经同意含有防冻剂的清洁水,对于奥氏体和铁素体-奥氏体(双相)不锈钢阀门的阀体及阀盖的试验用水其氯离子含量不应超过 30 μg/g(30×10^{-6});低压上密封试验其试验介质为空气或氮气;高压上密封试验其试验介质为惰性气体。

③ 试验压力:其试验压力不低于材料在 38 ℃时规定的额定压力值的 1.1 倍。低压气密封试验:Ⅰ型:0.034 MPa~0.1 MPa;Ⅱ型:0.55 MPa~0.69 MPa。

④ 试验最少持续时间:公称尺寸≤DN100,试验保压时间 2 min;公称尺寸≥DN150,试验保压时间 5 min。

⑤ 验收准则:在上密封试验中不允许有任何可见的泄漏。

(3)高压密封试验

① 试验介质温度:38 ℃(100 °F)。

② 试验介质：为含有缓蚀剂和经同意含有防冻剂的清洁水；对于奥氏体和铁素体-奥氏体（双相）不锈钢阀门的阀体及阀盖的试验用水其氯离子含量不应超过 30 $\mu g/g$（30×10^{-6} 质量分数）；高压气密封试验：惰性气体。

③ 试验压力：所有密封试验的试验压力应不低于材料在 38 ℃时规定的额定压力值的 1.1 倍。

④ 试验最短持续时间：公称尺寸≤DN100，试验持续时间 2 min；公称尺寸 DN150～DN450，试验持续时间 5 min；公称尺寸≥DN500 试验持续时间 10 min。

⑤ 试验方法

a）单向的：使阀门半开，阀门体腔内完全充满试验介质。然后关闭阀门，向阀门一端施加试验压力。通过阀体中腔排水孔或排水管接头，检测每一边阀座的泄漏。对于无腔体接头的阀门应在阀门的下游端检验每一边阀座的泄漏。

b）双向的：使阀门半开，阀门体腔内完全充满试验介质。然后关闭阀门，依次向阀门两端施加试验压力，通过阀体中腔排水孔或排水管接头，检测每一边阀座的泄漏。对于无阀体中腔接头或排水管接头的阀门，应从阀门的下游端检测阀门的泄漏。

c）双阀座，双向阀：每一边阀座都应做双向试验。

如果安装了中腔泄压阀应拆除，使阀门半开，阀门体腔内完全充满试验介质，直到试验介质通过中腔泄压阀接头溢出。

对于中腔方向阀座泄漏的试验，应关闭阀门，依次向每一边阀门端施加试验压力，从上游侧独立地检验每一边阀座，通过阀门中腔泄压阀接头检测泄漏。

此后，每一边阀座均应作为下游阀座进行试验，阀门两端应排空，中腔充满试验介质，然后施加试验压力，通过阀门两端每一边阀座检测泄漏。

d）双阀座，一个为单向阀座、一个为双向阀座：

——单向阀座：使阀门半开，阀门体腔内完全充满试验介质，直到试验介质通过中腔排水接头溢出。然后关闭阀门，打开试验挡板上的排水阀，让介质泄出。否则拆除阀门下游端的试验挡板，然后再向上游端（单向阀座端）施加试验压力，从中腔排水孔接头检测泄漏。如果泄漏仍出现在下游端阀座，其上游端阀座泄漏量等于从中腔排水孔和下游端接头泄漏量的总和。

——双向阀座：在其上游密封方向试验双向阀座应重复单向阀座中的试验。在其下游密封方向试验双向阀座，应封闭阀门两端，使阀门半开，阀门体腔内完全充满试验介质，同时施加试验压力，然后关闭阀门，让试验介质在双向阀座端（即双向阀座下游端）从安装到阀门该端试验挡板上的接头处泄压。中腔排水孔接头应保压，在下游试验挡板上的溢流孔接头检测双向阀座的泄漏量。

e）双截断排放阀：

——单座试验：使阀门半开，阀门体腔内完全充满试验介质。然后关闭阀门，打开阀体排水阀，让多余的试验介质从阀腔受检接头泄出，然后阀门一端施压，另一端泄压，阀门的另一端应重复该试验。在每次试验中都应通过中腔排水接头处检测阀门的密封性。

——双截断阀座试验：使阀门半开，阀门体腔内完全充满试验介质。然后关闭阀门，打开阀体排放阀让多余的试验介质从中腔检验接头泄出。同时给阀门的两端施加试验压力。

通过阀体中腔接头处检测阀座密封性。

　　f) 止回阀:向所要求阻止介质流动的方向加压。

　　⑥ 验收准则:软密封阀门和油密封式旋塞阀的泄漏量不得超过 ISO 5208 的 A 级(无可见泄漏),双截断排放阀试验期间的泄漏量不应超过 ISO 5208 的 D 级的两倍。金属密封阀门的泄漏量不得超过 ISO 5208 的 D 级。

(4)低压密封试验

　　① 试验介质温度:5 ℃~40 ℃。

　　② 试验介质:空气或氮气。

　　③ 试验压力:Ⅰ型:0.034 MPa~0.1 MPa;Ⅱ型:0.55 MPa~0.69 MPa。

　　④ 试验持续时间:公称尺寸≤DN100,试验持续时间 2 min;公称尺寸 DN150~DN450,试验持续时间 5 min;公称尺寸≥DN500,试验持续时间 10 min。

　　⑤ 验收准则:软密封阀门,按 ISO 5208 的 A 级(无可见泄漏);金属密封阀门,按 ISO 5208的 D 级。

8-9　国际标准 ISO 10434:2004《石油、石化及相关工业用螺栓连接阀盖钢制阀门》对石油和天然气工业用螺栓连接阀盖的钢制闸阀的检验和试验是如何规定的?

　　国际标准化组织标准 ISO 10434:2004 对石油和天然气工业用螺栓连接阀盖的钢制闸阀的检验和试验规定如下:

(1)壳体试验

　　① 试验介质温度:5 ℃ ~ 40 ℃。

　　② 试验介质:液体:水(可以含有防锈剂)、煤油或黏度不大于水的其他适宜液体。

　　　　　　　　气体:空气或其他适宜气体。

　　③ 试验压力:不低于阀门在 38℃时相应压力额定值的 1.5 倍。

　　④ 试验最短持续时间按表 8-34 的规定。

表 8-34　壳体试验最短持续时间

公称尺寸　DN	试验最短持续时间/s	公称尺寸　DN	试验最短持续时间/s
≤50	15	200~300	120
65~200	60	≥350	300

　　⑤ 验收准则:在整个壳体试验持续时间内,不应有可目测观察到通过壳壁或在阀盖垫片处的渗漏。

(2)上密封试验

　　① 试验介质温度:5 ℃~40 ℃。

　　② 试验介质:对于≤DN100,≤Class1500 的阀门和>DN100、≤Class600 的阀门用气体试验;对于≤DN100,>Class1500 的阀门和>DN100、>Class600 的阀门用液体试验。

　　③ 试验压力:液体:试验压力为不低于阀门在 38 ℃时最大许用压力额定值的1.1倍。

　　　　　　　　气体:试验压力在 0.4 MPa~0.7 MPa 之间。

　　④ 试验最短持续时间:公称尺寸≤DN50 的阀门,试验持续时间为 15 s;公称尺寸

DN65～DN150 的阀门,试验持续时间为 60 s;公称尺寸≥DN200 的阀门,试验持续时间为 120 s。

⑤ 验收准则

在试验持续时间内不允许有可见的上密封泄漏。

(3) 高压密封试验

① 试验介质温度:5 ℃～40 ℃。

② 试验介质:对于≤DN100、≤Class1500 的阀门和对于>DN100、≤Class600 的阀门用气体试验。对于≤DN100、>Class1500 的阀门和对于>DN100、>Class600 的阀门用液体试验。

③ 试验压力:液体:试验压力为不低于阀门在 38 ℃时最大许用压力额定值的1.1 倍。

气体:试验压力在 0.4 MPa～0.7 MPa 之间。

④ 试验最短持续时间:按表 8-35 的规定

表 8-35　高压密封试验最短持续时间

公称尺寸　DN	试验最短持续时间/s	公称尺寸　DN	试验最短持续时间/s
≤50	15	200～300	120
65～150	60	≥350	120

⑤ 试验方法:对每个方向的阀座都应进行关闭密封性试验,每次试验一个方向,试验方法应包括使两个阀座之间的阀体空腔和阀盖内充满试验介质并加压,以确保任何阀座泄漏都不能逃脱检查。

⑥ 验收准则:在密封性能试验持续时间内,通过阀座密封面的最大允许泄漏量应符合表 8-36 规定。对于气体试验,零泄漏量的定义是在规定的试验持续时间内的泄漏量小于 3 mm³(1 个气泡);对于液体试验,零泄漏量的定义是在规定的试验持续期间无可见的泄漏。

表 8-36　高压密封试验密封面的最大允许泄漏量

公称尺寸 DN	最　大　允　许　泄　漏　量			
	液　体		气　体	
	mm³/s	滴/s	mm³/s	气泡/s
≤50	0	0	0	0
65～150	12.5	0.2	25	0.4
200～300	20.8	0.4	42	0.7
≥350	29.2	0.5	58	0.9

(4) 低压密封试验

① 试验介质温度:5 ℃～40 ℃。

② 试验介质:空气和其他适宜气体。

③ 试验压力:0.4 MPa～0.7 MPa。

④ 试验最短持续时间按表 8-37 的规定。

表 8-37　低压密封试验最短持续时间

公称尺寸　DN	试验最短持续时间/s	公称尺寸　DN	试验最短持续时间/s
≤50	15	200～300	120
65～150	60	≥350	120

⑤ 验收准则:在密封性试验持续时间内,通过阀座密封面的最大允许泄漏量应符合表 8-38 的规定。

表 8-38　低压密封试验密封面最大允许泄漏量

公称尺寸 DN	最大允许泄漏量		公称尺寸 DN	最大允许泄漏量	
	mm³/s	气泡/s		mm³/s	气泡/s
≤50	0	0	200～300	42	0.7
65～150	25	0.4	≥350	58	0.9

8-10　API 6D—2014 对高压气体壳体试验是怎样规定的?

(1) 总则

阀门应以惰性气体作为试验介质进行高压气体密封试验。试验应用 99％氮气＋1％氦气,用质量光谱仪进行测量,最小试验压力为规定的材料在 38 ℃(100 ℉)时压力额定值的 1.1 倍,试验保压时间应符合表 8-39 的规定。

表 8-39　壳体气密封试验的最短保压时间

阀门公称尺寸		试验保压时间
DN	NPS	min
≤450	≤18	15
≥500	≥20	30

在试验期间用氮气作试验介质可以把阀门浸在水中进行检漏。

(2) 接收准则

——最大泄漏率 0.27 mL/min(氮气＋氦气);

——当阀试验时用浸入水中的方法,没有目视可见泄漏是允许的。

8-11　API 6D—2014 对高压气体密封试验是怎样规定的?

(1) 总则

阀门应以气体为试验介质进行气体密封试验,最小试验压力为规定的材料在 38 ℃ (100 ℉)时压力额定值的 1.1 倍。试验保压时间应符合表 8-38 的规定。

(2) 接收准则

软密封阀门和油密封旋塞阀的泄漏率应不超过 ISO 5208 A 级(无可见泄漏)。除非另有规定,除止回阀外,金属密封阀门的泄漏率不得超过 ISO 5208 D 级的 2 倍。

金属密封止回阀的泄漏率应不得超过 ISO 5208 的 E 级。

8-12　API 6D—2014 对转矩/推力性能试验是如何规定的?

操作球阀、闸阀或旋塞阀所需的最大转矩或推力,应在买方规定的压力下测量,阀门操作如下:

a) 腔体在大气压力下,通道带压,由开启到关闭;

b) 腔体在大气压力下,关闭件两侧带压,由关闭到开启;

c) 腔体在大气压力下,关闭件一侧带压,由关闭到开启;

d) 腔体在大气压力下,关闭件另一侧带压,由关闭到开启。

8-13　美国流体控制学会标准 FCI 70-2—2006(ASME B16.104)《控制阀阀座泄漏率》对控制阀阀座泄漏量是如何规定的?

FCI 70-2—2006(ASME B16.104)对控制阀阀座泄漏量的规定如下:

(1) 试验方法

① A 型试验方法(等级 Ⅱ、Ⅲ、Ⅳ)

a) 试验介质应为温度 10 ℃ ~ 52 ℃(50 ℉ ~ 125 ℉)干净的空气或水。

b) 试验介质压力应为 3 bar ~ 4 bar(45 lbf/in² ~ 60 lbf/in²)(表压)或最大工作压差,取较小者。

c) 泄漏量和压力值应精确到读数±10%。

d) 试验介质应从正常或规定的阀体入口端进入,阀体出口端应开向大气或与压头损失低的测量装置连接。

e) 应将传动装置调整到符合规定的工作条件,如果使用气体,对正常关闭产生强烈冲击时,应当采用弹簧和其他措施,如果试验压差低于阀门最大工作压差时,不应对阀座负荷作任何增值补偿。

f) 用水做试验介质时,应当注意排除阀体和管道内的空气。

g) 将试验得到的泄漏量与泄漏等级 Ⅱ、Ⅲ、Ⅳ 计算值相比较。

② B 型试验方法(等级 Ⅴ)

a) 试验介质应为 10 ℃ ~ 52 ℃(50 ℉ ~ 125 ℉)干净的水。

b) 用水做试验时,试验压力应当为阀门关闭件两侧的最大工作压差的±5%,在室温下不得超过 ASME B16.5 或 ASME B16.34 所规定的最大工作压力,或者根据个别协定工作压力小一些,压力值应精确到读数的±10%。

c) 试验介质应从阀体正常的或规定的入口端进入阀体,阀门启闭件应为开启状态,阀体组件,包括出口部分及其连接管应全部充满水,然后急速关闭。

d) 所得到的泄漏量不应大于 Ⅴ 级阀座最大允许泄漏量的计算值。

③ C 型试验方法(等级 Ⅵ)

a) 试验介质应为 10 ℃ ~ 52 ℃(50 ℉ ~ 125 ℉)的空气或氮气。

b) 试验介质压力穿过阀门关闭件必须是最大额定压差或 3.5 bar(50 psi),取较小者。

c) 试验介质应从阀体正常的或规定的入口端进入阀体,出口端应与适当的测量装置连接。

d）调整控制阀门，使阀门符合规定工作，用足够的时间使介质流量稳定，泄漏量不应超过表8-40规定的数值。

（2）泄漏等级

① Ⅰ级：是等级Ⅱ、Ⅲ、Ⅳ的变种，其设计与基础等级相同。此等级的阀门不要求进行试验。

② Ⅱ级：本等级规定工业用双通道双阀座控制阀，或带活塞环密封，金属对金属密封阀座的平衡式单通道控制阀的最大允许泄漏量。采用A法试验。

③ Ⅲ级：本等级规定的最大允许泄漏量适用的阀门同Ⅱ级，但对阀座和密封件的要求比较高，采用A型试验法。

④ Ⅳ级：本等级规定工业用非平衡式单通道、单阀座控制阀及具有超级密封活塞环、其他密封件和金属对金属密封阀座平衡式单通道控制阀的最大允许泄漏量，采用A型试验法。

⑤ Ⅴ级：本等级一般用于关键性的用途。即控制阀可作闭路装置；不带阻塞阀，整个阀座长期处于高压差状态。本等级的阀门要求特殊制作、装配和检验。本等级主要适用于金属阀座，非平衡式单通道、单阀座控制阀，或带特殊阀座和特殊密封的平衡式单通道结构。在最大压差时，用水进行试验。采用B型试验法。

⑥ Ⅵ级：本等级规定带O形密封圈或类似的无缝隙密封件的平衡式或非平衡式单通道弹性阀座控制阀的最大泄漏量，采用C型试验法。

各泄漏等级最大泄漏量见表8-41。

表8-40　Ⅵ级最大泄漏量

公称通径 DN(NPS)	泄漏量		公称通径 DN(NPS)	泄漏量	
	mL/min	气泡/min		mL/min	气泡/min
≤25(1)	0.15	1	152(6)	4.00	27
38(1½)	0.30	2	203(8)	6.75	45
51(2)	0.45	3	250(10)	11.1	—
64(2½)	0.60	4	300(12)	16.0	—
76(3)	0.90	6	350(14)	21.6	—
102(4)	1.70	11	400(16)	28.4	—

表8-41　各泄漏等级最大泄漏量

泄漏等级	阀座最大泄漏量	试验方法
Ⅰ级		无
Ⅱ级	阀门额定容量的0.5%	A型
Ⅲ级	阀门额定容量的0.1%	A型
Ⅳ级	阀门额定容量的0.01%	A型
Ⅴ级	水 $5×10^{-4}$ mL/(min·in) $5×10^{-12}$ m³/(s·mm)	B型
Ⅵ级	见表8-40	C型

8-14 国际电工委员会标准 IEC 60534-4:2015《工业过程控制阀 第4部分:检验与例行试验》对控制阀液体静压和阀座泄漏量是如何规定的?

(1)总则

1)制造商应对每台控制阀进行规定的压力和泄漏量试验。

2)试验介质

① 液体:除非制造商和买方商定采用其他液体,一般均采用常温下的水,水中可含有水溶油或防锈剂。

② 气体:清洁的空气或氮气。

3)试验装置不应使阀受到外部应力从而影响试验结果。

(2)液体静压试验

1)拆除内部组件:可以暂时拆除在液体静压试验压力的作用下可能损坏的零件,如波纹管、膜片、后座、阀杆填料等。

2)试验程序:试验持续时间应不少于表8-42的规定。

表 8-42 壳体液体静压试验持续时间

公称尺寸	试验持续时间/s
≤DN50	15
DN65~DN200	60
≥DN250	180

试验期间,控制阀应处于部分开启或全开位置。应采取措施预先清除阀内的残余空气。

经与买方商定,液体静压试验可在部件上进行。如果液体静压试验在部件上进行,装配后控制阀应该进行压力不超过 0.6 MPa(6 bar)的空气试验。

施加在阀体螺栓上的拧紧力矩应同实际使用时的力矩一致。

3)试验压力:壳体静压试验压力可根据阀体的设计规范或标准确定,或者为不低于20 ℃时额定压力的 1.5 倍,取其中较为合适的值。

如果阀有两个额定压力(进口额定压力大于出口额定压力),有必要用一个临时的阻隔件将阀的高压部分与低压部分隔开,然后用相应的压力对每一部分进行试验。

4)验收标准:壳体上不能有任何肉眼可见的泄漏和渗漏。除非设计规范特别允许,静密封和垫片连接处都不允许泄漏。

如果在试验中使用了容积损耗测量装置一类的设备,制造商应能按本部分的要求,表明系统的当量值。

5)填料密封性检验:壳体试验时允许填料有泄漏。如有必要,可将填料压紧以抵抗壳体试验压力。然而,当试验压力至少等于 20 ℃时的额定压力时,填料应压紧(无肉眼可见泄漏)。在进行性能试验期间,填料应始终保持压紧。

填料密封性检验也可用空气在 0.3 MPa~0.4 MPa 表压范围内或在特定的工作压力下进行,两者中取较低的值。在阀的两个全行程过程中和随后的 30 s 期间应没有肉眼可见的泄漏。

6）免于液体静压试验：焊接的管件（接管、渐缩管和/或渐扩管）不应作为控制阀总体的一部分，因而不需要进行液体静压试验。如果无法单独对阀进行液体静压试验，只要管件能够承受阀的液体静压，可以对阀及管件一起进行试验。如果制造商和买方双方同意，可以在阀焊上管件后，以符合适用管道规范的压力重新对阀进行试验。

（3）阀座泄漏

1）总则

本条款制定了适用于各种特定结构控制阀的一系列阀座泄漏等级，并规定了试验程序。

不应将本部分的这一条款作为控制阀在工作条件下安装后预计其泄漏与否的依据。适用于特定结构控制阀的最精确的泄漏等级代号由制造商选定。这些阀座泄漏条款不适用于额定流量系数 $K_v<0.1$、$C_v<0.1$ 的控制阀。

2）试验程序

试验介质应符合(2)-2)的要求。

执行机构应调整到符合规定的工作条件。然后施加由空气压力、弹簧或其他装置提供的所需关闭推力或扭矩。当试验压差小于阀的最大工作压差时，不得通过修正或调整阀的负载的方法来补偿其差异。

对于供库存的试验时不带执行机构的阀体组件，试验时应利用一个试验装置施加净阀座负载，该负载不超过制造商规定的最大使用条件下的正常预计负载。

试验介质应施加在阀体的正常或规定入口。阀体出口可通大气或连接一个低压头损失流量测量装置，测量装置的出口通大气。应采取措施避免由于被试控制阀无意中打开而使测量装置承受的压力高于安全工作压力。

在使用液体时，控制阀应打开，阀体组件包括出口部和下游连接管道均应充满介质，然后将阀关闭。应注意消除阀体和管道内的气穴。

当泄漏量稳定后，宜对流量作一段足够长时间的观察，以获得流量测量仪表规定的精确度。

各等级的规定阀座允许最大泄漏量应不超过(3)-3)中使用规定试验方法的值。

试验程序 1：试验介质的压力应在 300 kPa～400 kPa(3 bar～4 bar)表压之间，如果此压力低于350 kPa(3.5 bar)，则应在买方规定的最大工作压差±5%的范围内。

试验程序 2：试验压差应在买方规定的控制阀前后最大工作压差±5%以内。

3）泄漏规范

泄漏等级、试验介质、试验程序和阀座最大泄漏量应符合表 8-43 的规定。

表 8-43 各泄漏等级的阀座最大泄漏量

泄漏等级	试验介质	试验程序	阀座最大泄漏量
Ⅰ	由买方和制造商商定		
Ⅱ	L 或 G	1	$5\times10^{-3}\times$阀额定容量(注 1)
Ⅲ	L 或 G	1	$10^{-3}\times$阀额定容量(注 1)
Ⅳ	L	1 或 2	$10^{-4}\times$阀额定容量
	G	1	$10^{-4}\times$阀额定容量(注 1)

表 8-43(续)

泄漏等级	试验介质	试验程序	阀座最大泄漏量
Ⅳ-S1	L	1 或 2	$5 \times 10^{-6} \times$ 阀额定容量
	G	1	$5 \times 10^{-6} \times$ 阀额定容量(注 1)
Ⅳ-S1	L	2	$1.8 \times 10^{-7} \times \Delta p^{*} \times D, 1/h$ $(1.8 \times 10^{-5} \times \Delta p^{**} \times D), 1/h$
	G	1	$10.8 \times 10^{-6} \times D, m^3/h$(注 3) $(11.1 \times 10^{-6} \times D, m^3/h)$(注 3)
Ⅵ (见注 2)	G	1	$3 \times 10^{-3} \times \Delta p^{*} \times$ 泄漏率系数(注 2) $(0.3 \times \Delta p^{**} \times$ 泄漏率系数)(注 2)

$^{*} \Delta p$(kPa);$^{**} \Delta p$(bar);D—阀座直径(mm);L=液体;G=气体

注 1：对于可压缩流体体积流量,是在绝对压力为 101.325 kPa(1 013.25 mbar)和 15.6 ℃的标准状态或绝对压力为 101.325 kPa(1 013.25 mbar)和 0 ℃的正常状态下的测定值。

注 2：Ⅵ级的泄漏率系数如下：

阀座直径	允许泄漏率系数	
mm	mL/min	气泡数/min
25	0.15	1
40	0.30	2
50	0.45	3
65	0.60	4
80	0.90	6
100	1.70	11
150	4.00	27
200	6.75	45
250	11.1	—
300	16.0	—
350	21.6	—
400	28.4	—

表中列出的每分钟气泡数是根据一台经校验的合适的测量装置提出的替代方案,这里是用一根外径 6 mm,壁厚 1 mm 的管子(管端表面应平整光滑,无斜口和毛刺,管子轴线应与水平面垂直)浸入水中 5 mm～10 mm 深度。

如果阀座直径与表列值相差 2 mm 以上,则可在假定泄漏率系数与阀座直径的平方成正比的情况下,通过插值法(内推不)取得泄漏率系数。

注 3：入口压力为 350 kPa(3.5 bar)。如果需要不同的试验压力,例如,在试验程序 2 中,如果制造商和买方双方同意,那么在试验介质为空气或氮气情况下,最大允许泄漏量(m^3/h)为：

$10.8 \times 10^{-6} \times [(p_1 - 101)/350] \times (p_1/552 + 0.2) \times D$,其中 p_1 为入口压力(kPa)

或 $11.1 \times 10^{-6} \times [(p_1 - 1.01)/3.5] \times (p_1/5.52 + 0.2) \times D$,其中 p_1 为入口压力(kPa)

这种换算假定为层流情况下,且仅适用于大气入口压力以及试验温度在 10 ℃～30 ℃之间。

此换算不可用于实际工作条件下进行流量预测。

8-15 GB/T 26481—2011《阀门的逸散性试验》对阀门的逸散性试验是如何规定的?

(1)试验阀门的准备

1)试验阀门的条件:试验阀门应是全部装配结束,且试验阀已按 GB/T 13927 或其他适用标准以及买方的规定进行检验和试验合格,试验阀门也可为油漆前状态。

试验阀门内腔应干燥、无润滑剂,阀门和试验设备应干净和不含水分、油、灰尘等。

试验阀门的端部密封、试验系统的各设备和管路连接处应密封可靠,在试验过程中不允许有影响检测结果的泄漏发生。制造厂应保证试验前阀门的填料是干燥的。

2)试验阀门的抽样:试验阀门的抽样百分比应按制造厂与买方明确的协议规定,但每批样品不少于1台,并从阀门产品中按每一类型、每一公称压力和每一公称尺寸来分的批次中随机选择。

3)阀杆密封的调整:阀杆密封的预紧应按阀门制造厂的说明书所规定的最初预紧要求进行调整。

(2)试验条件

1)试验介质为体积含量不低于97%的氦气。

2)泄漏量的测量应使用吸气法的泄漏测量方法,试验介质为氦气,按(3)的规定进行。测量单位采用百万分体积分数($1\times10^{-6}=1$ mL/m³$=1$ cm³/m³)。

3)试验压力为 0.6 MPa,或按订货合同的规定。

4)试验温度为室温。

(3)使用吸气法的泄漏测量方法

原理:采用便携式探测器来测量阀门的泄漏,探测器的类型不作规定,但选择探测器和其灵敏度时应能够满足最高密封等级要求。本方法只对泄漏做出定位和分级,不能用于某一泄漏源的质量逸散速率的直接测量。

探测器探针(吸气)方法(见图 8-1 和图 8-2)可以测量从阀杆密封系统(产品试验)和阀体密封处的局部逸散。

测量单位为百万分体积分数($1\times10^{-6}=1$ mL/m³$=1$ cm³/m³)。

一些氦质谱仪能测量局部体积泄漏率,其单位为毫克每升每秒或相当的大气压每立方厘米每秒。

为了避免在局部和整体的测量之间的任何相关性,用吸气法测量的单位为百万分体积含量($1\times10^{-6}=1$ mL/m³$=1$ cm³/m³)。

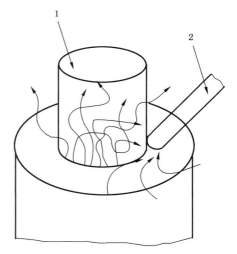

1—阀杆;2—探测器。

图 8-1 局部测量法吸气

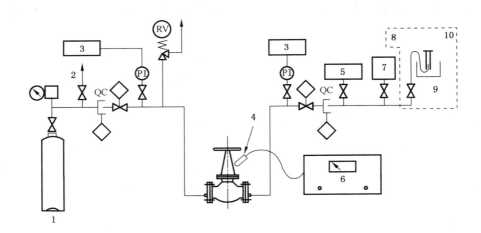

QC—快速接头；1—氩气源；2—放泄阀；3—压力记录仪；4—探针；5—气体流量计；
6—质量分光计；7—转子流量计；8—软管；9—测量容器；10—安全区域(外面的)。

图 8-2　用吸气法的局部测量法

（4）试验程序和试验结果的评定

1）阀杆密封泄漏量的测量

① 使阀门处于半开时加压到规定的试验压力,用了规定的吸气法测量阀杆密封处的泄漏量。

② 然后全开和全关带试验压力的阀门 5 次。

③ 以上机械循环后再半开阀门,并按上①条款测量阀杆密封处的泄漏量。

④ 如仪表的读数超过表 8-44 规定的相应要求的性能等级的百万分体积含量$(1\times10^{-6}=1\ mL/m^3=1\ cm^3/m^3)$量值,则认为试验不通过,该批阀门将拒收。

表 8-44　阀杆密封处的密封等级

等　级	量值/$\times10^{-6}$	备　　注
A	$\leqslant50$	典型结构为波纹管密封或具有相同阀杆密封的部分回转阀门
B	$\leqslant100$	典型结构为 PTFE 填料或橡胶密封
C	$\leqslant1000$	典型结构为柔性石墨填料

2）阀体密封泄漏量的测量

阀体密封泄漏量测量的程序如下：

① 使阀门处于半开时加压到规定的试验压力,试验压力稳定后,按（3）规定的吸气法测量阀体密封处的渗漏量。

② 如仪表的读数超过 50×10^{-6}（体积）,则认为试验不通过,该批阀门将被拒收。

8-16 API 6D—2014（QSL-1）对球阀产品最终检验的内容是如何规定的？

检验内容及检验程序如下：

API 6D 球阀产品最终检验报告

报告编号 共 11 页 第 1 页

产品名称		产品压力等级		公称尺寸		产品唯一系列号	
序号	检验项目		标准要求		检验结果		判 定
1	外观检查						
1.1	铸件表面		符合 MSS SP-55A 级、B 级				
1.2	锻件表面		无裂纹、折叠、过烧及黑皮				
1.3	涂漆表面		没有灰尘、氯化物等污染，连续平整、色彩统一，不起泡，无小孔、无刮痕				
1.4	启闭件位置		处于开启位置				
1.5	球阀两端应有保护盖		保护盖不拆除，球阀就不能安装到管线上				
1.6	中法兰连接螺栓露出螺母高度应一致		约 3 mm～5 mm				
1.7	≥DN200 的球阀应设有吊耳		需要				
1.8	阀座密封圈和阀杆填料部位应设有注脂阀		需要				
1.9	开启和关闭位置都应安装有锁紧装置		需要				
1.10	应提供一个关闭件启、闭位置指示器，扳手或位置指示器应与管道平行		需要				
1.11	应设有自动泄压装置，能防止内腔压力超过 1.33 倍额定压力，自动泄压		需要				
1.12	奥氏体不锈钢球阀不涂漆						
2	标识检查						

API 6D 球阀产品最终检验报告

产品名称		产品压力等级		公称尺寸		产品唯一系列号	
序号	检验项目		标准要求		检验结果		判 定
2.1	标识整体情况		标识清晰,字体工整				
2.2	阀体标识						
2.2.1	制造商的名称或商标		需要				
2.2.2	压力等级 PN(class)						
2.2.3	公称尺寸 DN(NPS)						
2.2.4	环连接代号						
2.2.5	阀体材料牌号						
2.2.6	阀体材料熔炼标记(炉号)						
2.2.7	左、右体材料牌号						
2.2.8	左、右体材料熔炼标记(炉号)						
2.2.9	阀座密封方向		在阀体独立的铭牌上				
2.2.10	唯一的系列编号						
2.3	标牌						
2.3.1	压力-温度额定值						
2.3.1.1	最高工作温度时的最大工作压力						
2.3.1.2	最低工作温度时的最大工作压力						
2.3.2	结构长度						
2.3.3	内件标记　阀杆-球体-阀座						
2.3.4	制造厂的名称和商标						
2.3.5	压力等级 PN(Class)						
2.3.6	公称尺寸 DN(NPS)						
2.3.7	阀体材料牌号						
2.3.8	唯一的系列编号						
2.3.9	制造日期(　年　月)						

API 6D　球阀产品最终检验报告

产品名称		产品压力等级		公称尺寸		产品唯一系列号	
序号	检验项目	标准要求		检验结果		判　定	
2.3.10	标准号						
3	尺寸检查						
3.1	结构长度尺寸						
3.2	法兰尺寸						
3.2.1	法兰外径						
3.2.2	法兰螺栓孔中心圆直径						
3.2.3	螺栓孔直径						
3.2.4	螺栓孔数量						
3.2.5	法兰厚度						
3.3	焊接端						
3.4	阀体最小壁厚						
3.5	油漆涂层厚度						
3.6	中法兰厚度检测						
3.7	阀杆最小直径检测						
3.8	中法兰连接螺栓直径检测						
3.9	扳手长度或手轮直径检测						
3.9.1	扳手长度检测						
3.9.2	手轮直径检测						
3.10	旁通、放泄出口和放空连接的连接螺纹尺寸检测						
3.11	通道直径检测						
3.11.1	全通径						
3.11.2	缩径						
4	材料检测						
4.1	材料化学元素质量分数						
4.1.1	制造商提供承压件和控压件(内件)材料化学元素质量分数报告						
4.1.1.1	阀体(两体式左、右体;三体式左、右、中体)						
4.1.1.2	球体						

API 6D 球阀产品最终检验报告

产品名称		产品压力等级		公称尺寸		产品唯一系列号	
序号	检验项目		标准要求		检验结果		判　定
4.1.1.3	阀杆（上、下阀杆）						
4.1.1.4	阀座支撑圈						
4.1.1.5	阀座弹簧						
4.1.1.6	阀杆保护套或支撑板						
4.1.1.7	中法兰连接螺栓						
4.1.1.8	上装式球阀阀盖						
4.1.2	用光谱仪抽检承压件和控压件（内件）材料化学元素质量分数						
4.1.2.1	阀体（两体或左、右体，三体式左、右、中体）						
4.1.2.2	球体						
4.1.2.3	阀杆（上、下阀杆）						
4.1.2.4	阀座支撑圈						
4.1.2.5	中法兰连接螺栓						
4.2	材料力学性能（提供检测报告）						
4.2.1	阀体（两体式左、右体，三体式左、右、中体）						
4.2.2	球体						
4.2.3	阀杆（上、下阀杆）						
4.2.4	阀座支撑圈						
4.2.5	中法兰连接螺栓						
4.3	提供承压件和控压件（内件）热处理规范和热处理工艺记录（自动记录曲线）						
4.3.1	阀体（两体式左、右体，三体式左、右、中体）						
4.3.2	球体						
4.3.3	阀杆（上、下阀杆）						
4.3.4	阀座支撑圈						
4.3.5	阀杆保护套或支承板						

API 6D　球阀产品最终检验报告

报告编号　　共 11 页　　第　5　页

产品名称		产品压力等级		公称尺寸		产品唯一系列号	
序号	检验项目		标准要求		检验结果		判　定
4.4	提供下列非金属件的材料名称和牌号						
4.4.1	阀座密封圈						
4.4.2	O 形密封圈						
4.4.3	防火垫						
4.4.4	密封脂						
4.5	焊接端的材料要求						
4.5.1	碳钢的化学元素质量分数						
4.5.1.1	炉前分析		≤0.23%				
4.5.1.2	产品分析		≤0.23%				
4.5.1.3	材料硫、磷的质量分数		S<0.020%,P<0.025%				
4.5.1.4	炉前分析碳当量 CE		≤0.43%				
4.5.1.5	产品分析碳当量 CE		≤0.43%				
4.5.2	奥氏体不锈钢						
4.5.2.1	含 C 的质量分数		≤0.03%				
4.5.2.2	用 Nb 进行了稳定化处理,且 Nb≥10 倍碳含量,则含 C 量的质量分数		0.08%				
4.5.2.3	对于用铌和钽稳定处理的不锈钢,铌和钽的质量分数之和至少应为 C 含量的		8 倍				
4.6	用于低温的碳钢和低合金钢冲击试验						
4.6.1	阀体(中体)冲击值		按 API 6D 标准表 8				
4.6.2	左、右体冲击值		按 API 6D 标准表 8				
4.6.3	螺栓材料冲击值		最低 27 J				
4.7	用于可能发生氢脆阀门的螺栓硬度		≤22HRC				
4.8	用于含硫介质的承压件、控压件、螺栓硬度						
4.8.1	阀体(两体式左、右体,三体式左、右、中体)		≤22HRC				

API 6D 球阀产品最终检验报告

产品名称		产品压力等级		公称尺寸		产品唯一系列号	
序号	检验项目		标准要求		检验结果		判　定
4.8.2	球体		≤22HRC				
4.8.3	阀杆(上、下阀杆)		≤22HRC				
4.8.4	阀座支撑圈		≤22HRC				
4.8.5	中法兰连接螺栓		≤22HRC				
5	焊接						
5.1	制造商提供						
5.1.1	焊接工艺规程(WPS)		需要				
5.1.2	焊工资格评定记录(WQR)		需要				
5.1.3	焊接工艺评定记录(PQR)		需要				
6	质量控制检测						
6.1	测量和试验设备						
6.1.1	是否规定了检验和校验周期		需要				
6.1.2	压力表或传感器的精度		标准刻度±2%				
6.1.3	压力表量程		整个压力测量区的 20%～80%范围内				
6.1.4	校准位置		在全刻度中等距离的三个点(不含零刻度点和极限值点)				
6.1.5	温度测量设备		应能指示并记录 3 ℃(5 ℉)温度波动				
6.2	检验和试验人员资格						
6.2.1	无损检验人员		按 ASNT SNT-TC-1A 或 EN 473 Ⅱ级规定进行考核				
6.2.2	目视检验人员		按 ASNT SNT-TC-1A 或 EN 473 规定在 12 个月之内进行一次视力检测				
6.2.3	焊接检验人员		按 AWS QC1 要求进行考核并获得证书				

API 6D 球阀产品最终检验报告

报告编号　　　共 11 页　　　第 7 页

产品名称		产品压力等级		公称尺寸		产品唯一系列号
序号	检验项目		标准要求		检验结果	判 定
6.3	焊补无损探伤		提供无损探伤检验报告			
7	压力试验					
7.1	总则					
7.1.1	每台阀门都应按标准规定进行试验		提供每台阀门的试验记录			
7.1.2	试验介质温度		38 ℃（100 ℉）			
7.1.3	试验介质		为含有缓蚀剂和经同意含有防冻剂的清洁水对奥氏体和铁素体-奥氏体双向不锈钢试验用水,其氯化物含量不得超过 30 mg/g			
7.2	上密封试验					
7.2.1	试验压力		38 ℃ 时的额定压力的1.1 倍			
7.2.2	试验最短持续时间		≤ NPS4,2 min;≤ NPS6, 5 min			
7.2.3	判定		不允许有任何可见泄漏			
7.3	壳体水压试验					
7.3.1	试验压力		38 ℃ 时的额定压力的1.5 倍			
7.3.2	试验最短持续时间		NPS½ ～ 4,2 min;NPS6 ～ 10,5 min;NPS12 ～ 18, 15 min;≥NPS20,30 min			
7.3.3	判定		不允许有任何可见泄漏			
7.3.4	泄压阀回装到球阀上的试验					
7.3.4.1	公称尺寸 DN≤100（NPS4）的球阀		应在泄压阀整定压力的95%时试验 2 min,无泄漏			

API 6D 球阀产品最终检验报告

产品名称		产品压力等级		公称尺寸		产品唯一系列号	
序号	检验项目		标准要求		检验结果		判　定
7.3.4.2	公称尺寸≤DN150（NPS6）的球阀		应在泄压阀整定压力的 95% 时试验 5 min，无泄漏				
7.3.5	泄压阀整定至规定压力并进行试验		整定压力为 38 ℃ 材料的额定压力值的 1.1～1.33 倍				
7.4	静压密封试验						
7.4.1	试验压力		不低于 38 ℃ 时的材料额定压力值的 1.1 倍				
7.4.2	试验最少保压时间		NPS½ ～ 4，2 min；NPS6，5 min				
7.4.3	验收标准						
7.4.3.1	非金属密封球阀和油密封式旋塞阀		泄漏量不得超过 ISO 5208 的 A 级				
7.4.3.2	双截断排放阀		泄漏量不得超过 ISO 5208 的 D 级的 2 倍				
7.4.3.3	金属密封球阀		泄漏量不得超过 ISO 5208 的 D 级				
7.5	低压密封试验		按用户要求				
7.5.1	试验压力						
7.5.1.1	Ⅰ型		0.034 MPa～0.1 MPa 空气或氮气				
7.5.1.2	Ⅱ型		0.55 MPa～0.69 MPa 空气				
7.5.2	试验最少保压时间		NPS½ ～ 4，2 min；NPS6，5 min				
7.5.3	验收						
7.5.3.1	金属密封球阀		泄漏量不得超过 ISO 5208 的 D 级				
7.5.3.2	非金属密封球阀		泄漏量不得超过 ISO 5208 的 A 级				

API 6D 球阀产品最终检验报告

报告编号　　共 11 页　　第 9 页

产品名称		产品压力等级		公称尺寸		产品唯一系列号	
序号	检验项目		标准要求		检验结果		判定
7.6	高压密封试验		按用户要求				
7.6.1	上密封试验						
7.6.1.1	试验介质		惰性气体				
7.6.1.2	试验压力		不低于 38 ℃时的材料额定压力值的 1.1 倍				
7.6.1.3	试验最少保压时间		NPS½～4，2 min；NPS6，5 min				
7.6.1.4	判定		不允许有任何可见泄漏				
7.6.2	静压密封试验						
7.6.2.1	试验介质		惰性气体				
7.6.2.2	试验压力		不低于 38 ℃时的材料额定压力值的 1.1 倍				
7.6.2.3	试验最少保压时间		NPS½～4，2 min；NPS6，5 min				
7.6.2.4	判定						
7.6.2.4.1	金属密封球阀		泄漏量不得超过 ISO 5208 的 D 级				
7.6.2.4.2	非金属密封球阀		泄漏量不得超过 ISO 5208 的 A 级				
8	抗静电试验		制造商应提供抗静电试验报告				
8.1	关闭件和阀体,阀杆和阀体之间的电压		不超过 12 V 的直流电来测量,其电阻值不超过 10 Ω				
8.2	试验数量		至少为订购球阀的 5%				
9	防火试验		制造商应提供防火试验证书				
10	转矩/推力试验		由用户规定压力进行试验				
10.1	腔体在大气压下		通道带压由开启到关闭				

API 6D 球阀产品最终检验报告

产品名称		产品压力等级		公称尺寸		产品唯一系列号	
序号	检验项目		标准要求		检验结果		判　定
10.2	腔体在大气压下		关闭件两侧带压由关闭到开启				
10.3	腔体在大气压下		关闭件一侧带压由关闭到开启				
10.4	腔体在大气压下		关闭件另一侧带压由关闭到开启				
11	腔体泄压试验						
11.1	频次		每台阀门都应进行试验				
11.2	带有内泄压座的固定球阀		需要				
11.3	浮动球阀		需要				
12	氢引起裂纹试验		制造商提供试验报告				
13	制造厂应提供的文件						
13.1	设计文件						
13.2	焊接工艺规程(WPS)						
13.3	焊接工艺评定记录(PQR)						
13.4	焊工资格评定记录(WQR)						
13.5	无损探伤人员资格记录						
13.6	试验设备校验记录						
13.7	对于公称尺寸 ≥ DN50 (NPS2)的球阀						
13.7.1	可追溯到的球阀唯一序列编号的阀体、阀盖和连接件熔炼标记单据						
13.7.2	球阀材料清单跟踪序列编号						
13.7.3	压力试验结果						
13.8	如用户要求,制造厂应提供下列附加文件						

API 6D 球阀产品最终检验报告

报告编号　　　　共 11 页　　　第　11　页

产品名称		产品压力等级		公称尺寸		产品唯一系列号	
序号	检验项目	标准要求		检验结果		判　定	
13.8.1	无损检测（NDE）记录						
13.8.2	NACE 硬度证明						
13.8.3	承压件的硬度检测报告						
13.8.4	合格证书						
13.8.5	热处理证明记录（如曲线）						
13.8.6	承压件或驱动装置设计计算书						
13.8.7	压力试验报告	试验压力、试验持续时间、试验介质					
13.8.8	无损检验人员评定记录						
13.8.9	涂层/油漆证明						
13.8.10	无损检验规程						
13.8.11	校验记录（用户对设备指定要求）						
13.8.12	耐火试验证明						
13.8.13	符合 API 20A、20B、20C、20E 的证明						
13.8.14	由鉴定团体/机构所作的设计验证						
13.8.15	由鉴定团体/机构所作的批准类型						
13.8.16	检查产品使用说明书是否为用户提供						
13.8.16.1	流量系数 K_v 值						
13.8.16.2	全压差下启、闭转矩						

检验人员：_____　核对：_____　批准：_____　日期：_____

8-17 API 600—2015《阀盖用螺栓连接和压力密封式的法兰和对焊连接的钢闸阀》对闸阀产品最终检验的内容是如何规定的？

API 600—2015 对闸阀的产品最终检验的内容和检验程序如下：

API 600 闸阀产品最终检验报告

报告编号　　共 5 页　　第 1 页

产品名称		产品压力等级		公称尺寸		产品唯一系列号	
序　号	检验项目		标准要求		检验结果		判定
1	外观检查						
1.1	铸件表面		符合 MSS SP-55A 级、B 级				
1.2	涂漆表面		没有灰尘、氯化物等污染，连续平整，色彩统一，不起泡，无小孔、无刮痕				
1.3	启闭件位置		处于关闭位置				
1.4	闸阀两端应有保护盖		保护盖不拆除，闸阀就不能安装到管线上				
1.5	中法兰连接螺栓露出螺母高度应一致		约 3 mm～5 mm				
1.6	阀杆螺纹超出阀杆螺母的超出量		最小等于一个磨损行程，最大对于≤DN150 为 5 倍磨损行程，对于＞DN150 为 3 倍磨损行程				
1.7	奥氏体不锈钢闸阀不涂漆						
2	标识检查						
2.1	标识整体情况		标识清晰，字体工整				
2.2	阀体标识						
2.2.1	制造商的名称或商标		需要				
2.2.2	阀体材料						
2.2.3	压力等级 PN(Class)						
2.2.4	公称尺寸 DN(NPS)						
2.2.5	环连接代号						
2.2.6	阀体材料熔炼标记						
2.2.7	阀盖材料熔炼标记						
2.3	标牌						
2.3.1	制造商名称		需要				

API 600 闸阀产品最终检验报告

报告编号　　　共 5 页　　第 2 页

产品名称		产品压力等级		公称尺寸		产品唯一系列号	
序　号	检验项目		标准要求		检验结果		判定
2.3.2	压力等级代号						
2.3.3	制造商的企业代码						
2.3.4	在 38 ℃时的最高压力						
2.3.5	极限温度		如有必要时				
2.3.6	极限压力		如有必要时				
2.3.7	内件标识						
2.3.8	依据的标准		API 600				
3	尺寸检查						
3.1	结构长度尺寸						
3.2	法兰尺寸						
3.2.1	法兰外径						
3.2.2	法兰螺栓孔中心圆直径						
3.2.3	螺栓孔直径						
3.2.4	螺栓孔数量						
3.2.5	法兰厚度						
3.3	焊接端		符合标准图 2				
3.4	阀体最小壁厚						
3.5	中法兰厚度检测		不小于端法兰				
3.6	阀杆最小直径检测						
3.7	中法兰连接螺栓检测		$d \leqslant 25$ mm 采用粗牙 $d > 25$ mm 采用 8 牙系列				
3.8	闸板最小磨损行程检测						
3.9	油漆涂层厚度检测						
3.10	阀座最小通径直径检测						
3.11	旁通、放泄出口和放空连接的连接螺纹尺寸检测						
4	材料检测						
4.1	材料化学元素质量分数						

API 600 闸阀产品最终检验报告

产品名称		产品压力等级		公称尺寸		产品唯一系列号	
序　号	检验项目		标准要求		检验结果		判定
4.1.1	制造商提供承压件和控压件(内件)材料化学元素质量分数报告						
4.1.1.1	阀体						
4.1.1.2	阀盖						
4.1.1.3	闸板						
4.1.1.4	阀杆						
4.1.1.5	阀座密封圈						
4.1.1.6	阀座密封面						
4.1.1.7	闸板密封面						
4.1.1.8	上密封座						
4.1.1.9	中法兰连接螺栓						
4.1.1.10	阀杆螺母						
4.2	材料的力学性能(提供检测报告)						
4.2.1	阀体						
4.2.2	阀盖						
4.2.3	阀杆						
4.2.4	闸板						
4.2.5	阀杆螺母						
4.3	提供下列非金属件的材料名称和牌号						
4.3.1	中法兰垫片						
4.3.2	填料						
5	试验、检验和检查						
5.1	压力试验						
5.1.1	总则						
5.1.1.1	每台阀门都应按标准规定进行试验		提供每台阀门的试验记录				
5.1.1.2	试验介质温度		5 ℃～50 ℃				

API 600 闸阀产品最终检验报告

报告编号　　共 5 页　　第 4 页

产品名称		产品压力等级		公称尺寸		产品唯一系列号	
序　号	检验项目		标准要求		检验结果		判定
5.1.1.3	试验介质		液体:水(可以含有防锈剂)煤油或黏度不大于水的其他适宜液体				
			气体:空气或其他适宜气体				
5.1.2	壳体试验						
5.1.2.1	壳体试验最短持续时间						
5.1.2.2	壳体试验压力						
5.1.2.3	判定		在整个壳体试验持续时间内不应有目测观察到通过壳壁或在阀盖垫片出的泄漏				
5.1.3	关闭密封性试验						
5.1.3.1	试验要求						
5.1.3.1.1	试验介质		对于 ≤ DN100,≤ Class1500(≤PN260)的阀门和>DN100,≤Class600(≤PN110)的阀门,用气体。 对于 ≤ DN100,> Class1500(≤PN260)的阀门和>DN100,>Class600(≤PN110)的阀门,用液体				
5.1.3.1.2	试验压力		气体:0.4 MPa~0.7 MPa				
			液体:见 API 600 的表 A 和表 B				
5.1.3.1.3	试验次数						
5.1.3.1.4	试验方法						
5.1.3.2	密封试验持续时间						
5.1.3.3	判定:最大允许气体泄漏量						
	最大允许液体泄漏量						
5.1.4	上密封试验						
5.1.4.1	试验要求						

API 600　闸阀产品最终检验报告

报告编号　　共 5 页　　第 5 页

产品名称		产品压力等级		公称尺寸		产品唯一系列号	
序　号	检验项目		标准要求		检验结果		判定
5.1.4.1.1	试验介质		对于 ≤ DN100，≤ Class1500（≤PN260）的阀门和＞DN100，≤Class600（≤PN110）的阀门，用气体。对于 ≤ DN100，＞ Class1500（≤PN260）的阀门和＞DN100，＞Class600（≤PN110）的阀门，用液体				
5.1.4.1.2	试验压力		气体:0.4 MPa～0.7 MPa				
			液体:见 API 600 的表 A 和表 B				
5.1.4.2	试验持续时间						
5.1.4.3	判定		在持续时间内不允许有可见的上密封泄漏				
5.2	检验						
5.2.1	检验合同指定进行的无损检测记录						

检验人员:_____　校对:_____　批准:_____　日期:_____

8-18　API 609—2009《双法兰式、凸耳式和对夹式蝶阀》对蝶阀产品最终检验是如何规定的?

API 609—2009 对蝶阀产品最终检验项目和程序规定如下:

API 609　蝶阀产品最终检验报告

报告编号　　共 6 页　　第 1 页

产品名称		产品压力等级		公称尺寸		产品唯一系列号	
序　号	检验项目		标准要求		检验结果		判定
1	外观检查						
1.1	铸件表面		符号 MSS SP-55 A 级、B 级				
1.2	涂漆表面		没有灰尘、氯化物等污染,连续平整,色彩统一				
1.3	蝶板位置		处于关闭位置				

API 609 蝶阀产品最终检验报告

产品名称		产品压力等级		公称尺寸		产品唯一系列号	
序 号	检验项目	标准要求		检验结果		判 定	
1.4	两端有保护盖	保护盖不拆除,蝶阀就不能安装到管线上					
1.5	有色金属和奥氏体不锈钢蝶阀	不需涂层					
2	标识检查						
2.1	标识整体情况	标识清晰,字体工整					
2.2	阀体标识						
2.2.1	钢、镍合金或特殊合金的B类蝶阀						
2.2.1.1	制造商的名称或商标	需要					
2.2.1.2	阀体材料熔炼标记(炉号)	需要					
2.2.1.3	公称压力(级)PN(Class)						
2.2.1.4	公称尺寸 DN(NPS)						
2.2.1.5	两个方向上压力额定值不同的蝶阀,应在适当位置牢固清晰的标记"高压端"	需要					
2.2.1.6	非用于末端管道的蝶阀,应标注"非末端用途"	需要					
2.2.1.7	仅用于单向末端管道的蝶阀,应标注"仅单向末端用途",并在相应一端标注"高压端"	需要					
2.2.2	其他蝶阀						
2.2.2.1	制造商的名称或商标	需要					
2.2.2.2	阀体材料						
2.2.2.3	公称压力(级)PN(class)						
2.2.2.4	公称尺寸 DN(NPS)						
2.2.2.5	熔炼炉号	需要					
2.3	标牌						

API 609   蝶阀产品最终检验报告

产品名称		产品压力等级		公称尺寸		产品唯一系列号	
序　号	检验项目	标准要求		检验结果		判定	
2.3.1	制造商的名称或商标	需要					
2.3.2	公称压力(级)PN(class)						
2.3.3	公称尺寸 DN(NPS)						
2.3.4	38 ℃时的工作压力/MPa						
2.3.5	最高允许温度时壳体压力-温度额定值						
2.3.6	材料标记						
2.3.6.1	阀体材料						
2.3.6.2	内件材料(阀杆-阀瓣-阀座)						
2.3.7	特殊标识:阀座-氟橡胶						
2.3.8	采用标准						
3	尺寸检查						
3.1	结构长度						
3.1.1	A 型蝶阀结构长度和偏差						
3.1.2	B 型蝶阀结构长度和偏差						
3.2	连接法兰尺寸						
3.2.1	法兰外径						
3.2.2	法兰螺栓孔中心圆直径						
3.2.3	螺栓孔直径						
3.2.4	螺栓孔数量						
3.2.5	法兰厚度						
3.3	阀体最小壁厚						
3.4	油漆涂层厚度						
3.5	阀杆最小直径						
3.6	阀座密封圈压板高于阀体的突出部分	± 0.25 mm					

API 609 蝶阀产品最终检验报告

产品名称		产品压力等级		公称尺寸		产品唯一系列号	
序　号	检验项目	标准要求		检验结果		判定	
3.7	阀体和阀座密封圈压板之间环向间隙	≤0.75 mm					
3.8	螺钉头低于阀座密封圈压板表面距离						
3.9	紧固件在阀座密封圈压板表面上的开孔与垫片密封区域重叠部分距离						
4	材料检测						
4.1	材料的化学元素质量分数						
4.1.1	制造商提供下列零件的化学元素质量分数化验报告						
4.1.1.1	阀体						
4.1.1.2	蝶板						
4.1.1.3	阀杆						
4.1.1.4	轴承						
4.1.2	用光谱仪抽检下列零件的化学元素质量分数						
4.1.2.1	阀体						
4.1.2.2	蝶板						
4.1.2.3	阀杆						
4.1.2.4	轴承						
4.2	材料的力学性能						
4.2.1	阀体材料的力学性能						
4.2.2	蝶板材料的力学性能						
4.2.3	阀杆材料的力学性能						
4.2.4	轴承材料的力学性能						
4.3	非金属材料的名称和牌号						

API 609 蝶阀产品最终检验报告

报告编号 　　　共6页　　第5页

产品名称		产品压力 等级		公称尺寸		产品唯一 系列号	
序　号	检验项目		标准要求		检验结果		判定
4.3.1	阀座密封圈（B类）						
4.3.2	填料						
4.3.3	阀座密封套（A类）						
4.3.4	防火垫						
4.3.5	复合层金属和非金属						
5	压力试验						
5.1	试验介质温度		5 ℃～50 ℃（41 ℉～122 ℉）				
5.2	试验介质		空气或惰性气体				
			煤油、水或黏度不高于水的非腐蚀性液体				
			对于奥氏体不锈钢阀门所使用水的氯化物含量不得超过100 mg/L				
5.3	壳体试验		制造商应提供检验报告				
5.3.1	试验压力/MPa						
5.3.2	试验最短持续时间/s						
5.3.3	判定		不允许有可见泄漏通过壳体壁和任何固定的阀体连接处				
5.4	高压密封试验		制造商应提供检验报告				
5.4.1	试验压力/MPa						
5.4.2	试验最短持续时间/s						
5.4.3	最大允许泄漏量						
5.5	低压密封试验		制造商应提供检验报告				
5.5.1	试验压力/MPa		0.4～0.7				
5.5.2	试验最短持续时间/s						
5.5.3	判定						
6	备件		制造商应提供备件清单				
6.1	备件剖视图						
6.2	备件在总装图上的编号						
7	提供给用户的文件						

API 609 蝶阀产品最终检验报告

报告编号　　共 6 页　　第 6 页

产品名称		产品压力等级		公称尺寸		产品唯一系列号	
序　号	检验项目	标准要求		检验结果		判定	
7.1	产品使用说明书						
7.1.1	使用说明书中是否给出启、闭力矩	需要					
7.1.2	实测蝶阀启、闭力矩						
7.1.3	使用说明书中是否给出流量系数 K_v 值						
7.1.4	使用说明书中是否给出不同开度 K_v 曲线						
7.2	易损件明细表	需要					
7.3	装箱单	需要					
7.4	合格证	需要					

检验人员：＿＿＿＿＿＿　校对：＿＿＿＿＿＿　批准：＿＿＿＿＿＿　日期：＿＿＿＿＿＿